环境保护概论

（第3版）

张文艺　尹　勇

徐彦昭　张采芹　编著

清华大学出版社

北京

内 容 简 介

本书共分为 6 章,第 1 章介绍了环境问题的由来、环境科学的发展、环境污染、生态文明、可持续发展;第 2 章介绍了我国现行环境管理体制、环境标准体系与规范;第 3 章介绍了生态环境保护基础知识,碳排放、碳达峰、碳中和,新污染物及其治理,生态环境标志;第 4 章介绍了轻工纺织化纤、化工石化医药、冶金机电等行业生产过程中的产污环节、"三废"处置方法和土壤污染调查、评估与修复工程案例;第 5 章介绍了企业清洁生产、突发环境事件风险评估与应急预案编制;第 6 章介绍了建设项目环境影响评价、环保"三同时"管理制度和竣工环保自主验收、排污许可、生态环境损害赔偿、环保管家服务和环境保护税。

本书依据中国工程教育专业认证协会提出的"工程教育认证"需求编写而成,可满足机械类、化工类、电子信息与电气工程类、计算机类、水利类、交通运输类、环境类、食品类、矿业类、安全类、材料类、测绘地理信息类、仪器类、地质类、土木类、纺织类、核工程类、兵器类 18 个认证专业必须开设"环境保护概论"通识课程的要求;也可作为环境专业学生的专业入门教材,对环保技术人员和环保管理人员也具有重要的参考价值。

本书第 1、2、3、6 章为必修章节,需要 12~14 学时,第 4、5 章可按照专业选修。化工(制药)、材料、环境、安全等专业建议授课 32 学时,其他机械、矿业、土木等专业可设置授课 16 学时或 24 学时。

本书已于 2024 年 9 月获批江苏省"十四五"普通高等教育本科省级规划教材。

图书在版编目(CIP)数据

环境保护概论 / 张文艺等编著. -- 3 版. -- 北京:清华大学出版社,2025.7.
ISBN 978-7-302-69940-8

I . X

中国国家版本馆 CIP 数据核字第 2025R8W631 号

责任编辑:王向珍
封面设计:陈国熙
责任校对:赵丽敏
责任印制:宋 林

出版发行:清华大学出版社
    网 址:https://www.tup.com.cn,https://www.wqxuetang.com
    地 址:北京清华大学学研大厦 A 座   邮 编:100084
    社 总 机:010-83470000   邮 购:010-62786544
    投稿与读者服务:010-62776969,c-service@tup.tsinghua.edu.cn
    质量反馈:010-62772015,zhiliang@tup.tsinghua.edu.cn
印 装 者:三河市天利华印刷装订有限公司
经 销:全国新华书店
开 本:185mm×260mm   印 张:17.75   字 数:431 千字
版 次:2017 年 4 月第 1 版   2025 年 8 月第 3 版   印 次:2025 年 8 月第 1 次印刷
定 价:55.00 元

产品编号:104449-01

第3版前言

本书第 2 版发行后,收到了一些师生提出的修订意见和建议,促使作者进行第 3 版的修订。

本书秉承第 1 版、第 2 版风格,本着教材应以深入浅出、通俗易懂为原则,以读者尽快认知环境保护与生态文明为目标,增加了生态文明,碳排放、碳达峰、碳中和,新污染物及其治理,生态环境标志,建设项目环境影响评价,环保自主验收,排污许可,生态环境损害赔偿,环保管家服务和环境保护税等内容,新增了电子新材料工业废水处理与回用技术(零排放)、大型水体(河、湖)"鱼-贝-菌-藻-草"原位高效生物-生态法净化处理技术、城市黑臭水体磁分离应急处理技术、废旧新能源动力电池拆解与高值化利用和农户生活污水资源化治理等近年来社会关注度高的环境保护技术领域工程案例,修订了废水处理技术方法及典型工艺、水体生态修复技术内容。此外,本书还将近几年开发的水环境治理与生态修复技术工艺及典型工程项目、污泥处置新技术、可再碳纤维 VOCs 处理工艺技术及装备制成视频,并以二维码的形式融入课程内容中,只需微信扫码即可观看,方便学习、领会最新的生态环境治理新技术、新工艺、新装备和典型工程。同时,还相应更新了近 4 年来国家发布实施的一些工科专业认证标准、规范等内容,详见书中附录二维码资源。

本书第 3 版的编写、修订工作邀请环保咨询、污染治理一线技术人员共同完成。张文艺教授、尹勇正高级工程师、徐彦昭高级工程师、张采芹讲师、芮国芬高级工程师、薛银刚教授、许霞教授和东南大学张敏特博士共同负责组稿。江苏龙环环境科技有限公司张华高级工程师和陈歆、黄鑫、蒋立强、王超凡、袁丹、刘明元、汪超、徐珊、薛琦、郭赟工程师,江苏蓝联环境科技有限公司张磊、许南萍工程师,常州久远环境工程技术有限公司汤德源环评工程师、程焕荣高级工程师、程宇涵、王珏工程师,常州赛蓝环保科技有限公司刘皖、陆鑫松、周杰工程师,常州泽源安全环保科技有限公司李习伟工程师,常州工程职业技术学院陈婕讲师参加了相关章节编写。安徽水韵环保股份有限公司占明飞高级工程师、中建环能科技股份有限公司杨小林高级工程师、苏星工程师和常州常大创业环保科技有限公司张晟高级工程师提供部分环保工程案例并参与编写。全书由张文艺统稿。本书编写过程中还得到国家万人名师马江权教授和薛峰教授、马建锋教授的大力支持。

本书在撰写过程中,引用了大量国内外相关参考文献和环境评价、环境监理案例,在此向文献作者表示诚挚的谢意。另外,由于编者水平有限,书中不当之处在所难免,敬请批评指正。

编著者

2025 年 2 月

第2版前言

"绿水青山就是金山银山。"

近年来,从"两山"理论到"保护生态就是发展生产力",我们对经济发展与生态保护之间的辩证关系理解日益清晰。经济发展是为了满足人的需求,而良好的生态环境供给本身作为幸福生活的新内涵,已经成为人民群众的迫切需求。碧水、蓝天与净土等营造的良好环境是新时期强有力的生产要素。在"两山"理论和生态文明推进下,我国的生态环境事业取得了重大发展。环境保护部更名为生态环境部,"环保垂管"改革,一大批环保规范更新,环保新技术得以应用,使得本书第1版的部分内容已经不能适应当前的生态环境保护需求。

本书第1版于2017年4月出版以来,深受广大读者欢迎,已被多所高校用作教材,4年来印刷9次。本书第1版发行后,许多学生和老师指出了书中一些错误并提供了一些修正意见,促使我们进行第2版的写作。

本书秉承第1版的风格,本着教材应以深入浅出、通俗易懂为原则。修订了生态环境部、生态环境厅(局)等名称,更新相关网址,增加了"环保垂管"相关内容,基于常州大学承担的"水体污染控制与治理科技重大专项"等项目研究成果,补充了农村污水治理技术、村落水环境修复技术和土壤污染与治理技术。此外,还相应更新了近4年来国家发布实施的一些标准、规范等。"环境保护概论"这门课程已立项为校级在线课程,并加入"爱课程"网站,读者注册后,可在线观看视频、浏览课程PPT。

本书第2版的编写工作由张文艺教授、胡林潮高工、赵兴青教授、毛林强副教授和常州龙环环境科技有限公司(常州市环境科学研究院环评改制单位)申晓霞高工等共同完成。研究生侯君霞、于鑫娅、赵斌成、薛锦辉参与了部分研究资料的整理工作。

本书由张文艺、胡林潮统稿,南京大学翟建平教授主审。

在本书编著过程中,引用了大量国内外相关参考文献和环境评价、环境监理案例,在此向文献作者们表示诚挚的谢意。

由于编著者水平有限,书中不当与错误之处在所难免,敬请读者批评指正。

编著者

2021年6月6日

第1版前言

"环境保护概论"课程是为了实施科教兴国和可持续发展战略,贯彻素质教育的指导思想,落实教育部"实施高等教育教学改革工程"而在工科院校开设的环境保护和可持续发展的环境素质教育课程,肩负着培养、提升大学生环境保护能力和素质的任务。

本书作者在 20 多年教学实践的基础上,按照全新的模式构建起来一个环境保护通识教育框架,这一框架更贴近工程专业申请通过全国工程教育专业认证的实际。本书按照这一新的框架编写。这种建立在了解、发现和解决环境问题基础上的递进式教育框架更利于学生理解和掌握,也更符合发展趋势。本书的定位是一本环境基本知识指引,可作为各高校广大理工科本科生、专科生通识教育教材。

本书立足于"工程教育认证"要求,面向中国工程教育专业认证协会(China Engineering Education Accreditation Association,CEEAA),可满足机械类、化工类、电气信息类、计算机类、水利类、交通运输类、环境类、食品类、矿业类、安全类、材料类、测绘类、仪器类、地质类、土木类、建筑类等 18 个认证专业必须开设的通识课程"环境保护概论"的要求。希望达到如下 3 个方面的目的。

其一,让非环保专业的学生了解并掌握我国各项环境保护相关政府部门机构组成、职责及其分工,熟悉常用环保法律、法规、规范,培养学生的环保法律意识。

其二,让非环保专业的学生了解常用环境质量标准、环境污染物排放标准,熟悉常见污染物指标的含义,了解典型废水、废气、固废、噪声及生态污染治理方法。

其三,让非环保专业的学生熟悉自己所学专业污染物产生、处理及达标排放方法,确保这些学生不讲诸如"我们是×××类企业,没有污染……"这类的外行话。

本书共分为 5 章,第 1 章介绍环境问题的由来、环境学科的发展及可持续发展战略;第 2 章介绍我国现行环境管理体制及环境标准体系;第 3 章介绍建设项目环境保护基础知识;第 4 章介绍轻工纺织、化工医药、冶金机电等行业生产过程中的产污环节、"三废"处置方法及典型工艺;第 5 章介绍企业清洁生产、环境风险评估及应急预案的编制方法。

本书第 1、2、3 章为必修章节,约需要 12 学时,第 4、5 章可按照不同专业选修。化工、材料、环境等专业建议授课 32 学时,其他如机械、矿业、土木等专业授课可以设置 16 学时或 24 学时。

本书主要是针对高等院校面向非环境专业开设的概论性环保课程编写的,本着实用和适度详尽的原则,力求体现科普性、趣味性、系统性、可参考性和知识的内在联系,并结合背景知识点介绍和实际案例分析来加深读者对环保的认识与理解。本书是专为高等院校非环境专业的本科生编写的通识教育教材,也可作为环境专业学生的专业入门教材,对环保技术和环保管理人员也具有重要的参考价值。

参加编写人员包括:张文艺、赵兴青、毛林强、欧红香、尹勇等。具体分工如下:
第 1 章　赵兴青、张文艺、葛秋凡

第 2 章　毛林强、张文艺、陈泽慧、董小娜

第 3 章　张文艺、沈红池、蔡庆庆、吴旭鹏、黄彬

第 4 章　张文艺、尹勇、申晓霞

第 5 章　欧红香、张文艺、毛林强、陈冬

本书由张文艺、毛林强统稿,南京大学翟建平教授主审。

本书由常州大学教师和常州龙环环境科技有限公司(常州市环境科学研究院环评改制单位)的一线环评工程师合作编著。在编著过程中,引用了大量国内外相关参考文献和环境评价、环境监理案例,在此向文献作者们表示诚挚的谢意。由于编著者水平有限,书中不当之处在所难免,敬请批评指正。

编著者

2016 年 11 月

目 录

第1章
环境问题与生态文明

1.1　环境的概念、分类及特性

1.1.1　环境的概念

1. 环境的定义

一般来说,"环境"是相对某一中心事物而言的,即围绕某一中心事物的外部空间、条件和状况,以及对中心事物可能产生影响的各种因素。环境科学研究的环境是以人类为主体的外部世界的总体。

根据《环境科学大辞典(修订版)》,环境是指以人类为主体的外部世界,主要是地球表面与人类发生相互作用的自然要素及其总体。它是人类生态和发展的基础,也是人类开发利用的对象。根据《中华人民共和国环境保护法》,环境是指影响人类生存和发展的各种天然的和经过人工改造的自然因素的总和,包括大气、水、海洋、土地、矿藏、森林、草原、湿地、野生生物、自然遗迹、人文遗迹、自然保护区、风景名胜区、城市和乡村等。

2. 环境要素

环境要素是指构成人类环境整体的各个相对独立的、性质不同而又服从整体演化规律的基本物质组分,也称环境基质。环境要素分为自然环境要素和社会环境要素,但通常是指自然环境要素。自然环境要素又包括非生物环境要素(如水、大气、阳光、岩石、土壤等)以及生物环境要素(如动物、植物、微生物等)。各环境要素之间相互联系、相互依赖和相互制约。不同的环境要素组成环境的结构单元,环境结构单元又组成环境整体或称环境系统。例如,由多样性的生物体组成生物群落,所有的生物群落构成生物圈。

3. 环境质量

环境质量是环境素质好坏的表征,是用定性和定量的方法对具体的环境要素所处的状态的描述。环境质量好坏的界定只有参照环境质量标准,通过环境质量评价的结果来实现。环境质量对人类的生存与发展影响重大,随着社会进步及人们生活水平的提高,人们对环境质量的要求也越来越高。

4. 环境容量

环境容量是在人类生存和自然生态系统不致受害的前提下,某一环境所能容纳的污染物的最大负荷量;或一个生态系统在维持生命机体的再生能力、适应能力和更新能力的前提下,承受有机体数量的最大限度。环境容量是一种重要的环境资源。某区域内的大气、水、土地等都有承受污染物的最高限值,这一限值的大小与该区域本身的组成、结构及其功能有关,如果污染物存在的数量超过最大容纳量,这一区域环境的生态平衡和正常功能就会遭到破坏。环境容量是一个变量,通过人为地调节控制环境的物理、化学及生物学过程,改变物质的循环转化方式,可以提高环境容量,改善环境的污染情况。环境容量按环境要素可细分为大气环境容量、水环境容量、土壤环境容量等,此外还有人口环境容量和城市环境容量等。

5. 环境污染

环境污染是指人类活动产生的有害物质或因子进入环境,引起环境系统的结构与功能发生变化,危害人体健康和生物生命活动的现象。这些有害物质或因子包括化学物质、放射性物质、病原体、噪声、废热等,当其在大环境中的数量和浓度达到一定程度时,可危害人类健康,影响生物正常生长和生态平衡。环境污染是各种污染因素本身及其相互作用的结果。同时,环境污染还受社会评价的影响而具有社会性。它的特点可归纳为以下几个方面。

(1)时间分布性

污染物的排放量和污染因素的强度随时间而变化。例如,工厂排放污染物的种类和浓度往往随时间而变化。由于河流的潮汛和丰水期、枯水期的交替,都会使污染物浓度随时间而变化。随着气象条件的改变会造成同一污染物在同一地点的不同时间内污染浓度相差高达数十倍。交通噪声的强度随不同时间内车流量的变化而变化。

(2)空间分布性

污染物和污染因素进入环境后,随着水和空气的流动而被稀释扩散。不同污染物的稳定性和扩散速度与污染物性质有关。因此,不同空间位置上污染物的浓度和强度分布不同。为正确表述一个地区的环境质量,单靠某一点的监测结果是无法说明的,必须根据污染物的时间、空间分布特点,科学地制订监测计划(包括网点设置、监测项目、采样频率等),然后对监测数据进行统计分析,才能得到较全面而客观的评价。

(3)污染物含量的复杂性

不同的污染物其毒理效应不同,同一种污染物在不同的条件下其毒性也存在差异。有害物质引起毒害的量与其无害的自然本底值之间存在一界限(放射性和噪声的强度也有同样情况)。所以,污染因素对环境的危害有一阈值。对阈值的研究,是判断环境污染及污染强度的重要依据,也是制定环境标准的科学依据。

(4)污染因素作用的综合性

从传统毒理学观点来看,多种污染物同时存在对人或生物体的影响有以下几种情况。

① 单独作用。当机体中某些器官只是由于混合物中某一组分发生危害,没有因污染物的共同作用而加深危害的,称为污染物的单独作用。

② 相加作用。混合污染物各组分对机体的同一器官的毒害作用彼此相似,且偏向同一方向,当这种作用等于各污染物毒害作用的总和时,称为污染的相加作用。例如,大气中的二氧化硫和硫酸气溶胶之间、氯和氯化氢之间,当它们在低浓度时,其联合毒害作用即为相加作用,而在高浓度时则不具备相加作用。

③ 相乘作用。当混合污染物各组分对机体的毒害作用超过个别毒害作用的总和时,称为相乘作用。例如,二氧化硫和颗粒物之间、氮氧化物和一氧化碳之间,就存在相乘作用。

④ 拮抗作用。当两种或两种以上污染物对机体的毒害作用彼此抵消一部分或大部分时,称为拮抗作用。例如,动物实验表明,当每克食物中含有 $30\times10^{-6}\mu g$ 甲基汞,同时又存在 $12.5\times10^{-6}\mu g$ 硒时,就可能抑制甲基汞的毒性。

1.1.2　环境的分类

环境类型的划分尚无一致的标准,根据不同的原则划分的环境类型也不同。人类环境由若干个规模大小不同、复杂程度有别、等级高低有序、彼此交错重叠、彼此互相转化变换的子系统组成,是一个具有程序性和层次结构的网络。过去一般被划分为自然环境和人工环境两种类型。近年来,环境科学家以环境要素的差异、人类对环境的作用、环境的功能、空间范围的大小等为依据,对环境作出了新的分类。

人们可以从不同的角度或以不同的原则,按照人类环境的组成和结构关系将它进行不同的分类。通常的分类原则是:环境范围的大小、环境主体、环境要素、人类对环境的作用以及环境功能等。按环境的范围,由近及远可分为:

（1）聚落环境

聚落是人类聚居的地方与活动的中心。它可分为院落环境、村落环境和城市环境。

（2）地理环境

地理环境是围绕人类的自然现象及人文现象的总体,分为自然地理环境和人文地理环境。

自然地理环境位于地球的表层,即由岩石圈、水圈、土壤圈、大气圈和生物圈组成的相互制约、相互渗透、相互转化的交错带,其厚度为 $10\sim30km$。人文地理环境是指人类的社会、文化、生产、生活活动的地域组合,包括人口、民族、聚落、政治、社团、经济、交通、军事、社会行为等许多成分。它们在地球表面构成的圈层,称为人文圈或社会圈、智慧圈、技术圈。自然地理环境是自然地理物质发展的产物,人文地理环境是人类在前者的基础上进行社会、文化和生产活动的结果。因此,从大的范围来说,地理环境,特别是自然地理环境是环境科学的重点研究对象。

（3）地质环境

简单地说,地质环境是指自然地理环境中除生物圈以外的部分。它能为人类提供丰富的矿物资源。

（4）宇宙环境

环境科学中,宇宙环境是指地球大气圈以外的环境,又称星际环境。不过,此处所指的宇宙环境仅限于人类进入太空活动以后,人和飞行器（人造卫星、探测器、航天飞机等）在太阳系内飞行触及的环境。

毫无疑问,任何一个层次的环境系统,都由低一级层次的各个子系统组成,而它自身又是更高级环境系统的组成部分。

1.1.3　环境的特性

环境系统是一个复杂的系统,各部分之间存在紧密联系和制约关系,同时也具有时、空、量和序变化的动态系统和开放系统。环境中的各种变化不是孤立的,往往是集多种因素于一体的综合反映。由于人类活动与环境系统存在物质、能量和信息的相互流动,因此具有不容忽视的特性。

1. 环境的整体性

环境是以人为中心,对人可能产生影响的各种因素组成的整体。这些因素相互联系、相互影响、相互制约。例如,环境中的大气变化对水环境、土壤环境及生物环境都会带来相应影响。可以说是牵一发而动全身。人类燃烧的矿物质能源使二氧化碳排放量增加,进而导致温室效应加剧,相继引起全球变暖、海平面上升等一系列环境问题。因此环境保护(简称环保)是全球性问题,只有人类携起手来,共同行动,人类的栖息地——地球,才能得到保护。

2. 环境的区域性(变化性或差异性)

不同地区的环境呈现明显的地域差异,形成不同的地域单元,称为环境的区域性,这是由于环境中物质和能量的地域分异规律形成的,地域分异即自然地理环境结构的差异性。

(1)太阳辐射因地球形态和运动轨迹的特点在地表的辐射能量按纬度呈条带状分布,促成具有不同能量水平的环境体系按纬度方向伸展。

(2)由于地表组成物质的不均匀性,特别是海洋、陆地两大物质体系的存在,使地表的能量和水分进行再分配,引起环境按经线方向由海洋向内陆有规律地变化(湿润气候、半湿润、半干旱、干旱气候),从而使具有不同物质、能量水平按经线方向伸展的环境类型,叠加于按纬线方向伸展的环境体系之上(沿海、内陆的差异)。

(3)地貌部位不同,往往会有不同的物质能量水平,相应地有不同的大气、水文和生物状况(高山、平原),使环境类型更加复杂多样。

(4)人类由于科学技术水平不同,生产方式不同,对自然的开发和利用性质、程度都显出极大的差别。自然演化和人类干预使人类生存环境明显具有地区差异,形成不同的地域单元,表现出强烈的区域性。

3. 环境的综合性

环境的综合性表现在两个方面:①任何一个环境问题的产生,都是环境系统内多因素综合作用的结果,其中既有自然因素,如温度、湿度及风速的作用,更有人为因素,如污染物的排放等作用,而且这些因素之间相互影响、相互制约。②解决环境问题需要多学科的综合。实际工作中,为了解决某一环境问题,往往需要综合所涉及的各个领域的学科,在一个总体目标或方案的构架之下,有针对性地将所涉及的各学科问题逐一解决。例如,为解决一条河流的污染问题,调查污染物种类、性质时,要依靠环境化学、环境物理学、微生物学等学科方面的理论和知识;弄清污染危害的程度和范围以及河流本身的自净能力,需借助该河流的水文、地质资料以及生态学、土壤学、医学等方面的知识;制定治理方案,要考虑国家、地方的现行有关政策、法规和对经济发展的影响,资金筹措等经济、财政方面的因素;另外要运用系统工程学方法制定一个现实条件下的最佳方案;实施治理时还要涉及各种工程技术科学。这些都需要进行深入研究和系统分析后,才能作出综合的科学决策。

4. 环境的有限性

自然环境中蕴藏着大量的物质与能量,这些资源都是有限的。另外环境对污染物的容纳量即环境容量也是有限的。环境的有限性提醒人类必须改变传统的生产方式与生活方式,提高资源的利用率,尽可能少地向环境排放废物,改善人与自然之间的关系,构建和谐的人居环境。

5.环境的相对稳定性

在一定时空条件下,环境具有相对稳定性,即环境具有一定的抗干扰能力和自我调节能力。只要干扰强度不超过环境所能承受的界限,环境系统的结构与功能就能逐渐得以恢复,表现出一定的稳定性。这就要求人类活动必须在环境承载力范围内。

6.环境变化的滞后性

自然环境受到外界影响后,其变化及影响往往是滞后的,主要表现为:①环境受到破坏后,其产生的后果很难及时反映出来,有些是难以预测的;②环境一旦被破坏,所需的恢复时间较长,尤其是超过阈值后,要想恢复很难。从这方面来说也体现了环境的脆弱性。例如,森林被砍伐对区域的气候、生物多样性的影响可能反应明显,但对水土保持的影响则是潜在的、滞后的。化学污染也是如此,如日本的水俣病是在污染物排放后 20 年才显现出明显的危害。这种污染危害的时滞性,①由于污染物在生态系统内各类生物中的吸收、转化、迁移和积累需要时间,②与污染物的性质(如半衰期的长短)等因素有关。

7.环境的不可逆性

人类的环境系统在其运转过程中存在两个过程:能量流动和物质循环。后一过程是可逆的,但前一过程不可逆。因此根据热力学理论,整个过程是不可逆的。所以环境一旦遭到破坏,靠环境自身不能完全回到原来的状态。一般说来,小范围的环境破坏在人工帮助下可恢复其原有的生态功能,大范围的环境破坏如全球变暖、臭氧层破坏是很难恢复的,甚至在现有技术条件下是无法恢复的。

8.环境灾害的放大性

实践证明,某方面不引人注目的环境污染与破坏,经过环境的作用后,其危害性或灾害性无论从深度还是从广度上,都会明显地放大。例如,温室气体的过量排放不仅会造成局部地区空气污染,还可能造成酸沉降,毁坏大片森林,大量湖泊不宜鱼类生存,而且还因温室效应,使全球气候异常,气温升高,冰雪融化,海水上涨,淹没大片陆地。

1.2　环境问题

1.2.1　环境问题及其分类

环境问题是指由于人类活动或自然原因引起环境质量恶化或生态系统失调,对人类生活和生产带来不利影响或灾害,甚至对人体健康带来有害影响的现象。环境问题是目前人类面临的几个全球性的主要问题之一。

环境问题的定义有广义和狭义之分。广义的环境问题是指因自然变化或人类活动而引起的环境破坏和环境质量变化,以及由此引发的对人类生存和发展不利的影响。依据其产生原因,环境问题可分为原生环境问题和次生环境问题两类。由自然力引起的环境问题称为原生环境问题,也称第一环境问题,如火山喷发、地震、洪涝、干旱、滑坡等引起的环境问题。由人类生产和生活活动引起的生态系统破坏和环境污染,反过来又危及人类自身生存和发展的现象称为次生环境问题,也称第二环境问题。狭义的环境问题则仅指由于人为原因所导致的环境破坏和环境质量变化,也即广义环境问题中的次生环境问题。

　　一般认为,在环境问题的历史演变过程中,自然环境及其要素自身所发生的某种改变固然在一定程度上会导致环境状况的恶化,但环境的大多数变化主要是人为因素引起的。目前人们真正所关注和研究的是现代环境问题,即伴随人类工业化进程出现的严重的、广泛的、影响深远的以至危及人类生存的环境问题。

　　次生环境问题包括生态破坏、资源浪费和环境污染等方面。生态破坏是指人类活动直接作用于自然生态系统,造成生态系统的生产能力显著下降和结构显著改变而引起的环境问题,如过度放牧引起草原退化、滥采滥捕使珍稀物种灭绝和生态系统生产力下降、植被破坏引起水土流失等。

　　资源浪费是指人类活动直接或间接引发的环境恶化,其导致的资源浪费涉及自然资源的低效利用、修复成本增加以及生态系统服务功能退化等多个维度,如灾害应对成本上升,人类健康支出增加,废弃资源无法循环等。全球电子垃圾、塑料垃圾等因回收体系不完善被填埋或焚烧,每年5000万t电子垃圾中仅20%被回收,损失贵金属价值超570亿美元;空气污染导致呼吸系统疾病,全球每年相关医疗费用超8000亿美元;森林砍伐、湿地退化导致水源涵养、授粉等自然服务功能减弱,亚马孙雨林退化每年损失生态服务价值约3170亿美元,海洋污染和过度捕捞导致渔业资源减少,北大西洋鳕鱼资源量较20世纪70年代下降90%,需投入更多燃料远洋捕捞,这些都是由于污染引起的资源浪费。

　　环境污染是指人类活动的副产品和废弃物进入物理环境后,对生态系统产生的一系列扰乱和侵害,甚至引起环境质量恶化,反过来又影响人类自身的生活质量。环境污染不仅包括物质造成的直接污染,如工业和生活"三废",也包括由物质的物理性质和运动性质引起的污染,如热污染、噪声污染、电磁污染和放射性污染等。由环境污染还衍生出许多环境效应,如二氧化硫造成的大气污染,除了使大气环境质量下降外,还会造成酸沉降或酸雨而导致生态系统遭到破坏。应当注意,原生环境问题和次生环境问题难以截然分开,其间存在某种程度的因果关系和相互作用。

1.2.2　环境问题的由来与发展

　　人从诞生之日起就与自然环境产生了千丝万缕的联系,一方面人类依赖自然环境,另一方面人类又在改变自然环境,人与自然之间的关系随着岁月的变化,环境问题也随之而来,一般来说环境问题的由来与发展大体经历了4个阶段。

1. 人类发展初期的环境问题

　　人在诞生以后的很长一段时间里,只是自然食物的采集者和捕食者,人类的生活完全依赖自然,主要是生活活动及生理代谢过程与环境进行物质和能量交换,人们只是利用自然环境而很少有意识地去改造环境。但是由于过度采集和狩猎,消灭了居住区周围的许多物种,破坏了人类自身的食物来源,使自身的生存受到威胁,这就产生了人类最早的环境问题——第一个环境问题,主要是以过度采集和狩猎引起的局部地区物种减少为特征。为了生存,人类只能从一个地方迁徙到另一个地方,以维持自身的生存和发展,这也使被破坏了的自然环境得以恢复。

2. 第一次浪潮时期的环境问题

　　随着人类的进化,生存能力的增强,人类逐渐学会了驯化动植物,开始了农业和畜牧业,这在人类文明史上是一次重大进步,也是人类的第一次科学技术革命,称为第一次浪潮。随着农业和畜牧业的发展,人类改造自然环境的能力也逐渐增强,与此同时也发生了相应的环境问题。如大量砍伐森林、破坏草原、刀耕火种、反复弃耕,导致水土流失、水旱灾害频繁和沙漠化;又如兴修水利、不合理灌溉,往往引起土壤的盐渍化、沼泽化,使肥沃的土地变成不毛之地。曾经产生古代三大文明(古巴比伦文明、哈巴拉文明、玛雅文明)的地方,原来也是植被丰富、生态系统完善的沃野,只是由于不合理的开发,刀耕火种的掠夺式经营,才导致肥沃的绿洲变成了满目疮痍的荒凉景观。这就是以土地破坏为特征的人类第二个环境问题。

3. 第二次浪潮时期的环境问题

18世纪60年代,人类文明史上出现了以使用蒸汽机为标志的工业革命,掀起了第二次浪潮。但与此同时也造成了严重的环境污染现象,如大气污染、水体污染、土壤污染、噪声污染、农药污染和核污染等,其规模之大、影响之深前所未有,如世界上公认的八大环境污染事件,主要表现为二氧化硫污染、光化学烟雾、重金属污染和毒物污染。

实际上,当时发生的环境污染事件远不止这八大环境污染事件,这些事件都造成了不同程度的人员伤亡,震惊世界,唤醒人们,认识到环境问题的严重性,人们采取了各种治理措施,但当时并未有效制止环境污染的继续发展。

阅读材料:世界公认的八大环境污染事件

(1) 马斯河谷烟雾事件:1930年,比利时马斯河谷工业区由于二氧化硫和粉尘污染,一周内有近60人死亡,数千人患呼吸系统疾病。

(2) 洛杉矶光化学烟雾事件:1943年,美国洛杉矶市汽车排放的大量尾气在紫外线照射下产生光化学烟雾,使大量居民出现眼睛红肿、流泪、喉痛等症状,死亡率大大增加。

(3) 多诺拉烟雾事件:1948年,美国多诺拉镇因炼锌厂、硫酸厂排放的二氧化硫和粉尘造成大气严重污染,使5900多位居民患病,事件发生的第3天有17人死亡。

(4) 伦敦烟雾事件:1952年,英国伦敦由于冬季燃煤排放的烟尘和二氧化硫在浓雾中积聚不散,5d内非正常死亡4000多人,以后的两个月内又有8000多人死亡。

(5) 四日市哮喘病事件:1961年,日本四日市由于石油化工排放的废气,引起居民的呼吸道疾病,尤其是哮喘病的发病率提高,50岁以上的老人发病率为8%,多人死亡。

(6) 水俣病事件:1953—1956年,日本水俣市因含汞废水污染,人们食用富集了甲基汞的鱼、虾等造成中枢神经系统中毒,至1972年有180人患病,其中50余人死亡。

(7) 富山骨痛病(痛痛病)事件:1955—1977年,日本富山县神通川流域,因锌、铅冶炼厂等排放的含镉废水污染了河水和稻米,居民食用后中毒,死亡128人。

(8) 米糠油事件:1968年,日本爱知县一带,多氯联苯混入米糠油中,被人食用后造成中毒,患病者超过10 000人,16人死亡。

1962年,美国生物学家蕾切尔·卡森(Rachel Carson)的《寂静的春天》引起了西方国家的强烈反响。20世纪60年代,在一些工业发达国家兴起了"环境运动",成立了不少全国性环保局,制订了全国性环境科学研究计划;逐步由被动的、单项的治理转变为综合治理。环境质量有所改善,但并没有根本解决问题。

阅读材料：《寂静的春天》

1962年，美国海洋生物学家蕾切尔·卡森(图1-1)在研究了美国使用杀虫剂所产生的危害之后，出版了《寂静的春天》。

背景："第二次浪潮"造成的环境污染，公害事件的发生(伦敦烟雾事件、日本水俣病事件等)。

主要内容：通过列举大量事实，科学论述了双对氯苯基三氯乙烷(DDT)等农药污染物的富集、迁移、转化及其对生态系统的影响，阐述了人类与水、大气、土壤以及其他生物之间的关系，告诫人们要全面认识农药的利弊，正确使用农药，认识到人类生产可能导致严重的后果。

意义：提出人类应该选择另一条发展道路——"另外的道路"，才能生存下去，虽然书里并没有指明这条道路是什么，但此思想引发了世界范围内人类对自身行为和观念的思考。它是对环境问题早期的反思，是现代环境科学思想的启蒙，是引发全球对环境关注和现代环境科学发展的里程碑。

图1-1 "现代环保运动之母"蕾切尔·卡森

4. 第三次浪潮时期的环境问题

20世纪60年代开始的以电子工程、遗传工程等新兴工业为基础的第三次浪潮，使工业技术阶段发展到信息社会阶段。新的技术有利于解决第二次浪潮时期的环境问题，提高环境管理水平，提高环境保护工作效率，但也带来新的环境问题。此时三大类环境问题备受人们关注：①全球性的大气污染问题，如温室效应、臭氧层破坏和酸雨；②大面积的生态破坏，如大面积的森林被毁、草场退化、土壤侵蚀和沙漠化；③突发性的环境污染事件频繁出现，如印度博帕尔农药厂毒物泄漏、苏联切尔诺贝利核能发电厂泄漏、莱茵河污染事故等。同时一些新技术、新材料的应用也会产生相应的环境效应，如光污染等。其中许多因素的环境影响难以预测，如转基因产品等。这些全球性的环境问题严重威胁着人类的生存与发展，不论是普通劳动者还是政府官员，不论是发达国家还是发展中国家都普遍对此表示不安。

阅读材料：印度博帕尔事件

1984年12月3日凌晨，位于印度中央邦首府博帕尔市的农药厂发生甲基异氰酸酯(MIC)储罐泄漏，近40t MIC及其反应物从博帕尔农药厂冲向天空，顺着每小时4n mile(1n mile＝

1.852km)的西北风向东南方向的市区飘去。刹那间,毒气弥漫,覆盖了 25mile(1mile＝1.609 34km)的市区范围。密度超过空气的高温 MIC 蒸汽迅速凝结成雾状,贴近地面飘散,迅猛吞噬人、畜的生命。数十万人在茫茫黑夜中奔逃,咳嗽声、呼喊声、哭叫声响成一片。博帕尔市成了一座恐怖之城。天亮后,看到的是完好的房屋及满街人、畜及飞鸟的尸体。这次人类有史以来最惨重的中毒事件共导致 2500 余人丧生,20 余万人中毒。

阅读材料:苏联切尔诺贝利核泄漏事故

2016 年是日本福岛核事故 5 周年,又逢切尔诺贝利核事故 30 周年,两次事故给人类造成的破坏、创伤以及难以名状的痛苦,并未随着时间的流逝离我们远去。对于两次浩劫的纪念,是缅怀,是警示,也是鞭策。

1986 年 4 月 26 日,当地时间凌晨 1 时 24 分,苏联的乌克兰共和国切尔诺贝利核能发电厂发生严重泄漏及爆炸事故。事故导致 31 人当场死亡,273 人受到放射性伤害,13 万居民被紧急疏散。据乌克兰估计,这场灾难的强度相当于广岛原子弹的 500 倍。事故产生的放射性尘埃随风飘散,使欧洲许多国家受害,估计受害人数不少于 30 万人。至今仍有受放射线影响而导致畸形的胎儿出生。这是有史以来最严重的核事故。此事故引起大众对于苏联核电厂安全性的关注,事故也间接导致了苏联的解体。苏联解体后,独立的国家包括俄罗斯、白俄罗斯及乌克兰等每年仍然投入大量经费与人力致力于灾难的善后以及居民的健康保健。因事故而直接或间接死亡的人数难以估算,且事故后的长期影响至今仍是个未知数。

在这样的社会背景下,1992 年联合国环境与发展大会正式召开,这次会议是人类认识环境问题的又一里程碑。此次会议有 178 个国家 15 000 名代表参加,中国为副主席国之一。这次大会通过了关于环境与发展的《里约环境与发展宣言》(即《地球宪章》)《21 世纪议程》《联合国气候变化框架公约》《生物多样性公约》4 个重要文件,以及《关于森林问题的原则声明》非法律性文件。大会还发起了全球公民签字承诺保护地球的誓言。这次大会把全球的环境保护工作推到高潮,为我们改善正在恶化的地球生态环境带来了希望,环境科学研究也得到进一步推动。

但应该看到,会议后的 10 多年里,地球环境仍在走向进一步的危机。温室效应加剧、沙漠化、水危机、森林减少、土壤碱化、气象异常等问题愈演愈烈,全球 65% 的可耕地已丧失应有的生物和物理功能;世界渔业的 60% 已达到捕捞极限或正在过度捕捞;有研究统计显示,20% 的珊瑚已经灭绝,另有 32% 将在 2032 年消失;1/4 的哺乳动物物种将面临灭绝。而且地球人口继续膨胀,贫困也继续蔓延。发达国家和发展中国家的贫富差距、卫生差距以及享有高新技术和能源资源等的差距,也都在迅速扩大。可以说,贫困的扩大与生态环境的恶化相互关联。人类目前的行为极大地改变着未来的物种进化过程。

2002 年 8 月 26—9 月 4 日,包括 104 个国家元首和政府首脑在内的 192 个国家代表出席了在南非约翰内斯堡召开的被称为又一次"地球峰会"的联合国可持续发展世界首脑会议开幕式。本次可持续发展世界首脑会议的五大议题是健康、生物多样性、农业生产、水和能源。大会的成果则主要体现为闭幕时通过的《约翰内斯堡可持续发展宣言》和《可持续发展世界首脑会议执行计划》两个重要文件。在《约翰内斯堡可持续发展宣言》中,各国首脑和代表承诺:将不遗余力地执行可持续发展的战略,把世界建成一个以人为本,人类与自然协调发展的社会。《可持续发展世界首脑会议执行计划》指出,当今世界面临的最严重的全球性问题是消除贫困。这是可持续发展,尤其是发展中国家实现可持续发展必不可少的条件。

不过,在全球可持续发展领域还存在着令人无法视而不见的问题——发达国家和发展中国家之间的矛盾,发达国家能否采取实质性措施偿还对发展中国家的"生态债务"是解决这一矛盾的关键。全球可持续发展战略能否得到实施,相当程度上取决于里约热内卢环境与发展大会确定的"共同但有区别的责任"原则的落实。

联合国2024年6月28日发布的《2024年可持续发展目标报告》显示,距离实现可持续发展目标仅剩6年时间,但目前取得的进展与实现目标的要求仍相去甚远。在世界百年未有之大变局加速演进的背景下,全球可持续发展任重道远。国际发展体系迎来颠覆性变革,国际公共产品正替代官方发展援助成为促进国际发展的新形式。

肯尼亚非洲政策研究所中国-非洲研究中心执行主任丹尼斯·穆尼内(Dennis Munene)认为,未来全球发展议程可能会受到诸如技术进步、地缘政治动态、气候变化和环境可持续性、工业发展、经济形势变化(如失业率攀升、通货膨胀、衰退、萧条、复苏等)和公共卫生危机(如新冠疫情)等关键因素的影响。这些因素将改变国际发展政策的游戏规则,影响21世纪全球社会的发展。

对此,穆尼内呼吁,国际社会需要推动建设平等有序的多极化世界,以实现共同发展。产业发展、科技进步、贸易促进、基础设施建设、生态文明建设等政策要立足于相互尊重、团结一致、合作共赢、开放、共同繁荣等原则,这样才能确保任何国家或社会不掉队。此外,由于气候变化的破坏性影响、"逆全球化"调整以及世界各地持续不断的国家间和国家内部冲突,国际社会需要进行"文明之间的平等对话",以建立一个对各方都有利的、有韧性的、反应灵敏的全球治理框架。

1.2.3 环境问题的实质

人类是环境的产物,也是环境的一员。人类和一切生物一样,不可能脱离环境而存在,每时每刻都生活在环境之中,并且不断受各种环境因素的影响,同时人类的活动也不断地影响着自然环境。从环境问题的产生与发展历程来看,人为的环境问题随着人类的诞生而产生,并随着人类社会的发展而发展。人类为了维持生命,要从周围环境中获取生活资料和生产资料,随之也就开始不断地改造环境。也就是说,环境问题实质是人与自然的关系问题,是人们不适当地开发利用环境资源而造成的。一是由于盲目发展、不合理开发利用资源而造成的环境质量恶化和资源浪费,甚至枯竭和破坏;二是由于人口爆炸、城市化和工农业高速发展使排放的废物超过了环境容量而引起的环境污染。只有正确地处理发展与环境的关系,才能从根本上解决日益严重的环境问题。

从环境问题的发展历程可以看出:人为的环境问题是随人类的诞生而产生,并随着人类社会的发展而发展。从表面现象看,工农业的高速发展造成严重的环境问题,局部虽有所改善,但总的趋势仍在恶化。因而在发达的资本主义国家出现了"反增长"的错误观点。诚然,发达的资本主义国家实行高生产、高消费的政策,过多地浪费资源、能源,应该进行控制;但是,发展中国家的环境问题,主要是由于贫困落后、发展不足、发展中缺少妥善的环境规划和正确的环境政策造成的。所以只能在发展中解决环境问题,既要保护环境,又要促进经济发展。只有正确处理发展与环境的关系,才能从根本上解决环境问题。

综上所述,造成环境问题的根本原因是对环境的价值认识不足,缺乏妥善的经济发展规划和环境规划。环境是人类生存发展的物质基础和制约因素,随着人口的增长,从环境中取得食物、资源、能源的数量也必然会增长。人口的增长要求工农业迅速发展,为人类提供越来越多的工农业产品,再经过人类的消费过程(生活消费与生产消费),变为"废物"排入环境或降低环境资源的质量。环境的承载能力和环境容量是有限的,如果人口的增长、生产的发展不考虑环境条件的制约作用而超出环境的容许极限,就会导致环境的污染与破坏,造成资源的枯竭和人类健康的损害。所以,环境问题的实质一是由于盲目发展、不合理开发利用资源而造成的环境质量恶化和资源浪费,甚至枯竭和破坏;二是由于城市化和工农业高速发展而引起的环境污染。总之是人类社会发展与环境不和谐所引起的问题。

1.3 环境科学

1.3.1 环境科学的出现

从 20 世纪 50 年代环境问题成为全球性重大问题开始,许多科学家(包括生、化、地、医、物理、工程和社会科学家)对环境问题进行共同调查和研究。在各个原有学科的基础上,运用原有学科独特的理论和方法,研究环境问题。通过这种研究,逐渐出现了一些新的分支学科,如环境生物学、环境化学、环境经济学等,从中孕育产生了环境科学。20 世纪 70 年代才开始出现以环境科学为书名的综合性专著。

环境科学的出现具有以下作用:①推动了自然科学各个学科的发展。自然科学是研究自然现象及其变化规律的,各个学科从不同的角度去探索、认识自然。环境科学的出现使自然科学的许多学科把人类活动产生的影响作为一个重要研究内容,拓宽了学科研究领域,推动了学科发展,同时也促进了学科间的相互渗透。②推动了环境科学整体化的研究。环境是一个完整的有机系统,是一个整体。过去,各门自然科学,比如物理学、化学、地理学、生物学等都是从本学科角度探讨环境科学。然而自然界的各种变化,都不是孤立的,而是多种因素的综合变化。各个环境要素,如大气、水、生物、土壤和岩石同光、热、声等因素互相依存、互相影响。因此,在研究和解决环境问题时必须全面考虑各种因子,实行跨部门、跨学科的合作。现在,环境科学包括了数(数学)、理(物理)、化(化学)、天(天文)、地(地学)、生(生物)、医(医学)、工(工程)、社(社会)、经(经济)、法(法律)、管(管理)等学科。

1.3.2 环境科学的研究对象和任务

明确环境科学的研究对象有助于对环境科学的了解。我国国家自然科学基金项目指南中指出:环境科学的研究对象是人类环境的质量结构与演变。环境科学的任务在于揭示社会进步,经济增长与环境保护协调发展的基本规律,研究保护人类免于环境因素负影响,保护环境免于人类活动的负影响及为提高人类健康和生活水平而改善质量的途径。因此,环境科学是对人类生活的周围自然环境进行综合研究的学科,包括人类与大气、土壤、能源、水、矿产资源及生物之间的关系,以及与环境质量和环境保护相关的一系列问题,还要研究由于环境问题和保护环境所带来的经济学、社会学和法学等社会科学方面的问题以及人和环境的辩证关系等,其核心内容是人类-环境系统中的人与环境质量。因此需要充分运用地学、生物学、化学、物理学、医学工程学、数学、计算科学以及社会学、经济学、法学等多种学科的知识综合分析问题。

环境科学的研究任务是探索全球范围内人类与环境的相互作用及演化规律,查明环境质量变化及其对生态系统和人类存在的影响,理论探索区域环境污染防治手段。宏观上,它研究人类与环境之间的相互作用、相互促进、相互制约的对立统一关系,揭示社会经济发展和环境保护协调发展的基本规律。微观上,它研究环境中的物质,尤其是人类排放的污染物在有机体内的迁移、转化和积累的过程与运动规律,探索其对生命的影响和作用机理等;研究环境污染和生态环境恶化综合防治技术及管理措施;保障人类社会与环境保护的协调发展。环境科学具有综合性、整体性、不确定性、系统开放性和公众性等特点。

1.3.3 环境科学的分支

1. 自然科学范畴

(1) 环境地学

环境地学以人-地系统为对象,研究它的发生和发展、组成和结构、调节和控制、改造和利用。目前环境地学学科体系庞大,可再分为:环境地质学、环境地球化学、环境海洋学、环境土壤学、污染气象学等。例如,其中的环境海洋学主要研究污染物在海洋中的分布、迁移、转化规律,污染物对海洋生物和人体的影响及其保护措施。

(2) 环境生物学

环境生物学研究生物与受人类干预的环境之间相互作用的机理和规律。它有两个领域:一个是针对环境污染问题的污染生态学,另一个是针对环境破坏问题的自然保护、生物多样性保护(如资源保护、合理利用,生态农业建设)。环境生物学宏观上,研究环境中污染物在生态系统中的迁移、转化、富积和归宿,以及对生态系统结构和功能的影响;微观上,研究污染物对生物的毒理作用和遗传变异影响的机理和规律(如生态毒理学)。

(3) 环境化学

环境化学主要是鉴定和测量化学污染物在环境中的含量,研究它们的存在形态和迁移、转化规律,探讨污染物的回收利用和分解成为无害的简单化合物的机理。它有两个分支:环境污染化学和环境分析化学。

(4) 环境物理学

环境物理学研究物理环境和人类之间的相互作用。它主要研究声、光、热、电、磁场和射线对人类的影响,及消除其不良影响的技术途径和措施。环境物理学分为环境光(声、热、电磁、放射)学和环境空气动力学、水环境流体动力学等。

(5) 环境医学

环境医学研究环境与人群健康的关系,特别是研究环境污染对人群健康的有害影响及其预防措施。它包括探索污染物在人体内的动态和作用机理,查明环境致病因素和致病条件,阐明污染物对健康损害的早期反应和潜在的远期效应,以便为制定环境卫生标准和预防措施提供科学依据。环境医学领域有:环境流行病学、环境毒理学、环境医学监测等。

（6）环境工程学

环境工程学运用工程与生态学（生态工程）的原理和方法，防治环境污染，合理利用自然资源，保护和改善环境质量。主要研究内容有大气污染防治工程、水污染防治工程、水的综合利用与回用技术、固体废物的处理和利用，清洁能源、噪声控制等；运用系统工程和系统分析的方法，从区域环境的整体上寻求解决环境问题的最佳方案，包括环境质量管理（ISO 14000）、生态修复规划、环境规划（景观生态规划、地球信息系统（GIS）和遥感技术的应用）、环境影响评价。

2. 社会科学范畴

（1）环境经济学

环境经济学研究经济发展和环境保护之间的相互关系，探索合理调节人类经济活动、社会活动（包括人口控制）和环境之间物质交换的基本规律，其目的是使经济活动能取得最佳的经济效益和环境效益。

（2）环境管理学

环境管理学研究采用行政的、法律的、经济的、宣传教育的和计算机信息等科学技术的各种手段来调整社会经济发展同环境保护之间的关系，处理国民经济各部门、各社会团体和个人有关环境问题的相互关系，通过全面规划和合理利用自然资源，达到保护环境和促进经济发展的目的。

（3）环境法学

环境法学研究关于自然资源保护和防治环境污染的立法体系、法律制度和法律措施，目的在于调整因保护环境而错失的社会关系，以及各种环境法规，环境纠纷处理方法、技术、程序。

环境科学现有各分支学科正在蓬勃发展，还将出现更多新的分支学科。这种发展情况将使环境科学成为一个庞大的学科体系。

环境是一个有机整体，环境污染又是极其复杂、涉及面相当广泛的问题。尽管它们各自发展不断分支，各有特色，但又相互渗透，相互依存，是环境科学这个枝繁叶茂体系不可分割的组成部分。

1.3.4　环境科学的发展与未来

21世纪的环境科学面临复杂环境系统的诸多挑战。整体的、综合的、长期的、多空间尺度的、多学科融合的环境科学研究是发展的大趋势，各环境要素与环境过程之间的相互联系、作用、响应、适应与反馈，是环境科学研究的重点。从学科发展的角度来看，这种挑战也是一个重大的机遇。因为跨学科的交叉研究，多要素多过程的综合研究，微观与宏观结合的多尺度研究，强调相互联系、相互作用与相互适应机理的研究，将产生大量开创性的研究成果，环境科学将实现全面快速发展。

总的来说，21世纪的环境科学，将是微观更微、宏观更宏，但微观和宏观的结合、过程和机理的结合、多学科交叉融合等方面将会有实质性的突破。环境科学的学科体系，将会面临调整、丰富和完善。在发展原有的"污染环境"研究的基础上，环境科学研究需要更注重资源与生态系统，更注重环境与生态系统的变化演替，更注重灾害与生态环境安全等方面的研究,更注重提升人类社会对可能到来的环境变化的应对能力。

国家自然科学基金对环境科学研究的支持与推动,也面临一些难点课题。大的方面,如何将研究对象由以前的分散状态逐渐聚合到"复杂环境系统"上?如何引导环境科学研究从各分支学科研究向"复杂环境系统综合研究"转变?具体说来,有以下方面:加强国家自然科学基金框架内环境科学研究的战略研究,确定优先发展方向,统筹协调资助预算,增强国家自然科学基金对环境科学研究发展的战略引导作用;加强国家自然科学基金框架内跨学部、多学科的环境科学研究,鼓励综合研究、促进学科交叉,推动环境科学从多学科到跨学科、从跨学科到学科交叉融合的发展;同时,由于多学科交叉的研究团队组成比较复杂,交叉和融合需要一个过程,可以考虑设立一些长期项目,在较长时间内支持一些多学科交叉的研究团队,帮助其成长和发展。

随着人类在控制环境污染方面所取得的进展,环境科学这一新兴学科也日趋成熟,并形成自己的基础理论和研究方法。它将由分门别类研究环境和环境问题逐步发展到从整体上进行综合研究。

环境科学的方法论也在发展。例如,在环境质量评价中,逐步建立起一个将环境的历史研究同现状研究结合起来,将微观研究同宏观研究结合起来,将静态研究与动态研究结合起来的研究方法;并且运用数理统计理论、数学模式和规范的评价程序,形成一套基本上能够全面、准确地评定环境质量的评价方法。

环境科学现有的各分支学科,正处于蓬勃发展时期。这些分支学科在深入探讨环境科学的基础理论和解决环境问题的途径和方法的过程中,还将出现更多的新的分支学科。例如,环境生物学在研究污染对微生物生命活动和种群结构的影响,以及由于微生物种群的变化而引起的环境变化,将导致环境微生物学的出现。这种发展情况将使环境科学成为一个枝繁叶茂的庞大学科体系。

人类只有一个地球。集天地之灵气,采万物之精华,勇敢的人类从洪荒时代走到了文明世纪。人类的智慧创造了经济奇迹,无知与贪婪却留下了恶果。环境污染,生态恶化,地球发出了痛苦的呻吟;善待万物,就像善待我们的朋友;拯救地球,就是拯救我们的家园!

1.4 生态环境与环境污染

1.4.1 生态环境

生态环境是影响人类生存与发展的水资源、土地资源、生物资源以及气候资源数量与质量的总称,是关系到社会和经济持续发展的复合生态系统。生态环境问题是指人类为了自身生存和发展,在利用和改造自然的过程中,对自然环境破坏和污染所产生的危害人类生存的各种负反馈效应。

生态环境是生态和环境两个名词的组合。生态是指生物(细菌、病毒、动物、真菌、植物五大类)之间和生物与周围环境之间的相互联系、相互作用。生态一词源于古希腊字,原来是指一切生物的状态,以及不同生物个体之间、生物与环境之间的关系。德国生物学家恩斯特·海克尔 1869 年提出生态学的概念,认为它是研究动物与植物之间、动植物及环境之间相互影响的一门学科。在提及生态术语时所涉及的范畴越来越广,特别在国内常用生态表征一种理想状态,出现了生态城市、生态乡村、生态食品、生态旅游等提法。

　　环境是指人类赖以生存和发展的物质条件的综合体,实际上是人类的环境。人类环境一般可分为自然环境和社会环境。自然环境又称为地理环境,即人类周围的自然界,包括大气、水、土壤、生物和岩石等。地理学把构成自然环境总体的因素划分为大气圈、水圈、生物圈、土壤圈和岩石圈5个自然圈。社会环境指人类在自然环境的基础上,为不断提高物质和精神文明水平,在生存和发展的基础上逐步形成的人工环境,如城市、乡村、工矿区等。《中华人民共和国环境保护法》则从法学角度对环境下了定义:本法所称,环境是指影响人类生存和发展的各种天然的和经过人工改造的自然因素的总体,包括大气、水、海洋、土地、矿藏、森林、草原、湿地、野生生物、自然遗迹、人文遗迹、自然保护区、风景名胜区、城市和乡村等。

　　因此,生态与环境是两个相对独立的概念,但两者又紧密联系、相互交织,因而出现了"生态环境"这个新概念。生态偏重于生物与其周边环境的相互关系,更多地体现出系统性、整体性、关联性,而环境更强调以人类生存发展为中心的外部因素,更多地体现为人类社会的生产和生活提供的广泛空间、充裕资源和必要条件。生态环境与自然环境在含义上十分相近,有时人们将其混用,但严格说来,生态环境并不等同于自然环境。自然环境的外延比较广,各种天然因素的总体都可以说是自然环境,但只有具有一定生态关系构成的系统整体才能称为生态环境。仅有非生物因素组成的整体,虽然可以称为自然环境,但并不能叫作生态环境。

1.4.2　环境污染

　　环境污染指自然或人类活动产生的有害物质或因子进入环境而超过环境的自净能力所引起环境系统的结构与功能发生变化,从而使环境的质量降低,对人类的生存与发展、生态系统和财产造成不利影响的现象。造成环境污染的原因很多,主要包括化学型、物理型和生物型3个方面。

1. 环境污染的分类

　　环境污染多种多样,分类方式较多。按环境要素,分为大气污染、土壤污染、水体污染;按属性,分为显性污染和隐性污染;按人类活动,分为工业型污染、生活型污染、农业型污染;按污染物性质,分为化学污染、生物污染、物理(噪声、放射性、电磁波)污染、固体废物污染、能源污染。

　　环境污染源是指环境污染的发生源,通常指能产生物理的、化学的及生物的有害物质或能量的设备、装置或场所的人类活动引发的环境污染发生源。环境污染源主要有以下几方面:工厂源、生活源、交通源、农业源、采矿源、空气源以及其他污染源。

2. 环境污染的特点

　　环境污染是各种污染因素本身及其相互作用的结果。同时,环境污染还受社会评价的影响而具有社会性。它的特点可归纳为:复杂性、潜伏性、持久性、广泛性。

　　(1)环境污染损害具有复杂性。首先,由于环境污染源来自生产生活的各个领域,产生的污染物种类繁多,并且这些污染物常常是经过转化、代谢、富集等各种反应后,才导致污染损害。其次,与一般民事违法行为所造成损害不同,污染环境行为造成他人损害的过程非常复杂。

（2）环境污染损害具有潜伏性。这是因为，环境本身具有消化污染物的自净能力，但如果某种污染物的排放量超过环境的自净能力，环境不能消化掉的那部分污染物会慢慢蓄积起来，最终导致损害的发生。

（3）环境污染损害具有持续性。环境污染损害常常透过广大的空间和长久的时间，经过多种因素的复合积累后才形成，因此造成的损害是持续不断的。同时，由于受科学技术水平的制约，对一些污染损害缺乏有效的防治方法。因此，环境污染损害并不会因为污染物的停止排放而立即消除，具有持续性。

（4）环境污染损害具有广泛性。①受害地域的广泛性，如海洋污染往往涉及周边的数个国家；②受害对象的广泛性，包括全人类及其生存的环境；③受害利益的广泛性，环境污染往往同时侵害人们的生命、健康、财产等。

3. 环境的自净

环境自净指环境受到污染后，在物理、化学和生物作用下，逐步消除污染物达到自然净化的过程。环境自净按发生机理可分为物理净化、化学净化和生物净化三类。环境自净能力指自然环境通过大气或水流的扩散、氧化以及微生物的分解作用，将污染物转化为无害物的能力。

环境自净的物理作用有稀释、扩散、淋洗、挥发、沉降等。含有烟尘的大气，通过气流的扩散、降水的淋洗、重力的沉降等作用，而得到净化；浑浊的污水进入江河湖海后，通过物理的吸附、沉淀和水流的稀释或扩散等作用，水体恢复到清洁的状态。

环境自净的化学反应有氧化和还原、化合和分解、吸附、凝聚、交换、络合等。例如，某些有机污染物经氧化还原作用生成水和 CO_2 等。

生物的吸收、降解作用使环境污染物的浓度和毒性降低或消失。例如，植物能吸收土壤中的酚、氰，并在体内转化为酚苷和氰苷，球衣菌可以把酚、氰分解为 CO_2 和水；绿色植物可吸收 CO_2，放出 O_2。

4. 环境污染的危害

环境污染会给生态系统造成直接的破坏和影响，如沙漠化、森林破坏，会给人类社会造成间接的危害，有时这种间接危害比直接危害更大，也更难消除。

全球范围内都不同程度地出现了环境污染问题，具有全球影响的包括大气环境污染、海洋污染、城市环境问题等。随着经济和贸易的全球化，环境污染也日益呈现国际化趋势，出现的危险废物越境转移问题则是这方面的突出表现。

环境污染对生物的生长发育和繁殖具有十分不利的影响。污染严重时，生物在形态特征、生存数量等方面都会发生明显的变化。根据污染物的来源，环境污染对人体健康的危害主要包括以下几方面。

（1）大气污染与人体健康

大气污染主要是指大气的化学性污染。大气中化学性污染物的种类很多，对人体危害严重的多达几十种。我国的大气污染属于煤炭型污染，主要污染物是烟尘和 SO_2，此外还有 O_3、NO_x（NO_2、NO）和 CO 等。这些污染物主要通过呼吸道进入人体，不经肝脏的解毒作用，直接由血液运输到全身。所以，大气的化学性污染对人体健康的危害很大。

大气中化学性污染物的浓度一般比较低，对人体主要产生慢性毒害作用。城市大气的化学性污染是慢性支气管炎、肺气肿和支气管哮喘等疾病的重要诱因。在工厂大量排放有害气体且无风多雾时,大气中的化学污染物不易散开,就会使人急性中毒。

大气中化学性污染物中具有致癌作用的有多环芳烃类和含铅化合物等,其中苯并[a]芘引起肺癌的作用最强烈。燃烧的煤炭、行驶的汽车和香烟的烟雾中都含有很多苯并[a]芘。大气中的化学性污染物,还会降落到水体和土壤中以及农作物上,被农作物吸收和富集后,进而危害人体健康。

大气污染还包括大气的生物性污染和大气的放射性污染。大气的生物性污染物主要有病原菌、霉菌孢子和花粉。病原菌能使人患肺结核等传染病,霉菌孢子和花粉能使一些人产生过敏反应。大气中的放射性污染物,主要来自原子能工业的放射性废弃物和医用 X 射线源等,这些污染物容易使人患皮肤癌和白血病等。

（2）水污染与人体健康

河流、湖泊等水体被污染后,对人体健康会造成严重危害,主要表现在三个方面。①饮用污染的水和食用污水中的生物,能使人中毒,甚至死亡。例如,1956 年,日本熊本县的水俣湾地区出现一些病因不明的患者,患者出现痉挛、麻痹、运动失调、语言和听力发生障碍等症状,最后因无法治疗而痛苦地死去,人们称这种怪病为水俣病。这种病是由当地含汞的工业废水造成的。汞转化成甲基汞后,富集在鱼、虾和贝类的体内,人们如果长期食用这些鱼、虾和贝类,就会引起以脑细胞损伤为主的慢性甲基汞中毒。②被人畜粪便和生活垃圾污染的水体,能够引起病毒性肝炎、细菌性痢疾等传染病,以及血吸虫病等寄生虫疾病。③一些具有致癌作用的化学物质,如 As、Cr、苯胺等污染水体后,可在水体中的悬浮物、底泥和水生生物体内蓄积。长期饮用这样的污水,容易诱发癌症。

（3）固体废物污染与人体健康

固体废物是指人类在生产和生活中丢弃的固体物质。应当认识到,固体废物只是在某一过程或某一方面没有使用价值,实际上往往可作为另一生产过程的原料被利用,因此,固体废物又叫"放在错误地点的原料"。但是,这些"原料"往往含有多种对人体健康有害的物质,如不及时加以处理或利用,长期堆放,就会污染生态环境,对人体健康造成危害。

（4）噪声污染与人体健康

噪声对人的危害是多方面的,①损伤听力。长期在强噪声中工作,听力就会下降,甚至造成噪声性耳聋。②干扰睡眠。当人的睡眠受到噪声干扰时,就不能消除疲劳、恢复体力。③诱发多种疾病。噪声会使人处在紧张状态,心率加快、血压升高,甚至诱发胃肠溃疡和内分泌系统功能紊乱等疾病。④影响心理健康。噪声使人心情烦躁,不能集中精力学习和工作,并且容易引发工伤和交通事故。

1.4.3　环境污染对生态环境的影响

全球环境问题也称国际环境问题,指超越主权国家国界和管辖范围的区域性和全球性的环境污染和生态破坏问题。

20 世纪 80 年代以来,具有全球性影响的环境问题日益突出,不仅发生了区域性的环境污染和大规模的生态破坏,而且出现了温室效应、臭氧层破坏、全球气候变化、酸雨、物种灭绝、土地沙漠化、森林锐减、越境污染、海洋污染、野生物种减少、热带雨林减少、土壤侵蚀等大范围和全球性的环境危机,严重威胁着全人类的生存和发展。

1. 气候变暖

自地球形成以来,温室效应就一直在起作用。如果没有温室效应,地球表面会寒冷无比,温度会在−20℃左右,生命就不会形成。地表上的大气层,既让太阳辐射透过而达到地面,同时又阻止地面辐射的散失。地球大气层和地表这一系统如同一个巨大的"玻璃温室",使地表始终维持一定的温度,产生适于人类和其他生物生存的环境。人们把大气对地面的这种保护作用称为大气的温室效应。引起温室效应的气体称为"温室气体",它们对太阳短波辐射(可见光)具有高度的透过性,对地球反射出来的长波辐射(如红外线)具有高度的吸收性。这些气体包括 CO_2、CH_4、氟氯化碳、O_3、NO 和水蒸气等,其中与人类关系最密切的是 CO_2。

全球变暖指全球的气候变化以及这种变化对自然和人类生存环境的影响。其实,全球变暖这种说法有误导性,因为它让人觉得气候会变热,而不是更干旱、更多恶劣天气。气候变化影响全球的水文和生物状况,或者说影响着一切,包括风、雨和温度。

(1) 冰川消融

全球变暖以及由此带来的冰雪加速消融,正在对全人类及其他物种的生存构成严重威胁。冰川是我们赖以生存的资源——淡水最主要的来源,地下淡水储备很大部分来自冰山融水。气温平衡正常时,冰山的冰雪循环系统,即冰山夏天融化,流向山下,流入地下,给平原地区积累淡水;冬天水分以水蒸气的形式回到山上,通过大量降雪重新积累冰雪,也是过滤过程。整个循环过程为淡水的稳定平衡起到保障作用。

(2) 海平面上升

气温升高会造成冰山消融。海冰和极地冰盖不断融化,使海洋水量增多,造成海平面升高。海平面上升,会导致降水重新分布,改变全球的气候格局。目前,世界上有很多像迈阿密这样的城市都面临着海平面上升带来的威胁。格陵兰岛冰盖融化使科罗拉多河的流量增加 6 倍。如果格陵兰岛和南极的冰架继续融化,2100 年海平面将比现在高出 6m。

(3) 热浪

热浪是指天气持续地保持过度的炎热,也有可能伴随有很高的湿度。这个术语通常与地区相联系,所以一个对较热气候地区来说是正常的温度,对一个通常较冷的地区来说可能是热浪。一些地区比较容易受到热浪的袭击,如夏干冬湿的地中海气候。热浪不仅抑制人体的一些功能,更能致人死亡,特别是老年人。

在最近的 50~100 年中,酷热热浪的发生频率比往常高出 2~4 倍。据预测,在未来 40 年中还会有比如今的情况严重 100 倍的热浪情况出现。持续的热浪会导致火灾频繁发生,还会造成相关疾病的出现,地球平均气温也会升高。2024 年 3 月 19 日,世界气象组织发布的《2023 年全球气候状况报告》数据显示:2023 年是有记录以来最热的一年,热浪等影响了数百万人的日常生活,造成了数十亿美元的经济损失。

(4) 飓风

飓风是指在大西洋或北太平洋东部(国际日期变更线以东)发生的、中心附近最大持续风级达到 12 级及以上(即风速达每秒 32.6m 以上)的热带气旋。飓风中心有一个风眼,风眼越小,破坏力越大。台风和飓风都属于北半球的热带气旋,因为它们产生在不同的海域,被不同国家的人用了不同的称谓。一般来说,在大西洋上生成的热带气旋,被称作飓风;在太平洋上生成的热带气旋被称作台风。

全球气温上升会对降水造成影响。在短短30年里，4～5级强烈飓风的发生频率几乎增加一倍。台风、海啸等灾难不但直接破坏建筑物，威胁人类生命安全，也会带来次生灾难，尤其是台风、飓风等灾难所带来的大量降雨，会导致泥石流、山体滑坡等，严重威胁交通安全和居民生活安全。2024年7月登陆我国的台风"格美"造成我国台湾省10人死亡、897人受伤、2人失踪，经济损失36亿301万新台币；造成我国闽、浙、赣、粤4省直接经济损失57.9亿元，残余环流导致湖南省死亡失踪94人，直接经济损失86.1亿元。

（5）干旱

一些地方被风暴和泛滥的洪水袭击时，另一些地方却遭受干旱的威胁。随着气候的变暖，专家估计旱情可能至少增加66%。旱情增加使供水量萎缩，导致农作物产量下降。这使得全球的粮食生产和供给处于危险之中，人们面临饥饿威胁的危险系数越来越高。

（6）疾病

洪水、干旱高温天气，给病毒创造了极好的生长环境，蚊子、扁虱、老鼠等携带疾病的生物越发繁盛。据世界卫生组织称，新生的或复发的病毒正在迅速传播，它们会生存在与以往不同的国家中，一些热带疾病也可能在寒冷的地方发生，比如蚊子就使加拿大人感染了西尼罗河病毒。每年大约有15万人死于与气候变化相关的疾病，一切与热有关的心脏病和疟疾引起的呼吸问题，都在一度增长。

（7）经济损失

随着温度的升高，用于弥补因气候变化造成损失的花费越来越多。严重的风暴和洪水造成的农业损失多达数十亿美元，同时治疗传染性疾病和预防疾病传播也需很多资金。极端天气也会造成极其严重的经济滑坡。2021年7月中下旬河南省发生的极端强降雨就造成了全省1453.16万人受灾，302人遇难，倒塌及损坏房屋累计784 265间，直接经济损失1142.69亿元。2023年6—7月，我国华北地区降水偏少，多地发生不同程度干旱；8月初，华北大部分地区出现极端暴雨，仅北京市就有129万人受灾，33人死亡，农作物受灾面积达1.5万hm^2。2023年8月11日河北省政府新闻办召开"河北省防汛救灾暨灾后重建"新闻发布会通报，本次特大暴雨过程，洪涝灾害波及110个县（市、区）。经初步统计，截至8月10日，全省有388.86万人遭受洪涝灾害，全省直接经济损失958.11亿元。

（8）战争隐患

环境污染对生态环境的影响，使人类面临优质粮食、水源和土地的减少，造成威胁全球安全的隐患增多，进而引起冲突和战争。例如，非洲一些地区20年里只有微量降水，而附近印度洋的气温却一直升高。不稳定的食物供给也是引发战争和冲突因素之一，这表明暴力和生态危机之间存在关联。水资源短缺和食物缺乏的国家因此埋下安全隐患，区域动荡、恐慌和侵略随时可能发生。

（9）栖息地减少

如果年均气温保持1.1～6.4℃的增长速度，到2050年约30%的动植物面临灭绝的威胁。野生动物研究者注意到更多的弹性迁移，如动物从北方迁徙到南方，寻找维持其生存所需的栖息地。气温升高，冰川消融，海平面升高。海平面上升威胁到人类的栖息地，根据现有的人口规模及分布状况，如果海平面上升1m，全球将有1.45亿人的家园被海水吞没。

（10）珊瑚白化

气候变化对自然生态系统产生影响,意味着世界上任何变化都与土地、水和生物生活的变化息息相关。科学家通过观察白化和死亡的珊瑚礁,发现这是海水变暖造成的。同时,一些植物漂移,动物改变栖息地的现象,也都是由于空气和水的温度上升或冰盖融化造成的。

（11）食物链断裂

海洋温度上升会破坏大量以珊瑚为中心的生物链。最底层的食物消失,使海洋食物链从最底层开始向上迅速断裂,并蔓延至海洋以外。由于没有食物,大量海洋生物和以海洋生物为食的其他生物将死亡。

温度上升,无脊椎类动物,尤其是昆虫类生物会提早从冬眠中苏醒,而靠这些昆虫为生的长途迁徙动物却错过捕食时机,从而大量死亡。昆虫们提前苏醒,因为没有了天敌,将会肆无忌惮地吃掉大片森林和庄稼。没有森林,等于无形当中增加 CO_2 的含量,加速全球变暖,形成恶性循环;没有庄稼,等于人类没有食物。

2. 臭氧层破坏

1）臭氧层的作用

臭氧层指大气平流层中臭氧(O_3)浓度相对较高的部分,主要作用是吸收短波紫外线。自然界中的臭氧层大多分布在离地 $20\sim50km$ 的高空。

臭氧层中的 O_3 主要是紫外线照射产生的。O_2 分子受到短波紫外线照射时会分解成原子状态。氧原子不稳定,极易与其他物质发生反应。O_3 相对密度大于 O_2 的,在逐渐降落过程中,随着温度上升,臭氧不稳定性愈趋明显,受到长波紫外线照射时又还原为 O_2。臭氧层就是保持这种 O_2 与 O_3 相互转换的动态平衡。

（1）臭氧层的保护作用

臭氧层能够吸收波长小于 306.3nm 的紫外线(UV),主要是一部分中波紫外线(UV-B,波长 $290\sim300nm$)和全部的短波紫外线(UV-C,波长<290nm),保护人类和动植物免遭短波紫外线的伤害。经过臭氧层后,只有长波紫外线(UV-A)和少量的 UV-B 能够辐射到地面,UV-A 对生物细胞的伤害要比 UV-B 轻微得多。臭氧层很薄,假设将臭氧层拿到地面(1 个大气压),厚度只有 3mm。

（2）臭氧层的加热作用

O_3 吸收太阳光中的 UV 并将其转换为热能,从而加热大气。臭氧层存在于同温层。同温层又称平流层,由于臭氧层的加热作用,此层被分成不同的温度层,高温层置于顶部,而低温层置于底部。它与位于其下贴近地表的对流层刚好相反,对流层是上冷下热的。在中纬度地区,同温层位于离地表 $10\sim50km$ 的高度,而在极地,此层则始于离地表 8km 左右的高度。

2）臭氧层的破坏

1984 年,英国科学家首次发现南极上空出现臭氧空洞。1985 年,美国"雨云-7 号"气象卫星测到这个臭氧空洞。同年,英国科学家法尔曼等在南极哈雷湾观测站发现,在过去 $10\sim15$ 年间春季南极上空的臭氧浓度减少约 30%,有近 95% 的臭氧层被破坏。从地面上观测,高空的臭氧层已极其稀薄,与周围相比像是形成一个"洞",直径达上千公里。2006 年,南极臭氧空洞一度达到 2950 万 km^2,成为当年最严重的事件之一,后来世界各国纷纷限制使用氟利昂等有害化学物质的生产和销售,地球臭氧空洞问题,也开始逐渐得到缓解。2019 年美国国家航空航天局(NASA)通过研究发现,南极上空的臭氧空洞突然开始急剧缩小,目前已经只剩下不足 1000 万 km^2。

3) 臭氧层破坏的原因

关于臭氧层变化及破坏的原因,一般认为,太阳活动引起的太阳辐射强度变化,大气运动引起的大气温度场和压力场的变化以及与臭氧生成有关的化学成分的移动、输送都将对臭氧的光化学平衡产生影响,从而影响臭氧的浓度和分布。而化学反应物的引入,则将直接参与反应而对臭氧浓度产生更大的影响。人类活动的影响,主要表现为对消耗臭氧层物质的生产、消费和排放方面。

人类文明制造的氟氯烃化合物及卤代烃、哈龙、四氯化碳、甲基氯仿等许多用作制冷剂、发泡剂、清洗剂、雾化剂的化合物,其对臭氧(O_3)具有破坏作用。氟氯碳化物破坏臭氧层的机制是:当氟氯碳化物飘浮在空气中时,因受到紫外线的影响而分解释放出氯原子,氯原子的活性极大,易与其他物质结合,氯原子遇到 O_3 时,便开始产生化学变化,O_3 被分解成一个氧原子和一个 O_2 分子,氯原子与氧原子相结合;当其他氧原子遇到氯氧化合分子,又把氧原子抢回来,组成一个 O_2 分子,而恢复成单身的氯原子又会破坏其他臭氧。

4) 臭氧层破坏的影响

臭氧层耗竭,会使太阳光中的紫外线大量辐射到地面。如果臭氧层中 O_3 含量减少 10%,地面的紫外线辐射将增加 19%~22%,皮肤癌发病率将增加 15%~25%。据估计,大气层中 O_3 含量每减少 1%,皮肤癌患者就会增加 10 万人。紫外线辐射增强,将打乱生态系统中复杂的食物链,导致一些主要生物物种灭绝,使地球上 2/3 的农作物减产,还会导致全球气候变暖。

(1) 对健康的影响

UV-B 的增加对人类健康有严重危害,潜在危险包括引发和加剧眼部疾病、皮肤癌和传染性疾病。对有些危险如皮肤癌已有定量评价,但其他影响如传染病等仍存在很大的不确定性。平流层臭氧减少 1%,全球白内障的发病率将增加 0.6%~0.8%,由此引起失明的人数将增加 1 万~1.5 万人。

(2) 对植物的影响

臭氧层损耗对植物的危害机制尚不如其对人体健康的影响清楚。在已研究过的植物品种中,超过 50% 的植物出现 UV-B 的负影响,如豆类、瓜类等作物;植物的生理和进化过程受 UV-B 辐射的影响。植物也具有一些缓解和修补这些影响的机制,在一定程度上可适应 UV-B 辐射的变化。对于森林和草地,臭氧层损耗可能会改变物种的组成,进而影响不同生态系统的生物多样性分布。

(3) 对生态的影响

世界上 30% 以上的动物蛋白质来自海洋。浮游生物(浮游植物、浮游动物)的生长局限在光照区,即水体表层有足够光照的区域。暴露于 UV-B 下,浮游生物(浮游植物、浮游动物)的定向分布和移动会受到影响,生物的存活率降低。浮游生物(浮游植物、浮游动物)生产力下降与 O_3 减少造成的 UV-B 辐射增加直接有关。如果平流层 O_3 减少 25%,浮游生物的初级生产力将下降 10%,这将导致水面附近的生物减少 35%。UV-B 辐射对鱼、虾、蟹、两栖动物和其他动物的早期发育阶段都有危害作用,最严重的影响是繁殖力下降和幼体发育不全。即使在现有水平下,UV-B 也是限制因子。UV-B 照射量很少量地增加就会导致消费者生物的显著减少。

(4) 对循环的影响

对陆生生态系统,UV 增加会改变植物的生成和分解,进而改变大气中重要气体的吸收和释放。当 UV-B 光降解地表的落叶层时,这些生物质的降解过程被加速;当 UV-B 的主要作用是对生物组织的化学反应而导致埋在下面的落叶层光降解过程减慢时,降解过程被阻滞。植物的初级生产力随着 UV-B 辐射的增加而减少。

对水生生态系统,UV 也有显著作用。UV-B 会影响水生生态系统中的碳循环、氮循环和硫循环。此外,紫外线辐射还会抑制海洋表层浮游细菌的生长,从而对海洋生物地球化学循环产生重要的潜在影响。

(5) 对材料的影响

因平流层 O_3 损耗导致阳光紫外线辐射的增加,会加速建筑、喷涂、包装及电线电缆等所用材料尤其是高分子材料的降解和老化变质。当这些材料尤其是塑料用于一些不得不承受日光照射的场所时,只能靠加入光稳定剂或进行表面处理来避免或减缓日光破坏。UV-B 辐射增加会加速这些材料的光降解,从而缩短使用寿命。短波 UV-B 辐射对材料的变色和机械完整性的损失有直接影响,特别是在高温和阳光充足的热带地区,这种破坏作用更为严重,全球每年造成的损失达数十亿美元。

3. 酸雨蔓延

1) 酸雨的出现

酸雨正式名称为酸性沉降,指 pH 小于 5.6 的雨雪或其他形式的降水,可分为湿沉降与干沉降。湿沉降指所有气状污染物或粒状污染物随着雨、雪、雾或雹等降水形态而落到地面;干沉降指在不下雨雪等的时间以降尘形式落到地面。

(1) 酸雨的发现

近代工业革命始于蒸汽机发明,此后火力电厂星罗棋布,燃煤数量日益猛增,同时大量排放 SO_2 和 NO_x。这些酸性物质,在高空中被雨雪冲刷溶解,导致酸雨的形成。1872 年英国科学家史密斯分析伦敦市雨水成分,发现它呈酸性,且农村雨水中含碳酸铵,酸性不大;郊区雨水含硫酸铵,略呈酸性;市区雨水含硫酸或酸性的硫酸盐,呈酸性。于是,史密斯最先在他的著作《空气和降雨:化学气候学的开端》中提出"酸雨"这一专有名词。

(2) 酸雨的类型

酸雨中的阴离子主要是 SO_4^{2-} 和 NO_3^-,根据两者在酸雨样品中的浓度可以判定降水的主要影响因素是 SO_2 还是 NO_x。SO_2 主要来自矿物燃料的燃烧,NO_x 主要来自汽车尾气等污染源。根据 SO_4^{2-} 和 NO_3^- 离子的浓度比值可将酸雨分为 3 类,分别为硫酸型或燃煤型($SO_4^{2-}/NO_3^->3$)、混合型($0.5<SO_4^{2-}/NO_3^-\leqslant3$)和硝酸型或燃油型($SO_4^{2-}/NO_3^-\leqslant0.5$)。因此,可以根据一个地方的酸雨类型初步判断酸雨的主要影响因素。燃煤多的地区,酸雨属硫酸型酸雨,燃油、燃气多的地区常为硝酸型酸雨。

2) 酸雨的危害

(1) 土壤酸化

酸性土壤,经酸雨冲刷,会加速酸化过程;碱性土壤,对酸雨有较强的缓冲能力与稀释能力。酸雨能加速土壤矿物质营养元素的流失,改变土壤结构,导致土壤贫瘠化,影响植物正常发育,还能诱发植物病虫害,使农作物大幅减产。

酸雨能使土壤中的铝从稳定态中释放出来,使活性铝增加而有机络合态铝减少,活性铝增加会严重抑制林木的生长。酸雨可抑制某些土壤微生物的繁殖,降低酶活性,土壤中的固氮菌、细菌和放线菌均会明显受到酸雨的抑制。

（2）植被损害

当降水 pH 小于 3.0 时,可对植物叶片造成直接损害,使叶片失绿变黄并开始脱落。野外调查表明,在降水 pH 小于 4.5 的地区,马尾松林、华山松和冷杉林等出现大量黄叶并脱落。

酸雨对中国森林的危害主要在长江以南的省份。据初步调查统计,四川盆地受害的森林面积最大约为 28 万 hm^2,贵州受害森林面积约为 14 万 hm^2。根据某些研究结果,西南地区酸雨造成的森林生产力下降,共损失木材 630 万 m^3。虽然对森林生态价值的计算方法还有一些争议,但森林的生态价值超过它的经济价值这种认识几乎是一致的。

（3）建材腐蚀

酸雨能使非金属建筑材料(混凝土、砂浆和灰砂砖)表面硬化,水泥溶解,出现空洞和裂缝。降落到建筑物表面的酸雨与 $CaSO_4$ 发生反应,生成能溶于水的 $CaSO_4$,被雨水冲刷掉。酸雨还是摧残文物古迹的元凶,英国伦敦英王查理一世的塑像、德国慕尼黑的古画廊、科伦大教堂已被腐蚀得面目全非。我国柳州的柳江铁桥,由于酸雨影响,1 年就需防腐处理 1 次,而在没有酸雨的 20 世纪 60 年代,3～4 年才做 1 次防腐处理。

（4）健康危害

作为水源的湖泊和地下水酸化后,金属溶出,对饮用者会产生危害。很多国家由于酸雨的影响,地下水中的 Pb、Cu、Zn、Cr 浓度已上升到正常值的 10～100 倍。酸雨可使儿童免疫功能下降,慢性咽炎、支气管哮喘发病率增加,同时可使老人眼部、呼吸道患病率增加。含酸的空气使多种呼吸道疾病增加,巴西的库巴坦市由于酸雨的毒害,20%的居民患有气喘病、支气管炎或鼻炎,其中 5 岁以下儿童患病率高达 38%。

（5）国际纠纷

酸雨是一种超越国境的污染物,可随大气转移到 1000km 以外的地区。在地球上最洁净的北极圈内冰雪层中,也检测出浓度相当高的酸雨物质。因此,酸雨问题已不再是一个局部环境问题,它正在发展成国与国之间的一个日益尖锐的政治矛盾。在挪威、瑞典等北欧国家降的酸雨,大部分是从西欧国家工业区的排放源传送过去的,其中瑞典南部大气中的硫有 77%是“偷越国境”而来的。加拿大南部的酸雨,则是从北部工业区越境传播而来。因此,瑞典和加拿大两国,都通过各种途径,坚决反对污染输出。

4. 海洋污染

1）海洋污染的概念

海洋污染通常是指人类改变海洋原来的状态,使海洋生态系统遭到破坏。海洋污染会损害生物资源,危害人类健康,妨碍人类的海上活动,损坏海水质量和环境质量等。

2）海洋污染的类型

根据污染物的性质和毒性,以及对海洋环境造成的危害方式,海洋污染物主要有以下几类:

（1）石油污染,包括原油和从原油中分馏出来的溶剂油、汽油、煤油、柴油、润滑油、石

蜡、沥青等,以及经过裂化、催化而成的各种产品;

(2) 重金属和酸碱污染,包括 Hg、Cu、Zn、Co、Zr、Cr 等重金属,As、S、P 等非金属及各种酸和碱;

(3) 农药污染,包括在农业上大量使用含有 Hg、Cu 以及有机氯等成分的除草剂、灭虫剂,以及工业上应用的多氯酸苯等;

(4) 有机物质和营养盐类污染,包括工业排出的纤维素、糖醛、油脂、粪便、洗涤剂和食物残渣,以及化肥的残液等;

(5) 放射性核素,是由核武器实验、核工业和核动力设施释放出来的人工放射性物质,主要是 Sr-90、Cs-137 等半衰期为 30 年左右的同位素;

(6) 固体废物,主要是工业和城市垃圾、船舶废弃物、工程渣土和疏浚物等;

(7) 工业废热,造成海洋的热污染,在局部海域,当比正常水温高 4℃ 以上的热废水常年流入时,就会产生热污染;

(8) 赤潮,是在特定的环境条件下,海水中某些浮游植物、原生动物或细菌爆发性增殖或高度聚集而引起水体变色的一种有害生态现象;

(9) 海洋倾倒,通过船舶、平台或其他载运工具向海洋处置废弃物或其他有害物质的行为。

5. 危险废物越境转移

危险废物指国际上普遍认为具有爆炸性、易燃性、腐蚀性、化学反应性、急性毒性、慢性毒性、生态毒性和传染性等特性中的一种或几种特性的生产性垃圾和生活性垃圾,前者包括废料、废渣、废水和废气等,后者包括废食、废纸、废瓶罐、废塑料和废旧日用品等,这些垃圾给环境和人类健康带来危害。

1987 年 8 月—1988 年 5 月,意大利一家公司共 5 船将 3800 多吨危险废物偷运至尼日利亚南部的科科港口,以每月 100 美元的租金堆放在一位农民的土地上。这些恶臭逼人、脏水四溢的废物后经尼日利亚政府检验发现含有一种致癌极高的化学物——聚氯丁烯苯基,可称为世界上含毒量最高的工业垃圾。1988 年,一艘挪威货轮在几内亚的一个小岛上暗中倾倒了 15 000t 含有氰化物、铅、铬等有毒化学成分的垃圾灰,致使岛上原来茂盛的树林很快枯死。1991 年,墨西哥生态保护运动指责美国把墨西哥北部边境地区变成了美国废弃物的"垃圾箱",仅 1990 年就有 8000t 危险废物进入墨西哥。

据美国广播公司报道,2021 年,每周约有 1500 万件旧衣物从英国、欧盟国家、北美国家和澳大利亚被运抵加纳,其中有 40% 被送往垃圾填埋场。南非汽车行业协会 2022 年 8 月也在一份声明中表示:"非洲已成为欧洲国家二手汽车的垃圾场"。

6. 森林锐减

森林面积指由乔木树种构成,郁闭度 0.2 以上(含 0.2)的林地或冠幅宽度 10m 以上的林带面积。森林面积包括天然起源和人工起源的针叶林面积、阔叶林面积、针阔混交林面积和竹林面积,不包括灌木林地面积和疏林地面积。

(1) 世界各地的森林面积

日本和韩国的森林面积比例都超过 60%,中国台湾接近 60%,均远超世界水平;欧洲、北美、新西兰、澳洲等西方国家或地区的平均森林面积比例为 30%~35%,连以爱好森林著称的德国和瑞士也只有 30%~31%,中国和印度的森林面积比例尚不到 30%。

（2）森林面积在减少

人类对森林的过度采伐,导致森林资源迅速减少。全世界每年有 1200 万 hm² 的森林消失。森林锐减地区多在发展中国家,由于贫困所迫,不得已用宝贵的森林资源换取外汇,如印度尼西亚、菲律宾、泰国等东南亚国家。出口木材是他们外汇收入的一大来源。除了出口之外,在亚非拉一些发展中国家约有 20 多亿农村人口,他们使用木柴作生活燃料。

森林锐减的另一个原因是毁林开荒。一些地区由于人多地少,当地农民把坡度很陡的山坡都开垦为耕地。按规定坡度在 25° 以上不能作为耕地,但实际上一些地方甚至在坡度 50° 以上的地方耕种。

7．土地荒漠化

1994 年通过的《联合国关于在发生严重干旱和/或荒漠化的国家特别是在非洲防治荒漠化的公约》中指出,荒漠化是指包括气候变异和人类活动在内的种种因素造成的干旱、半干旱和亚湿润干旱地区的土地退化。狭义的荒漠化（即沙漠化）是指在脆弱的生态系统下,由于人为过度的经济活动,破坏生态平衡,使非沙漠地区出现类似沙漠景观的环境变化过程。广义荒漠化则是指由于人为和自然因素的综合作用,使得干旱、半干旱甚至半湿润地区自然环境退化的总过程。

土地荒漠化的形成是一个复杂过程,它是人类不合理经济活动和脆弱生态环境相互作用的结果。沙漠是干旱气候的产物,早在人类出现以前地球上就有沙漠。但是,荒凉的沙漠和丰腴的草原之间并没有不可逾越的界线。有水,沙漠上可以长起茂盛的植物,成为生机盎然的绿洲,而绿地如果没有水和植物,也会很快退化为一片沙砾。

（1）全球荒漠化状况

20 世纪 60—70 年代,非洲西部撒哈拉地区连年严重干旱,造成空前灾难,使国际社会密切关注全球干旱地区的土地退化。于是,"荒漠化"一词开始流传开来。1996 年全球荒漠化土地达 3600 万 km²,占地球陆地面积的 1/4,相当于俄罗斯、加拿大、中国和美国国土面积的总和。

《联合国防治荒漠化公约》秘书处 2024 年年初发布的公报显示,全球多达 40% 的土地已经退化,影响到全球近一半的人。全球每年退化的土地面积达到 1 亿 hm²。尽管各国都在进行同荒漠化的抗争,但荒漠化仍以每年 5 万～7 万 km² 的速度疯狂扩张。如果不立即采取行动,到 2050 年,荒漠化可能影响全球四分之三以上的人口。

（2）荒漠化的危害

土地荒漠化会进一步加剧气候变化。气候变化又可能通过干旱、高温等极端天气,导致已退化土地上的水土流失加速、森林火灾风险上升,从而造成更多荒漠化。据统计,世界上有 21 亿人口（约占世界总人口的 40%）居住在沙漠或者干旱地区。沙漠和旱地有着极其独特的价值,全球约 50% 的牲畜生长在沙漠和旱地的牧场中,44% 的可耕地为旱地,而且旱地固存着全球 46% 的碳。荒漠化正影响着世界 25% 的陆地面积,威胁着大约 100 个国家的 10 亿多人的生活。每年消失的土地原本可产粮食 2000 万 t,因土地沙漠化和土地退化造成的经济损失达到 420 亿美元。

8．生物多样性减少

1）野生动植物减少与物种灭绝

野生动植物资源是指一切对人类的生产和生活有用的野生动植物的总和。野生动植物资源具有很高的价值,不仅为人类提供许多生产和生活资料,提供科学研究的依据和培育新品种的种源,而且对维持生态平衡具有重要的作用。

(1) 野生动植物资源的破坏

农耕和其他经济活动的发展,往往造成野生动植物资源的破坏,特别是商业目的的追求、人为的滥捕滥杀和过度采集使野生动植物资源不断减少,使一些珍贵稀有野生动植物灭绝或者濒临灭绝,从而给人类的生产活动和生态环境造成极大的损害。

(2) 物种灭绝

物种灭绝泛指植物或动物的种类不可再生性地消失或破坏。物种灭绝一直是生命进程中的一部分。自从 6 亿年前多细胞生物在地球上诞生以来,物种大灭绝现象已发生过 5 次。

第一次物种大灭绝发生在距今 4.4 亿年前的奥陶纪末期,约 85% 的物种灭绝。在距今约 3.65 亿年前的泥盆纪后期,发生第二次物种大灭绝,海洋生物遭到重创。距今约 2.5 亿年前二叠纪末期的第三次物种大灭绝,是地球史上最严重的一次,96% 的物种灭绝。第四次发生在距今 1.85 亿年前,80% 的爬行动物灭绝。第五次发生在距今 6500 万年前的白垩纪时期,统治地球 1.6 亿年的恐龙灭绝。

自工业革命开始,由于生态环境破坏、环境污染,以及迅速的人口增长,致使每天都有几十种动植物灭绝,科学家警告地球已步入自 4 亿年前冰河时期以来的"生态大灭绝",速度之快超出预期。根据 2007 年世界自然保护联盟"濒危物种红色名录",全球目前有 16 306 种动植物面临灭绝危机,比 2006 年增加 188 种,占所有参与评估物种的近 40%。世界自然保护联盟的科学家在世界范围内调查了 40 000 种动植物。根据统计,1/3 两栖动物、1/4 的哺乳动物、1/8 的鸟类和 70% 的植物被列入"极危"(CR)、"濒危"(EN)、"易危"(VU)三个级别,都属于生存"受威胁"的物种。除了这些面临灭绝危机的物种外,还有 785 种动植物被正式归入"灭绝"(EX)类别。此外,还有 65 种物种处于"野外灭绝"(EW)状态,即仅存在于人工环境下。

2021 年 9 月 4 日,第七届世界自然保护大会在法国马赛举行。世界自然保护联盟更新了"濒危物种红色名录",其评估的物种达到 138 374 个,其中 38 543 个物种"面临不同程度的灭绝危险",占比接近 28%。

前五次物种大灭绝事件,主要是由于地质灾难和气候变化造成的。第六次物种大灭绝,人类是罪魁祸首。美国杜克大学著名生物学家 Stuart Pimm 认为,如果物种以这样的速度减少下去,到 2050 年将有 1/4~1/2 的物种灭绝或濒临灭绝。

2) 全球生物多样性的概况

生物多样性是指在一定时间和一定地区所有生物物种及其遗传变异和生态系统的复杂性的总称。它包括基因多样性、物种多样性和生态系统多样性三个层次。

(1) 物种数量难以确定

目前地球上究竟有多少物种还很难准确断定。被科学上描述过的物种约 104 万种,其中脊椎动物 4 万余种、昆虫 75 万种、高等植物 25 万种以及其他无脊椎动物真菌和微生物等,但还有很多物种没有被人类发现。1980 年,科学家被热带森林昆虫的多样性震惊,仅对巴拿马的研究发现,1200 种甲壳动物中的 80% 以前没有被命名。这表明世界上的生物种类相当丰富,而且,人类尚未认知的占很大比例。

（2）生物多样性分布不均匀

全球生物多样性的分布不是均匀的。陆地生物物种主要分布在热带森林,占全球陆地面积 7% 的热带森林容纳全世界半数以上的物种;亚热带和温带也有较丰富的生物多样性。马达加斯加、巴西大西洋沿岸森林、厄瓜多尔等 10 个热点地区约占陆地总面积的 0.2%,却拥有世界总种数 27% 的高等植物,其中 13.8% 是这些地区的特有物种。海洋也蕴藏着极其丰富的生物。在门的水平上,海洋生态系统比陆地及淡水生物群落变化多,有更多的门及特有门。西大西洋、东太平洋、西印度洋等海域是世界生物多样性较集中的海域。

（3）生物多样性危机加剧及治理目标框架

由于人类活动的加剧以及长期对生物多样性保护的忽视,全球的生物多样性正在以惊人的速度衰减。生物多样性和生态系统服务政府间科学政策平台(IPBES)发布的《生物多样性和生态系统服务全球评估报告(2019)》显示,绝大多数生态系统和生物多样性指标迅速下降,评估的动植物组别中平均约有 25% 的物种受到威胁,这意味着大约有 100 万种物种已经濒临灭绝。同样令人担忧的是,当前生物多样性保护状况依然不容乐观。根据第 5 版《全球生物多样性展望》,2010 年《生物多样性公约》第十次缔约方大会确立的 20 个"爱知目标"仅有 6 个目标"部分实现",没有 1 个目标"完全实现",亟待转型变革。

2021 年 10 月在我国云南省昆明召开的联合国《生物多样性公约》第十五次缔约方大会(COP15)第一阶段会议,以及 2022 年 12 月在加拿大蒙特利尔召开的第二阶段会议,为全球生物多样性保护工作重振信心,凝聚了共识,"昆明—蒙特利尔全球生物多样性框架"展示了各缔约方对加强全球生物多样性治理的政治承诺。该框架结合了信心和务实的平衡,设定了一系列目标,包括到 2030 年转变人类社会与生物多样性的关系,以及到 2050 年实现人与自然的和谐共生。这一框架的制定标志着全球生物多样性治理进入新阶段,将为未来直至 2030 年和更长时间内的工作提供指引。

9. 土壤侵蚀

1) 土壤侵蚀的概念和类型

水土流失指在水力作用下,土壤表层及其母质被剥蚀、冲刷搬运而流失的过程。土壤侵蚀是指土壤及其母质在水力、风力、冻融或重力等外营力作用下,被破坏、剥蚀、搬运和沉积的过程。土壤在外营力作用下产生位移的物质量,称为土壤侵蚀量。主要采用土壤侵蚀模数衡量土壤侵蚀的数量指标,即每年每平方千米土壤流失量。单位面积单位时间内的侵蚀量称为土壤侵蚀速度(或土壤侵蚀速率)。

土壤侵蚀量中被输移出特定地段的泥沙量,称为土壤流失量。在特定时段内,通过小流域出口某一观测断面的泥沙总量,称为流域产沙量。

2) 影响土壤侵蚀的因素

影响土壤侵蚀的因素分为自然因素和人为因素。自然因素是水土流失发生、发展的先决条件,或者叫潜在因素;人为因素则是加剧水土流失的主要原因。

气候因素特别是季风气候与土壤侵蚀密切相关。季风气候的特点是降雨量大而集中,多暴雨,因此加剧土壤侵蚀。最主要而又直接的是降水,一般说来,暴雨强度越大,水土流失量越多。

地形是影响水土流失的重要因素,而坡度、坡长、坡形等都对水土流失有影响,其中坡度的影响最大,因为坡度是决定径流冲刷能力的主要因素。

植被破坏使土壤失去天然保护屏障,成为加速土壤侵蚀的先导因子。据中国科学院华南植物研究所的实验结果,光板的泥沙年流失量为 26 902kg/hm^2,桉树林地为 6210kg/hm^2,阔叶混交林地仅 3kg/hm^2。

人为活动是造成土壤流失的主要原因,表现为植被破坏(如滥垦、滥伐、滥牧)和坡耕地开垦植被(如陡坡开荒、顺坡耕作),或由于开矿、修路未采取必要的预防措施等,都会加剧水土流失。

3)土壤侵蚀的危害

(1)破坏土壤资源

由于土壤侵蚀,大量土壤资源被蚕食和破坏,沟壑日益加剧,土层变薄,土地被切割得支离破碎,耕地面积不断缩小。中国水土流失总面积达 150 万 km^2(不包括风蚀面积),其中黄土高原水土流失面积达 43 万 km^2,占黄土高原面积的 81%。吉林省黑土地区,每年流失土层厚达 0.5～3cm,黑土层不断变薄,有的地方甚至全部侵蚀,使黄土或乱石遍露地表;四川盆地中部土石丘陵区,坡度 15°～20°的坡地每年被侵蚀的表土达 2.5cm;黄土高原强烈侵蚀区,平均年侵蚀量 6000t/km^2 以上,最高可达 20 000t/km^2 以上;南方红黄壤地区,以江西兴国县为例,平均年流失量 5000～8000t/km^2,最高达 13 500t/km^2。全国每年流失土壤超过 50 万 t,占世界总流失量的 20%,流失的土壤氮磷钾等养分相当于 5000 多万吨化肥量。

(2)生态环境恶化

严重的水土流失,导致地表植被的破坏,自然生态环境失调恶化,洪、涝、旱、冰雹等自然灾害接踵而来,特别是干旱的威胁日趋严重。频繁的干旱严重威胁着农林业生产的发展。由于风蚀的危害,致使大面积土壤沙化,经常形成沙尘暴天气,造成严重的大气环境污染。

(3)破坏设施

水土流失带走的大量泥沙,进入水库、河道、天然湖泊,造成河床淤塞、抬高,引起河水泛滥,这是平原地区发生特大洪水的主要原因。同时,泥沙淤积还会造成大面积土壤的次生盐渍化。由于一些地区重力侵蚀的崩塌、滑坡或泥石流等经常导致交通中断,道路桥梁破坏,河流堵塞,已造成巨大的经济损失。

10. 有毒有害化学品污染

由于全球有毒化学品的种类和数量不断增加以及国际贸易的扩大,大多数有毒化学品对环境和人体的危害还不完全清楚,在环境中的迁移也难以控制。为了防止危险化学品和农药通过国际贸易给一个国家造成危害和灾难,国际上采用事前知情同意程序公约(即《鹿特丹公约》)。有毒化学品污染在我国也客观存在,从局部一些调查研究和监测数据看,情况比预想得要严重得多。

1)有毒有害化学品的侵入途径

随着工农业的迅猛发展,有毒有害污染源随处可见,而给人类造成的灾害要数有毒有害化学品最为严重。化学品侵入环境的途径几乎是全方位的,其中最主要的侵入途径可大致分为四种:①人为施用直接进入环境;②在生产、加工、贮存过程中,以废弃物形式排放进入环境;③在生产、贮存和运输过程中因突发性事故而进入环境;④在燃料燃烧过程中以及日常生活使用中直接排入或者使用后作为废弃物进入环境。

联合国国际化学品安全规划署提出将 DDT、艾氏剂、狄氏剂、异狄氏剂、氯丹、六氯苯、灭蚁灵、毒杀芬八种农药以及多氯联苯、二噁英和苯并呋喃作为持久性有机污染物,它们在环境中化学性质稳定,容易蓄积在鱼类、鸟类和其他生物体内,并通过食物链进入人体,对人类和环境构成极大的威胁。

2)有毒有害化学品的危害

化学品在推动社会进步、提高生产力、消灭虫害、减少疾病、方便人民生活方面发挥了巨大作用,但在生产、运输、使用、废弃过程中不可避免地会进入环境。人们最为关注的是那些对生物有急慢性毒性、易挥发、在环境中难降解、高残留、通过食物链危害身体健康的化学品,它们对动物和人体有致癌、致畸、致突变的危害。这些危害主要表现在以下几方面。

(1)环境荷尔蒙类损害

国际上对环境荷尔蒙研究很活跃,筛选出大约 70 种这类化学品(如二噁英等)。欧、日、美等 20 个国家的调查表明,近 50 年男子的精子数量减少 50%,且活力下降,原因在于这些有害化学品进入人体干扰雄性激素的分泌,导致雄性退化。

(2)致癌、致畸、致突变化学品类损害

约 140 多种化学品对动物有致癌作用,已确认的对人的致癌物和可疑致癌物约有 40 多种。人类患肿瘤病例的 80%～85% 与化学致癌物污染有关。致畸、致突变化学品污染物更多。

(3)有毒有害化学品突发污染类损害

有毒有害化学品突发污染事故频繁发生,严重威胁人民生命财产安全和社会稳定,有的还会造成严重生态灾难。

1.5　生态文明

生态文明由生态和文明两个概念复合而来。其中,“生态”一词源于古希腊文字,意思是家或者我们的环境。简单地说,生态就是指一切生物的生存状态,以及它们之间和它们与环境之间环环相扣的关系。生态的产生最早也是从研究生物个体而开始的,“生态”一词涉及的范畴越来越广,人们常用“生态”来定义许多美好的事物,如健康的、美的、和谐的等事物均可冠以“生态”修饰。汉语“文明”一词,最早出自《易经》,曰“见龙在田,天下文明”(《周易·乾·文言》)。在现代汉语中,文明指一种社会进步状态,与“野蛮”一词相对立。文明与文化这两个词汇有含义相近的地方,也有不同的地方。文化指一种存在方式,有文化意味着某种文明,但没有文化并不意味着“野蛮”。汉语的文明对行为和举止的要求更高,对知识和技术的要求次之。英文中的文明(civilization)一词源于拉丁文“civis”,意思是城市的居民,其本质含义为人民生活于城市和社会中的能力。引申后意为一种先进的社会和文化发展状态,以及到达这一状态的过程,其涉及的领域广泛,包括民族意识、技术水准、礼仪规范、宗教思想、风俗习惯以及科学知识的发展等。简而言之,文明是指人类社会的开化程度和整体进步的状态。从人类社会实践活动来讲,文明则是人类改造自然、改造社会和改造自我的结晶。

21 世纪是生态文明的时代,这已成全球共识。但是,对于什么是生态文明,学者们的理解不尽相同。他们从各自不同的学科背景、理论视野以及关注点出发,提出了不同的生态文明定义。概括起来,主要有三种观点:①从较为抽象的人类社会发展阶段的视角来定义生态文明,认为生态文明是人类社会继原始文明、农业文明、工业文明之后的一种新型文明形态或这种文明形态的新特征;②从较为具体的角度,即生态文明的调节对象或构成要素的视角来定义生态文明;③从广义和狭义相区分的角度,即人类文明发展阶段和文明构成要素两者兼顾的角度来定义生态文明。

从纵向看,生态文明是人类发展迄今为止最先进的文明形态,也是人类历史发展不可逆转的潮流。目前,人类文明正处于从工业文明向生态文明过渡的阶段。从横向看,生态文明是现代社会的第四大文明领域,是与物质文明、精神文明和政治文明并列的文明形式,是协调人与自然关系的文明。

党的十七大报告首次明确提出"生态文明"的概念,生态文明成为全面建设小康社会的奋斗目标之一,生态文明建设与经济建设、政治建设、文化建设、社会建设一起共同成为中国特色社会主义事业总体布局的构成部分。党的十八大报告把"大力推进生态文明建设"作为一个独立部分进行专题论述,提出努力建设美丽中国和天蓝、地绿、水净的美好家园,强调建设生态文明是关系人民福祉、关乎民族未来的长远大计。面对资源约束趋紧、环境污染严重、生态系统退化的严峻形势,必须树立尊重自然、顺应自然、保护自然的生态文明理念,把生态文明建设放在突出位置,融入经济建设、政治建设、文化建设、社会建设各方面和全过程,努力建设美丽中国,实现中华民族永续发展。党的十八大将以前的"四位一体"扩充为"全面落实经济建设、政治建设、文化建设、社会建设、生态文明建设'五位一体'总体布局"。党的十九大报告提出社会主义生态文明观:"生态文明建设功在当代、利在千秋。我们要牢固树立社会主义生态文明观,推动形成人与自然和谐发展现代化建设新格局,为保护生态环境作出我们这代人的努力!"党的二十大报告指出:"我们坚持绿水青山就是金山银山的理念,坚持山水林田湖草沙一体化保护和系统治理,全方位、全地域、全过程加强生态环境保护,生态文明制度体系更加健全,污染防治攻坚向纵深推进,绿色、循环、低碳发展迈出坚实步伐,生态环境保护发生历史性、转折性、全局性变化,我们的祖国天更蓝、山更绿、水更清"。

浙江嘉兴南湖水体水质保持项目

1.6　可持续发展

20世纪六七十年代,环境问题的严峻形势使人们对传统发展方式开始了全面的质疑和反思。20世纪80年代,世界环境与发展委员会正式提出可持续发展的理念,这一理论和战略得到了世界各国的广泛认同,可持续性发展观正逐步取代传统发展观,使人类社会的发展范式出现了重大变革。

可持续发展(sustainable development)理论的形成经过了相当长的历史过程。20世纪五六十年代,人们在经济飞速增长、工业化、城市化等所造成的人口和资源的压力下,对"增长＝发展"的模式产生了怀疑。1987年,联合国世界环境与发展委员会发表了《我们共同的未来》的报告,提出了"可持续发展"等概念。在1992年的联合国环境与发展大会上,"可持续发展"的理念得到与会者的认同,此后,"可持续发展"的思想随着这一词语迅速传遍各国,渗透到经济、社会生活的诸多领域。

1.6.1　可持续发展思想的由来

发展是人类社会不断进步的永恒主题。人类在经历了对自然顶礼膜拜、唯唯诺诺的漫长历史阶段之后,通过工业革命,铸就了驾驭和征服自然的现代科学技术之剑,从而一跃成为大自然的主宰。可就在人类为科学技术和经济发展的累累硕果沾沾自喜时,却不知不觉地步入了自己挖的陷阱中。种种始料不及的环境问题击破了单纯追求经济增长的美好神话,固有的思想观念和思维方式受到了强大的冲击,传统的发展模式面临严峻的挑战。历史把人类推到必须从工业文明走向现代新文明的发展阶段。可持续发展思想在环境与发展理念的不断更新中逐步形成。

1. 古代朴素的可持续性思想

可持续性(sustainability)的概念渊源已久。早在公元前3世纪,杰出的先秦思想家荀况在《荀子·王制》中说:"草木荣华滋硕之时,则斧斤不入山林,不夭其生,不绝其长也;鼋鼍、鱼鳖、鳅鳝孕别之时,罔罟、毒药不入泽,不夭其生,不绝其长也。春耕、夏耘、秋收、冬藏,四者不失时,故五谷不绝,而百姓有余食也;污池、渊沼、川泽,谨其时禁,故鱼鳖尤多而百姓有余用也;斩伐养长不失其时,故山林不童而百姓有余材也"。这是自然资源永续利用思想的反映,春秋时在齐国为相的管仲,从发展经济、富国强兵的目标出发,十分注意保护山林川泽及其生物资源,反对过度采伐。他说:"为人君而不能谨守其山林菹泽草莱,不可以立为天下王。"1975年在湖北云梦睡虎地11号秦墓中发掘出上千支竹简,其中的《田律》清晰地体现了可持续性发展的思想。因此,"与天地相参"可以说是中国古代生态意识的目标和思想,也是可持续性的反映。

西方一些经济学家如马尔萨斯、李嘉图和穆勒等的著作中也较早地认识到人类消费的物质限制,即人类的经济活动范围存在的生态边界。

2. 现代可持续发展思想的产生和发展

现代可持续发展思想的提出源于人们对环境问题的逐步认识和热切关注。其产生背景是人类赖以生存和发展的环境和资源遭到越来越严重的破坏,人类已不同程度地尝到了环境破坏的后果,因此,在探索环境与发展的过程中逐渐形成了现代可持续发展思想。在这一过程中以下几件事的发生具有历史意义。

(1)《寂静的春天》——对传统行为和观念的早期反思

20世纪中叶,随着环境污染的日趋加重,特别是西方国家公害事件的不断发生,环境问题频频困扰着人类。美国海洋生物学家蕾切尔·卡森(Rachel Carson)在潜心研究美国使用杀虫剂所产生的种种危害之后,于1962年出版了环境保护科普著作《寂静的春天》(*Silent Spring*)。作者通过对污染物DDT等的富集、迁移、转化的描写,阐明了人类与大气、海洋、河流、土壤、动植物之间的密切关系,初步揭示了污染对生态系统的影响。她告诉人们:"地球上生命的历史一直是生物与其周围环境相互作用的历史,只有人类出现后,生命才具有了改造其周围大自然的异常能力。在人类对环境的所有袭击中,最令人震惊的是空气、土地、河流以及大海受到各种致命化学物质的污染。这种污染是难以清除的,因为它们不仅进入了生命赖以生存的世界,而且进入了生物组织内"。她还向世人呼吁,我们长期以来行驶的道路,容易被人误认为是一条可以高速前进的、平坦的、舒适的超级公路,但实际上,这条路的终点却隐藏着灾难,而另外的道路则为我们提供了保护地球的唯一的机会。这"另外的道路"究竟是什么样的,卡森没能确切告诉我们,但作为环境保护的先行者,卡森的思想在世界范围内,较早地引发了人类对自身的传统行为和观念系统和深入的反思。

(2)《增长的极限》——引起世界反响的"严肃忧虑"

1968年,来自世界各国的几十位科学家、教育家和经济学家等相聚罗马,成立了一个非正式的国际协会——罗马俱乐部(The Club of Rome)。它的工作目标是,关注、探讨与研究人类面临的共同问题,使国际社会对人类面临的社会、经济、环境等诸多问题有更深入的理解,并在现有全部知识的基础上推动采取能扭转不利局面的新态度、新政策和新制度。

受罗马俱乐部的委托,以麻省理工学院 L. 梅多斯(Dennis L. Meadows)为首的研究小组,针对长期流行于西方的高增长理论进行了深刻反思,并于1972年提交了俱乐部成立后的第一份研究报告——《增长的极限》。报告深刻阐明了环境的重要性以及资源与人口之间的基本关系,认为:由于世界人口增长、粮食生产、工业发展、资源消耗和环境污染这五项基本因素的运行方式是指数增长而非线性增长,全球的增长将会因为粮食短缺和环境破坏于21世纪某个阶段内达到极限。也就是说,地球的支撑力将会达到极限,经济增长将发生不可控制的衰退。因此,要避免因超越地球资源极限而导致世界崩溃的最好方法是限制增长,即"零增长"。

《增长的极限》一发表,在国际社会特别是在学术界引起了强烈反响。该报告在促使人们密切关注人口、资源和环境问题的同时,因其反增长情绪而遭到尖锐的批评和责难。因此,引发了一场激烈的、旷日持久的学术之争。一般认为,由于种种因素的局限,《增长的极限》的结论和观点存在十分明显的缺陷。但是,报告所表现出的对人类前途的"严肃的忧虑"外以及唤起人类自身觉醒的意识,其积极意义却是毋庸置疑的。它所阐述的"合理、持久的均衡发展"为孕育可持续发展的思想萌芽提供了土壤。

(3)联合国人类环境会议——人类对环境问题的正式挑战

1972年,联合国人类环境会议在瑞典的斯德哥尔摩召开,来自世界113个国家和地区的代表会聚一堂,共同讨论环境对人类的影响问题。这是人类第一次将环境问题纳入世界各国政府和国际政治的事务议程。大会通过的《联合国人类环境会议宣言》提出了7个共同观点和26项共同原则。它向全球呼吁:现在已经到达历史上这样一个时刻,我们在决定世界各地的行动时,必须更加审慎地考虑它们对环境产生的后果。由于无知或不关心,我们可能给生活和幸福所依靠的地球环境造成巨大的无法挽回的损失。因此,保护和改善人类环境是关系到全世界各国人民的幸福和经济发展的重要问题,是全世界各国人民的迫切希望和各国政府的责任,也是人类的紧迫目标。各国政府和人民必须为全体人民和自身后代的利益作出共同努力。

作为探讨保护全球环境战略的第一次国际会议,联合国人类环境大会的意义在于唤起各国政府对环境问题,特别是对环境污染的觉醒和关注。尽管大会对整个环境问题的认识比较粗浅,对解决环境问题的途径尚未确定,尤其是没能找出问题的根源和责任,但是,它正式吹响了人类共同向环境问题挑战的进军号。各国政府和公众的环境意识,无论是在广度上还是在深度上都向前迈进一步。

(4)《我们共同的未来》——环境与发展思想的重要飞跃

20世纪80年代伊始,联合国本着必须研究自然的、社会的、生态的、经济的以及利用自然资源过程中的基本关系,确保全球发展的宗旨,于 1983 年 3 月成立了以挪威首相布伦特兰夫人(G. H. Brundland)任主席的世界环境与发展委员会(WCED)。联合国要求其负责制定长期的环境对策,研究能使国际社会更有效地解决环境问题的途径和方法。经过 3 年多的深入研究和充分论证,该委员会于 1987 年向联合国大会提交了研究报告——《我们共同的未来》。

《我们共同的未来》分为"共同的问题""共同的挑战""共同的努力"三大部分。报告将注意力集中于人口、粮食、物种和遗传资源、能源、工业和人类居住等方面。在系统探讨了人类面临的一系列重大的经济、社会和环境问题之后,提出了"可持续发展"的概念。报告深刻指出,在过去,我们关心的是经济发展对生态环境带来的影响,而现在,我们正迫切地感到生态压力对经济发展所带来的重大影响。因此,我们需要有一条新的发展道路,这条道路不是一条仅能在若干年内、若干地方支持人类进步的道路,而是一直到遥远的未来都能支持全球人类进步的道路。这实际上就是卡森在《寂静的春天》里没能提供答案的、所谓的"另外的道路",即"可持续发展道路"。布伦特兰鲜明、创新的观点,把人类从单纯考虑环境保护引导到把环境保护与人类发展切实结合起来,实现了人类有关环境与发展思想的飞跃。

1.6.2　可持续发展的定义与内涵

1. 可持续发展的定义

要精确给可持续发展下定义比较困难,不同的机构和专家对可持续发展的定义角度虽有所不同,但基本方向一致。

世界环境与发展委员会经过长期的研究,在 1987 年 4 月发表的《我们共同的未来》中将可持续发展定义为:"可持续发展是既满足当代人的需要,又不对后代人满足其需要的能力构成危害的发展"。这个定义明确表达了两个基本观点:①要考虑当代人,尤其是世界上贫穷人的基本要求;②要在生态环境可以支持的前提下,满足人类当前和将来的需要。

1991 年,世界自然保护同盟、联合国环境规划署和世界野生生物基金会在《保护地球——可持续生存战略》一书中提出这样的定义:"在生存不超出维持生态系统承载能力的情况下,改善人类的生活质量"。

1992 年,联合国环境与发展大会(UNCED)的《里约环境与发展宣言》中对可持续发展进一步阐述为"人类应享有与自然和谐的方式过健康而富有成果的生活权利,并公平地满足今世后代在发展和环境方面的需要,求取发展的权利必须实现"。

另有许多学者也纷纷提出了可持续发展的定义,如英国经济学家皮尔斯和沃福德在 1993 年所署的《世界无末日——经济学·环境与可持续发展》一书中提出了以经济学语言表达的可持续发展定义:"当发展能够保证当代人的福利增加时,也不应使后代人的福利减少"。

我国学者叶文虎、栾胜基等为可持续发展给出的定义是:"可持续发展是不断提高人群生活质量和环境承载能力的,满足当代人需求又不损害子孙后代满足其需求的,满足一个地区或一个国家的人群需求又不损害别的地区或国家的人群满足其需求的发展"。

2019年10月24日至25日,首届可持续发展论坛在北京召开。论坛主题:"落实2030年可持续发展议程:我们在行动"。大会取得2项成果:"2019年可持续发展论坛大会倡议——世和园倡议""可持续发展企业行动倡议"。2021年9月26—27日第二届可持续发展论坛在北京召开,主题为:"以人为中心的可持续发展"。

2. 可持续发展的内涵

在人类可持续发展的系统中,经济可持续性是基础,环境可持续性是条件,社会可持续性才是目的。人类共同追求的应当是以人的发展为中心的经济-环境-社会复合生态系统持续、稳定、健康地发展。所以,对可持续发展需要从经济、环境和社会三个角度加以解释才能完整地表述其内涵。

(1)可持续发展应当包括"经济的可持续性"。具体而言是指要求经济体能够连续地提供产品和劳务,使内债和外债控制在可以管理的范围,并且要避免对工业和农业生产带来不利的极端的结构性失衡。

(2)可持续发展应当包含"环境的可持续性"。这意味着要求保持稳定的资源基础,避免过度地对资源系统加以利用,维护环境的净化功能和健康的生态系统,并且使不可再生资源的开发程度控制在使投资能产生足够的替代作用的范围。

(3)可持续发展还应当包含"社会的可持续性"。这是指通过分配和机遇的平等、建立医疗和教育保障体系、实现性别的平等、推进政治上的公开性和公众参与性这类机制来保证"社会的可持续发展"。

更根本地,可持续发展要求平衡人与自然和人与人两大关系。人与自然必须是平衡的、协调的。

可持续发展还强调协调人与人之间的关系。马克思、恩格斯指出:劳动使人们以一定的方式结成一定的社会关系,社会是人与自然关系的中介,把人与人、人与自然联系起来。社会的发展水平和社会制度直接影响人与自然的关系。只有协调好人与人之间的关系,才能从根本上解决人与自然的矛盾,实现自然、社会和人的和谐发展。由此可见,可持续发展的内容可以归结为三条:人类对自然的索取,必须与人类向自然的回馈平衡;当代人的发展,不能以牺牲后代人的发展机会为代价;本区域的发展,不能以牺牲其他区域或全球的发展为代价。

1.6.3 可持续发展的基本原则

1. 公平性原则

公平是指机会选择的平等性。可持续发展强调:人类需求和欲望的满足是发展的主要目标,因而应努力消除人类需求方面存在的诸多不公平性因素。"可持续发展"所追求的公平性原则包含以下两个方面的含义。

(1)追求同代人之间的横向公平性。"可持续发展"要求满足全球全体人民的基本需求,并给予全体人民平等性的机会,以满足他们实现较好生活的愿望,贫富悬殊、两极分化的世界难以实现真正的"可持续发展",所以要给世界各国以公平的发展权(消除贫困是"可持续发展"进程中必须优先考虑的问题)。

(2)代际间的公平,即各代人之间的纵向公平性。要认识到人类赖以生存与发展的自然资源是有限的,本代人不能因为自己的需求和发展而损害人类世世代代需求的自然资源和自然环境,要给后代人利用自然资源以满足其需求的权利。

2. 可持续性原则

可持续性是指生态系统受到某种干扰时能保持其生产率的能力。资源的永续利用和生态系统的持续利用是人类可持续发展的首要条件,这就要求人类的社会经济发展不应损害支持地球生命的自然系统、不能超越资源与环境的承载能力。

社会对环境资源的消耗包括两方面:耗用资源和排放污染物。为保持发展的可持续性,对可再生资源的使用强度应限制在其最大持续收获量之内;对不可再生资源的使用速度不应超过寻求作为替代品的资源的速度;对环境排放的废物量不应超出环境的自净能力。

3. 共同性原则

不同国家和地区由于地域、文化等方面的差异及现阶段发展水平的制约,执行可持续的政策与实施步骤并不统一,但实现可持续发展这个总目标及应遵循的公平性及持续性两个原则是相同的,最终目的都是为了促进人类之间及人类与自然之间的和谐发展。

因此,共同性原则有两个方面的含义:①发展目标的共同性。这个目标就是保持地球生态系统的安全,并以最合理的利用方式为整个人类谋福利;②行动的共同性。因为生态环境方面的许多问题实际上是没有国界的,必须开展全球合作,而全球经济发展不平衡也是全世界的事。

中国共产党第二十届中央委员会第三次全体会议提出,中国式现代化是人与自然和谐共生的现代化。必须完善生态文明制度体系,协同推进降碳、减污、扩绿、增长,积极应对气候变化,加快完善落实绿水青山就是金山银山理念的体制机制。要完善生态文明基础体制,健全生态环境治理体系,健全绿色低碳发展机制。

思考与练习

1. 什么叫环境?如何理解环境的含义?

2. 什么是环境问题?环境问题是如何产生的?

3. 简述生态文明的含义。

4. 论述环境污染对生态环境的影响。

5. 了解环境自净作用、环境自净能力、环境容量的概念及它们之间的关系。

6. 次生环境问题与原生环境问题有何联系?

7. 次生环境问题包括哪些方面?

8. 当代环境问题有何特点?

9. 简述环境问题的发展和现代环境科学发展的历史。

10. 了解历史上"八大公害"事件的地点和造成公害的污染物。

11. 目前全球性的环境问题有哪些?你最有感触的是哪个?

12. 环境科学的研究对象和主要任务有哪些?

13. 环境科学的研究对象和主要任务有哪些?

14. 举例说明现代环境科学发展的趋势与特点。

15. 了解你所学的或感兴趣的学科处在环境科学庞大体系的哪一位置。它与其他学科的关系。

16. 现代可持续发展思路的产生有哪些重要历史事件?

17. 可持续发展的内涵和基本原则是什么?

参 考 文 献

[1] 钱易,唐孝炎.环境保护与可持续发展[M].2版.北京:高等教育出版社,2010.

[2] 何强,井文涌,王翊亭.环境学导论[M].3版.北京:清华大学出版社,2004.

[3] 卢昌义.现代环境科学概论[M].3版.厦门:厦门大学出版社,2020.

[4] 方淑荣,姚红.环境科学概论[M].3版.北京:清华大学出版社,2022.

[5] 成岳.环境科学概论[M].上海:华东理工大学出版社,2012.

[6] 莫祥银.环境科学概论[M].2版.北京:化学工业出版社,2017.

[7] 龙湘犁.环境科学与工程概论[M].北京:化学工业出版社,2019.

第2章
环境管理体制、环境标准体系与规范

2.1 现行环境管理体制

2.1.1 统一监督管理

1. 国务院生态环境行政主管部门职责

2018 年 9 月 1 日实施的《生态环境部职能配置、内设机构和人员编制规定》明确详细地规定生态环境部的主要职责,如下所述。

(1)负责建立健全生态环境基本制度。会同有关部门拟订国家生态环境政策、规划并组织实施,起草法律法规草案,制定部门规章。会同有关部门编制并监督实施重点区域、流域、海域、饮用水水源地生态环境规划和水功能区划,组织拟订生态环境标准,制定生态环境基准和技术规范。

(2)负责重大生态环境问题的统筹协调和监督管理。牵头协调重特大环境污染事故和生态破坏事件的调查处理,指导协调地方政府对重特大突发生态环境事件的应急、预警工作,牵头指导实施生态环境损害赔偿制度,协调解决有关跨区域环境污染纠纷,统筹协调国家重点区域、流域、海域生态环境保护工作。

(3)负责监督管理国家减排目标的落实。组织制定陆地和海洋各类污染物排放总量控制、排污许可证制度并监督实施,确定大气、水、海洋等纳污能力,提出实施总量控制的污染物名称和控制指标,监督检查各地污染物减排任务完成情况,实施生态环境保护目标责任制。

(4)负责提出生态环境领域固定资产投资规模和方向、国家财政性资金安排的意见,按国务院规定权限审批、核准国家规划内和年度计划规模内固定资产投资项目,配合有关部门做好组织实施和监督工作。参与指导推动循环经济和生态环保产业发展。

(5)负责环境污染防治的监督管理。制定大气、水、海洋、土壤、噪声、光、恶臭、固体废物、化学品、机动车等的污染防治管理制度并监督实施。会同有关部门监督管理饮用水水源地生态环境保护工作,组织指导城乡生态环境综合整治工作,监督指导农业面源污染治理工作。监督指导区域大气环境保护工作,组织实施区域大气污染联防联控协作机制。

(6)指导协调和监督生态保护修复工作。组织编制生态保护规划,监督对生态环境有影响的自然资源开发利用活动、重要生态环境建设和生态破坏恢复工作。组织制定各类自然保护地生态环境监管制度并监督执法。监督野生动植物保护、湿地生态环境保护、荒漠化防治等工作。指导协调和监督农村生态环境保护,监督生物技术环境安全,牵头生物物种(含遗传资源)工作,组织协调生物多样性保护工作,参与生态保护补偿工作。

(7)负责核与辐射安全的监督管理。拟订有关政策、规划、标准,牵头负责核安全工作协调机制有关工作,参与核事故应急处理,负责辐射环境事故应急处理工作。监督管理核设施和放射源安全,监督管理核设施、核技术应用、电磁辐射、伴有放射性矿产资源开发利用中的污染防治。对核材料管制和民用核安全设备设计、制造、安装及无损检验活动实施监督管理。

(8)负责生态环境准入的监督管理。受国务院委托对重大经济和技术政策、发展规划以及重大经济开发计划进行环境影响评价。按国家规定审批或审查重大开发建设区域、规划、项目环境影响评价文件。拟订并组织实施生态环境准入清单。

(9)负责生态环境监测工作。制定生态环境监测制度和规范,拟订相关标准并监督实施。会同有关部门统一规划生态环境质量监测站点设置,组织实施生态环境质量监测、污染源监督性监测、温室气体减排监测、应急监测。组织对生态环境质量状况进行调查评价、预警预测,组织建设和管理国家生态环境监测网和全国生态环境信息网。建立和实行生态环境质量公告制度,统一发布国家生态环境综合性报告和重大生态环境信息。

(10)负责应对气候变化工作。组织拟订应对气候变化及温室气体减排重大战略、规划和政策。与有关部门共同牵头组织参加气候变化国际谈判。负责国家履行联合国气候变化框架公约相关工作。

(11)组织开展中央生态环境保护督察。建立健全生态环境保护督察制度,组织协调中央生态环境保护督察工作,根据授权对各地区各有关部门贯彻落实中央生态环境保护决策部署情况进行督察问责。指导地方开展生态环境保护督察工作。

(12)统一负责生态环境监督执法。组织开展全国生态环境保护执法检查活动。查处重大生态环境违法问题。指导全国生态环境保护综合执法队伍建设和业务工作。

(13)组织指导和协调生态环境宣传教育工作,制定并组织实施生态环境保护宣传教育纲要,推动社会组织和公众参与生态环境保护。开展生态环境科技工作,组织生态环境重大科学研究和技术工程示范,推动生态环境技术管理体系建设。

(14)开展生态环境国际合作交流,研究提出国际生态环境合作中有关问题的建议,组织协调有关生态环境国际条约的履约工作,参与处理涉外生态环境事务,参与全球陆地和海洋生态环境治理相关工作。

(15)完成党中央、国务院交办的其他任务。

(16)职能转变。生态环境部要统一行使生态和城乡各类污染排放监管与行政执法职责,切实履行监管责任,全面落实大气、水、土壤污染防治行动计划,大幅减少进口固体废物种类和数量直至全面禁止洋垃圾入境。构建政府为主导、企业为主体、社会组织和公众共同参与的生态环境治理体系,实行最严格的生态环境保护制度,严守生态保护红线和环境质量底线,坚决打好污染防治攻坚战,保障国家生态安全,建设美丽中国。

2. 有关地方人民政府生态环境部门的职责

《中华人民共和国环境保护法》对有关人民政府环境保护职责的规定具体如下:

(1)省级人民政府制定环境标准的权力;

(2)地方人民政府行使限期治理权;

（3）采取应急措施的权力；

（4）保护自然生态的职责；

（5）有关人民政府解决跨行政区的环境污染和环境破坏问题；

（6）地方人民政府对环境质量负责。

1）省级生态环境部门主要职责（以江苏省生态环境厅为例）

（1）负责建立健全生态环境基本制度。贯彻执行国家生态环境的方针政策和法律法规。会同有关部门拟订全省生态环境政策、规划并组织实施，起草生态环境地方性法规和规章草案。会同有关部门编制并监督实施重点区域、流域、海域、饮用水水源地生态环境规划和水功能区划，组织制定全省各类地方生态环境标准、基准和技术规范。

（2）负责组织指导、协调全省生态文明建设工作，组织编制生态文明建设规划，开展生态文明建设考核和评价。

（3）负责重大生态环境问题的统筹协调和监督管理。牵头协调全省范围内重特大环境污染事故和生态破坏事件的调查处理，指导协调各市县政府对重特大突发生态环境事件的应急、预警工作，牵头指导实施生态环境损害赔偿制度，协调解决有关跨区域环境污染纠纷，统筹协调全省重点区域、流域、海域生态环境保护工作。

（4）负责监督指导国家和省减排目标的落实。组织实施陆地和海洋各类污染物排放总量控制、排污许可证制度并监督管理，确定大气、水、海洋等纳污能力，提出实施总量控制的污染物名称和控制指标。监督检查各地污染物减排任务完成情况，实施生态环境保护目标责任制。

（5）负责提出生态环境领域固定资产投资规模和方向、省财政性资金安排的意见，按省政府规定权限审批、核准全省规划内和年度计划规模内固定资产投资项目，配合有关部门做好组织实施和监督工作。参与指导推动循环经济和生态环保产业发展。

（6）负责环境污染防治的监督管理。制定大气、水、海洋、土壤、噪声、光、恶臭、固体废物、化学品、机动车等的污染防治管理制度并监督实施。指导协调和监督农村生态环境保护，会同有关部门监督管理饮用水水源地生态环境保护工作，组织指导城乡环境综合整治工作，监督指导农业面源污染治理工作。监督指导区域大气环境保护工作，组织实施区域大气污染联防联控协作机制。

（7）经省政府授权，统一履行全省范围内太湖水污染防治工作综合监管。协调解决太湖水污染防治工作的重大问题。拟订太湖水污染防治地方性法规、规章草案、标准和政策，参与拟订太湖水污染防治的中长期规划。组织实施国家和省有关太湖流域水环境综合治理方案。根据省政府授权，对省各有关部门和地方人民政府实施太湖水环境保护和治理工作进行监督检查。

（8）指导协调和监督生态保护修复工作。组织编制生态保护规划，监督对生态环境有影响的自然资源开发利用活动、重要生态环境建设和生态破坏恢复工作。组织制定各类自然保护地生态环境监督管理制度并监督执法。监督野生动植物保护、湿地生态环境保护等工作。监督生物技术环境安全，牵头生物物种（含遗传资源）工作，组织协调生物多样性保护工作，参与生态保护补偿工作。

（9）负责核与辐射安全的监督管理。对核技术应用、电磁辐射和伴有放射性矿产资源开发利用中的污染防治实施统一监督管理，会同有关部门负责放射性物质运输的监督管理,参与核事故应急处置,负责辐射环境事故应急处理工作,负责废旧放射源和放射性废物的管理,组织辐射环境监测。配合生态环境部对省内核设施安全、核材料管制和民用核安全设备实施监督管理。

(10) 负责生态环境准入的监督管理。按国家和省规定组织审查重大经济和技术政策、发展规划以及重大经济开发计划的环境影响评价文件,按国家和省规定审批或审查重大开发建设区域、规划、项目环境影响评价文件。拟订并组织实施生态环境准入清单。

(11) 负责生态环境监测工作。组织实施生态环境监测制度、规范和标准,建立生态环境监测质量管理制度并组织实施。会同有关部门统一规划全省生态环境质量监测站点设置,组织实施生态环境质量监测、污染源监督性监测、温室气体减排监测、应急监测。组织对全省生态环境质量状况进行调查评价、预警预测,负责全省生态环境监测网的建设和管理。

(12) 组织开展生态环境监察和督察工作。统一行使全省生态环境监察职能。建立健全生态环境保护督察制度,组织协调省级生态环境保护督察工作。根据省委安排,经省政府授权,对省有关部门和市、县(区)生态环境保护法律法规、标准、政策、规划执行情况,生态环境保护党政同责、一岗双责落实情况,以及环境质量责任落实情况进行监督检查,并提出问责意见。

(13) 统一负责生态环境监督执法。指导全省生态环境保护综合执法工作,组织开展全省生态环境保护执法检查活动,查处重大生态环境违法问题。

(14) 负责生态环境信息化工作。建设和管理生态环境信息网。建立和实行生态环境质量公告制度,统一发布全省生态环境综合性报告和重大生态环境信息。

(15) 组织指导和协调生态环境宣传教育工作。制定并组织实施生态环境保护宣传教育纲要,推动社会组织和公众参与生态环境保护。开展生态环境科技工作,组织生态环境重大科学研究和技术工程示范,推动生态环境技术管理体系建设。

(16) 开展应对气候变化和生态环境对外合作交流工作。组织实施中央应对气候变化及温室气体减排的战略、规划和政策。归口管理全省生态环境国际合作和利用外资项目,组织协调省内有关生态环境国际条约的履约工作。

(17) 完成省委、省政府交办的其他任务。

(18) 职能转变。统一行使生态和城乡各类污染排放监督管理与行政执法职责,切实履行监管责任,全面落实大气、水、土壤污染防治行动计划,大幅减少进口固体废物种类和数量直至全面禁止洋垃圾入境。对设区市生态环境部门实行以省生态环境厅为主的双重管理体制,加强全省生态环境系统党的建设,构建政府为主导、企业为主体、社会组织和公众共同参与的生态环境治理体系,实行最严格的生态环境保护制度,严守生态保护红线和环境质量底线,坚决打好污染防治攻坚战,保障全省生态安全,为推进"两聚一高"新实践,建设"强富美高"新江苏奠定坚实生态环境基础。

2) 地市级生态环境部门主要职责(以江苏省常州市生态环境局为例)

(1) 落实执行生态环境基本制度。贯彻落实国家、省生态环境的方针政策和法律法规。会同有关部门拟订全市生态环境政策、规划并组织实施,起草生态环境地方性法规和规章草案。会同有关部门编制并监督实施重点区域、流域、饮用水水源地生态环境规划和水功能区划,组织实施各类生态环境标准、基准和技术规范。

（2）负责组织指导、协调全市生态文明建设工作，组织编制生态文明建设规划，开展生态文明建设考核和评价。

（3）负责重大生态环境问题的统筹协调和监督管理。牵头协调全市范围内重特大环境污染事故和生态破坏事件的调查处理，指导协调辖市（区）政府重特大突发生态环境事件的应急处置、预警工作，牵头指导实施生态环境损害赔偿制度，协调解决有关跨区域环境污染纠纷，统筹协调全市重点区域、流域生态环境保护工作。

（4）负责落实减排目标任务。组织实施地方污染物排放总量控制、排污许可证制度并监督管理，确定大气、水等纳污能力，提出实施总量控制的污染物名称和控制指标，组织制订和实施污染物减排计划，监督检查各辖市（区）污染物减排任务完成情况，实施生态环境保护目标责任制。

（5）负责提出生态环境领域固定资产投资规模和方向、市财政性资金安排意见。按规定权限，审批、核准全市规划内和年度计划规模内固定资产投资项目，配合有关部门做好组织实施和监督工作。参与指导和推动循环经济和生态环保产业发展。

（6）负责环境污染防治的监督管理。贯彻执行国家、省关于大气、水、土壤、噪声、光、恶臭、固体废物、化学品、机动车等污染防治管理制度。指导协调和监督农村生态环境保护，会同有关部门监督管理饮用水水源地生态环境保护工作，组织指导城乡环境综合整治工作，监督指导农业面源污染治理工作。监督指导区域大气环境保护工作，组织实施区域大气污染联防联控协作机制。

（7）贯彻落实省委、省政府和市委、市政府关于太湖水污染防治工作的各项政策和决策部署。协调解决太湖水污染防治工作的重大问题。拟订并组织实施全市太湖水污染防治工作计划，参与拟订有关太湖水污染防治规划。组织实施国家和省有关太湖流域水环境综合治理方案。根据市政府授权，对市各有关部门和各辖市（区）人民政府实施太湖水环境保护和治理工作进行监督检查。统筹协调和监督全市水生态环境管理工作。

（8）指导协调和监督生态保护修复工作。拟订生态保护规划，监督对生态环境有影响的自然资源开发利用活动、重要生态环境建设和生态破坏恢复工作。组织实施各类自然保护地生态环境监督管理工作。监督野生动植物保护、湿地生态环境保护等工作。监督生物技术环境安全，牵头生物物种（含生物遗传资源）工作，组织协调生物多样性保护工作，参与生态保护补偿工作。

（9）负责核与辐射安全的监督管理。对核技术应用、电磁辐射和伴有放射性矿产资源开发利用中的污染防治实施统一监督管理，会同有关部门负责放射性物质运输的监督管理，参与核事故应急处理，负责辐射环境事故应急处理工作，负责废旧放射源和放射性废物的管理，组织辐射环境监测。配合上级生态环境部门对市内核设施安全、核材料管制和民用核安全设备实施监督管理。

（10）负责生态环境准入的监督管理。按规定组织审查重大经济和技术政策、发展规划以及重大经济开发计划的环境影响评价文件，按规定权限审批或审查辖区内开发建设区域、规划、项目环境影响评价文件。组织实施生态环境准入清单。

（11）负责生态环境监测工作。组织实施生态环境监测制度、规范和标准，落实执行生态环境监测质量管理制度。组织实施市级以下生态环境质量监测，组织实施污染源监督性监测、温室气体减排监测、应急监测、执法监测。负责全市生态环境监测网的建设和管理。

(12)统一负责生态环境监督执法。指导全市生态环境保护综合执法工作,组织开展全市生态环境保护执法检查活动,查处生态环境违法问题。组织拟订重特大突发生态环境事件和生态破坏事件的应急预案,指导调查处理工作。

(13)负责生态环境信息化工作。建设和管理生态环境信息网。实行生态环境质量公告制度,统一发布全市生态环境综合性报告和重大生态环境信息。

(14)组织指导和协调生态环境宣传教育工作。制定并组织实施生态环境保护宣传教育纲要,推动社会组织和公众参与生态环境保护。开展生态环境科技工作,组织生态环境重大科学研究和技术工程示范,推动生态环境技术管理体系建设。

(15)开展应对气候变化和生态环境对外合作交流工作。组织实施中央、省应对气候变化及温室气体减排的战略、规划和政策。归口管理全市生态环境国际合作和利用外资项目,组织协调市内有关生态环境国际条约的履约工作。

(16)完成市委、市政府交办的其他任务。

(17)职能转变。

3)县区级生态环境部门主要职能(以江苏省常州市武进生态环境局为例)

常州市武进生态环境局是常州市生态环境局派出机构,为正科级建制。

常州市武进生态环境局负责贯彻落实中央关于生态环境保护工作的方针政策和省委、市委、市生态环境局党组织的决策部署,在履行职责过程中坚持和加强党的集中统一领导。主要职责包括以下几点。

(1)落实执行生态环境基本制度。贯彻落实国家、省、市生态环境的方针政策和法律法规。配合有关部门监督重点区域、流域、饮用水水源地生态环境规划和水功能区划实施,组织实施各类生态环境标准、基准和技术规范。

(2)负责较大及以下生态环境问题的监督管理。牵头协调本区域内较大及以下环境污染事故和生态破坏事件的调查处理,依法配合有关部门开展区域内较大及以下突发生态环境事件的应急处置、预警工作,统筹协调重点区域、流域生态环境保护工作。

(3)负责落实减排目标任务。组织实施地方污染物排放总量控制、排污许可证制度、污染物减排计划并监督管理。

(4)提出生态环境领域固定资产投资规模和方向、财政性资金安排建议。参与指导和推动循环经济和生态环保产业发展。

(5)负责环境污染防治的监督管理。贯彻执行国家、省、市关于大气、水、土壤、噪声、光、恶臭、固体废物、化学品、机动车等污染防治管理制度。指导协调和监督农村生态环境保护,会同有关部门监督管理饮用水水源地生态环境保护工作,参与指导城乡环境综合整治工作,监督指导农业面源污染治理工作。监督指导区域大气环境保护工作,协调推进区域大气污染联防联控协作机制。

(6)贯彻落实省、市关于太湖水污染防治工作的各项政策和决策部署,协调处理太湖水污染防治工作的有关问题。统筹协调和监督本区域内水生态环境管理工作。

(7)指导协调和监督生态保护修复工作。监督对生态环境有影响的自然资源开发利用活动、重要生态环境建设和生态破坏恢复工作。组织实施各类自然保护地生态环境监督管理工作。监督野生动植物保护、湿地生态环境保护等工作。监督生物技术环境安全,牵头生物物种(含生物遗传资源)工作,组织协调生物多样性保护工作,参与生态保护补偿工作。

（8）负责核与辐射安全的监督管理。对核技术应用、电磁辐射和伴有放射性矿产资源开发利用中的污染防治实施统一监督管理，会同有关部门负责放射性物质运输的监督管理，参与核事故应急处理，负责本区域内辐射环境事故应急处理工作，配合开展废旧放射源和放射性废物的管理，组织辐射环境监测。配合上级生态环境部门对本区域内核设施安全、核材料管制和民用核安全设备实施监督管理。

（9）负责生态环境准入的监督管理。按规定组织审查重大经济和技术政策、发展规划以及重大经济开发计划的环境影响评价文件，按规定权限审批或审查本区域内开发建设区域、规划、项目环境影响评价文件。组织实施生态环境准入清单。

（10）组织开展生态环境监测工作。组织实施生态环境监测制度、规范和标准，落实执行生态环境监测质量管理制度。协调开展生态环境质量监测工作，组织实施污染源监督性监测、温室气体减排监测、应急监测、执法监测，推进全市生态环境监测网的建设。

（11）负责生态环境执法。组织开展本区域内生态环境保护综合执法工作，开展生态环境保护执法检查活动，查处生态环境违法问题。组织拟订本区域内突发生态环境事件和生态破坏事件的应急预案，指导调查处理工作。

（12）负责生态环境信息化工作。组织推进生态环境信息网建设，根据《中华人民共和国政府信息公开条例》要求开展环境信息公开工作。

（13）指导和协调生态环境宣传教育工作。组织开展生态环境保护宣传教育，推动社会组织和公众参与生态环境保护。开展生态环境科技工作，组织生态环境重大科学研究和技术工程示范，推动生态环境技术管理体系建设。

（14）开展应对气候变化和生态环境对外合作交流工作。组织实施中央、省、市应对气候变化及温室气体减排的战略、规划和政策。归口管理生态环境国际合作和利用外资项目，组织协调本区域内有关生态环境国际条约的履约工作。

（15）完成常州市生态环境局交办的其他任务。

（16）职能转变。在常州市生态环境局统一领导下行使生态和城乡各类污染排放监督管理与行政执法职责，切实履行监管责任，落实大气、水、土壤污染防治行动计划，大幅减少进口固体废物种类和数量直至全面禁止洋垃圾入境。加强生态环境系统党的建设和思想政治建设。构建政府为主导、企业为主体、社会组织和公众共同参与的生态环境治理体系，实行最严格的生态环境保护制度，严守生态保护红线和环境质量底线，坚决打好污染防治攻坚战，保障本区域生态安全。

2.1.2 分级监督管理

各省自治区、直辖市级、市级、县级人民政府分别设立生态环境行政主管部门，负责监督管理本辖区的生态环境工作。各省自治区、直辖市级、市级、县级人民政府生态环境行政主管部门实行的是双重管理体制，以地方人民政府领导为主，上级生态环境行政主管部门按照有关规定和权限协助地方人民政府对其管理。

《中华人民共和国环境保护法》规定县级以上人民政府生态环境行政主管部门的职责如下：

（1）调查并制定环境规划。县级以上人民政府生态环境行政主管部门，应当会同有关部门对管辖范围内的环境状况进行调查和评价,拟订生态环境规划,经计划部门综合平衡后,报同级人民政府批准实施。

(2)现场检查权。县级以上人民政府生态环境行政主管部门或者其他依照法律规定行使环境监督管理权的部门,有权对管辖范围内的排污单位进行现场检查。

(3)对建设项目环境影响评价进行审批。建设项目的环境影响报告书,必须对建设项目产生的污染和对环境的影响作出评价,规定防治措施,经项目主管部门预审并依照规定的程序报生态环境行政主管部门批准。环境影响报告书经批准后,计划部门方可批准建设项目设计任务书。

(4)污染设施检查权。建设项目中防治污染的设施,必须与主体工程同时设计、同时施工、同时投产使用。防治污染的设施必须经原审批环境影响报告书的生态环境行政主管部门验收合格后,该建设项目方可投入生产或者使用。防治污染的设施不得擅自拆除或者闲置,确有必要拆除或者闲置的,必须征得所在地的生态环境行政主管部门同意。

(5)征收排污费。生态环境行政主管部门或者其他依照法律规定行使环境监督管理权的部门对排放污染物超过国家或者地方规定的污染物排放标准的企事业单位,依照国家规定征收超标准排污费,并负责治理。

(6)对环境突发事件采取应急措施及上报。生态环境行政主管部门对造成突发性污染事故的单位,必须立即采取措施处理、进行调查并及时通报可能受到污染危害的单位和居民,在环境受到严重污染威胁居民生命财产安全时,立即向当地人民政府报告,由人民政府采取有效措施,解除或者减轻危害。

2.1.3　分部门监督管理

环境管理体制中的分管部门是指依法分管某类污染防治或者某类自然资源保护监督管理工作的部门。国务院和县级以上地方人民政府土地、矿产、林业、农业、水利行政主管部门根据分类原则,依照法律的规定实施资源保护的监督管理。国家海洋行政主管部门、港务监督、渔政渔港监督、军队生态环境部门和各级公安、交通、铁道、民航管理部门是环境污染防治的分管部门,依照有关法律的规定对特定领域的环境污染防治实施监督管理。

2.2　现行环境管理体制的基本特点

1. 环境管理机构设置与行政区划具有高度同构性

环境管理体制中环境管理机构的设置与行政区划、层级设置一一对应,追求上下对口、左右一致,呈现高度同构性。纵向上,环境管理机构按照政府组织从中央到地方的四个层次上下都对口设立,即中央、省自治区、直辖市、市、县;横向上,环境管理机构的设置与现有各级行政区划幅度一致,即在34个省(自治区、直辖市)、333个地级市、2843个县都组建了生态环境厅(局)。

2. 环境管理权力配置同质化、部门化

环境管理机构的设置决定了其权力的配置结构,环境管理权配置主要表现为纵向结构和横向结构。纵向表现为中央与地方环境行政管理机关之间的控权与分权关系,横向表现为同级环境行政管理机关与其他相关职能部门之间、环境行政管理机关内部各部门之间的协调与平衡关系。

3. 传统环境保护行政管理体制存在弊端

我国传统环境保护行政管理体制主要是以环保法为依据的条块体制，即以层级制和职能制相结合为基础，按上下对口和合并同类项原则建立起来的、从中央到地方各层级政府大体上同构的政府组织和管理模式。生态环境部对全国环境保护实施统一监督管理，各级地方政府分别对本行政区划内的环境问题负责，地方政府内设立环境保护部门，具体承担此项工作，地方环境保护部门受生态环境部的业务指导。条块体制尽管能够满足国家进行社会管理的基本需要，但随着社会经济的发展以及生态问题的日益严重，也逐步暴露出一些严重的问题。

（1）**弊端之一：环境保护权责不清，责任追究无法落实**。生态环境部对全国的环境保护工作进行统一监督、管理，具体对全国环保工作进行规划、部署、监督和协调，并承担对系统内下级环境保护部门的工作监督和指导，以及对其他有环境保护职能的部门开展环保工作的监督和指导。地方政府也采用与中央相应的环保机构设置，承担实施上级环保规划，发现和查处环境污染问题，协调环保工作落实，监督同级各部门环保工作开展情况并进行指导。我国省级行政区负责本辖区内的环境问题，下设地市、县级、乡级行政区划，其中乡级行政机构中没有专门从事环境保护的机构，市县二级行政机构中有专门的环境保护部门。环保法虽然规定了环境保护部门的责任，但是规定比较笼统，界定不够明晰，环保部门与县级以上人民政府有关部门各自管辖范围的规定分散在各种相关法律法规之中，没有形成完善的权责体系，且相关工作块状化分割严重，责任不清，缺乏统一执行力。而且基层环保部门普遍存在权力和责任不对称问题，客观上也造成了对污染问题的责任追究难以落实。

（2）**弊端之二：地方保护主义危害严重**。传统环境保护行政管理体制中，地方政府虽然在中央政府的领导下，却经常发生以维护地方利益为目的，违背中央决策与国家法律法规，不正当行使权力的行为。这种地方保护主义不仅阻碍中央关于环境保护相关决策和环保法律法规的贯彻执行，也极大削弱了中央在环保领域的行政管控能力。一方面，地方政府为了扩大经济规模，在招商引资和项目建设的过程中，违反环境法律法规的规定，擅自降低环保等方面要求，为污染企业和项目的生存发展大开方便之门，项目未批先建现象十分普遍，环境影响评价制度形同虚设，地方环保部门的审批作用难以发挥。另一方面，为了维护地方利益，地方政府往往通过制定各种违反国家环保规定的"土政策"，以优化投资环境、减轻企业负担为幌子，干预正常的环境执法。

（3）**弊端之三：跨区域环境问题解决机制难以实施**。我国的环境保护行政管理是以行政区划为基础的属地管理。此种模式下，地方政府作为相对独立的行政主体，在一定的辖区内自主行使环境管理权并承担相应的责任，相互之间的关系十分松散。生态环境作为一个系统，具有很强的整体性，且许多环境要素，如地表水和大气等都是流动的。因此，环境问题呈现出较强的外部性，超越了单个地方政府管辖的范围，易造成区域性的影响。要解决区域性的环境问题就需要进行区域环境管理，针对特定的环境系统，根据环境问题的具体特点和影响范围来开展环保工作。尽管我国环保法对于跨区域环境问题有"建立生态破坏联合防治制度""上级政府介入解决，或者涉事的相关政府协商解决"等规定，但这些规定一直缺乏配套的实施细则，没有针对性的解决办法和程序规定。而且对环境纠纷规定的协商解决,没有引入纠纷法律解决机制,很可能使现实中的环境纠纷得不到及时、有效地解决,影响应对环境污染问题的效果。地方政府以邻为壑,分散的环保力量得不到有效整合,区域整体环境利益的损失也就难以避免。

4. "环保垂改"

2016年9月22日中共中央办公厅、国务院办公厅印发了《关于省以下环保机构监测监察执法垂直管理制度改革试点工作的指导意见》(简称《意见》),并发出通知,要求各地区各部门结合实际认真贯彻落实,即"环保垂改"。施行省以下的"环保垂改"有利于解决现行以块为主的地方环保管理体制存在的4个突出问题:

(1) 难以落实对地方政府及其相关部门的监督责任;

(2) 难以解决地方保护主义对环境监测督查执法的干预;

(3) 难以适应统筹解决跨区域、跨流域环境问题的新要求;

(4) 难以规范和加强地方环保机构队伍建设的问题。

完成3个主要任务:

(1) 省级生态环境部门直接管理市(地)县的生态环境监测监察机构;

(2) 市(地)级生态环境局实行以省级生态环境厅为主的双重管理体制;

(3) 县级生态环境机构不再单设而是作为市(地)级生态环境局的派出机构。

"环保垂改"主要有以下几方面的重大改革:①市、县环保部门职能上收。市、县两级环保部门的环境监察职能将由省级环保部门统一行使,通过向市或跨市县区域派驻等形式实施环境监察。现有的市级环境监测机构将调整为省级环保部门驻市环境监测机构,由省级环保部门直接管理,人员和工作经费均由省级承担。②取消属地管理。市级环保局将改变之前的属地管理,实行以省级环保厅(局)为主的双重管理,虽然仍为市级政府工作部门,但主要领导均由省级环保厅(局)提名、审批和任免。而县级环保局将直接调整为市级环保局的派出分局,由市级环保局直接管理,其人财物及领导班子成员均由市级环保局直管。③强化地方政府的环境保护责任。《意见》指出,试点省份要进一步强化地方各级党委和政府环境保护主体责任、党委和政府主要领导成员主要责任,完善领导干部目标责任考核制度,把生态环境质量状况作为党政领导班子考核评价的重要内容。简言之,垂直管理制度改革之后,环境监测执法将呈现省级部门权力扩大、市县执法重心下移、人事任免权力调整、地方环保责任增强等重大变化。

垂直管理制度改革是从变革环境治理基础制度入手,解决制约环境保护的体制机制障碍,标本兼治,加大综合治理力度,推动环境质量改善。目前全国省以下环保部门已基本按照新制度运行了。

2.3 生态环境部门的架构与环境保护法律法规体系

1. 国务院及地方政府对各级生态环境部门架构

生态环境部和县级以上地方各级人民政府是行使统一环境监督管理职权的行政主体。生态环境部是国务院生态环境行政主管部门,是中央层面的生态环境行政主管部门,负责监督管理全国的生态环境工作。各省、自治区、直辖市、市、县级人民政府分别设立生态环境保护行政主管部门,负责监督管理本辖区的生态环境工作。县级以上地方各级人民政府则依照法律规定负责本辖区的生态环境工作,领导所辖生态环境行政部门和有关行使生态环境职能的其他行政部门。

2. 环境保护法律法规体系

环境保护法体系是指在一定的范围内,按其内在的联系将有关开发、利用、保护和改善环境的全部法律规范构成的一个有机的整体。环境保护法体系的建立有助于各种法律规范间相互配合、有层次而又相互协调,更好地发挥环境保护法的作用,环境保护法体系是我国法律中的一个子体系。

我国的环境保护法律法规体系的构成及分类如下:

(1)《中华人民共和国宪法》中关于环境保护的规定(第九条、第十条、第二十二条及第二十六条等相关内容);

(2)环境保护综合法:《中华人民共和国环境保护法》;

(3)环境保护单行法可分为三类:①自然资源保护法,如《森林法》《草原法》《渔业法》《矿产资源法》《水法》《野生动物保护法》《水土保持法》《气象法》等;②污染防治法,如《水污染防治法》《大气污染防治法》《固体废物污染环境防治法》《噪声污染防治法》《海洋环境保护法》等;③其他类的法律,如《环境影响评价法》《清洁生产促进法》《循环经济促进法》,我国加入或签署的国际法或公约及其他法律中的环境保护条款;

(4)环境保护行政法规;

(5)环境保护地方性法规;

(6)环境保护地方政府规章。

我国环境保护法律法规体系中各层次之间的相互关系是:①宪法关于环境保护的规定,在我国环境保护法律法规体系中处于最高的地位,是环境保护法的基础,是各种环境保护法律、法规、规章制定的依据。②环境保护基本法在环境保护法律法规体系中,除宪法外占有核心地位,有"环境宪法"之称。③环境保护单行法是针对特定的环境保护对象、领域或特定的环境管理制度而进行专门调整的立法,是宪法和环境保护基本法的具体化,是实施环境管理、处理环境纠纷的直接法律依据。地位和效力仅次于环境保护基本法。④环境保护行政法规是国务院依照宪法和法律的授权,按照法定程序颁布或通过的关于环境保护方面的行政法规,其效力低于环境保护基本法和环境保护单行法。可以起到解释法律、规定环境执法的行政程序等作用,在一定程度上弥补环境保护基本法和单行法的不足。⑤环境保护部门规章是由环境保护行政主管部门以及其他有关行政机关依照《中华人民共和国立法法》授权制定的关于环境保护的行政规章,效力低于环境保护行政法规。⑥环境保护地方性法规及规章位阶较低,其内容不得与法律、行政法规相抵触。

我国的环境保护法律、法规、规范和标准可从生态环境部、各省(区、市)及地方政府环保部门网站上下载或浏览。

2.4　环境标准

1. 环境标准的定义

环境标准是为了防治环境污染,维护生态平衡,保护人群健康,对环境保护工作中需要统一的各项技术规范和技术要求所做的规定。环境标准是落实环境保护法律法规的重要手段,是推进精准治污、科学治污、依法治污的重要基础,在环境保护和生态文明建设中起到规范和保障作用。具体讲,环境标准是国家为了保护人民健康,促进生态良性循环,实现社会经济发展目标,根据国家的环境政策和法规,在综合考虑本国自然环境特征、社会经济条件和科学技术水平的基础上,规定环境中污染物的允许含量和污染源排放污染物的数量、浓度、时间和速度以及监测方法和其他有关技术规范。

从1973年我国发布第一个国家环境保护标准《工业"三废"排放试行标准》(GBJ 4—1973)起到2023年11月12日,我国累计发布国家环境标准2873项,现行2351项,标准覆盖各类环境要素和管理领域,控制项目种类和水平达到与发达国家相当的水平,支撑污染防治攻坚战的标准体系基本建成。

环境标准是随着环境问题的产生而出现的,随着科技进步和环境科学的发展,环境标准也随之发展,其种类和数量也越来越多。我国环境标准可分为国家标准和地方标准;按其内容和性质,可分为环境质量标准、污染物排放标准、方法标准、标准样品标准和基础标准等。

2. 环境标准的作用

1) 环境标准是国家环境保护法规的重要组成部分

我国环境标准具有法规约束性,这是我国环境保护法规所赋予的。在《中华人民共和国环境保护法》《中华人民共和国大气污染防治法》《中华人民共和国水污染防治法》《中华人民共和国海洋环境保护法》《中华人民共和国环境噪声污染防治法》《中华人民共和国固体废物污染环境防治法》等法律法规中,都规定了实施环境标准的条款,使环境标准成为执法必不可少的依据和环境保护法规的重要组成部分。我国环境标准本身所具有的法规特征是:国家环境标准绝大多数是法律规定必须严格贯彻执行的强制性标准。国家环境标准由生态环境部组织制订、审批、发布;地方环境标准由省级人民政府组织制订、审批、发布。这就使我国环境标准具有行政法规的效力。国家环境标准明确规定了适用范围及企事业单位在排放污染物时必须达到的各项技术指标要求,规定了监测分析方法以及违反要求所应承担的经济后果等。同时我国环境标准从制(修)订到发布实施有严格的工作程序,使环境标准具有规范性特征。国家环境标准又是国家有关环境政策在技术方面的具体表现,如我国环境质量标准兼顾了我国环保的区域性和阶段性特征,体现了我国经济建设和环境建设协调发展的战略政策;我国污染物排放标准综合体现了国家关于资源综合利用的能源政策、淘劣奖优的产业政策、鼓励科技进步的科技政策等,其中行业污染物排放标准又着重体现了我国行业环境政策。

环境标准有力支撑了我国环境管理和法律制度实施。每个阶段的环境重大战略部署,都需要足够的标准支撑才能全面落地实施。2016年以来,我国先后发布由73项排污许可证申请与核发技术规范、45项自行监测技术指南和7项可行技术指南构成的排污许可管理技术规范体系,为落实《排污许可管理条例》、全面实施排污许可制度提供了有力的技术支撑。

2) 环境标准是环境保护规划的体现

环境规划的目标主要是用标准来表示的。我国环境质量标准就是将环境规划总目标依据环境组成要素和控制项目在规定时间和空间内予以分解并定量化的产物,因而环境质量标准是具有鲜明的阶段性和区域性特征的规划指标,是环境规划的定量描述。污染物排放标准则是根据环境质量目标要求,将规划措施根据我国的技术和经济水平以及行业生产特征,按污染控制项目进行分解和定量化,它是具有阶段性和区域性特征的控制措施指标。

环境规划是指在什么地方到什么时候采取什么措施或达到什么标准,也就是通过环境规划来实施环境标准。通过环境标准提供了可列入国民经济和社会发展计划中的具体环境保护指标,为环境保护计划切实纳入国家各级经济和社会发展计划创造了条件;环境标准为其他行业部门提出了环境保护具体指标,有利于其他行业部门在制订和实施行业发展计划时协调行业发展与环境保护工作;环境标准提供了检验环境保护工作的尺度,有利于生态环境部门对环保工作的监督管理,对于人民群众加强对环保工作的监督和参与,提高全民族的环境意识也有积极意义。

3) 环境标准是环境保护行政主管部门依法行政的依据

多年来逐步形成的环境管理制度,是环境监督管理职能制度化的体现。但是,这些制度只有在各自进行技术规范化后,才能保证监督管理职能科学有效地发挥。

环境管理制度和措施的一个基本特征是定量管理,定量管理就要求在污染源控制与环境目标管理之间建立定量评价关系,并进行综合分析。因而就需要通过环境保护标准统一技术方法,作为环境管理制度实施的技术依据。

目标管理的核心是对不同时期、空间、污染类型,确定相应要达到的环境标准,以便落实重点控制目标;另外,需要从污染物排放标准和区域总量控制指标出发,确定建设项目环境影响评价指标和"三同时"管理制度验收指标,确定集中控制工程与限期治理项目对污染源的不同控制要求,确定工业点源执行排放标准和总量指标的符合分配量,以及相应的排污收费标准额度。

总之,环境标准是强化环境管理的核心,环境质量标准提供了衡量环境质量标准状况的尺度,污染物排放标准为判别污染源是否违法提供了依据。同时,方法标准、标准样品标准和基础标准统一了环境质量标准和污染物排放标准实施的技术要求,为环境质量标准和污染物排放标准正确实施提供了技术保障,并相应提高了环境监督管理的科学水平和可比程度。

4) 环境标准是推动环境保护科技进步的一个动力

环境标准与其他任何标准一样,是以科学与实践的综合成果为依据制订的,具有科学性和先进性,代表了今后一段时期内科学技术的发展方向。使标准在某种程度上成为判断污染防治技术、生产工艺与设备是否先进可行的依据,成为筛选、评价环保科技成果的一个重要尺度,对技术进步起到导向作用。同时,环境方法、样品、基础标准统一了采样、分析、测试、统计计算等技术方法,规范了环保有关技术名词、术语等,保证了环境信息的可比性,使环境科学各学科之间、环境监督管理各部门之间以及环境科研和环境管理部门之间有效的信息交往和相互促进成为可能。标准的实施还可以起到强制推广先进科技成果的作用,加速科技成果转化为生产力的步伐,使切合我国实际情况的无废、少废、节能、节水及污染治理新技术、新工艺、新设备尽快得到推广和应用。

5) 环境标准是进行环境评价的准绳

无论进行环境质量现状评价,编制环境质量报告书,还是进行环境影响评价,编制环境影响报告书,都需要环境标准。只有依靠环境标准,才能做出定量化的比较和评价,正确判断环境质量的好坏,从而为控制环境质量,进行环境污染综合整治,以及设计切实可行的治理方案提供科学依据。

6) 环境标准具有投资导向、技术导向作用

环境标准中指标值高低是确定污染源治理资金投入的技术依据;在基本建设和技术改造项目中也是根据标准值确定治理程度,提前安排污染防治资金。环境标准对环境投资的这种导向作用是明显的。环境标准对打好污染防治攻坚战和推动环境质量改善具有十分重要的意义,通过标准引领环境管理战略转型,倒逼产业结构优化升级,推进污染防治向纵深发展。

环境质量标准围绕公众健康和生态保护,确立与经济社会发展相适应的环境保护目标要求,促进环境保护和经济社会绿色转型。2023 年全国重点城市 $PM_{2.5}$ 的平均浓度是 $30\mu g/m^3$,比 10 年前下降了 54%,重污染天数下降了 83%,优良天数比例连续 4 年达到 86% 以上。2023 年全国地表水体优良水质断面比例达到 89.4%,比 10 年前提高了 25.3%。长江干流连续 4 年、黄河干流连续 2 年稳定达到 Ⅱ 类水质。近岸海域水质优良比例达到 85%,创造了历史新高。此外,全国森林覆盖率在 2023 年达到 24.02%,21 世纪以来全球新增绿化面积约 1/4 来自中国,先后命名了 572 个生态文明建设示范区和 240 个"绿水青山就是金山银山"实践创新基地,城乡环境更加宜居。

3. 环境标准的特性

环境标准不同于产品质量标准,环境标准(环境质量标准和污染物排放标准)有其独特的法规属性。环境标准属于技术法规,具有强制性,必须执行。

在计划经济时代,我国实行的是国家制定产品标准的体制。由于历史原因,环境保护标准纳入标准化法的调整范围;但鉴于环境保护标准的特殊性,《中华人民共和国标准化法实施条例》(2024 年修订版)在"标准的制定"一章中的第十二条规定"法律对标准的制定另有规定的,依照法律的规定执行"。我国《中华人民共和国环境保护法》第九条、第十条规定,由国务院生态环境保护行政主管部门制定国家环境质量标准和污染物排放标准,只在编号、发布形式上采用产品标准的做法。

应当指出,环境保护标准虽然采用产品标准的形式(如编 GB 号、采用产品标准的格式等)发布,但是环境标准与产品质量标准在内涵、外延和制定标准的目的等方面有着本质区别。

(1) 在标准体系方面,环境保护标准中的环境质量标准和污染物排放标准只有国家和地方两级,而产品质量标准除国家级和地方级标准外,还有行业级标准和企业级标准。

(2) 在各级标准的优先执行关系上,环境保护标准与产品质量标准也截然不同:环境质量标准以国家级标准为主,地方环境质量标准补充制定国家级标准中没有的项目,国家级标准和地方级标准同时执行。地方污染物排放标准的项目可以是国家级标准中没有的项目,若与国家级标准项目相同的要严于国家级排放标准,执行标准时地方级标准优先于国家级标准;而产品质量标准以国家级标准的效力最高,有国家级标准的就不能再制定相同适用范围的行业标准和地方标准。

(3) 环境保护标准的内涵不同于产品质量标准。产品标准是对"重复性事物"所做的统一规定,制定标准的对象是产品的规格、尺寸(如螺钉、螺母的螺纹规格,铁路的轨距和机车车辆的轮距,电源插头、插座的形状、尺寸等)。可见,制定产品标准的根本目的在于提高产

品的通用性和互换性,从而降低成本,为用户和消费者提供方便。产品标准中的技术指标是完全可以人为加以控制和改变的,不同的城市甚至国家可以按照同一产品标准,制造出质量和性能完全相同的产品。环境不是人工制造的产品,环境因素错综复杂,大多数环境因素是不能人为加以控制的,制定环境保护标准要考虑被保护对象的要求和控制对象的承受能力。环境因素具有与产品性能完全不同高度的特异性,一个特定区域的环境不可能在其他区域被复制。因此,环境不是"重复性事物",环境因素中不存在通用性和互换性的问题,不宜把环境保护标准当作产品质量标准来进行管理和看待。

随着我国社会主义市场经济体制的建立,一些计划经济体制下形成的管理模式已不能适应改革开放形势的需要,围绕环境保护标准管理权的争论以及对环境保护标准属性认识上的分歧反映了在环境保护标准的管理体制方面存在的问题,这些问题只能通过改革环境保护标准的管理体制予以解决。

4.环境标准工作历史沿革与发展

我国的环境标准是与环境保护事业同步发展起来的。1973年8月召开的第一次全国环境保护工作会议审查通过了我国第一个环境标准——《工业"三废"排放试行标准》,奠定了我国环境标准的基础。这一标准为我国刚刚起步的环保事业提供了管理和执法依据,在"三同时"管理制度把关、排污收费、污染源控制和污染防治等方面发挥了重大作用。

1979年3月,第二次全国环境保护工作会议在成都召开,会议决定进一步加强环境标准工作,同时颁布了《中华人民共和国环境保护法(试行)》,明确规定了环境标准的制(修)订、审批和实施权限,使环境标准工作有了法律依据和保障。同时开始制定大气、水质和噪声等环境质量标准及钢铁、化工、轻工等40多个工业污染物国家排放标准。20世纪80年代中期配合环境质量标准和污染物排放标准制定了相应的方法标准和标准样品标准。

20世纪80年代末,环境保护局重新修订、颁布了《地面水环境质量标准》(GB 3838—1988),替代GB 3838—1982,(现行标准为《地表水环境质量标准(GB 3838—2002)》);制定了《污水综合排放标准》(GB 8978—1996),替代了《工业"三废"排放试行标准》(GBJ 4—1973)中的废水部分。这两项标准的突出特点是:环境质量按功能分类保护,排放标准则根据水域功能确定了分级排放限值,即排入不同的功能区的废水执行不同级别的标准;强调了区域综合治理,提出了排入城市下水道的排放限值,对行业排放标准进行了调整,统一制定水质浓度指标和水量指标,体现了水质和排污总量双重控制。

1991年12月在广州召开的环境标准工作座谈会上,提出了新的环境标准体系。在此之后,针对排放标准的时限问题和重点污染源控制问题,进一步明确了排放标准时间段的确定依据,综合排放标准及行业排放标准的关系,着手修订综合排放标准和重点行业的排放标准,进一步理顺和解决了在实施中的一些问题。到1996年,在国家环境标准清理整顿中,制定和颁布了一批水、气污染物排放标准,进一步贯彻执行了广州会议的精神。

2000年4月29日第九届全国人民代表大会第十五次会议第一次修订的《中华人民共和国大气污染防治法》阐明了"超标即违法"的思想,使环境标准在环境管理中的地位进一步明确。随着污染物国家排放标准体系的开展,以及国家环境保护标准"十一五"规划的编制实施,我国的环境标准工作迈上新台阶。

50多年来,我国环境标准工作者积极研究、制订、实施环境标准,为推动我国的环境标准工作做出了不懈努力,取得了显著成绩。党的十八大以来,是我国环境标准发展最迅速、成效最显著的阶段,共发布国家环境标准1289项,占50年累计总数的45%。

目前,现行国家环境标准数量已达2351项,基本形成了种类齐全、结构完整、协调配套、科学合理的环境标准体系。

生态环境部仍在持续推动环境标准全面优化升级,及时出台与环境、资源能源等领域法律制(修)定相配套的环境标准;加强绿色低碳标准研制,构建满足应对气候变化工作需要的标准体系,协同推进环境保护和经济社会高质量发展;进一步加强标准与科研相结合、与我国实际相结合,夯实标准科学基础,开展重大标准实施评估机制,解决标准共性技术问题。

2.5 环境标准体系

1. 环境标准体系的定义

体系是指在一定系统范围内具有内在联系的有机整体。

环境标准体系:各种不同环境标准依其性质功能及其客观的内在联系,相互依存、相互衔接、相互补充、相互制约所构成的一个有机整体。

2. 环境标准体系的结构

环境标准分为国家环境标准、地方环境标准和生态环境部标准。国家环境标准包括国家环境质量标准、国家污染物排放标准(或控制标准)、国家环境监测方法标准、国家环境标准样品标准、国家环境基础标准。地方环境标准包括地方环境质量标准和地方污染物排放标准等。

1) 国家环境标准

(1) 国家环境质量标准。它是为了保障人群健康、维护环境和保障社会物质财富,并考虑技术、经济条件,对环境中有害物质和因素所做的限制性规定。国家环境质量标准是一定时期内衡量环境优劣程度的标准,从某种意义上讲是环境质量的目标标准。

(2) 国家污染物排放标准(或控制标准)。它是根据国家环境质量标准,以及适用的污染控制技术,并考虑经济承受能力,对排入环境的有害物质和产生污染的各种因素所做的限制性规定,是对污染源控制的标准。

(3) 国家环境监测方法标准。它是为监测环境质量和污染物排放,规范采样、分析、测试、数据处理等所做的统一规定(指对分析方法、测定方法、采样方法、实验方法、检验方法、生产方法、操作方法等所做的统一规定)。环境监测中最常见的是分析方法、测定方法、采样方法。

(4) 国家环境标准样品标准。它是为保证环境监测数据的准确、可靠,对用于量值传递或质量控制的材料、实物样品,而制定的标准物质。标准样品在环境管理中起着特别的作用:可用来评价分析仪器、鉴别其灵敏度;评价分析者的技术,使操作技术规范化。

(5) 国家环境基础标准。它是对环境标准工作中需要统一的技术术语、符号、(代码)、图形、指南、导则、量纲单位及信息编码等做的统一规定。

2) 地方环境标准

地方环境标准是对国家环境标准的补充和完善。由省、自治区、直辖市人民政府制定。

（1）地方环境质量标准。国家环境质量标准对未做出规定的项目,可以制定地方环境质量标准,并报国务院行政主管部门备案。

（2）地方污染物排放标准。国家污染物排放标准中未做规定的项目可以制定地方污染物排放标准;国家污染物排放标准已规定的项目,可以制定严于国家污染物排放标准的地方污染物排放标准;省、自治区、直辖市人民政府制定机动车船大气污染物地方排放标准严于国家排放标准的,须报经国务院批准。

3）生态环境部标准

生态环境部标准是在环境保护工作中针对需要统一的技术要求所制定的标准(包括执行各项环境管理制度、监测技术、环境区划和规划的技术要求及规范和导则等)。

环境影响评价技术导则一般可分为各环境要素的环境影响评价导则、各专项或专题的环境影响评价导则、规划和建设项目的环境影响评价导则等。

国家环境标准分为强制性和推荐性标准。环境质量标准和污染物排放标准以及法律、法规规定必须执行的其他标准属于强制性标准,强制性标准必须执行。强制性标准以外的环境标准属于推荐性标准。国家鼓励采用推荐性环境标准,推荐性环境标准被强制标准引用,也必须强制执行。

3. 环境标准之间的关系

1）国家环境标准与地方环境标准的关系

执行上,地方环境标准优先于国家环境标准执行。

2）国家污染物排放标准之间的关系

国家污染物排放标准分为跨行业综合性排放标准(如污水综合排放标准、大气污染物综合排放标准)和行业性排放标准(如火电厂大气污染物排放标准、合成氨工业水污染物排放标准、造纸工业水污染物排放标准等)。综合性排放标准与行业性排放标准不交叉执行,即有行业性排放标准的执行行业排放标准,没有行业排放标准的执行综合排放标准。

3）环境标准体系的要素

一方面,由于环境的复杂多样性,在环境保护领域需要建立针对不同对象的环境标准,因而它们各具有不同的内容、用途、性质特点等;另一方面,为使不同种类的环境标准有效地完成环境管理的总体计划,又需要科学地从环境管理的目的对象、作用方式出发,合理组织协调各种标准,使其互相支持,相互匹配以发挥标准系统的综合作用。

环境质量标准和污染物排放标准是环境标准体系的主体,它们是环境标准体系的核心内容,从环境监督管理的要求上集中体现了环境标准体系的基本功能,是实现环境标准体系目标的基本途径和表现。

环境基础标准是环境标准体系的基础,是环境标准的"标准",它对统一环境标准的制定、执行具有指导作用,是环境标准体系的基石。

环境方法标准、环境标准样品标准构成环境标准体系的支持系统。它们直接服务于环境质量标准和污染物排放标准,是环境质量标准与污染物排放标准内容上的配套补充以及环境质量标准与污染物排放标准有效执行的技术保证。

4. 环境质量标准与环境功能区之间的关系

环境质量一般分等级,与环境功能区类别对应。高功能区环境质量要求严格,低功能区环境质量要求宽松一些。

1）环境空气质量功能区的分类和标准分级

（1）功能区分类：三类

一类区：为自然保护区、风景名胜区和其他需要特殊保护的区域；

二类区：为城镇规划中确定的居住区、商业交通居民混合区、文化区、一般工业区和农村地区；

三类区：为特定工业区。

（2）标准分级：三级

一类区：执行一级标准；

二类区：执行二级标准；

三类区：执行三级标准。

2）地表水环境质量功能区的分类和标准值

（1）功能区分类：五类

Ⅰ类：主要适用于源头水、国家自然保护区；

Ⅱ类：主要适用于集中式生活饮用水水源地一级保护区、虾产卵场等；

Ⅲ类：主要适用于集中式生活饮用水水源地二级保护区、一般鱼类鱼虾类越冬场、洄游通道、水产养殖区等渔业水域及游泳区；

Ⅳ类：主要适用于一般工业用水区及人体非直接接触的娱乐用水区；

Ⅴ类：主要适用于农业用水区及一般景观要求水域。

同一水域兼有多功能的,依最高功能划分类别。

（2）标准值：五类

对应地表水上述五类功能区,将地表水环境质量基本项目标准分为五类,不同功能类别分别执行相应类别的标准值。水域功能类别高的区域执行的标准值严于水域功能类别低的区域。

3）声环境功能区分类和标准值

（1）功能区分类：五类

0类：指康复疗养区等特别需要安静的区域。

1类：指因居民住宅、医疗卫生、文化教育等需要保持安静的区域；

2类：指以商业金融、集市贸易为主要功能,或者居住、商业、工业混杂,需要维护住宅安静的区域；

3类：指以工业生产、仓储物流为主要功能,需要防止工业噪声对周围环境产生严重影响的区域；

4类：指交通干线两侧一定距离之内,需要防止交通噪声对周围环境产生严重影响的区域,包括4a类和4b类两种类型。4a类为高速公路、一级公路、二级公路、城市快速路、城市主干路、城市次干路、城市轨道交通（地面段）、内河航道两侧区域；4b类为铁路干线两侧区域。

（2）标准值：五类

对应声环境五类功能区,将环境噪声标准值分为五类,不同功能类别分别执行相应类别的标准值。噪声功能类别高的区域（如居住区）执行的标准值严于噪声功能类别低的区域（如工业区）。

5. 污染物排放标准与环境功能区之间的关系

过去,对于水、气污染物排放标准,大部分是分级别的,分别对应于相应的环境功能区,处在高功能区的污染源执行严格的排放限值,处在低功能区的污染源执行宽松的排放限值。

目前,污染物排放标准的制定思路有所调整。首先,排放标准限值建立在经济可行的控制技术基础上,不分级别。制定国家排放标准时,明确以技术为依据,采用"污染物达标技术",即现有源以现阶段所能达到的经济可行的最佳实用控制技术为标准的制定依据。国家排放标准不分级别,不再根据污染源所在地区环境功能不同而不同,而是根据不同工业行业的工艺技术、污染物产生量水平、清洁生产水平、处理技术等因素确定各种污染物排放限值。排放标准以减少单位产品或单位原料消耗量的污染物排放量为目标,根据行业工艺的进步和污染治理技术的发展,适时对排放标准进行修订,逐步达到减少污染物排放总量,以实现改善环境质量的目标。其次,国家排放标准与环境质量功能区逐步脱离对应关系,由地方根据具体需要进行补充制定排入特殊保护区的排放标准。逐步改变目前国家排放标准与环境质量功能区对应的关系,超前时间段不分级别,现时间段可以维持,以便管理部门的逐步过渡。排放标准的作用对象是污染源,污染源排污量水平与生产工艺和处理技术密切相关。而目前这种根据环境质量功能区类别来制定相应级别的污染物排放标准过于勉强,因为单个排放源与环境质量不具有一一对应的因果关系,一个地方的环境质量受到诸如污染源数量、种类、分布、人口密度、经济水平、环境背景及环境容量等众多因素的制约,必须采取综合整治措施才能达到环境质量标准。但地方可以根据具体情况和管理需要,对位于特殊功能区的污染源制定更为严格的控制值。

2.6　环境规范

1. 环境规范的概念与分类

环境规范是指为保护和管理环境资源而制定的一系列规定和标准。它们旨在确保人类活动对环境的影响得到控制,以保护生态系统的稳定性和生物多样性,促进可持续发展。环境规范可以根据其所涉及的领域和内容进行分类。以下是几个常见的分类方式。

(1)水环境规范:旨在保护水资源,包括地下水和地表水。这些规范可以涉及水质监测、污水处理、水资源管理等方面。

(2)大气环境规范:旨在减少大气污染和温室气体排放,以减缓全球气候变化的影响。这些规范可以涉及空气质量标准、工业排放限制、交通尾气排放控制等方面。

(3)土壤环境规范:旨在保护土壤质量和土地资源,防止土壤污染和土地退化。这些规范可以涉及土壤监测、农药使用控制、土地开发和保护等方面。

(4)噪声环境规范:旨在控制噪声污染,以保障人类健康和居住环境的舒适性。这些规范可以涉及噪声限制、噪声测量和评估以及噪声控制方法等方面。

(5)生物多样性保护规范:旨在保护和维护生物多样性,防止物种灭绝和生态系统破坏。这些规范可以涉及野生动植物保护、自然保护区管理、非法野生动物贸易打击等方面。

(6)可持续发展规范:旨在确保人类的经济、社会和环境发展保持平衡,以满足当前和未来世代的需求。这些规范可以涉及可再生能源推广、节能减排、资源循环利用等方面。

需要注意的是,环境规范可能因国家、地区和组织的不同而有所差异。每个国家和地区都可以根据自身的环境情况和需求制定适合的环境规范。

2. 环境管理规范

环境管理规范是指为实现可持续发展目标,有效管理和保护环境资源而制定的一系列管理规定和标准。这些规范旨在帮助组织和企业合规经营,并促进其在经营过程中采取环境友好的措施。为规范各类环境保护管理工作的技术要求,制定有关大气、水、海洋、土壤、固体废物、化学品、核与辐射安全、声与振动、自然生态、应对气候变化等领域的管理技术指南、导则、规程、规范等。

一般要求,制定环境管理技术规范应当有明确的环境管理需求,内容科学合理,针对性和可操作性强,有利于规范环境管理工作。环境管理技术规范为推荐性标准,在相关领域环境管理中实施。以下是一些常见的环境管理规范:

ISO 14001:国际标准化组织(ISO)制定的环境管理体系标准。它提供了一套规定,以帮助组织建立、实施、维护和改进环境管理体系,同时提高其环境性能。

EMAS:欧洲环境管理和审计制度,旨在支持组织实施可持续发展,并提供透明度和可信度。EMAS要求组织进行环境管理系统的认证,并定期进行环境审计。

绿色供应链管理:这是一种将环境因素纳入供应链管理的方法。它要求企业评估和监督供应链中的环境影响,并与供应商合作,推动可持续经营和环保措施。

风险评估和环境影响评价:这些是评估和评价人类活动对环境可能产生的潜在影响的方法。风险评估用于识别和评估特定活动或污染源的环境风险,而环境影响评价用于评估特定项目的环境影响。

合规性要求:包括法律、政策和标准方面的规定,确保组织遵守适用的环境法律法规和标准要求。这些要求可能涉及废物管理、污染物排放、资源利用等方面。

环境培训和教育:组织应提供环境培训和教育,以提高员工的环境意识和环境管理能力,促进环保行为和实践。

这些环境管理规范有助于组织建立和运营符合环境法规和标准的体系,并推动环境保护和可持续发展。具体的规范选择和应用可以根据不同的组织和行业进行调整。

3. 环境治理规范

环境治理规范的核心原则是可持续发展,鼓励采取综合性、协调性和长远性的措施,以确保未来世代的可持续发展。这些规范要求保护生态系统的完整性和稳定性,同时平衡社会经济发展和生态环境保护的关系。

环境治理标准应分为国家环境标准和地方环境标准。国家环境标准包括质量标准、风险管控标准、污染物排放标准、监测标准、基础标准和管理技术规范。地方环境标准则包括地方环境质量标准、风险管控标准、污染物排放标准和其他标准。国家和地方环境质量标准、风险管控标准、污染物排放标准以及法律法规规定的其他标准,以强制性标准的形式发布,必须执行。未规定强制执行的国家和地方环境标准,以推荐性标准的形式发布。

标准制定机关应定期评估环境标准的实施情况,并根据评估结果对标准进行适时修订。强制性环境标准应定期开展实施情况评估。地方环境质量标准、风险管控标准和污染物排放标准可以对国家标准进行补充或提出更严格的要求。地方标准发布后,应报国务院生态环境主管部门备案。并且,公众应该有权利获得环境信息,参与环境决策过程,并对环境行动进行监督。信息公开和公众参与可以增加环境决策的公正性和可信度,促进环境治理的有效性。

环境治理规范是为了解决环境问题和促进可持续发展而制定的一系列准则和标准。这些规范是指导和规范环境治理行为的重要依据。实施环境治理规范有助于保护环境资源、提高生活质量,并创造可持续的发展环境。

4. 环境监测规范

为监测环境质量和污染物排放情况,开展达标评定和风险筛查与管控,规范布点采样、分析测试、监测仪器、卫星遥感影像质量、量值传递、质量控制、数据处理等监测技术要求,制定环境监测规范。环境监测规范包括环境监测技术规范、环境监测分析方法标准、环境监测仪器及系统技术要求、环境标准样品等。

环境监测规范应当配套支持环境质量标准、环境风险管控标准、污染物排放标准的制定和实施,以及优先控制化学品环境管理、国际履约等环境管理及监督执法需求,采用稳定可靠且经过验证的方法,在保证标准的科学性、合理性、普遍适用性的前提下提高便捷性,易于推广使用。

环境监测技术规范应当包括监测方案制定、布点采样、监测项目与分析方法、数据分析与报告、监测质量保证与质量控制等内容。

环境监测分析方法标准中应当包括试剂材料、仪器与设备、样品、测定操作步骤、结果表示等内容。

环境监测仪器及系统技术要求应当包括测定范围、性能要求、检验方法、操作说明及校验等内容。

制定环境质量标准、环境风险管控标准和污染物排放标准时,应当采用国务院生态环境主管部门制定的环境监测分析方法标准;国务院生态环境主管部门尚未制定适用的环境监测分析方法标准的,可以采用其他部门制定的监测分析方法标准。

对环境质量标准、环境风险管控标准和污染物排放标准实施后发布的环境监测分析方法标准,未明确是否适用于相关标准的,国务院生态环境主管部门可以组织开展适用性、等效性比对;通过比对的,可以用于环境质量标准、环境风险管控标准和污染物排放标准中控制项目的测定。

对地方环境质量标准、地方环境风险管控标准或者地方污染物排放标准中规定的控制项目,国务院生态环境主管部门尚未制定适用的国家环境监测分析方法标准的,可以在地方环境质量标准、地方环境风险管控标准或者地方污染物排放标准中规定相应的监测分析方法,或者采用地方环境监测分析方法标准。适用于该控制项目监测的国家环境监测分析方法标准实施后,地方环境监测分析方法不再执行。

思考与练习

1. 说一说我国现行的环境管理体制。
2. 我国现行环境管理体制的基本特点。
3. 简述施行省以下"环保垂改"的作用及意义。
4. 什么是环境标准?它的作用有哪些?

5.环境标准的体系结构有哪些?

6.环境标准的相互关系是怎样的?

7.简述环境规范的概念、分类及作用。

参 考 文 献

[1] 乔刚.环境管理体制若干问题探讨[D].武汉:武汉大学,2005.

[2] 龚亦慧.完善我国环境管理体制若干问题研究——以美国环境管理体制为借鉴[D].上海:华东政法大学,2008.

[3] 董华.完善我国环境管理体制的法律思考[D].哈尔滨:东北林业大学,2007.

[4] 生态环境部环境工程评估中心.环境影响评价技术导则与标准[M].北京:中国环境出版集团,2024.

第3章
生态环境保护基础知识

3.1 大气环境

3.1.1 大气污染基本概念及其环境标准

大气环境是指生物赖以生存的空气的物理、化学和生物学特性。物理特性主要包括空气的温度、湿度、风速、气压和降水，这一切均由太阳辐射这一原动力引起。化学特性则主要为空气的化学组成，大气对流层中氮、氢、氧3种气体占99.96%，二氧化碳约占0.03%，还有一些微量杂质及含量变化较大的水汽。人类生活或工农业生产排出的氨、二氧化硫、一氧化碳、氮化物与氟化物等有害气体可改变原有空气的组成，并引起污染，造成全球气候变化，破坏生态平衡。

1. 基本概念

（1）大气污染

大气污染系指由于人类活动或自然过程引起的某些物质进入大气中，累积呈现出足够的浓度，并驻留一定的时间，使大气质量恶化，对人类健康生存和生态环境造成危害的现象。所谓人类活动不仅包括生产活动，而且也包括生活活动，如做饭、取暖、交通等。自然过程包括火山活动、山林火灾、海啸、土壤和岩石的风化及大气圈中空气运动等。一般说来，由于自然环境所具有的物理、化学和生物机能（即自然环境的自净作用），会使自然过程造成的大气污染，经过一定时间后自动消除（即使生态平衡自动恢复）。所以，大气污染主要是人类活动造成的。

大气污染是对人体的舒适、健康的危害，包括对人体的正常生活环境和生理机能的影响，引起急性病、慢性病以致死亡等；

按照大气污染的范围来分，大致可分为四类：①局部地区污染，局限于小范围的大气污染，如受到某些烟囱排气的直接影响；②地区性污染，涉及一个地区的大气污染，如工业区及其附近地区或整个城市大气受到污染；③广域污染，涉及比一个地区或大城市更广泛地区的大气污染；④全球性污染，涉及全球范围或国际性的大气污染。

（2）大气污染源

大气污染源可分为自然污染源和人为污染源两大类。自然污染源是由于自然原因向环境释放的污染物，如火山爆发，森林火灾、飓风、海啸、土壤和岩石的风化及生物腐烂等自然现象形成的污染源。人为污染源是由于人们从事生产和生活活动而形成的污染源。在人为污染源中,又可分为固定的污染源(如烟囱、工业排气筒)和移动的污染源(如汽车、火车、飞机、轮船)两种。由于人为污染源经常存在,所以比起自然污染源来更为人们关注。

人为污染源有各种分类方法。按污染源的空间分布可分为:点源,即污染物集中于一点或相当于一点的小范围排放源,如工厂的烟囱排放源;面源,即在相当大的面积范围内有许多个污染物排放源,如一个居住区或商业区内许多大小不同的污染物排放源。按照人类的社会生活功能不同,可将人为污染源分为生活污染源、工业污染源和交通运输污染源三类。

根据对主要大气污染物的分类统计分析,大气污染源又可概括为三大方面:燃料燃烧、工业生产和交通运输。前两类污染源统称为固定源,交通运输工具(机动车、火车、轮船、飞机等)则称为流动源。

大气主要污染源主要包括:

① 工业企业。工业企业是大气污染的主要来源,也是大气卫生防护工作的重点之一。随着工业的迅速发展,大气污染物的种类和数量日益增多。由于工业企业的性质、规模、工艺过程、原料和产品种类等的不同,其对大气污染的程度也不同。

② 生活炉灶与采暖锅炉。在居住区里,随着人口的集中,大量的民用生活炉灶和采暖锅炉也需要耗用大量的煤炭,特别在冬季采暖时间,往往使受污染地区烟雾弥漫,这也是一种不容忽视的大气污染源。

③ 交通运输。近几十年来,由于交通运输事业的发展,城市行驶的汽车日益增多,火车、轮船、飞机等客货运输频繁,这些又给城市增加了新的大气污染源。其中具有重要意义的是汽车排出的废气。汽车污染大气的特点是排出的污染物距人们的呼吸带很近,能直接被人吸入。汽车内燃机排出的废气中主要含有一氧化碳、氮氧化物、烃类(碳氢化合物)、铅化合物等。

(3)大气污染物

污染源排放到大气中的有害物质称为大气污染物。大气污染物包括常规污染物和特征污染物两类。

常规污染物指《环境空气质量标准》(GB 3095—2012)中规定的二氧化硫(SO_2)、颗粒物(TSP、PM_{10}、$PM_{2.5}$)、二氧化氮(NO_2)、一氧化碳(CO)、臭氧(O_3)等多种污染物,如表 3-1 所示。

表 3-1 环境空气污染物基本项目浓度限值

序号	污染物项目	平均时间	浓度限值		单 位
			一级	二级	
1	二氧化硫(SO_2)	年平均	20	60	$\mu g/m^3$
		24h 平均	50	150	
		1h 平均	150	500	
2	二氧化氮(NO_2)	年平均	40	40	
		24h 平均	80	80	
		1h 平均	200	200	
3	一氧化碳(CO)	24h 平均	4	4	mg/m^3
		1h 平均	10	10	

续表

序号	污染物项目	平均时间	浓度限值		单　　位
			一级	二级	
4	臭氧（O₃）	日最大 8h 平均	100	160	μg/m³
		1h 平均	160	200	
5	颗粒物（粒径小于或等于10μm）	年平均	40	70	
		24h 平均	50	150	
6	颗粒物（粒径小于或等于2.5μm）	年平均	15	35	
		24h 平均	35	75	

特征污染物指项目排放的污染物中除常规污染物以外的特有污染物。主要指项目实施后可能导致潜在污染或对周边环境空气保护目标产生影响的特有污染物。

大气污染源排放的污染物按存在形态分为颗粒物污染物和气态污染物，其中粒径小于 $15\mu m$ 的颗粒物污染物也可划为气态污染物。

（4）环境空气敏感区

环境空气敏感区是指《环境空气质量标准》（GB 3095—2012）规定的一类功能区中的自然保护区、风景名胜区和其他需要特殊保护的地区，二类功能区中的居民区、文化区等人群较集中的环境空气保护区域，以及对项目排放大气污染物敏感的区域。

（5）空气质量指数

空气质量指数（air quality index，AQI）是定量描述空气质量状况的无量纲指数。针对单项污染物的还规定了空气质量分指数。参与空气质量评价的主要污染物为细颗粒物、可吸入颗粒物、二氧化硫、二氧化氮、臭氧、一氧化碳等 6 项。

根据《环境空气质量指数（AQI）技术规定（试行）》（HJ 633—2012），空气质量按照空气质量指数大小分为 6 级，相对应空气质量的 6 个类别，指数越大、级别越高说明污染的情况越严重，对人体的健康危害也就越大，从一级优，二级良，三级轻度污染，四级中度污染直至五级重度污染，六级严重污染，如表 3-2 所示。

表 3-2　空气质量划分及其影响

空气质量指数	空气质量指数级别	空气质量指数类别及表示颜色		对健康影响情况	建议采取的措施
0~50	一级	优	绿色	空气质量令人满意,基本无空气污染	各类人群可正常活动
51~100	二级	良	黄色	空气质量可接受,但某些污染物可能对极少数异常敏感人群健康有较弱影响	极少数异常敏感人群应减少户外活动
101~150	三级	轻度污染	橙色	易感人群症状有轻度加剧,健康人群出现刺激症状	儿童、老年人及心脏病、呼吸系统疾病患者应减少长时间、高强度的户外锻炼

续表

空气质量指数	空气质量指数级别	空气质量指数类别及表示颜色		对健康影响情况	建议采取的措施
151～200	四级	中度污染	红色	进一步加剧易感人群症状,可能对健康人群心脏、呼吸系统有影响	儿童、老年人及心脏病、呼吸系统疾病患者避免长时间、高强度的户外锻炼,一般人群适量减少户外运动
201～300	五级	重度污染	紫色	心脏病和肺病患者症状显著加剧,运动耐受力降低,健康人群普遍出现症状	儿童、老年人和心脏病、肺病患者应停留在室内,停止户外运动,一般人群减少户外运动
＞300	六级	严重污染	褐红色	健康人群运动耐受力降低,有明显强烈症状,提前出现某些疾病	儿童、老年人和病人应当停留在室内,避免体力消耗,一般人群应避免户外活动

(6) 我国主要城市大气污染现状

生态环境部 2024 年 5 月 24 日发布的《2023 中国生态环境状况公报》显示,339 个地级市及以上城市细颗粒物(PM$_{2.5}$)平均浓度为 30μg/m^3,好于年度目标近 3μg/m^3,"十三五"以来累计下降 28.6%。全国优良天数比例为 85.5%,扣除沙尘异常超标天后为 86.8%,好于年度目标 0.6 个百分点。京津冀及周边地区、汾渭平原等大气污染防治重点区域 PM$_{2.5}$ 平均浓度同比分别下降 2.3%、6.5%。

2. 常用大气环境标准

(1)《环境空气质量标准》(GB 3095—2012);
(2)《室内空气质量标准》(GB/T 18883—2022);
(3)《大气污染物综合排放标准》(GB 16297—1996);
(4)《锅炉大气污染物排放标准》(GB 13271—2014);
(5)《火电厂大气污染物排放标准》(GB 13223—2011);
(6)《大气污染物综合排放标准》(DB 32/4041—2021);

3.1.2　大气污染治理技术

1. 烟尘治理技术

颗粒污染物控制设备主要有 4 类:

(1) 机械力除尘器:通过质量力达到除尘目的,包括重力沉降室、惯性沉降室和旋风除尘器。

(2) 过滤式除尘器:通过多孔过滤介质来分离捕集气体中尘粒,包括袋式除尘器和颗粒层除尘器。

（3）静电除尘器：利用高压电场产生的静电力作用分离含尘气体中固体粒子或液体粒子，包括干式静电除尘器和湿式静电除尘器。

（4）湿式除尘器：利用液体所形成的液膜、液滴或气泡来洗涤含尘气体，使尘粒随液体排出，使气体得到净化，包括喷雾塔、填料塔、文丘里洗涤器等。

在上述4类除尘器中，机械力除尘器的应用最广，常被用作高效除尘器的前级预除尘器。湿式除尘器、过滤式除尘器和静电除尘器属于高效除尘器，实际应用中，常常把一种机械除尘器与后3类除尘器的任一种配合使用，除尘效率可达95%以上。如电-袋复合除尘器，是在一个箱体内安装电场区和滤袋区，有机结合静电除尘和过滤除尘两种机理的一种除尘器。

2. 气态污染物的治理技术

（1）吸收法：利用气体混合物各组分在一定液体中溶解度的不同而分离气体混合物的方法。吸收法主要适用于吸收效率和速率较高的有毒有害气体的净化。常用的吸收装置有填料塔、喷淋塔、板式塔、鼓泡塔和文丘里管等。

（2）吸附法：利用固体吸附剂对气体混合物中各组分吸附选择性的不同而分离气体混合物的方法。吸附法主要适用于低浓度有毒有害气体的净化。吸附工艺分为变温吸附和变压吸附。常用的设备有固定床、移动床和流化床。

（3）催化燃烧法：利用固体催化剂在较低温度下将废气中的污染物通过氧化作用转化为 CO_2 和水等化学物的方法。催化燃烧法宜用于连续、稳定产生的固定源气态及气溶胶态有机化合物的净化。

（4）热力燃烧法：包括蓄热燃烧法，利用辅助燃料燃烧产生的热能、废气本身的燃烧热能，或者利用蓄热装置所贮存的反应热能，将废气加热到着火温度，进行氧化（燃烧）反应。热力燃烧法适用于处理连续、稳定生产工艺产生的有机废气。

（5）冷凝法：分一次冷凝法和多级冷凝法。前者多用于净化含单一有害成分的废气；后者多用于净化含多种有害成分的废气或用于提高废气的净化效率。适用于处理浓度在 $10\,000\times10^{-6}$ 以上的有机溶剂，常作为吸附、燃烧等净化高浓度废气的前处理，不宜用于净化低浓度有害气体。

（6）膜分离法：是使气体混合物在压力梯度作用下，透过特定薄膜，因不同气体具有不同的透过速度，从而使气体混合物中不同组分达到分离的效果，是一项简单、快速、高效、经济节能、操作弹性大，能在常温下进行的新技术。目前已用于石油化工、合成氨气中回收氢、天然气体净化、空气中氧的富集及 CO_2 的去除与回收等，用于气体分离的膜主要有有机膜和无机膜。有机膜分离技术已成功应用于其他方法难以回收的有机物的分离，如医院消毒用的 CFC212 和环氧乙烷、制冷设备排放的 CFC_s 等。无机膜分离技术目前已经被广泛用于空气分离制取富氧、浓氮，天然气分离，CO_2 回收，石油化工及合成氨尾气中氢的回收等。由于该技术具有热稳定性好、化学性质稳定、不被微生物降解及较大的机械强度、孔径尺寸易控制等特点，将它用于空气净化的主体或载体有着巨大的潜力。

（7）生物氧化法：该方法基于微生物在好氧条件下能将有机污染转化为水、CO_2 和生物质。生物过滤器通常由一个结构简单的填料层组成，填料层的周围环绕某种固定的微生物群落，污染气体直接通过周围环绕填充料的生物层就能被净化。在实际应用中，堆肥、土壤、泥煤等均可用作填充物。滤层物质应具有一定的机械强度、物理特性（结构、孔隙度、比表面积等)和生物特性(提供无机营养和特殊的生物活性)。

3. 主要气态污染物的治理技术

1) 脱硫技术

脱硫方法主要分为以下 3 类:

(1) 干法脱硫:采用粉状或粒状吸收剂、吸附剂或催化剂来脱除烟气中的二氧化硫(SO_2),包括炉内喷钙法等。干法脱硫工艺过程简单,无污水和污酸处理问题,且净化后烟气温度下降很少,利于烟囱排气扩散。

(2) 湿法脱硫:采用液体吸收剂洗涤烟气,以吸收所含的二氧化硫(SO_2)。湿法脱硫设备小,操作较容易,但能耗高。目前世界上已开发的湿法烟气脱硫技术主要有石灰石(石灰)-石膏洗涤法、双碱法、海水脱硫、氨吸收法、氧化镁法、有机胺法等。根据国际能源机构煤炭研究组织统计,湿法脱硫占世界安装烟气脱硫的机组总容量的 85%,其中石灰石占36.7%,其他湿法脱硫技术约占 48.3%。以湿法烟气脱硫为主的国家有日本(98%)、美国(92%)、德国(90%)等。

(3) 半干法脱硫:脱硫剂在干燥状态下脱硫、在湿状态下再生,或者在湿状态下脱硫、在干状态下处理脱硫产物的脱硫技术。特别是在湿状态下脱硫、在干状态下处理脱硫产物的半干法,以其既有湿法脱硫反应速度快、脱硫效率高的优点,又有干法无污水废酸排除、脱硫后产物易于处理的优势而受人们广泛的关注。主要包括旋转喷雾法、烟气循环流化床法和固定床式活性炭吸附法等。

近年来,以活性炭(焦)、煤质脱硫剂、活性炭纤维、沸石、树脂、氧化铝为脱硫剂和变压吸附法烟气脱硫剂等方法也得到进一步的研究。

2) 脱硝技术

脱硝技术主要有:酸吸收法、碱吸收法、氧化吸收/还原法、选择性催化还原法(SCR)、非选择性催化还原法(SNCR)、活性炭吸附法、电子束脱硝法、离子体活化法等。这里重点介绍氧化吸收还原法、选择性催化还原法、非选择性催化还原法。

氧化吸收还原法:利用氧化剂、臭氧(O_3)或二氧化氯(ClO_2),将一氧化氮(NO)转化成二氧化氮(NO_2),生成的二氧化氮再用水或碱性溶液吸收,或用亚硫酸钠(Na_2SO_3)水溶液将二氧化氮还原为 N_2,从而实现脱硝。

选择性催化还原法:一种在催化剂的作用下,有选择性地与烟气中的氮氧化物(NO_x)发生化学反应,生成氮气和水的方法。选择性是指在催化剂的作用和氧气存在条件下,NH_3 优先和 NO_x 发生还原脱除反应,生成氮气和水,而不和烟气中的氧进行氧化反应,采用催化剂时其反应温度可控制在 $300\sim400℃$ 下进行,上述反应为放热反应,由于 NO_x 在烟气中的浓度较低,故反应引起催化剂温度的升高可以忽略。脱硝率可达到 90%以上。

非选择性催化还原法:一种不使用催化剂,主要使用含氮的还原药剂在温度区域 $850\sim1100℃$ 喷入含 NO 的燃烧产物中,发生还原反应,脱除 NO_x,生成氮气和水。最常使用的还原剂为氨和尿素。由于在一定温度范围,有氧气的情况下,氮剂对 NO_x 的还原,在所有其他的化学反应中占主导,表现出选择性,因此称之为非选择性催化还原。脱硝率只有 35%~45%。非选择性催化还原法具有工程布置简单、占地面积小等特点。

除上述脱硝技术,还有过程脱硝技术,包括低温燃烧、低氧燃烧、循环流化床(BC)燃烧技术、采用低 NO_2 燃烧器、煤粉浓淡分离和烟气再循环技术等。

3）挥发性有机化合物处理技术

根据世界卫生组织（WHO）的定义，挥发性有机化合物（volatile organic compounds，VOCs）是在常温下，沸点50～260℃的各种有机化合物。在我国，VOCs是指常温下饱和蒸汽压大于70 Pa、常压下沸点在260℃以下的有机化合物，或在20℃条件下，蒸汽压大于或等于10Pa且具有挥发性的全部有机化合物。VOCs通常分为非甲烷碳氢化合物（简称NMHCs）、含氧有机化合物、卤代烃、含氮有机化合物、含硫有机化合物等几大类。VOCs参与大气环境中臭氧和二次气溶胶的形成，其对区域性大气臭氧污染、$PM_{2.5}$污染具有重要影响。大多数VOCs具有令人不适的特殊气味，并具有毒性、刺激性、致畸性和致癌作用，特别是苯、甲苯及甲醛等对人体健康会造成很大的伤害。VOCs是导致城市灰霾和光化学烟雾的重要前体物，主要来源于煤化工、石油化工、燃料涂料制造、溶剂制造与使用等过程。

VOCs回收类方法主要有吸收法、吸附法、冷凝法和膜分离法等。

VOCs消除类方法主要有燃烧法、生物法、低温等离子体法和催化氧化法等。

4）恶臭气体治理技术

恶臭气体的种类包括硫化氢、硫醇、硫醚等含硫化合物，氨、胺类等含氮化合物，卤素及衍生物，氧的有机物和烃类等。

恶臭气体的基本治理技术包括三大类。

（1）物理学方法：主要有水洗法、物理吸附法、稀释法和燃烧法。

（2）化学方法：主要有药液吸收法、化学吸附法和燃烧法。

（3）生物法：主要有生物过滤法、生物滴滤法和生物吸收法。

5）重金属气态污染物处理技术

大气中应重点控制的重金属污染物有汞、铅、砷、镉、铬及其化合物。基本处理方法包括过滤法、吸收法、吸附法、冷凝法、燃烧法。

可再生碳纤维滤桶VOCs处理工艺技术与设备

3.1.3　室内空气污染

"室内"主要指居室内，室内空气污染是指由于各种原因导致的室内空气中有害物质超标，进而影响人体健康的室内环境污染行为。有害物质包括甲醛、苯、氨、放射性氡等。随着污染程度的加剧，人体会产生亚健康反应甚至威胁到生命安全。室内空气污染是日益受到重视的人体危害之一。《室内空气质量标准》（GB/T 18883—2022）如表3-3所示。

表3-3　室内空气质量标准

序号	指标分类	指　标	计量单位	要　求	备　注
1	物理性	温度	℃	22～28	夏季
				16～24	冬季
2		相对湿度	%	40～80	夏季
				30～60	冬季
3		风速	m/s	≤0.3	夏季
				≤0.2	冬季
4		新风量	$m^3/(h\cdot 人)$	≥30	—

续表

序号	指标分类	指　标	计量单位	要　求	备　注
5	化学性	臭氧(O_3)	mg/m^3	≤0.16	1h平均
6		二氧化氮(NO_2)	mg/m^3	≤0.20	1h平均
7		二氧化硫(SO_2)	mg/m^3	≤0.50	1h平均
8		二氧化碳(CO_2)	%[①]	≤0.10	1h平均
9		一氧化碳(CO)	mg/m^3	≤10	1h平均
10		氨(NH_3)	mg/m^3	≤0.20	1h平均
11		甲醛(HCHO)	mg/m^3	≤0.08	1h平均
12		苯(C_6H_6)	mg/m^3	≤0.03	1h平均
13		甲苯(C_7H_8)	mg/m^3	≤0.20	1h平均
14		二甲苯(C_8H_{10})	mg/m^3	≤0.20	1h平均
15		总挥发性有机化合物(TVOCs)	mg/m^3	≤0.60	8h平均
16		三氯乙烯(C_2HCl_3)	mg/m^3	≤0.006	8h平均
17		四氯乙烯(C_2Cl_4)	mg/m^3	≤0.12	8h平均
18		苯并[a]芘(BaP)[②]	ng/m^3	≤1.0	24h平均
19		可吸入颗粒物(PM_{10})	mg/m^3	≤0.10	24h平均
20		细颗粒物($PM_{2.5}$)	mg/m^3	≤0.05	24h平均
21	生物性	细菌总数	CFU/m^3	≤1500	—
22	放射性	氡(^{222}Rn)	Bq/m^3	≤300	年平均[③]（参考水平[④]）

注：① 指体积分数。
② 指可吸入颗粒物中的苯并[a]芘。
③ 至少采样3个月(包括冬季)。
④ 表示室内可接受的最大年平均氡浓度,并非安全与危险的严格界限。当室内氡浓度超过该参考水平时,宜采取行动降低室内氡浓度,当室内氡浓度低于该参考水平时,也可以采取防护措施降低室内氡浓度,体现辐射防护最优化原则。

3.2　地表水环境

3.2.1　地表水污染基本概念及其环境标准

1. 基本概念

1）地表水

地表水(surface water)是陆地表面上动态水和静态水的总称,亦称"陆地水",包括各种液态的和固态的水体,主要有河流、湖泊、沼泽、冰川、冰盖等。它是人类生活用水的重要来源之一,也是各国水资源的主要组成部分。

2）特点

除海洋含盐量极高以外,其他地表水的含盐量低;与地下水相比,硬度较低,污染物质含量很高。

3）水污染源

水污染源是造成水域环境污染的污染物发生源。通常是指向水域排放污染物或对水环境产生有害影响的场所、设备和设置。按污染物的来源可分为天然污染源和人为污染源两大类。人为污染源按人类活动的方式可分为工业、农业、生活、交通等污染源；按排放污染物种类的不同，可分为有机、无机、热、放射性、重金属、病原体等污染源以及同时排放多种污染物的混合污染源；按排放污染物空间分布方式的不同，可分为点、线、面污染源。

（1）悬浮物

悬浮物指悬浮在水中的固体物质，包括不溶于水中的无机物、有机物及泥砂、黏土、微生物等。水中悬浮物含量是衡量水污染程度的指标之一。悬浮物是造成水浑浊的主要原因。水体中的有机悬浮物沉积后易厌氧发酵，使水质恶化。中国污水综合排放标准分3级，标准规定了污水和废水中悬浮物的最高允许排放浓度，中国地下水质量标准和生活饮用水卫生标准对水中悬浮物以浑浊度为指标作了规定。

（2）好氧有机物

生活污水、食品加工和造纸等工业废水中含有大量的有机物，如碳水化合物、蛋白质、油脂、木质素、纤维素等。这些有机物本身毒性不大，其共同特点是进入水体后，通过微生物的生物化学作用而分解为简单的无机物质——二氧化碳和水，在分解过程中需要消耗水中的溶解氧，在缺氧条件下污染物发生腐败分解、恶化水质，所以常称这些有机物为"耗氧有机物"或者"需氧有机物"。一般采用生化需氧量（BOD_5）、化学需氧量（COD_{Cr}、COD_{Mn}）或总有机碳（TOC）等综合指标表示耗氧有机物的量。

（3）重金属

重金属不能被生物降解，相反却能在食物链的生物放大作用下，成千百倍地富集，最后进入人体。重金属在人体内能和蛋白质及酶等发生强烈的相互作用，使它们失去活性，也可能在人体的某些器官中累积，造成慢性中毒。重金属元素由于某些原因未经处理就被排入河流、湖泊或海洋，或者进入土壤，使得这些河流、湖泊、海洋和土壤受到污染，它们不能被生物降解。鱼类或贝类如果积累重金属而为人类所食，或者重金属被稻谷、小麦等农作物所吸收被人类食用，重金属就会进入人体使人产生重金属中毒。

（4）酸碱污染

水体中的酸主要来自矿山排水和工业废水，其他如金属加工、酸洗车间、染料及酸法造纸等工业都排放酸性废水。水体中的碱主要来源于碱法造纸、化学纤维、制碱、制革及炼油等工业废水。酸碱污染水体，使水体的pH发生变化，腐蚀船舶和水下建筑，破坏自然缓冲作用，消灭微生物或抑制微生物生长，妨碍水体自净，如长期遭受酸碱污染，水质会逐渐恶化、周围土壤酸化，危害渔业生产。酸碱污染不仅能改变水体的pH，而且可大大增加水中的一般无机盐类和水的硬度。水中无机盐的存在能增加水的渗透压，对淡水生物和植物生长不利。水体的硬度增加，使工业用水的水处理费用提高。

（5）石油类

近年来，石油及石油类制品对水体的污染比较突出，在石油开采、运输、炼制和使用过程中，排出的废油和含油废水使水体遭受污染。石油化工、机械制造行业排放的废水也含有各种油类。石油进入海洋后不仅影响海洋生物的生长，降低海滨环境的使用价值，破坏海岸设施，还可能影响局部地区的水文气象条件和降低海洋的自净能力。

（6）难降解有机物

难降解有机物通常指在自然条件难以发生递降分解的有机化学物质。有机物被微生物降解，转化为无机物，又由于无机物经过生命活动合成各种有机物，这是自然界生物地球化学的基本循环。合成洗涤剂、有机氯农药、多氯联苯等化合物在水中较难被生物降解,无氮有机物中的脂肪和油类也是难降解物质,它们往往通过食物链逐步被浓缩而造成危害。

(7) 放射性物质

当放射性元素衰变或分解时会释放出放射性粒子,这就是我们通常说的放射性污染物。可以说,放射性粒子存在于自然界的任何地方,无论土壤、空气还是水中都有它们的身影。自然界中存在各种形式的放射性元素,水中的放射性粒子种类也不尽相同,这些放射性粒子有的以矿物质形式存在,如碘(I)和铯(Cs),有些是以气体形式存在,如氡。一般来说,水中的放射性粒子来源于多种方式,比如日本福岛核电站释放的放射性元素 ^{131}I 和 ^{137}Cs,就污染了位于核电站周围多个县市的饮用水。通常我们的饮用水都会经过"总放射性活度"检测,来衡量水中的放射性粒子含量是否超标。

(8) 热污染

热污染是指现代工业生产和生活中排放的废热所造成的环境污染。水体热污染是指受人工排放热量进入水体所导致的水体升温。大量热能排入水体,使水中溶解氧减少,并促使水生植物繁殖,鱼类的生存条件变坏。热污染主要来源于发电厂和其他工业的冷却水。1965 年澳大利亚曾流行过一种脑膜炎,后经科学家证实,其祸根是一种变形原虫,由于发电厂排出的热水使河水温度升高,这种变形原虫在温水中大量滋生,造成水源污染而引起了这次脑膜炎的流行。

地表水污染源主要包括城市污水和工业污水两大部分。不同水体其污染的特点不同。河流污染随径流量而变化,污染物扩散快;湖泊(水库)中污染物会长期滞留、积累,而引起水质变化,主要是磷、氮等植物营养元素引起水体的富营养化;海洋污染源多而复杂、污染持续性强、范围较大,除航行船艇、海上油井污染外,沿海和内陆排放的工业废水和城市污水最终都流入海洋,从而危害海洋生物,破坏海洋资源这已成为当今水环境保护的重要方面。

2. 常用水环境标准

水环境质量标准(standard of water environmental quality)为控制和消除污染物对水体的污染,根据水环境长期和近期目标而提出的质量标准。除制定全国水环境质量标准外,各地区还可参照实际水体的特点、水污染现状、经济和治理水平,按水域主要用途,会同有关单位共同制定地区水环境质量标准。常用水环境质量标准如下。

(1)《地表水环境质量标准》(GB 3838—2002);

(2)《海水水质标准》(GB 3097—1997);

(3)《地下水质量标准》(GB/T 14848—2017);

(4)《农田灌溉水质标准》(GB 5084—2021);

(5)《渔业水质标准》(GB 11607—1989);

(6)《污水综合排放标准》(GB 8978—1996);

(7)《生活饮用水卫生标准》(GB 5749—2022);

(8)《生活饮用水水源水质标准》(CJ/T 3020—1993)。

我国地面水水质标准是按照不同水域、不同功能分成五类制定的。这五类水域及其功能是:

Ⅰ 类水体:为源头水及其自然保护区;

Ⅱ类水体：为集中生活饮用水水源地一级保护区，珍贵鱼类保护区，鱼虾产卵地；

Ⅲ类水体：为集中饮用水水源地二级保护区；一级鱼类保护区，游泳区等；

Ⅳ类水体：为工业用水区，人体非直接接触的娱乐用水区；

Ⅴ类水体：为农业用水区，一般景观要求水域。

3. 我国主要地表水环境质量现状

1995 年国内对 135 个城市河段的监测表明，北方河流受监测的河段中，Ⅴ类和Ⅴ类以下的河段就占据了 70% 以上，而达到Ⅱ类、Ⅲ类水质标准的河段只有 5% 左右。南方河段的污染情况略轻，但也有 30% 以上的河段为Ⅴ类和Ⅴ类以下水体，而达到Ⅱ类和Ⅲ类水体标准的河段约占 40%。可见，北方河流的污染情况要比南方更严重。

《2023 中国生态环境状况公报》显示，全国地表水环境质量持续向好，优良（Ⅰ～Ⅲ类）水质断面比例为 89.4%，同比上升 1.5 个百分点，"十三五"以来实现"八连升"，累计上升 21.6 个百分点；劣等（Ⅴ类）水质断面比例为 0.7%，同比持平，"十三五"以来累计下降 7.9 个百分点。重点流域水质改善明显，长江、黄河干流全线水质稳定保持Ⅱ类，海河流域水质由轻度污染改善为良好。重点湖库和饮用水水源水质保持改善态势，全国地下水水质总体保持稳定。该公报还显示，全国海水水质总体稳中趋好，Ⅰ类水质海域面积占管辖海域面积的 97.9%，同比上升 0.5 个百分点。近岸海域水质持续改善，优良（Ⅰ、Ⅱ类）水质面积比例为 85.0%，同比上升 3.1 个百分点，"十三五"以来累计上升 12.1 个百分点；劣等（Ⅳ类）水质面积比例为 7.9%，同比下降 1.0 个百分点，"十三五"以来累计下降 3.4 个百分点。

阅读材料：2005 年松花江水污染事件

2005 年 11 月 13 日，吉林石化公司双苯厂一车间发生爆炸。截至 11 月 14 日，共造成 5 人死亡、1 人失踪，近 70 人受伤。爆炸发生后，约 100t 苯类物质（苯、硝基苯等）流入松花江，造成了江水严重污染，沿岸数百万居民的生活受到影响。爆炸导致松花江江面上产生一条长达 80km 的污染带，主要由苯和硝基苯组成。污染带通过哈尔滨市，该市经历长达 5d 的停水，是一起工业灾难。2005 年 11 月 21 日，哈尔滨市政府向社会发布公告称全市停水 4d，"要对市政供水管网进行检修"。此后市民怀疑停水与地震有关，并出现抢购现象。11 月 22 日，哈尔滨市政府连续发布 2 个公告，证实上游化工厂爆炸导致了松花江水污染，动员居民储水。11 月 23 日，国家环境保护总局向媒体通报，受中国石油吉林石化公司双苯厂爆炸事故影响，松花江发生重大水污染事件。

俄罗斯对松花江水污染对中俄界河黑龙江（俄方称阿穆尔河）造成的影响表示关注。中国向俄罗斯道歉，并提供援助以帮助其应对污染。当时新任国家环境保护总局局长周生贤 2006 年 1 月 7 日要求，松花江流域水污染防治工作要规划到省、任务到省、目标到省、资金到省、责任到省，确保沿江群众吃上干净水。

2005 年 11 月底，国家环境保护总局称，这次污染事故负主要责任的是中国石油吉林石化公司双苯厂。国家环境保护总局局长解振华因这起事件提出辞职，2005 年 12 月初，国务院同意他辞去局长职务，任命周生贤为局长。中国石油吉林石化公司双苯厂厂长申东明、苯胺二车间主任王芳、吉林石化分公司党委书记、总经理于力，先后于 2005 年 11 月底至 12 月初被责令停职，接受事故调查。

国控断面水质达标技术

3.2.2 给水处理技术及其典型自来水处理工艺

1. 给水处理技术

1) 混凝技术

混凝技术的处理对象是水中的悬浮物和胶体物质,其关键技术是选择和投加适当的混凝剂,经混凝过程使水中悬浮物和胶体形成大颗粒絮凝体,然后通过澄清、沉淀进行分离。历史上很早以前就有以明矾净水的记载,直至今日,我国的水厂大都采用铝盐或铁盐作为无机混凝剂。近年来也研究开发和应用了一些新的混凝剂,如无机聚合态的聚合氯化铝(PAC)和聚合硫酸铝(PAS)等,也包括一些有机高分子絮凝剂,如聚丙烯酰胺(PAM)等。

2) 过滤技术

过滤技术是选择和利用多孔的过滤介质(或称滤料截面)使水中的杂质得到分离的固液分离过程。它通常与混凝、澄清或沉淀结合使用,这样不仅能有效地降低水的浊度,而且对去除水中某些有机物、细菌和病毒也有一定效果。因此,在生活饮用水处理中,过滤是必不可少的,在大多数工业用水处理中也常采用过滤作为预处理过程。根据过滤技术的特点可知,在过滤技术中选择适当的过滤介质——滤料极为重要,目前常用的过滤滤料从砂、无烟煤、微孔塑料、陶瓷,到各种高分子分离膜等,它们可以去除水中不同粒度的杂质,此外,通过对过滤器进行优化设计可对过滤效果产生较大影响。

3) 吸附技术

吸附是一种物质附着在另一种物质表面的过程,它可以发生在气-液、气-固和液-固两相之间,在水处理中主要讨论物质在水与固体吸附剂之间的转移过程。许多多孔的固相物质可以作为吸附剂,如活性炭、木屑、活化煤、焦炭、吸附树脂等,其中以活性炭使用最为广泛。吸附剂表面的吸附力可分为分子引力(范德瓦斯力)、化学键和静电引力三种,故而吸附可分为物理吸附、化学吸附和离子交换吸附。影响吸附的因素很多,主要有吸附剂、被吸附物质性质和吸附过程操作条件等,吸附剂性质又可分为吸附剂微孔的大小、比表面积以及其表面化学特性等。吸附过程操作条件主要与 pH、温度、接触时间等因素有关。

4) 膜分离技术

膜分离技术是利用特殊的有机高分子或无机材料制成的膜将溶液隔开,使溶液中的某些溶质或水渗透出来,从而达到分离的目的。膜分离的优点是分离截面效果好,一般没有相的变化,设备容易操作,便于产业化等。当然,膜分离技术也存在一定局限性,例如对待处理的原水水质要求严格,处理能力相对较小,需要注意膜的堵塞与清洗等。目前常用的膜分离技术主要有反渗透(RO)、电渗析(ED 或 ERD)、纳滤(NF)、超滤(UF)和微滤(MF)等,主要用途也各不相同,ED 或 ERD 可去除带电杂质,局限性是对病菌和大多数有机物效果较差;UF 和 MF 去除颗粒直径较大,但运行时所需压力较低,膜的成本和运行费用较低;而 RO 和 NF 由于它们分离的颗粒直径小,对病菌、有机物和无机物均有较好的效果,因此具有较广泛的处理能力和应用范围,既可用于工业水处理,也可应用于饮用水处理。

2. 典型自来水处理工艺

地面水常规处理工艺是以天然地面水为原水的城市自来水厂中采用最广的一种工艺系统,主要是以去除水中的悬浮物和杀灭致病细菌为目标而设计的。它形成于 20 世纪初,并在整个 20 世纪不断得到完善。以除悬浮物(浊度)为目标的常规水处理工艺系统主要由混凝、沉淀和过滤三个单元处理方法组成,如图 3-1 所示。

图 3-1 以天然地面水为原水的自来水厂典型制水工艺

原水中的悬浮物,特别是难以沉降的胶体,与投入水中的混凝剂混合接触脱稳后,在絮凝池中生成足够大的絮凝体,进而在沉淀池中被沉淀除去,剩余的细小絮凝体进一步在滤池中被过滤除去,从而得到浊度符合要求的处理水。一般常规处理工艺比较适合于浊度几十至几百 NTU(NTU 为水的浊度单位)的地面水。原水中的致病细菌作为水中悬浮物的一种,大部分可被混凝、沉淀、过滤的常规工艺所去除。水中剩余的病菌再经投加消毒剂(常用 Cl_2)杀菌,从而达到饮用水卫生标准的要求。水的细菌学指标达到饮用水卫生标准,是保障饮用水安全性的首要目标,否则将会导致介水传染病(water-borneinfection disease,又称水性传染病,指通过饮用或接触受病原体污染的水而传播的疾病),后果极为严重。

由常规处理工艺可知,投氯消毒只是去除和灭杀水中病菌的最后一级处理措施。为了消毒后水中细菌含量达到标准,必须使消毒前水中细菌含量减至较低水平,为此必须使滤池能截留其进水中的大部分细菌;要使滤后(即消毒前)水中的细菌含量降至较低的水平,就必须使滤前水中的细菌含量不得过高,为此沉淀池应能截留其进水中的大部分细菌;沉淀池的沉淀效率源于混凝的好坏,为此需要准确地投药,快速混合,充分进行絮凝反应,以便生成颗粒粗大易于下沉的絮凝体。所以,水中的致病细菌在常规工艺中是被逐级去除的,只有在每一级单元处理中都能获得相应的去除率和杀灭率,才能保证最终出水在细菌学指标上达到饮用水卫生标准,这称之为多级屏障。

3.2.3 污水处理方法与生物处理技术

1. 污水处理方法

1) 按处理方法划分

污水的种类很多,相应的处理方法也很多。主要包括:物理处理方法、化学处理方法和生物处理方法。污水处理方法主要包括物理处理法(如吸附法、重力法、离心法等)、化学处理法(如酸碱中和法、凝絮法、提取法、氧化法、离子交换法和沉淀法等)、生物处理法(序批式活性污泥法(SBR)、升流式厌氧污泥床法(UASB)、曝气生物滤池法(BAF)、膜生物反应器法(MBR)、氧化沟等)。

(1) 物理处理法:通过物理作用分离、回收污水中不溶解的、呈悬浮状态的污染物(包括油膜和油珠)的污水处理法,可分为重力分离法、离心分离法和筛滤截留法等。

(2) 化学处理法:通过化学反应和传质作用来分离和去除污水中呈溶解、胶体状态的污染物或将其转化为无害物质的污水处理法。在化学处理法中,以投加药剂产生化学反应为基础的处理单元是:混凝、中和、氧化还原等;以传质作用为基础的处理单元有:萃取、气提、吹脱、吸附、离子交换以及电渗析和反渗透等。

(3) 生物处理法:通过微生物的代谢作用,使污水中呈溶液、胶体以及微细悬浮状态的有机污染物转化为稳定、无害的物质的污水处理法。根据作用微生物的不同,生物处理法又可分为需氧生物处理和厌氧生物处理两种类型。污水生物处理广泛使用的是需氧生物处理法,需氧生物处理法又分为活性污泥法和生物膜法两类。活性污泥法本身就是一种处理单元,它有多种运行方式。生物膜法的处理设备有生物滤池、生物转盘、生物接触氧化池以及生物流化床等。

2) 按处理程度划分

污水按处理程度划分,可分为一级处理、二级处理和三级处理。

(1) 一级处理

主要去除污水中呈悬浮状态的固体污染物质,物理处理法大部分只能完成一级处理的要求。经过一级处理的污水,BOD_5 一般可去除 30% 左右,还达不到排放标准。一级处理属于二级处理的预处理。

(2) 二级处理

主要去除污水中呈胶体和溶解状态的有机污染物(BOD_5、COD 物质),去除率可达90% 以上,使有机污染物达到排放标准。

(3) 三级处理(深度处理)

进一步处理难降解的有机物、氮和磷等能够导致水体富营养化的可溶性无机物等。主要方法有生物脱氮除磷法、混凝沉淀法、砂滤法、活性炭吸附法、离子交换法和电渗析法等。

污水处理整个过程为通过粗格栅的原污水经过污水提升泵提升后,经过格栅进入沉砂池,经过砂水分离的污水进入初次沉淀池,以上为一级处理(即物理处理);初次沉淀池的出水进入生物处理设备,有活性污泥法和生物膜法(其中活性污泥法的反应器有曝气池、氧化沟等;生物膜法包括生物滤池、生物转盘、生物接触氧化法和生物流化床),生物处理设备的出水进入二次沉淀池,二次沉淀池的出水经过消毒排放或者进入三级处理,一级处理结束到此为二级处理;三级处理包括生物脱氮除磷法、混凝沉淀法、砂滤法、活性炭吸附法、离子交换法和电渗析法。二次沉淀池的污泥一部分回流至初次沉淀池或者生物处理设备,一部分进入污泥浓缩池,之后进入污泥消化池,经过脱水和干燥设备后,污泥被最后利用。

2. 污水生物处理技术

污水生物处理包括好氧处理、厌氧处理、厌氧-好氧组合处理。其主要原理是人工驯化、培养适合于降解某种污染物的微生物,通过控制微生物生长的环境以稳定和加速污染物的降解。常用的污水生物处理技术和工艺如下。

1) 间歇活性污泥法

间歇活性污泥法也称序批式活性污泥(sequencing batch reactor,SBR)法,它由单个或多个 SBR 池组成。运行时,污水分批进入池中,依次经历 5 个独立阶段,即进水、反应、沉淀、排水和闲置。进水及排水用水位控制,反应及沉淀用时间控制,一个运行周期的时间依负荷及出水要求而异,一般为 4~12h,其中反应占 40%,有效池容积为周期内进水量与所需污泥体积之和。它比连续流法反应速度快,处理效率高,耐负荷冲击的能力强;由于底物浓度高,浓度梯度大,交替出现缺氧、好氧状态,能抑制专性好氧菌的过量繁殖,有利于生物脱氮除磷,又由于泥龄较短,丝状菌不可能成为优势,因此,污泥不易膨胀。与连续流法相比,SBR 法流程短、装置结构简单,当水量较小时,只需一个间歇反应器,不需要设专门沉淀池和调节池,不需要污泥回流,运行费用低。

2）吸附再生（接触稳定）法

这种方式充分利用活性污泥的初期去除能力，在较短的时间里（10～40min），通过吸附去除污水中悬浮的和胶态的有机物，再通过液固分离，使污水获得净化，BOD_5 可去除 85％～90％。吸附饱和的活性污泥中，一部分污泥需要回流，引入再生池进一步氧化分解，恢复其活性；另一部分污泥不经氧化分解即排入污泥处理系统，它抗负荷冲击的能力强，还可省去初次沉淀池。其主要优点是可以大大节省基建投资，最适于处理含悬浮和胶体物质较多的污水，如制革污水、焦化污水等，工艺灵活。但由于吸附时间较短，处理效率不及传统方法高。

3）氧化沟

氧化沟是延时曝气法的一种特殊形式，它的平面像跑道，沟槽中设置两个曝气转刷（盘），也有用表面曝气机、射流器或提升管式曝气装置的。曝气设备工作时，推动沟液迅速流动，实现供氧和搅拌作用。与普通曝气法相比，氧化沟具有基建投资少，维护管理容易，处理效果稳定，出水水质好，污泥产量少，还有较好的脱 N、P 作用，抗负荷冲击能力强等优点。

4）连续进水周期循环延时曝气活性污泥（ICEAS）法

ICEAS 反应器前部设有预反应区（占池容积的 10％）。反应池由预反应区和主反应区组成，并实现连续进水，间歇排水。预反应区一般处在厌氧和缺氧状态，有机物在此被活性污泥吸附，该区还具有生物选择作用，抑制丝状菌生长，防止污泥膨胀。被吸附的有机物在主反应区内被活性污泥氧化分解。反应连续进水，解决了来水与间歇进水不匹配的矛盾。但该工艺沉淀效果较差、净化效果变差，易发生污泥膨胀，污泥负荷较低，反应时间长，设备容积增大，投资较大。

5）生物脱氮除磷工艺（A/A/O）

污水首先进入厌氧池与回流污泥混合，在兼性厌氧发酵菌的作用下，污水中易生物降解的大分子有机物转化为聚磷菌，可以吸收小分子有机物（如挥发性脂肪酸），并以聚羟基脂肪酸酯（PHB）的形式贮存在体内，其所需的能量来自聚磷链的分解。随后，污水进入缺氧区，反硝化细菌利用污水中的有机基质对随回流混合液带入的 NO_3^- 进行反硝化。污水进入好氧池时，污水中有机物的浓度较低，聚磷菌主要是通过分解体内的 PHB 而获得能量，供细菌增殖，同时将周围环境中的溶解性磷吸收到体内，并以聚磷链的形式贮存起来，随后以剩余污泥的形式排出系统。系统中好氧区的有机物浓度较低，有利于该区中自养硝化菌的生长。

江苏苏州同里古镇水环境治理工程

安徽合肥瑶海区南淝河初期雨水截留调蓄项目

3.2.4 生活污水处理典型工艺

1. 城市生活污水处理典型工艺

常州市是江苏省 13 个省辖市之一，地处长江三角洲北翼中部，东零邻无锡、南接宜兴，北枕长江，西毗茅山山脉，京杭大运河贯穿全境。全市面积 4385km²，人口约 500 万人。常州市是在全国率先实行雨污分流排水体制的城市之一，雨水、污水各成体系，最大限度地发挥了城市基础设施的效益和功能。常州市城市污水处理能力达 110 万 t/d，市政污水管网 2787km，雨水管网 1811km。市区有 4 座城市污水处理厂，处理规模为 56 万 m³/d。其中，江边污水处理厂 30 万 m³/d、城北污水处理厂 15 万 m³/d、戚墅堰污水处理厂 9.5 万 m³/d、清潭污水处理厂 1.5 万 m³/d。

1) 水质水量

以江边污水处理厂三期工程为例,进厂污水水质:COD＝500mg/L;BOD₅＝180mg/L,SS(悬浮物)＝250mg/L,NH₃-N＝25mg/L,TP(总磷)＝5mg/L;TN(总氮)＝40mg/L;出厂污水水质标准:COD≤50mg/L,BOD₅≤10mg/L,SS≤10mg/L,NH₃-N≤5(8)mg/L(8 为温度小于或等于 12℃时的取值),TP≤0.5mg/L,TN≤15mg/L。三期工程处理规模为 10 万 m³/d,已投产运行。

目前,江边污水处理厂的处理规模为 30 万 m³/d,一期、二期、三期各为 10 万 m³/d,四期工程处理规模为 20 万 m³/d 正在建设中。近期,江边污水处理厂处理规模将达 50 万 m³/d;远期规划,江边污水处理厂处理规模为 80 万 m³/d。

2) 工艺流程

为了提高城镇污水处理厂的处理效率,江边污水处理厂通过改扩建,均采用不同类型的改良型 A/A/O 工艺。以江边污水处理厂三期工程为例,采用改良的 A/A/O 工艺,出水 COD、NH₃-N、TN、TP 均优于一级 A 排放标准,其工艺流程如图 3-2 所示。

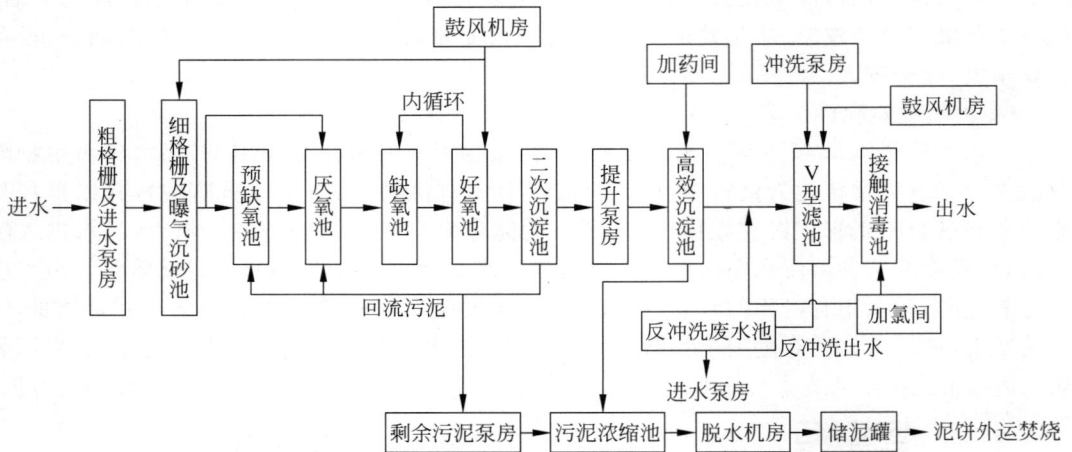

图 3-2　常州市江边污水处理厂三期工艺流程

2. 分散式农村生活污水处理工艺

青墩头自然村位于江苏省常州市武进区洛阳镇圻庄行政村,全村居民 56 户,常住人口 342 人(含外来人口 149 人),建设小型分散式农村生活污水处理设施一套,设计处理能力 24t/d,出水水质达到《城镇污水处理厂污染物排放标准》(GB 18918—2002)一级 A 标准和《村庄生活污水治理水污染物排放标准》(DB 32/T 3462—2018)。采用低能耗分散生活污水处理系列成套设备——双泥膜(BCO-MBR)生活污水处理工艺成套装备,其工艺流程如图 3-3 所示。

工艺原理:农村居民生活污水自化粪池流出进入污水管网,通过格栅进入污水处理设施调节池,通过污水泵将污水提升至生化反应器,包括缺氧池、BCO 填料型生物膜池、真空纤维气提环流 MBR 膜池、污泥池、管式除磷器 5 个单元。利用高效生物填料上附着的大量微生物

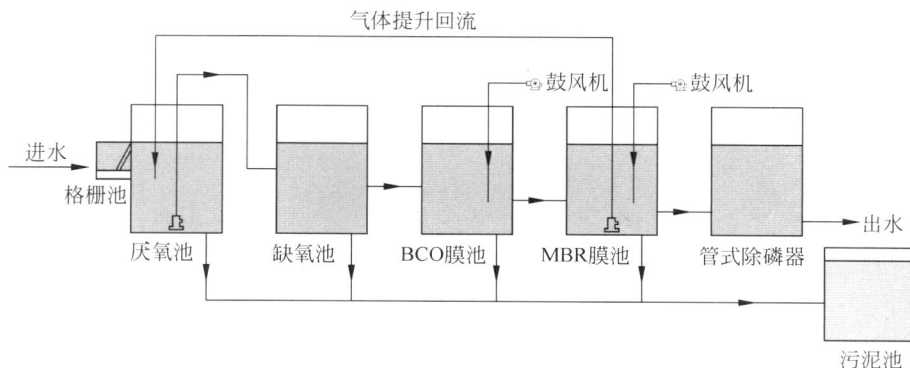

图 3-3 分散式农村生活污水处理工艺流程

和悬浮的活性污泥来降解污水中的氮、磷和有机污染物。MBR 出水进入管式除磷器,通过

图 3-4 分散式农村生活污水处理设施

化学除磷剂进行磷的管道过滤分离、潜流湿地深度处理后,尾水就近排入地表水体。图 3-4 为该设施现场照片。

3. 农户生活污水小菜园(小花园、小果园)资源化治理工艺

采用单户或 3~5 户处理无害化、资源化管控方案,按照"黑灰分离,生态处理"思路,厕所粪污"黑水"+厨房间和洗浴"灰水"经原有化粪池收集沉淀后,进入小菜园(小花园、小果园)污水

处理系统,经水解+菌剂/厌氧+小菜园(小花园、小果园)生化处理后,使分散式农村生活污水中的有机物直链烷基苯磺酸盐(LAS、COD、NH$_3$-N、TP、TN)得以分解,生成有一定养分的"肥水",出水作为灌溉用水进入小菜园或小花园。该小菜园(小花园或村庄绿地)为一种多介质土壤生态滤池,经过渗滤达到无害化管控或资源化利用要求。该技术适用 1~5 户农村居民,可一户一套,也可 3~5 户一套。图 3-5 为农户生活污水小菜园(小花园、小果园)治理模式示意图,图 3-6 为工艺流程。

图 3-5 农户生活污水小菜园(小花园、小果园)资源化治理示意

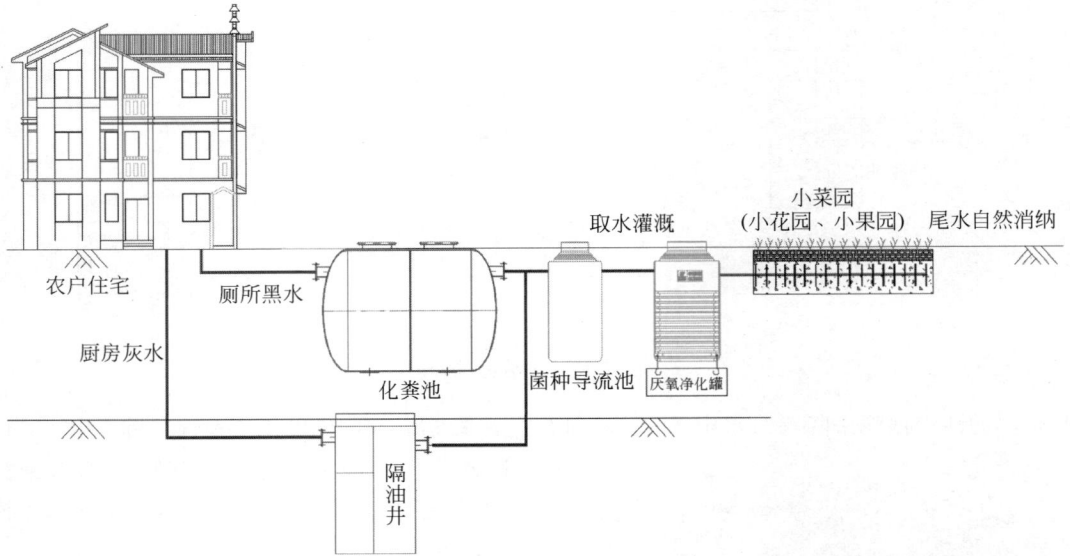

图 3-6   农户生活污水小菜园(小花园、小果园)资源化治理工艺流程

3.2.5   工业废水处理典型工艺

1. 印染工业废水处理工艺

某印染企业染色工序的废水主要污染物为硫化氢染料、助剂(硫化碱、纯碱、保险粉和双氧水等)和表面活性剂(烷基磺酸钠)等。水质具有有机污染物浓度高、种类多、可生化性差和水质复杂等特点。根据该印染废水的特点,采用水解酸化-生物接触氧化-絮凝沉淀组合工艺对该废水进行处理。在生物接触氧化法和絮凝沉淀之前,利用酸化池内的水解和产酸细菌改善废水的可生化性,有利于提高整个工艺的处理效率,出水水质达到《污水综合排放标准》(GB 8978—1996)一级标准。这为难降解印染废水的处理提供了有益的实践经验。

该印染厂废水排放量为 $600 \mathrm{m}^3/\mathrm{d}$,要求处理后出水达到《污水综合排放标准》中的一级排放标准,废水水质与排放标准如表 3-4 所示。

表 3-4   废水水质参数及排放标准限值

污 染 物	pH	COD/(mg·L^{-1})	BOD$_5$/(mg·L^{-1})	SS/(mg·L^{-1})
变化范围	7.8~8.5	640~1230	130~390	150~320
平均值	8.2	730	240	230
排放标准	6~9	≤100	≤30	≤70

组合工艺流程如图 3-7 所示。废水通过厂区内排水管网收集进入格栅池,去除大颗粒杂质和其他悬浮物。后进入调节池,调节池内设鼓风曝气均化水质、均衡水量。之后经提升泵提升至兼性池(水解酸化池)中,兼性池中含有大量的兼性细菌,利用其水解和产酸作用提高废水的生化性。然后自流入接触氧化池,池内设置半软性填料,为微生物提供生长

附着床。生化池中代谢脱落的细菌、SS 随废水依次流入絮凝反应池、胶羽池和沉淀池等进行固液分离,沉淀池上部清水经消毒处理后达标排放。沉淀池底部污泥用泵打入污泥池浓缩脱水。

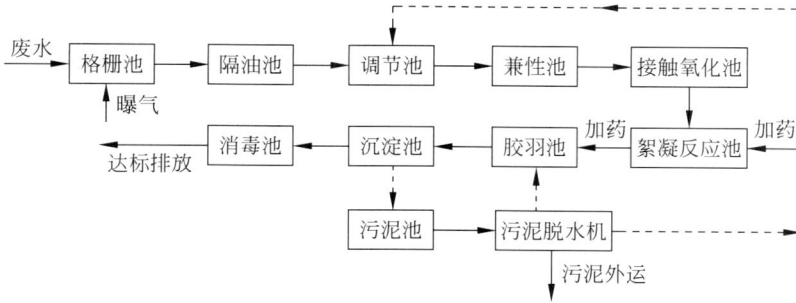

图 3-7 印染工业废水处理工艺流程

2. 电子新材料工业废水处理与回用工艺

某高导热电子新材料企业,其生产涉及自动搅拌机、自动涂布线、自动胶片裁切线、自动贴膜裁切整平线等设施,生产过程中需使用清洗剂清洗样品,每天产生 15t 清洗废水,废水指标如表 3-4 所示。由于废水含较高浓度的氮、磷,根据当地环保要求,必须回用,不能外排(即"零排放")。因此,该企业采用以下处理工艺(图 3-8)。该工程集成混凝、气浮、A/O、膜生物反应器(MBR)、超滤(UF)、反渗透(RO)、低温蒸发 7 种目前我国污水处理领域的主要处理工艺技术。表 3-5 为该设施各单元处理效率。

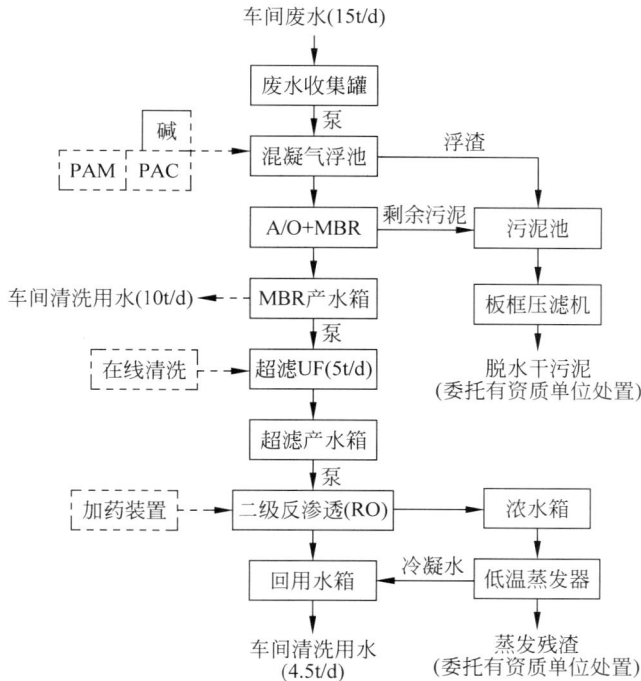

图 3-8 电子新材料工业废水处理与回用工艺流程

表 3-5 废水处理设施各单元治理效率

处理单元		指标					
		COD	氨氮	TP	TDS	SS	石油类
混凝气浮	进水/(mg·L⁻¹)	500	40	20	3000	300	80
	出水/(mg·L⁻¹)	400	—	0.6	3000	60	4
	去除率/%	20	—	97	—	80	95
A/O+MBR	进水/(mg·L⁻¹)	400	40	0.6	3000	60	4
	出水/(mg·L⁻¹)	40	4	0.5	3000	12	0.8
	去除率/%	90	90	16.67	—	80	80
UF+RO	进水/(mg·L⁻¹)	40	4	0.5	3000	12	0.8
	出水/(mg·L⁻¹)	20	1	0.2	90	0.12	0.16
	去除率/%	50	75	60	97	99	80
回用标准/%		≤60	≤10	≤1	≤1000	≤30	≤1

1)气浮工艺

清洗废水中含有表层浮油、铝等。废水先经气浮,将废水中的浮油、悬浮物去除。气浮工艺原理:利用高度分散的微小气泡作为载体黏附于废水中的污染物上,使其浮力大于重力和上浮阻力,从而使污染物上浮至水面,形成泡沫,然后用刮渣设备自水面刮除泡沫,实现固-液或液-液分离的过程称为气浮法。气浮过程的必要条件:在被处理的废水中,应分布大量细微气泡,并使被处理的污染物呈悬浮状态,且悬浮颗粒表面应呈疏水性,易于黏附于气泡上而上浮。

2)A/O+MBR 生化工艺

废水中有一定含量的有机物,三股废水综合后 COD 在 500mg/L 左右,为了保证后续UF+RO 的处理效率和运行效率,需先通过生化将 COD_{Cr} 降至 100mg/L 以下。A/O+MBR 生化工艺原理如下:

(1)A(水解酸化)池:在水解酸化池中附着于填料上的大量微生物利用有机碳源为电子载体,将亚硝酸盐转化成氮气,同时通过兼氧微生物的作用将污水中的有机氮分解成氨氮,而且还可以利用部分有机物和氨氮合成新的细胞物质,加快有机物的降解,水体中的大分子有机物被分解为小分子物质,使污水 BOD_5/COD_{Cr} 增加,有效提高污水的可生化性,有利于后续的氧化处理。

(2)O池:池中附着于填料上的大量微生物利用有机碳源为电子载体,将亚硝酸盐转化成氮气,同时通过兼氧微生物的作用将污水中的有机氮分解成氨氮,而且还可以利用部分有机物和氨氮合成新的细胞物质,加快有机物的降解;通过附着在填料上的大量微生物的生化降解和吸附与絮凝等作用,大幅度地去除污水中各种有机物质,使污水的 COD_{Cr}、BOD_5 被有效去除,污水得到较彻底的净化。

(3)MBR 池:采用膜组件实现生物反应器的分离是废水处理的新工艺,膜组件取代传统工艺中的沉淀池,分离活性污泥混合液中的固体微生物和大分子溶解性物质。膜组件与生化系统相结合的形式称为 MBR 工艺。膜组件置于生物反应器内部。废水进入膜生物反应器后,其中的大部分污染物被混合液中的活性污泥分解,再在抽吸泵或水头差(提供很小的压差)作用下由膜过滤出水。内置式 MBR 利用曝气时气液向上的剪切力来实现膜面的错流效果,减少对膜的污染。

3)超滤装置

本系统采用超滤系统作为反渗透的预处理,超滤系统采用全流过滤、频繁反洗的全自动连续运行方式。本系统共 1 套装置。运行情况为:运行 40min,反冲洗 30~60s。系统采用可编程逻辑控制器(PLC)控制。当跨膜压差上升到 200kPa 之前或膜过滤性能出现明显下降时需要进行化学清洗(化学清洗至少每年进行一次,否则膜元件的过滤性能将下降)。超滤和反渗透共用一套化学清洗系统。工艺特点如下:①中空纤维外表面活化层孔隙率高,单位面积产水量大;②中空纤维强度高,可采用频繁反洗工艺,使组件可在错流过滤状态下工作,化学清洗周期大大延长;③操作成本低;④操作和维护简单。

4)反渗透(RO)装置

反渗透(RO)装置是整个系统的心脏部分,经反渗透处理后的水,能去除极大部分无机盐、有机物、微生物。设计的合理与否直接关系到项目投资费用多少,整个系统运行经济情况,使用寿命长短,操作可靠简便与否。辅助设计:反渗透装置设置就地直接显示装置运行进水压力、浓水压力、产水流量、浓水流量、进水电导、出水电导等重要参数。反渗透每根高压管产水侧设有取样口,方便取样。

5)低温蒸发装置

低温蒸发装置即低温常压蒸发器,其原理是使用热泵技术,利用抽湿的原理对物料中的水分进行蒸发。首先在一效循环泵的作用下,物料首先经过热泵主机的冷凝器进行加温,加温后的物料在一效蒸发塔中喷下,跟从下而上的热气流瞬间接触,使得物料的湿度迅速转移到热空气中,载湿的热空气进入一效换热器对二效的物料进行加热,之后进入节能器中对循环冷风进行预热,再进入冷凝塔中进行冷凝,在冷凝塔中由冷水循环泵将冷凝水打到热泵主机的蒸发器进行降温后,与热空气进行接触,使得热空气降温并冷凝出冷凝水,实现蒸发的过程。热空气被降温后经过节能器预热,再次进入一效和二效蒸发塔中参与载湿过程。

3.2.6　水体生态修复技术

1. 生态塘处理技术

生态塘是以太阳能为初始能源,通过在塘中种植水生作物,进行水产和水禽养殖,形成人工生态系统。在太阳能(日光辐射提供能量)的推动下,通过生态塘中多条食物链的物质迁移、转化和能量的逐级传递和转化,将进入塘内污水中的有机污染物进行降解和转化,最后不仅去除了污染物,而且以水生作物、水产的形式作为资源回收,净化的污水也作为再生水资源予以回收再用,使污水处理与利用结合起来,实现了污水处理资源化。

人工生态系统利用种植水生植物、养鱼、养鸭、养鹅等形成多条食物链,其中不仅有分解者生物、生产者生物,还有消费者生物,三者分工协作,对污水中的污染物进行更有效的处理与利用,并由此可形成许多条食物链,构成纵横交错的食物网生态系统。如果在各营养级之间保持适宜的数量比和能量比,就可建立良好的生态平衡系统。污水进入这种生态塘中,其中的有机污染物不仅被细菌和真菌降解净化,而且其降解的最终产物———一些无机化合物作为碳源、氮源和磷源,以太阳能为初始能源,参与食物网中的新陈代谢过程,并从低营养级到高营养级逐级迁移转化,最后转变成水生作物、鱼、虾、蚌、鹅、鸭等的产物,从而获得可观的经济效益。

2. 人工湿地处理技术

人工湿地是近年来迅速发展的水体生物-生态修复技术,可处理多种工业废水,包括化工、石油化工、纸浆、纺织印染、重金属冶炼等各类废水,后又推广应用为雨水处理。这种技术已经成为提高大型水体水质的有效方法。人工湿地的原理是利用自然生态系统中物理、化学和生物的三重作用来实现对污水的净化。这种湿地系统是在一定长宽比及底面有坡度的洼地中,由土壤和填料(如卵石等)混合组成填料床,污染水可以在床体的填料缝隙中曲折流动,或在床体表面流动。在床体的表面种植具有处理性能好、成活率高的水生植物(如芦苇等),形成一个独特的动植物生态环境,对污染水进行处理。

人工湿地的显著特点之一是其对有机污染物有较强的降解能力。废水中的不溶性有机物通过湿地的沉淀、过滤作用,可以很快地被截留进而被微生物利用;废水中的可溶性有机物则可通过植物根系生物膜的吸附、吸收及生物代谢降解过程被分解去除。随着处理过程的不断进行,湿地床中的微生物繁殖迅速,通过对湿地床填料的定期更换及对湿地植物的收割而将新生的有机体从系统中去除。湿地对氮、磷的去除是将废水中的无机氮和磷作为植物生长过程中不可缺少的营养元素,可以直接被湿地中的植物吸收,用于植物蛋白质等有机体的合成,同样通过对植物的收割而将它们从废水和湿地中去除。

由于这种处理系统的出水质量好,适合于处理饮用水源,或结合景观设计,种植观赏植物改善风景区的水质状况,其造价及运行费远低于常规处理技术,英国、美国、日本、韩国等国都已建成一批规模不等的人工湿地。

3. 土地处理技术

土地处理技术是一种古老但行之有效的水处理技术。它是以土地为处理设施,利用土壤-植物系统的吸附、过滤及净化作用和自我调控功能,某种程度上达到对水净化的目的。土地处理系统可分为快速渗滤、慢速渗滤、地表漫流、湿地处理和地下渗滤生态处理等几种形式。国内外的实践经验表明,土地处理系统对于有机化合物尤其是有机氯和氨氮等有较好的去除效果。德国、法国、荷国等国均有成功的经验。

4. 河道水环境生态修复技术

河道水环境生态修复技术一般包括截污控源、清淤及河道疏浚、岸线整治与护坡、内源治理、生态修复(水生植物修复、生物多样性调控)和人工增氧、设置绿化带与景观等。下面重点讲述人工增氧技术、水生植物修复技术和生物多样性调控技术。

人工增氧技术:通过一定的增氧设备来增加水体溶解氧,加速河道水体和底泥微生物对污染物的分解。一般采用固定式充氧设备(如水车增氧机、提升增氧机、微孔曝气等)和移动式充氧设备(如增氧曝气船),可以充空气,也可以进行纯氧曝气。

水生植物修复技术:通过种植水生植物,利用其对污染物的吸收、降解作用,达到水质净化的效果。水生植物生长过程中,需要吸收大量的氮、磷等营养元素,以及水中的营养物质,通过富集作用去除水中的营养盐。

生物多样性调控技术:通过人工调控受损水体中生物群落的结构和数量,摄取游离细菌、浮游藻类、有机碎屑等,控制藻类的过量生长,提高水体透明度,完善和恢复生态平衡。

5. 大型水体(河水、湖水、沟塘)"鱼-贝-菌-藻-草"原位高效生物-生态法净化处理技术

对于城市内水(河水或湖水)等大型水体生态法净化难题,作者团队与安徽水韵环保科技有限公司开发了一种"鱼-贝-菌-藻-草"原位高效处理模式,包括依次连接"幼贝高效净化单元、鱼菌藻净化单元、营养转化单元、贝类低密度净化单元、深度营养转化单元、贝类高密度净化单元、水下森林(草)"等处理单元。在城市内河水(内湖水)中以淡水贝类(蚌和螺)、甲壳类为主要物种,搭配鱼类和植物,形成共生体系,共同利用水体中的氮磷等营养物质,达到水质净化及资源利用的目的。该技术实现城市内河(内湖)水体净化和经济产出相结合,在净化水质的同时产生了茭白、莲藕、菱角、水芹和鱼、贝类等水产品,实现了水质净化和贝类的碳汇价值。工艺流程分别如图3-9、图3-10、图3-11所示,图3-12为水生植物种植与底栖动物投放的照片。

图 3-9　"鱼-贝-菌-藻-草"原位高效生物-生态法净化处理工艺示意(河道)

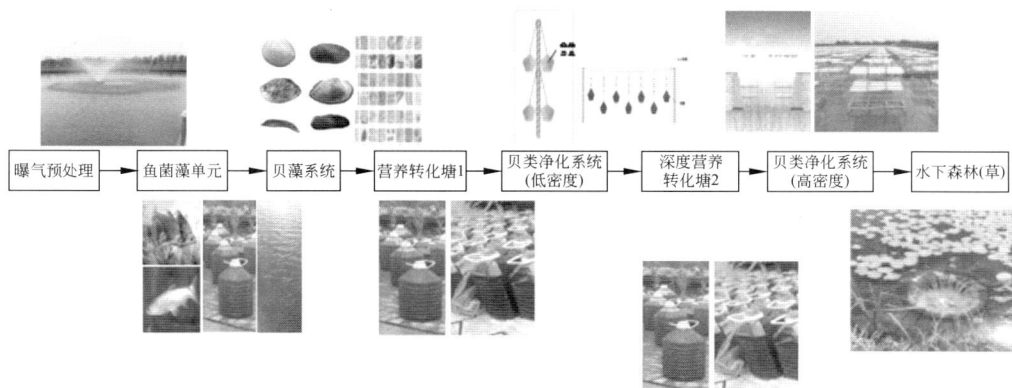

图 3-10　"鱼-贝-菌-藻-草"原位高效生物-生态法净化处理工艺示意(湖泊)

6. 黑臭水体磁分离应急处理技术

对于黑臭水体应急处置或长效管控,中建环能科技股份有限公司与作者团队采用超磁分离水体净化处理技术进行处理,取得了较高的环境与社会效益。超磁分离水体净化技术

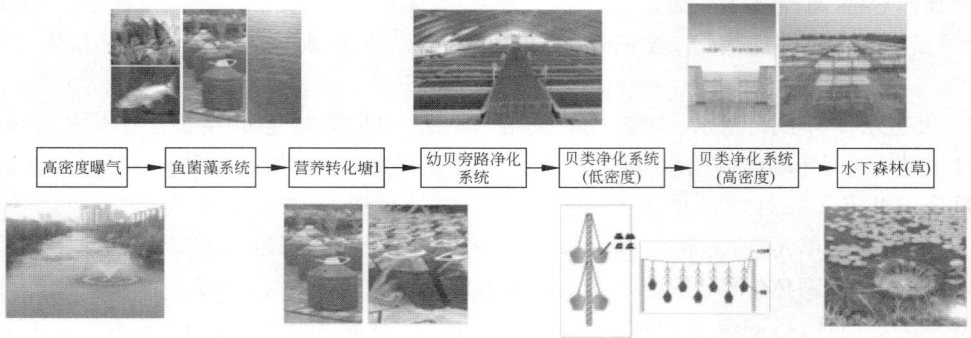

图 3-11 "鱼-贝-菌-藻-草"原位高效生物-生态法净化处理工艺示意(市内沟塘内)

图 3-12 水生植物种植与底栖动物投放

是通过磁粉、混凝剂以及水中污染物质的微磁聚凝作用,将污染物质与磁粉凝聚成磁性絮体,再通过超磁分离设备产生的高强磁场,使微絮凝体克服流体的阻力和自身的重力,产生快速的定向运动,吸附在磁盘表面,通过设备的卸渣装置实现泥渣与水体的分离,从而达到净化水质的目的。磁性污泥再经磁粉回收设备,实现磁粉与污泥的分离;分离后的磁粉可以继续回用,参与下一次的絮凝过程,达到循环利用。分离后的污泥含水量较低,无需浓缩可直接送至脱水系统进行脱水。

该技术主要包括混凝系统、超磁分离机、磁种回收系统、药剂制备与投加装置四大部分。对于景观池中的污水,先使用提升水泵将其提升至混凝系统中,通过泵向混凝系统中投加磁种和混凝剂,混凝搅拌后在混凝系统的后段生成以磁种作为"核"的磁性絮体,然后自流进入超磁分离机,利用超磁分离机产生的高强磁场,实现磁性絮团与水体的快速分离,使水体中的绝大部分污染物在极短的时间内去除,实现水体清澈透明的目的。此技术能快速(整个处理过程仅用 3~5min)除去水体中的悬浮物、总磷、藻类、COD 等污染物。出水效果好、占地少、处理速度快、处理水量大的超磁分离水体净化设备最适合景观水体净化的要求。图 3-13 为超磁分离工艺流程,图 3-14、图 3-15 为示范工程照片。

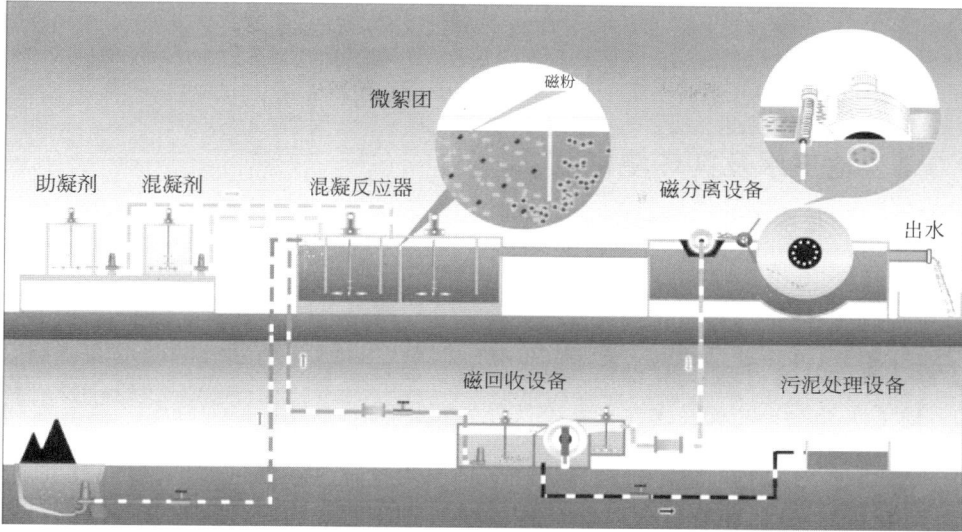

图 3-13 超磁分离工艺流程

江苏苏州平江景观河道治理项目

浙江嘉兴南湖水质提升项目

图 3-14 浙江省嘉兴市南湖补水水质净化项目现场

(a) 处理前   (b) 处理后

图 3-15 江苏省苏州市平江路河道水环境治理项目现场

彩图 3-15

3.3 地下水环境

3.3.1 地下水及其环境标准

1. 地下水的基本概念

1) 地下水

广义上讲,地下水是指赋存于地表以下土壤与岩石空隙中的水;狭义上讲,地下水是赋存于地表以下土壤与岩石空隙中的重力水。

2) 地下水的补给、径流与排泄

(1) 地下水补给:含水层或含水系统从外界获得水量的过程称为补给。地下水的主要补给来源有大气降水、地表水、凝结水和灌溉回归水及其他含水层中的水和人工补给的水。大气降水是地下水最普遍和最主要的补给来源。降水量的大小对一个地区的地下水补给量起控制作用。降水性质、包气带岩石的透水性与厚度、地形、植被等因素,都影响大气降水对含水层的补给强度。当在含水层之上没有稳定隔水层覆盖而且降水量丰富时,这种补给具有重要意义。河流、湖泊、水库、海洋等地表水体均可补给地下水,只要其底床和边岸岩石为相对透水层,便可与其下部含水层中的地下水发生水力联系,而当地表水体水位高于边岸地下水时便会补给地下水。在农田灌溉地区,由于渠道渗漏及田间地面灌溉的灌溉水下渗,浅层地下水获得大量补给。相邻含水层可在水位(头)差的作用下产生相邻含水层间的补给。

(2) 地下水径流:地下水由补给区流向排泄区的过程称为径流,它是连续补给与排泄两个作用的中间环节。径流的强弱影响含水层中的水量与水质。径流强度可用地下水的平均渗透速度衡量。含水层透水性好、地形高差大、切割强烈、大气降水补给量丰沛的地区,地下径流强度大。同一含水层的不同部位径流强度也有差异。

(3) 地下水排泄:含水层含水系统失去水量的过程称为排泄。地下水的主要排泄方式有泉排泄、向地表水体排泄、蒸发排泄、人工排泄及向另一含水层排泄等。①泉是地下水的天然露头,是地下水循环过程中的一个重要排泄方式。②地下水也可排泄到河流等地表水体中。地下水位与河水水位相差越大,含水层透水性越好,河床切割的含水层面积越大,排泄量也越大。地表水与地下水之间的补排关系复杂,有转化交替现象,其主要取决于区域气候、地质构造条件及水文网发育情况。③地下水的蒸发排泄包括土壤表面蒸发和植物叶面蒸腾两种方式。这种排泄不但消耗水量,而且往往造成水的浓缩,导致地下水矿化度的增高、水化学类型改变及土壤盐碱化。④地下水的人工排泄是指采用集水构筑物(井、钻孔、渠道等)开采或排泄含水层中的地下水。

2. 常用地下水环境标准

《地下水质量标准》(GB/T 14848—2017);

《城市污水再生利用 地下水回灌水质》(GB/T 19772—2005);

《地下水环境监测技术规范》(HJ 164—2020)。

3.3.2 地下水环境保护措施与对策

1. Ⅰ类建设项目

Ⅰ类建设项目场地污染防治对策应从以下方面考虑:

（1）源头控制措施。主要包括提出实施清洁生产及各类废物循环利用的具体方案，减少污染物的排放量；提出工艺、管道、设备、污水贮存及处理构筑物应采取的控制措施，防止污染物的跑、冒、滴、漏，将污染物泄漏的环境风险事故降到最低限度。

（2）分区防治措施。结合建设项目各生产设备、管廊或管线、贮存与运输装置、污染物贮存与处理装置、事故应急装置等的布局，根据可能进入地下水环境的各种有毒有害原辅材料、中间物料和产品的泄漏（含跑、冒、滴、漏）量及其他各类污染物的性质、产生量和排放量划分污染防治区，提出不同区域的地面防渗方案，给出具体的防渗材料及防渗标准要求，建立防渗设施的检漏系统。

（3）地下水污染监控。建立场地地下水环境监控体系，包括建立地下水污染监控制度和环境管理体系、制订监测计划、配备先进的检测仪器和设备，以便及时发现问题，及时采取措施。

地下水监测计划应包括监测孔位置、孔深，监测井结构，监测层位，监测项目和监测频率等。

（4）风险事故应急响应。制定地下水风险事故应急响应预案，明确风险事故状态下应采取的封闭、截流等措施，提出防止受污染的地下水扩散和对受污染的地下水进行治理的具体方案。

2. Ⅱ类建设项目

Ⅱ类建设项目地下水保护与环境水文地质问题主要减缓措施如下：

（1）以均衡开采为原则，提出防止地下水资源超量开采的具体措施，以及控制资源开采过程中地下水水位变化诱发的湿地退化、地面沉降、岩溶塌陷、地面裂缝等环境水文地质问题的具体措施。

（2）建立地下水动态监测系统，并根据项目建设所诱发的环境水文地质问题制定相应的监测方案。

（3）针对建设项目可能引发的其他环境水文地质问题提出应对预案。

3.3.3　地下水修复技术

自开展地下水污染治理至今，地下水修复技术在大量的实践应用中得以不断改进和创新。目前，较典型的地下水污染修复技术主要有三种：抽出处理技术、生物修复技术、反应渗透墙修复技术。

1. 抽出处理技术

抽出处理技术指从污染处理场地抽出被污染的水，并用清洁的水置换它；对抽出的水加以治理，最终将污染物去除。根据污染物类型和处理费用选用处理方法。处理方法大致可分为三类：①物理法，包括吸附法、重力分离法、过滤法、反渗透法、气吹法和焚烧法等；②化学法，包括混凝沉淀法、氧化还原法、离子交换法和中和法等；③生物法，包括活性污泥法、生物膜法、厌氧消化法和土壤处置法等。受污染的地下水抽出后的处理方法与地表水的处理方法相同。需要指出的是，在受污染地下水的抽出处理中，井群系统的建立是关键，井群系统要能控制整个受污染水体的流动。处理后地下水的去向有两个，一个是直接使用，另一个则是用于回灌。用于回灌的水多一些的原因是回灌一方面可稀释受污染水体，冲洗含水层;另一方面还可加速地下水的循环流动,从而加快地下水的修复时间。不仅有利于农业生产,而且也利用了土壤层进行天然净化,促使被污染的地下水循环交替并加快净化速度。但必须注意土壤层的自净能力、污染水体内有害物质的浓度、灌溉方式和灌溉制度等,以防土壤层产生毒化而带来相反效果。

影响地下水污染处理的抽出处理技术修复效率的主要因素包括以下几种。

(1) 污染物与水的不混溶性。许多污染物在水中的溶解度相当低,极难从地下冲洗出来。

(2) 污染物扩散进入水流动性有限的微孔和区域。污染物通过扩散进入水流动性有限的微孔和区域以后,由于它们的尺寸很小且不易接近,冲洗十分困难。

(3) 含水介质对污染物的吸附。解吸的速度慢,因此将吸附在地下土壤上的污染物冲洗下来是一个相当慢的过程。

(4) 含水介质的非均质性。由于含水介质的非均质性,使得不能准确预测污染物和水流的运移规律,因此查明这种规律对污染物的冲洗十分重要。

2. 生物修复技术(P&T技术)

生物修复是指采用工程化方法,利用微生物将土壤、地下水和海洋中有毒有害污染物"就地"降解成 CO_2 和水,或转化成无害物质的方法。生物修复法具有费用省、环境影响小、降低污染物能力强等特点,是今后环境修复技术发展的主要方向。

生物修复技术可分为天然生物修复和强化生物修复两种:

(1) 天然生物修复:在不添加营养的条件下,微生物利用周围环境中的营养物质和电子受体,对地下水中的污染物进行降解的作用。其降解速度受到营养物质种类、数量及电子受体接受电子能力大小和其他物理条件的限制。

(2) 强化生物修复:自然界中微生物对污染物特别是有机污染物的降解过程较慢,其原因是溶解氧(或其他电子受体)、营养盐缺乏,实际应用中一般采用工程化方法来人为促进受污染环境的修复。强化生物修复技术是利用自然环境中的微生物或投加的特定微生物,通过提供适宜的营养物质、电子受体及改善其他限制生物修复速度的因素,分解污染物,修复受污染的环境。

3. 反应渗透墙修复技术

反应渗透墙修复技术(PRB技术)是指一个填充有活性反应材料的被动反应区,当污染地下水通过时污染物能被降解或固定。其中污染物靠自然水力传输通过预先设计好的介质时,溶解的有机物、金属、核素等污染物被降解、吸附、沉淀或去除。反应区中含有降解挥发性有机化合物的还原剂、固定金属的络(螯)合剂、微生物生长繁殖所需的营养物和氧气,或用以增强生物处理的其他试剂。

PRB技术作为污染地下水的原位修复技术,主要优点是不需要泵抽和地面处理系统,且反应介质消耗很慢,有几年甚至几十年的处理能力,除了需长期监测外,几乎不需要运行费用,能够长期有效运作,不影响生态环境。

4. 其他修复技术

1) 物理处理技术

地下水污染的物理处理技术主要有以下三种。

(1) 屏蔽法

屏蔽法是在地下建立各种物理屏障,将受污染水体圈闭起来,以防止污染物进一步扩散蔓延。常用的灰浆帷幕法是用压力向地下灌注灰浆,在受污染水体周围形成一道帷幕,从而将受污染水体圈闭起来。其他的物理屏蔽法还有泥浆阻水墙、振动桩阻水墙、板桩阻水墙、块状置换、膜和合成材料帷幕圈闭法等,原理都与灰浆帷幕法相似。总的来说,物理屏蔽法只有在处理小范围的剧毒、难降解污染物时才可考虑作为一种永久性的封闭方法,多数情况下它只是在地下水污染治理的初期被用作一种临时的控制方法。

（2）被动收集法

被动收集法是在地下水流的下游挖一条足够深的沟,在沟内布置收集系统,将水面漂浮的污染物质油类污染物等收集起来,或将所有受污染地下水收集起来以便处理的一种方法。被动收集法一般在处理轻质污染物(如油类等)时比较有效,在美国处理地下水油污染时得到过广泛的应用。

（3）水动力控制法

水动力控制法利用井群系统,通过抽水或含水层注水,人为改变地下水的水力梯度,从而将受污染水体与清洁水体分隔开来。根据井群系统布置方式的不同,水动力控制法又可分为上游分水岭法和下游分水岭法。上游分水岭法是在受污染水体的上游布置一排注水井,通过注水井向含水层注入清水,使得在该注水井处形成一地下分水岭,从而阻止上游清洁水体向下补给已被污染水体;同时,在下游布置一排抽水井将受污染水体抽出处理。而下游分水岭法则是在受污染水体下游布置一排注水井注水,在下游形成一分水岭以阻止污染物向下扩散,同时在上游布置一排抽水井,抽出清洁水并送到下游注入。同样,水动力控制法一般也用作一种临时性的控制方法,在地下水污染治理的初期用于防止污染物的扩散蔓延。

2）气提处理技术

气提处理技术是一种利用加压空气通过受污染地下水或地表水,将有害物质加以移除的方法。导入的空气使得污染物质由液态转变为气态(挥发),随后一起经后续处理设备收集并清洁。气提处理技术通常用于处理受污染的地下水。气提处理技术使用一种称作"气提设备"的装置,强制空气通过受污染的水体。气提设备通常包含一个充满物质(以塑胶、不锈钢或者陶瓷制成)的处理槽。受污染水体由泵打入处理槽中,并且均匀喷洒于填充物质上。喷洒的水滴形成细水流,往下流过填充物质的空隙,同时处理槽底部以风扇将空气由上往下导入。

当空气通过细小水流时,水中的污染物质会挥发出来,空气和污染物质继续往处理槽上部移动,最后由空气污染控制设备收集并净化。细小水流在填充物质中分散得越均匀,空气越能通过较多的水流,并且将更多的有害物质挥发出来。细小水流到达处理槽底部后收集检测,确认是否被处理干净。若污染物质浓度仍然较高,污染水体可重复打入同一处理槽或另一处理槽,或者使用不同的处理方法另行处理。气提设备的尺寸与结构变化颇大,某些设计是将强制空气横向流过处理槽而非由下往上,换言之,这些设计只能依赖细小水流通过槽内空气的同时,将污染物质挥发出来。通常,气提设备必须依照该污染场址有害物质种类和数量特别设计。气提处理技术使用上相当安全。气提设备可被送至污染场址,受污染水体须转运至处理场。由于受污染水体进行清洁时存在于处理槽中,干净水体不会被污染。气提后产生的污染空气必须加以净化,并监测是否符合机器人流程自动化(RPA)标准。气提处理后的干净水可回送至现场。

向含水层中输入臭氧可以形成微生物的生长环境,减少溶解有机碳(DOC)的含量,同时又可促使氰的分解。德国卡尔斯诺市曾用此法清理被石油污染的含水层,用四眼深井抽水时在井底安装臭氧混合装置,使抽到地表的地下水与臭氧均匀混合,然后再把抽出的地下水通过设在污染带周围的注水井回灌到地下。地下水位在注水井下部被抬高而形成一道水墙,阻止了污染的地下水向污染带范围之外扩散和运动。此方法成功地清除了含水层中的石油和氰。

3.4　土壤环境

3.4.1　土壤污染及其环境标准

1. 基本概念

1) 土壤

土壤是母质、生物等因素在一定的气候下长时间共同作用下形成的自然体。在不同的自然环境中,土壤的形成过程和性状各具特色。土壤在地球表面是生物圈的组成部分,它提供陆生植物的营养和水分,是植物进行光合作用、能量交换的重要场所。土壤-植物-动物系统,在人类生活中是太阳能输送的主要媒介;在陆地生态系统中,土壤-生物系统(主要是植物)进行着全球性的能量、物质循环和转化。土壤具有天然肥力,可促进植物生长,是农业发展和人类生存的物质基础。由于土壤肥力能保证人类获得必要的粮食和原料,因此,土壤与人类生产活动有着紧密的联系。土壤是经济社会可持续发展的物质基础,关系人民群众身体健康,关系美丽中国建设,保护好土壤环境是推进生态文明建设和维护国家生态安全的重要内容。

2) 土壤环境

土壤环境是以土壤为中心的地球表层系统的时空连续体,是岩石圈、水圈、生物圈、大气圈和土壤圈相互作用及物质循环和能量交换的中心,是地球环境的重要组成部分。虽然土壤污染及其相关问题是环境土壤学关注的主要内容,但从广义上讲,土壤环境问题还包括土壤荒漠化、盐渍化和侵蚀等退化过程,20世纪自然土壤的面积有了一定的减少,20世纪90年代的统计资料表明,在过去的1万年中全世界有15%的土地(大约 $2.0 \times 10^9 hm^2$,可耕地大约占10%)被人为诱发的土壤退化所掠夺,因各种不合理的人为活动所引起的土壤和土壤退化问题已严重威胁世界的可持续性发展。

我国土壤资源的特点是土壤类型多、绝对数量大,但人均数量少,同时还面临水土流失、耕地肥力下降、土地沙漠化、土壤盐渍化等诸多土壤退化的突出问题,对我国生态安全构成了较为严重的威胁。

3) 土壤污染

土壤污染是指人类活动产生的污染物质通过各种途径输入土壤,其数量和速度超过了土壤净化作用的速度,破坏了自然动态平衡,使污染物质的积累逐渐占据优势,导致土壤正常功能失调,土壤质量下降,从而影响土壤动物、植物、微生物的生长发育。《中华人民共和国土壤污染防治法》中所称土壤污染是指因人为因素导致某种物质进入陆地表层土壤,引起土壤化学、物理、生物等方面特性的改变,影响土壤功能和有效利用,危害公众健康或者破坏生态环境的现象。由此可以看出,土壤污染不但要看输入物质含量的增加,还要看后果,即是否对生态系统平衡构成危害。

我国土壤污染比较严峻。2014年4月17日,环境保护部和国土资源部联合发布了《全国土壤污染状况调查公报》。结果显示,全国土壤环境状况总体不容乐观,部分地区土壤污染较重,耕地土壤环境质量堪忧,工矿业废弃地土壤环境问题突出。全国土壤总的点位超标率为16.1%,其中轻微、轻度、中度和重度污染点位比例分别为11.2%、2.3%、1.5%和1.1%。从土地利用类型看,耕地、林地、草地土壤点位超标率分别为19.4%、10.0%、10.4%。从污染类型看,以无机型为主,有机型次之,复合型污染比例较小,无机污染物超标点位数占全部超标点位的82.8%。从污染物超标情况看,镉、汞、砷、铜、铅、铬、锌、镍8种无机污染物点位超标率分别为7.0%、1.6%、2.7%、2.1%、1.5%、1.1%、0.9%、4.8%;"六六六"、DDT、多环芳烃3类有机污染物点位超标率分别为0.5%、1.9%、1.4%。该项调查的范围是除我国香港、澳门特别行政区和台湾省以外的陆地国土,调查点位覆盖全部耕地,部分林地、草地、未利用地和建设用地,实际调查面积约630万km²。调查采用统一的方法、标准,基本掌握了全国土壤环境总体状况。

生态环境部2024年5月24日发布的《2023中国生态环境状况公报》显示,2023年全国土壤环境风险得到基本管控,土壤污染加重趋势得到初步遏制。全国农用地安全利用率达到91%,农用地土壤环境状况总体稳定,土壤重点风险监控点重金属含量整体呈下降趋势。重点建设用地安全利用得到有效保障。

4)土壤污染特点及其危害

隐蔽性或潜伏性:水体和大气的污染比较直观,严重时通过人的感官就能发现;而土壤污染则往往需要通过农作物,包括粮食、蔬菜、水果或牧草,以及摄食的人或动物的健康状况才能反映,从遭受污染到产生后果有一个逐步累积的过程。

不可逆和长期性:土壤一旦遭到污染后极其难恢复,重金属元素对土壤污染是一个不可逆的过程,而许多有机化学物质的污染也需要比较长的时间来降解。

后果严重性:一旦土壤受到污染,生物多样性、生物循环和水循环(包括水质和水循环过程)等也必然受到相应的影响;同时,往往通过食物链危害动物和人体健康。研究表明,土壤和粮食的污染与一些地区居民肝脏肿大之间有着明显的剂量-效应关系,污灌引起的污染越严重,人群的肝脏肿大概率越高。

5)土壤污染物来源

根据污染物的产生,土壤污染源可分为天然源和人为源。天然源是指自然界自行向环境排放有害物质,或者造成有害影响的场所,如正在活动的火山。人为源是指人类活动所形成的污染源。根据污染物进入土壤的途径,可将土壤污染源分为污水灌溉、固体废弃物的土地利用、农药和化肥等农用化学品的施用及大气沉降等几个方面。从污染物的属性考虑,土壤污染源一般可分为有机污染物、无机污染物、生物污染物和放射性污染物四大类。有机污染物主要有合成的有机农药、酚类化合物、石油及其制品、芳烃、洗涤剂及高浓度的可生化性有机物等。无机污染物是随人类采矿、冶炼、机械制造、建筑、化工等生产活动和生活垃圾进入土壤的,这些物质包括重金属、有害元素的氧化物、酸、碱和盐类等。生物污染物是指一些有害的生物,如各类病原菌、寄生虫卵等从外界环境进入土壤后大量繁殖,从而破坏原有土壤的生态平衡,并对人畜健康造成不良影响。这类污染物主要来源于未经处理的粪便、垃圾、城市生活污水、饲养场和屠宰场的废弃物等,其中传染病医院未经消毒处理的污水和污染物危害最大。放射性污染物是指由于人类活动造成物料、人体、场所、环境介质表面或者内部出现超过国家标准的放射性物质或者射线。放射性污染物中常见的放射性元素有镭(^{226}Ra)、铀(^{235}U)、钴(^{60}Co)、钋(^{210}Po)、氚(^{2}H)、氩(^{41}Ar)、氪(^{35}Kr)、氙(^{133}Xe)、碘(^{131}I)、锶(^{90}Sr)、钷(^{147}Pm)、铯(^{137}Cs)等。

地块污染主要是人们在生产生活中使用化学品、产生废物等过程中,在未采取足够的防护措施下贮存、堆放、泄漏、倾倒废弃物或有害物质等所导致的。污染地块的产生原因包括城市工业活动、矿区开采冶炼、废弃物堆放贮存及农业生产活动等。

6) 土壤污染防治

近年来,随着我国工业化、城市化、农业高度集约化的快速发展,土壤环境污染日益严重,并呈现多样化的特点。我国土壤污染点位在增加,污染范围在扩大,污染种类在增加,出现了复合型、混合型的高风险区,并呈现城郊向农村延伸、局部向流域及区域蔓延的趋势,形成了点源、面源污染共存,工矿企业排放、化肥农药污染、种植养殖业污染与生活污染叠加,多种污染物相互复合、混合的趋势。我国土壤环境污染已对粮食和食品安全、饮用水安全、区域生态安全、人居环境健康、全球气候变化以及经济社会可持续发展构成了严重威胁。在今后相当长的一段时期内,我国土壤环境安全将面临更严峻的挑战。

基于我国土壤污染呈现出多样性、复合性、流域性和区域化特征,面对现阶段和未来相当长的一段时期显性或潜在的土壤污染问题,应以创新国家土壤科学、技术与管理体系为宗旨,以土壤环境调查与检测、风险评估、基准与标准制定、污染防控与修复、信息集成与应用及环境监管等关键技术为重要内容,统筹土壤污染防治与农业安全生产、生态及人居环境健康保障。坚持以预防为主,点治、片控、面防相结合;坚持土壤污染分区分类保护;依靠科技进步,推动土壤环境保护法治建设,提高社会公众对土壤污染防护意识;分阶段、分步骤全面、系统地构建适合我国国情的土壤污染防治体系。

2016 年 5 月,国务院发布了《土壤污染防治行动计划》(简称"土十条")。要求到 2020 年,全国土壤污染加重趋势得到初步遏制,土壤环境质量总体保持稳定,农用地和建设用地土壤环境安全得到基本保障,土壤环境风险得到基本管控。到 2030 年,全国土壤环境质量稳中向好,农用地和建设用地土壤环境安全得到有效保障,土壤环境风险得到全面管控。到 21 世纪中叶,土壤环境质量全面改善,生态系统实现良性循环。"土十条"坚持问题导向、底线思维,坚持突出重点、有限目标,坚持分类管控、综合施策,确定了十个方面的措施:一是开展土壤污染调查,掌握土壤环境质量状况。二是推进土壤污染防治立法,建立健全法规标准体系。三是实施农用地分类管理,保障农业生产环境安全。四是实施建设用地准入管理,防范人居环境风险。五是强化未污染土壤保护,严控新增土壤污染。六是加强污染源监管,做好土壤污染预防工作。七是开展污染治理与修复,改善区域土壤环境质量。八是加大科技研发力度,推动环境保护产业发展。九是发挥政府主导作用,构建土壤环境治理体系。十是加强目标考核,严格责任追究。

2024 年 11 月,国务院发布了最新一版的《土壤污染防治行动计划》,要求以习近平新时代中国特色社会主义思想为指导,全面贯彻党的二十大和中国共产党第二十届中央委员会第二次、第三次全体会议精神,深入贯彻习近平生态文明思想,落实全国生态环境保护大会部署,全面准确落实精准治污、科学治污、依法治污方针,防新增、去存量、控风险,从源头上减少土壤污染和受污染土壤的环境影响,全面管控土壤污染风险,促进土壤健康和永续利用,努力建设人与自然和谐共生的美丽中国。到 2027 年,土壤污染源头防控取得明显成效。切实保障人民群众吃得放心,住得安心,以土壤生态环境质量改善助力经济高质量发展。要求土壤污染重点监管单位隐患排查整改合格率达到 90% 以上;受污染耕地安全利用率达到 94% 以上;建设用地安全利用得到有效保障。要求遵循"保护优先,源头预防;问题导向,突出重点;分类施策,系统治理"3 个基本原则。确定了 4 类重点任务:①完善土壤污染源头预防政策体系;②严格落实污染防治措施;③解决长期积累的严重污染问题;④健全体制机制。提出了 5 项保障措施:推进能力建设;严格监督执法;强化科技创新;拓宽资金渠道;加强宣传教育。

生态环境部办公厅、自然资源部办公厅于 2019 年 12 月 17 日印发关于《建设用地土壤污染状况调查、风险评估、风险管控及修复效果评估报告评审指南》的通知(环办土壤〔2019〕63 号),适用于经土壤污染状况普查、详查、监测、现场检查等方式,表明有土壤污染风险的建设用地地块,以及用途变更为住宅、公共管理与公共服务用地的,变更前应当按照规定进行土壤污染状况调查,对地块的土壤污染状况进行调查,进行风险评估、效果评估等报告的评审工作。

2. 常用土壤管理法规、指南、导则、标准

(1)《中华人民共和国土壤污染防治法》;

(2)《土壤环境监测技术规范》(HJ/T 166—2004);

(3)《建设用地土壤污染状况调查 技术导则》(HJ 25.1—2019);

(4)《建设用地土壤污染风险管控和修复监测技术导则》(HJ 25.2—2019);

(5)《地块土壤和地下水中挥发性有机物采样技术导则》(HJ 1019—2019);

(6)《土壤环境质量 建设用地土壤污染风险管控标准(试行)》(GB 36600—2018);

(7)《土壤环境质量 农用地土壤污染风险管控标准(试行)》(GB 15618—2018);

(8)《食用农产品产地环境质量评价标准》(HJ/T 332—2006);

(9)《温室蔬菜产地环境质量评价标准》(HJ/T 333—2006)。

3.4.2 土壤污染修复技术

土壤污染修复技术是指通过物理、化学、生物和生态学等方法原理,采用人工调控措施使土壤污染物浓度降低、实现污染物无害化和稳定化,达到人们期望的解毒效果的技术和措施。

按照修复场地的不同,可将污染土壤修复分为原位修复和异位修复。原位修复是对土壤污染物就地处置,使之得以降解和减毒,通常不需要建设昂贵的地面环境工程基础设施和运输,操作维护比较简单,可对深层次污染的土壤进行修复。异位修复是污染土壤的异地处理,与原位修复技术相比,技术的环境风险较低,系统处置的预测性高,但修复过程复杂,工程造价高,且不利于异地对大面积污染土壤进行修复。近年来,原位修复技术显示出旺盛的生命力。按照技术类别可将污染土壤修复技术分为物理修复、化学修复、生物修复、生态工程修复和联合修复几大类。下面主要讲述前三种修复技术。

1. 物理修复技术

物理修复技术作为一大类污染土壤修复技术,近年来得到多方位的发展,主要包括物理分离修复、蒸汽浸提修复、固化/稳定化修复、热解吸修复技术、玻璃化修复、热力学修复和电动力学修复、低温冷冻修复等技术。常见技术介绍如下。

1) 物理分离修复技术

物理分离修复技术是依据污染物和土壤颗粒特性,借助物理手段将污染物从环境介质上分离开来的技术。通常情况下,物理分离技术被用作初步的分选技术,以减少待处理被污染物的体积,优化后续处理工作。一般来说,物理分离修复技术不能充分达到环境修复的要求。物理分离修复技术主要应用在污染土壤中无机污染物的修复上,它最适合用来处理小范围射击场污染的土壤,从土壤、沉积物、废渣中分离重金属和清洁土壤,恢复土壤正常功能。大多数物理分离修复技术都有设备简单、费用低廉、可持续高产出等优点,但是在具体分离过程中,其技术的可行性受到各种因素的影响。物理分离修复技术在应用过程中还有许多局限性,比如用粒径分离时易塞住或损坏筛子;用水动力学分离和重力分离时,当土壤中有较大比例的黏粒、粉粒和腐殖质存在时很难操作;用磁分离时处理费用比较高等。这些局限性决定了物理分离修复技术只能在小范围内应用。

2) 蒸汽浸提修复技术

蒸汽浸提(简称 SVE)修复技术是去除土壤中挥发性有机污染物的一种原位土壤修复技术。它是在污染土壤内引入清洁空气产生驱动力,利用土壤固相、液相和气相之间的浓度梯度,在气压降低的情况下,将其转化为气态污染物排出土壤的过程。土壤蒸汽浸提修复技术利用真空泵产生负压驱使空气流过污染的土壤空隙,而解吸并夹带有机污染组分流向抽取井,并最终于地上进行处理。该技术适用于高挥发性化学污染土壤的修复,如汽油、苯和四氯乙烯等污染的土壤。土壤蒸汽浸提修复技术的主要技术又分为原位土壤蒸汽浸提修复技术、异位土壤蒸汽浸提修复技术、多相浸提修复技术(两相浸提修复技术、两重浸提修复技术)。

3) 固化/稳定化修复技术

固化/稳定化修复技术是一种通过添加固化剂或稳定剂,将土壤中的有毒有害物质固定起来,或者将污染物转化成化学性质不活泼的形态,阻止其在环境中迁移和扩散的过程,从而降低其危害的修复技术。固化/稳定化修复技术已有数十年的发展历史,是较为成熟的土壤修复技术,既可用于修复污染土壤,也可用于处理沉积物、污泥和固体废物等,具有修复周期短,达标能力强,作用对象广泛(可处理多种性质稳定的污染物),并能与其他修复技术配合使用的特点,是国内外普遍应用的污染土壤修复技术。然而,固化/稳定化修复技术也有其不足与局限性,如不能实质性销毁或去除污染物,修复后可能会使土壤产生增容效应,污染物的长期环境行为难以预测,需要对固化/稳定化产物进行长期监测与维护等。

常用的固化技术包括水泥固化、石灰/火山灰固化、塑性材料固化、有机聚合物固化、自胶结固化、熔融固化(玻璃固化)和陶瓷固化等;常用的稳定化技术包括 pH 控制技术、氧化/还原电位控制技术、沉淀与共沉淀技术、吸附技术、离子交换技术等。常见的固化剂(胶凝材料)包括无机黏合物质(如水泥、石灰等)、有机黏合剂(如沥青等热塑性材料)、热硬化有机聚合物(如酚醛塑料和环氧化物等)和玻璃质物质等;常见的稳定剂(添加剂)包括磷酸盐、硫化物、铁基材料、黏土矿物、微生物制品(剂)或上述材料的复合混配制品(剂)等。

4) 热解吸修复技术

热解吸修复技术是指通过直接或间接热交换,将污染介质及其所含的有机污染物加热到足够的温度,以使有机污染物从污染介质上得以挥发或分离的过程。热解吸系统是将污染物从一相转化成另一相的物理分离过程,热解吸修复过程并不出现对有机污染物的破坏作用,而是通过控制热解吸系统的床温和物料停留时间有选择地使污染物得以挥发,而不是氧化、降解这些有机污染物。因此,人们通常认为热解吸是一物理分离过程。

热解吸修复技术修复成本相对偏高,修复周期为 1～12 个月,可以去除的污染物有非卤代的挥发性有机污染物、卤代的挥发性有机污染物、非卤代的半挥发性有机污染物、卤代的半挥发性有机污染物、燃料、爆炸物和持久性有机污染物。污染物去除率大于 90%。

2. 化学修复技术

污染土壤的化学修复技术是根据污染物和土壤性质,选择合适的化学修复剂加入土壤,使污染物和修复剂发生一定的化学反应降解污染物或解毒的技术。修复手段可以是将液体、气体或活性胶体注入地下表层、含水层,或在地下水流经的路径上设置能滤除污染物的可渗透反应墙。通常情况下,生物修复不能满足污染土壤修复的需求时才选择化学修复技术。根据化学反应特点可将化学修复分为土壤性能改良、溶剂浸提、化学氧化、化学还原和还原脱氯及化学淋洗等几类。常见的技术如下。

1) 土壤性能改良

对于污染程度较轻的土壤,可根据污染物在土壤中的存在特性,通过向土壤中施加某些化学改良剂和吸附剂,来达到改良土壤性能的目的,常用的改良剂有石灰、磷酸盐、堆肥、硫黄、高炉渣、铁盐以及黏土矿物等。向土壤投加吸附剂也可以在一定程度上缓解污染物对土壤微生物和植物生理毒害的效果,对于重金属和某些阳离子来讲,可考虑加入一定量的离子交换树脂;对于一些有机化合物,可以通过投加吸附性能较好的沸石、斑脱石以及其他天然黏土矿物或改性黏土矿物的方法,增加土壤对有机污染物、无机污染物的吸附能力。

2) 溶剂浸提技术

溶剂浸提技术是一种异位修复技术,在修复过程中,污染物转移进入有机溶剂或超临界液体,然后溶剂被分离进一步处理或弃置。溶剂提取技术使用的是非水溶剂,因此不同于一般的化学提取和土壤淋洗。处理之前首先准备土壤,包括挖掘和过筛。过筛的土壤可能要在提取之前与溶剂混合,制成浆状。被溶剂提取出的有机物连同溶剂一起从提取器中被分离出来,进入分离器进行进一步分离。在分离器中由于温度或压力的改变,有机污染物从溶剂中分离出来。溶剂进入提取器中循环使用,浓缩的污染物被收集起来进一步处理,或被弃置。干净的土壤经过滤和干化,可以进一步使用或弃置。干燥阶段产生的蒸汽应该收集、冷凝,进一步处理。

溶剂浸提技术适用于修复被氯化联苯(PCBs)、石油烃、氯代烃、多环芳烃(PAHs)、多氯二苯以及多氯二苯呋喃(PCDF)等有机污染物污染的土壤。同时,也可用于受农药(包括杀虫剂、杀真菌剂和除草剂等)污染的土壤。当土壤湿度>20%时,则需先进行风干,避免水分稀释提取液而降低提取效率,黏粒含量高于 15% 的土壤则不适于采用这项技术。

3) 化学淋洗修复技术

化学淋洗修复技术是指借助能促进土壤环境中污染物溶解或迁移作用的化学/生物化学溶剂,在重力作用下或通过水力压头推动清洗液,将其注入被污染土层中,然后再把包含污染物的液体从土层中抽提出来,进行分离和污水处理的技术。清洗液是包含化学冲洗助剂的溶液,具有增溶、乳化效果,或改变污染物化学性质等功能。提高污染土壤中污染物的溶解性及其在液相中的可迁移性,是实施该技术的关键。化学淋洗修复技术主要围绕着用表面活性剂处理有机污染物,用螯合剂或酸处理重金属来修复被污染的土壤,其修复工作既可以进行原位修复,也可进行异位修复。

4) 化学氧化修复技术

化学氧化修复技术主要是通过在土壤中添加化学氧化剂,使之与污染物发生氧化反应,最终使污染物降解或转化为低毒、低移动性产物的一项修复技术。原位化学氧化修复技术不需要将污染土壤全部挖掘出来,而只是在污染区的不同深度钻井,将氧化剂注入土壤中,通过氧化剂与污染物的混合、反应,使污染物降解或导致形态的变化。原位化学氧化修复技术的一项关键技术是向注射井中加入氧化剂分散技术,对于低渗土壤,可以采取土壤深度混合、液压破裂等方式对氧化剂进行分散预处理。原位化学氧化修复技术最常用的氧化剂是 K_2MnO_4、H_2O_2 和臭氧气体等。

化学氧化修复技术主要用来修复被油类、有机溶剂、多环芳烃(如萘)、苯酚(PCP)、农药以及非水溶态氯化物(如四氯乙烯(TEC))等污染物污染的土壤,通常这些污染物在污染土壤中长期存在,很难被生物所降解。化学氧化修复技术不但可以对这些污染物起到降解脱毒的效果,而且反应产生的热量能够使土壤中的一些污染物和反应产物挥发或变成气态溢出地表,从而可以在地表对产生的气体收集后进行集中处理,但加入氧化剂后,可能会生成有毒副产物,使土壤生物量减少或影响重金属存在形态。

3. 生物修复技术

生物修复技术是在生物降解的基础上发展起来的一种新兴的清洁技术,是传统生物处理方法的进一步发展,是利用生物(包括动物、植物和微生物),通过人为调控,将土壤中有毒有害污染物质吸收、分解或转化为无毒无害的过程。与物理修复、化学修复技术相比,生物修复技术具有成本低,不破坏植物生长所需的土壤环境,环境安全,无二次污染,处理效果好,操作简单,费用低廉等特点,是一种新型的环境友好替代技术。根据土壤修复位点和修复的主导生物,可将生物修复技术分为原位/异位微生物修复和植物修复、微生物修复技术等类型。常见修复技术如下:

1) 植物修复技术

植物修复技术是指通过利用植物忍耐或超量吸收积累某种或某些化学元素的特性,或利用植物及其根际微生物将污染物降解转化为无毒物质的功能,利用植物在生长过程中对环境中的某些污染物的吸收、降解、过滤和固定等特性来净化环境污染的技术。植物修复的机理如下。

(1) 植物对有机污染物的直接吸收分解与蒸腾作用。一般来讲,植物从土壤中直接吸收有机污染物,将其代谢分解,并经过木质化作用使其成为植物的一部分,如木质素等,储藏于植物细胞的不同位点;或通过矿化作用使其彻底分解为 CO_2 和 H_2O;也可以利用植物的挥发作用去除土壤中有机污染物;还有的可以通过植物叶子的蒸腾作用释放到大气中去。

(2) 植物根系分泌物(包括一些酶类)进入土壤中,加速土壤的生化反应,促进有机污染物的修复。植物根系能分泌一些营养物质,如糖类、醇、蛋白质等,供土壤微生物生存;植物根系还能分泌一些特殊的化学物质,如有机酸等,可以改变土壤的 pH 等,从而有利于污染物的分解。

（3）根际-微生物的联合代谢作用。植物是一个有效的土壤污染处理系统，它同其根际微生物共同利用其生理代谢特性担负分解、富集和稳定污染物的作用。

2）微生物修复技术

微生物修复是指利用天然存在的或人工培养的功能微生物（主要有土著微生物、外来微生物和基因工程菌），在人为优化的适宜条件下，促进微生物代谢功能，从而达到降低有毒污染物活性或将其降解成无毒物质而达到修复受污染环境的技术。通常一种微生物能降解多种有机污染物，如假单胞杆菌可降解 DDT、艾氏剂、毒杀酚和敌敌畏等。此外，微生物可通过改变土壤的理化性质而降低有机污染物的有效性，从而间接起到修复污染土壤的目的。

3.4.3　典型土壤污染修复工艺

1．挖掘-外运-填埋工艺

1）工艺思路

地块污染土壤挖掘外运，经过预处理后进入填埋场。

2）工艺局限性

（1）土壤填埋后并不能在短期内消除污染，存在长期的潜在危害。

（2）由于长期潜在危害的存在，污染土壤填埋封场后，须配套进行严格的环境管理，如对渗滤液和周边地下水进行长期跟踪监测。

（3）污染土壤的填埋受到国家相关法律法规和规范的严格限制，如污染土壤经鉴别后为危险废物，须按危险废物相关管理要求进行处置，这样不仅会增加其填埋的管理要求，还会大大提高其处置成本。

（4）土壤是宝贵的资源，管理部门和行业专家对污染土壤进入填埋场的处置方式均不认可。

（5）根据《污染地块土壤环境管理办法（试行）》，污染土壤原则上要在原址进行修复。

2．异位土壤淋洗工艺

1）工艺思路

异位土壤淋洗工艺是利用淋洗液去除土壤污染物的过程，通过水力学方式机械地悬浮或搅动土壤颗粒，使污染物与土壤颗粒分离。土壤淋洗后，再处理含有污染物的废水或废液。该工艺在发达国家已有 30 余年的成熟使用经验。

2）工艺局限性

（1）处理量大，适用于多种污染土壤。

（2）影响处理效果及成本的主要因素为土壤的粒径大小、渗透性能等物理性质。根据国内外类似工艺的工程经验，该技术不适用于黏粒含量大于 25％的土壤。

（3）该工艺需采用大量的水或药剂水溶液，因此后续废水处理系统会提高修复工程的复杂性和成本。

3．植物修复工艺

1）工艺思路

植物修复工艺是指利用植物对重金属的吸收、富集和转化作用将土壤中的重金属去除或降低其毒性。与传统的处理方式相比,植物修复处理成本低,利于土壤生态系统的保持,对环境基本没有破坏作用。

2) 工艺局限性

(1) 植物对重金属的吸收、富集和转化过程需要很长时间(数年甚至数十年),导致植物修复非常耗时。

(2) 植物修复限制了场地的开发利用。

(3) 土质结构、pH、盐度、污染物浓度及其他毒性物质可能使超积累植物植被的形成受到限制。

(4) 污染物能通过落叶重新回到土壤中去。

(5) 超积累植物可能为人或动物误食导致食物链的污染。

4. 异位稳定化工艺

1) 工艺思路

异位稳定化工艺是将污染土壤挖掘出后,与稳定化药剂混合反应,通过化学反应、物理吸附、化学吸附、微形态封闭等多种作用防止污染物迁移,降低污染物的毒性、生物有效性和生态风险。经过几十年的研究,这种工艺已成为一种比较成熟的土壤修复技术,已有大量的工程应用。美国国家环境保护局曾将稳定化技术称为处理重金属污染土壤的最佳工艺之一。迄今为止,美国已有200多个超级基金项目涉及污染土壤的稳定化处理,在我国也有很多土壤污染修复工程的应用实例,均取得了很好的效果。与其他工艺相比,该工艺具有处理时间短、适用范围较广、工程实施便捷等优势。

2) 工艺局限性

异位稳定化工艺由于未从土壤中去除污染物,因此修复后土壤的最终处置方式受到一定的限制。稳定化修复后土壤一般可作为路基材料、防护绿化带或填埋场中层覆土等使用。

5. 生物堆修复工艺

1) 工艺思路

生物堆修复工艺是将受污染土壤预处理后堆放为条垛或堆形,依靠通风、补充水分、提供营养物和添加剂等辅助手段,促进土著微生物的好氧生物降解,达到去除土壤有机污染物的目的。该工艺适合有机污染土壤的处理。

2) 工艺局限性

由于是生物修复工艺,因此修复时间相对较长。

6. 现场异位高级氧化工艺

1) 工艺思路

现场异位高级氧化工艺是将污染土壤与高级氧化剂混合搅拌充分反应,通过氧化剂与污染物质之间的化学反应将土壤中的有机污染物转化为无害化学物质的方法。目前常用的氧化剂主要有高锰酸钾、Fenton试剂、过硫酸盐和臭氧等。该工艺的关键在于高级氧化剂的选择、土壤性质(如含水率、质地、pH、总有机质等)以及控制最佳的反应条件。

2) 工艺局限性

现场异位高级氧化工艺由于需要使用一定量的药剂,修复成本较高。

7. 水泥窑协同处置工艺

1）工艺思路

将满足或经过预处理后满足入窑要求的固体废物投入水泥窑,在进行水泥熟料生产的同时实现对固体废物的无害化处置过程。

2）工艺局限性

水泥窑协同处置对污染物成分有一定要求,需满足《水泥窑协同处置固体废物环境保护技术规范》(HJ 662—2013)和《水泥窑协同处置固体废物污染控制标准》(GB 30485—2013)相关要求。含有金属、保温材料和包装袋杂质的土壤以及直径≥100mm 砖块、混凝土块,是不能资源化利用的,一旦这些杂质进入水泥生产线会对水泥设备产生很大影响,磨损设备,严重时会导致无法正常生产。因此,挖掘后的杂填土需要分选,去除金属类、保温材料和包装袋等杂质。根据《污染地块土壤环境管理办法(试行)》,污染土壤原则上要在原址进行修复。

3.5 固体废物

3.5.1 固体废物的特征与分类

1. 固体废物的特征

1）数量巨大、种类繁多、成分复杂

随着工业生产规模的扩大、人口的增加和居民生活水平的提高,各类固体废物的产生量也在逐年增加。根据生态环境部发布的《2020 年全国大、中城市固体废物污染环境防治年报》数据显示,2020 年全国共有 196 个大、中城市向社会发布了 2019 年固体废物污染环境防治信息,大、中城市一般工业固体废物产生量为 13.8 亿 t,工业危险废物产生量为 4498.9 万 t,医疗废物产生量为 84.3 万 t,城市生活垃圾产生量为 23 560.2 万 t。

2017 年 7 月 18 日国务院办公厅印发《禁止洋垃圾入境推进固体废物进口管理制度改革实施方案》(国办发〔2017〕70 号),正式停止进口生活源废塑料、未经分拣的废纸、废纺织原料、钒渣 4 类 24 种固体废物,拒绝做“世界垃圾场”。

2）时空性

时空性包括时间性和空间性。时间性是指“资源”和“废物”在时间上是相对的,除生产、加工过程中会产生大量被丢弃的物质外,任何产品和商品经过一定时间使用后都会变成废物。空间性是指固体废物虽然在某一个过程和某一个方面没有使用价值,但往往会成为另外过程的原料。随着人类社会的发展,工业生产过程和固体废物再生资源化处理利用过程将形成良性循环。

3）危害的持久潜在性

固体废物呈固态、半固态,不具有流动性,对环境的影响主要是通过水、气、土壤进行,一旦造成环境污染,很难消除恢复。固体废物只能通过释放渗出液和气体进行“自我消化”处理,过程比较缓慢,有时其危害可潜藏多年才被发现。

2. 固体废物的分类

固体废物的分类依据其产生的途径及性质而定。按固体废物污染特性可分为一般废物和危险废物；按固体废物来源可分为城市固体废物、工业固体废物和农业固体废物(表3-6)。

表 3-6　固体的分类、来源及主要组成物质

分　类	来　源	主要组成物质
城市固体废物	居民生活	厨余物、庭院废物、废纸、废塑料、废织物、废金属、废玻璃陶瓷碎片、砖瓦渣土以及废家具、废旧电器、粪便等
	商业活动、机关办公	废纸,各种废旧的包装材料,丢弃的主、副食品、管道、碎砌体、沥青等其他建筑材料、塑料等
	市政建设与维护	废砖瓦、污泥、死牲畜、死禽、树叶、脏土等
工业固体废物	冶金工业	包括各种金属冶炼或加工过程中所产生的各种废渣,如高炉炼铁产生的高炉渣、平炉转炉电炉炼钢产生的钢渣、铜镍铅锌等有色金属冶炼过程产生的有色金属渣等
	能源工业	燃煤电厂产生的粉煤灰、炉渣、烟道灰、采煤及洗煤过程中产生的煤矸石等
	石油化学工业	石油及加工工业产生的油泥、焦油页岩渣、废催化剂、废有机溶剂等; 化学工业生产过程中产生的硫铁矿渣、酸渣、碱渣、盐泥、釜底泥、精(蒸)馏残渣、医药和农药生产过程中产生的医药废物、废药品、废农药等
	矿业	采矿废石和尾矿
	轻工业	食品工业、造纸印刷工业、纺织印染工业、皮革工业等工业加工过程中产生的污泥、动物残物、废酸、废碱以及其他废物
	其他工业	机械加工过程产生的金属碎屑、电镀污泥、建筑废料以及其他工业加工过程产生的废渣等
农业固体废物	农业生产、畜禽饲养、农副产品加工	农业生产、畜禽饲养、农副产品加工所产生的废物,如农作物秸秆、农用薄膜及畜禽排泄物等

3.5.2　固体废物的管理

1. 法律法规

除《中华人民共和国环境保护法》外,1995 年 10 月 30 日第八届全国人民代表大会常委会第十六次会议通过《中华人民共和国固体废物污染环境防治法》(简称《固废法》),并经 2004 年 12 月 29 日修订和 2013 年 6 月 29 日、2015 年 4 月 24 日、2016 年 11 月 7 日 3 次修正。

2020 年 4 月 30 日十三届全国人大常委会第十七次会议审议通过了修订后的《固废法》,自 2020 年 9 月 1 日起施行。新修订的《固废法》全文共分 9 章,包括:第一章　总则;第二章　监督管理;第三章　工业固体废物;第四章　生活垃圾;第五章　建筑垃圾、农业固体废物等;第六章　危险废物;第七章　保障措施;第八章　法律责任;第九章　附则。《固废法》全面规定了固体废物污染环境防治的体系和制度,适用于我国境内固体废物污染环境的防治,但不适用于固体废物污染海洋环境和放射性固体废物污染环境的防治。

除《固废法》外,生态环境部或相关部门还单独颁布或联合颁布了一系列的行政法规。

例如,《危险废物鉴别标准 通则》(GB 5085.7—2019)、《危险废物焚烧污染控制标准》(GB 18484—2020)、《危险废物鉴别标准 急性毒性初筛》(GB 5085.2—2007)、《危险废物鉴别技术规范》(HJ 298—2019)、《生活垃圾卫生填埋处理技术规范》(GB 50869—2013)、《生活垃圾转运站工程项目建设标准》(建标 117—2009)、《生活垃圾卫生填埋处理工程项目建设标准》(建标 124—2009)、《危险废物安全填埋处置工程建设技术要求》(环发〔2004〕75 号)、《一般工业固体废物贮存和填埋污染控制标准》(GB 18599—2020)、《危险废物集中焚烧处置工程建设技术规范》(HJ/T 176—2005)、《生活垃圾填埋场封场工程项目建设标准》(建标 140—2010)、《废塑料污染控制技术规范》(HJ 364—2022)、《含多氯联苯废物焚烧处置工程技术规范》(HJ 2037—2013)、《固体废物处理处置工程技术导则》(HJ 2035—2013)、《危险废物收集、贮存、运输技术规范》(HJ 2025—2012)、《铬渣干法解毒处理处置工程技术规范》(HJ 2017—2012)、《城市生活垃圾管理办法》、《关于严格控制境外有害废物转移到我国的通知》、《尾矿污染环境防治管理办法》、《关于防治铬化合物废物生产建设中环境污染的若干规定》等。

2. 管理原则

新修订的《固废法》充分体现了习近平生态文明思想的深邃内涵,坚持"绿水青山就是金山银山"的理念,首次将"推进生态文明建设"写入立法目标,明确提出国家推行绿色发展方式和绿色生活方式。坚持"良好生态环境是最普惠民生福祉",以立法解决人民群众最关心的生活垃圾污染等环境民生问题。体现六点精神:①坚持思想引领;②明确法律原则;③压实各方责任;④呼应人民期盼;⑤健全保障机制;⑥严格法律责任。

《固废法》从固体废物污染环境防治应遵循的客观规律出发,提出固体废物污染环境防治坚持减量化、资源化和无害化原则,强化减量化和资源化的约束性规定,突出固体废物污染防治的无害化底线要求和全过程要求。坚持污染担责原则,明确指出:产生、收集、贮存、运输、利用、处置固体废物的单位和个人是固体废物污染环境防治的义务主体,严格界定各义务主体的法律责任。坚持全过程管理原则,通过强化过程监管和信息化监控的要求,更加突出地体现了全过程管理思想,进一步将全过程管理原则由原来的危险废物领域扩张至工业固体废物、建筑垃圾等领域。

《固废法》强化地方政府治理责任和监管责任,明确目标责任制和考核评价制度、联防联控、规划引导等制度,推动固体废物末端处置能力建设。明确相关部门职责分工,按照管发展必须管环保、管生产必须管环保、管行业必须管环保的原则,在生态环境主管部门对固体废物污染环境防治工作实施统一监督管理的前提下,界定各有关部门对固体废物污染环境防治的部门责任,推动形成同频共振、同向发力的良好格局。

《固废法》重点解决最关注最迫切的环境民生问题。确立生活垃圾分类的原则,明确国家推行生活垃圾分类制度,统筹城乡生活垃圾污染环境防治,为改善城乡人居环境提供法治保障。针对过度包装、塑料污染治理等一直以来未能得到真正解决的"硬骨头"问题,敢于动真碰硬,界定责任部门,明确企业义务,引导社会共治。对重大传染病疫情期间的医疗废物应急处置,从保障人民群众生命安全和身体健康的角度出发,增加医疗废物收集、运输和处置的专门规定。

新修订的《固废法》增加保障措施一章,从政策、经济、技术等方面全方位保障固体废物污染环境防治工作。坚持危险废物等集中处置设施作为环境保护公共基础设施的属性,强化设施场所建设和用地保障。突出经济手段引导企业,将涉及危险废物的单位纳入环境污染责任保险制度,加大各级财政对固体废物污染环境防治的投入,发展绿色金融,鼓励金融机构加大对固体废物污染环境防治项目的信贷投放,明确固体废物综合利用应当依法享受税收优惠,将涉及固体废物单位相关信用记录纳入全国信用信息共享平台。发挥技术手段强化监管,鼓励和支持科研单位与产生、利用、处置固体废物的单位联合技术攻关,加强固体废物污染环境防治科技支撑,建立全国危险废物等固体废物污染环境防治信息平台,推进固体废物收集、转移、处置等全过程监控和信息化追溯。

新修订的《固废法》严格法律责任,对违法行为实行严惩重罚。大幅提高固体废物违法行为的罚款额度,对违反规定排放固体废物、受到处罚后继续实施违法行为的,实施按日连续处罚。强化处罚到人,对无许可证从事收集、贮存、利用、处置危险废物经营活动等违法行为实施双罚制,对法定代表人、主要负责人、直接负责的主管人员和其他责任人员依法给予行政拘留处罚。进一步提高固体废物违法行为环境执法的可操作性,由"结果罚"转向"行为罚"。统筹固体废物违法行为的民事责任、行政责任和刑事责任,强化三种责任之间的有效衔接。

3. 管理制度

固体废物管理制度主要包括废物交换制度、废物审核制度、申报登记制度、排污收费制度、许可证制度、转移报告单制度等。

4. 污染控制标准

固体废物(简称固废)污染控制标准分为两大类。一类是固体废物污染物排放控制标准,如《含多氯联苯废物污染控制标准》(GB 13015—2017)、《城市垃圾收集装置设置 通用要求》(GB/T 42767—2023)(CJ/T 3033—1996);另一类标准是设施控制标准,如《生活垃圾填埋污染控制标准》(GB 16889—2024)、《危险废物焚烧污染控制标准》(GB 18484—2020)、《生活垃圾焚烧污染控制标准》(GB 18485—2014)、《危险废物贮存污染控制标准》(GB 18597—2023)、《危险废物填埋污染控制标准》(GB 18598—2019)、《一般工业固体废物贮存和填埋污染控制标准》(GB 18599—2020)等。

3.5.3　固体废物中污染物进入环境的方式及危害

污染物进入环境是不可避免的,在产品制造和利用以及固体废物堆放、贮存和处置过程中,污染物可通过气态、液态和固态中的一种或三种形式间接或直接地释放到大气、水体及土壤环境中。固体废物中污染物的释放分为有控排放和无控排放,有控排放属于固体废物收集和废物处理运行的一部分,无控排放是在无直接管理操作下的排放。

1. 向大气的释放

固体废物污染物通常以气态或通过扬尘以颗粒质态进入大气环境,因此空气排放物可以分为气相排放物或颗粒质排放物。

气相排放过程大多不可控。例如,露天堆放和填埋的固体废物会由于有机组分的分解而产生沼气,沼气的主要成分是甲烷,其温室效应是二氧化碳的21倍,空气中甲烷含量达到5%~15%时易产生爆炸。此外,固体废物的焚烧过程中会产生粉尘、酸性气体、二噁英等,其中二噁英是强致癌物质,对人体造成危害。

颗粒质排放物基本来自焚烧、风的侵蚀和机械过程。据研究表明：当发生 4 级以上风力时,在粉煤灰或尾矿堆表层的粒径为 $1\sim1.5cm$ 的粉末将出现剥离,其飘扬的高度可达 $20\sim50m$,在季风期间可使平均视程降低 $30\%\sim70\%$。在我国,部分企业采用焚烧法处理塑料排出 Cl_2、HCl 和大量粉尘,造成严重的区域性空气污染。

2. 向水体的释放或迁移

水是环境中传输污染物的良好介质。固体废物中的污染物进入水环境有直接和间接两种。直接污染是将水体作为固体废物的接纳体,直接倾倒废物导致水体污染;间接污染指在固体废物堆积过程中,经过自身分解和雨水淋溶产生的渗滤液流入江河、湖泊或渗入地下而导致地表水和地下水的污染。

到 2002 年,我国每年有超过 600 万 t 的工业固体废物直接排入天然水体,直接污染水质,严重危害水生生物的生存条件,同时还缩减了江河湖泊的有效面积,使其排洪和灌溉能力降低。此外,填埋场渗滤液排入地表水或渗入地下水是固体废物污染水体方面的典型问题,控制渗滤液对地下水的污染乃是当务之急。

3. 向土壤的释放

固体废物堆放、贮存和处置过程中,经过风化、雨雪淋溶、地表径流的侵蚀或微生物分解作用,产生的有害成分渗入土壤,在土壤中累积,改变土壤微生物生态结构和平衡,造成土壤中有机物腐解速度下降,使土壤结构和性质发生变化,形成土壤污染。同时固体废物的堆放需要占用土地,加剧了可耕地短缺的矛盾。

3.5.4 固体废物的综合利用与处理处置

1. 固体废物的综合利用和资源化

固体废物资源化就是生产-消费-产生废物-再生产的一个不断循环的过程。在固体废物资源化利用过程中要注意以下几个原则：技术可行性原则、经济合理原则、就地处理原则及符合国家相应产品的质量标准原则,以保证产生良好的经济、环境效益。

我国从 20 世纪 70 年代后开展了固体废物综合利用技术的研究和推广工作,现已取得显著成果。目前,综合利用固体废物的基本途径有生产建筑材料、回收能源、提取各种金属、有机固体废物堆肥和取代某种工业原料 5 个方面。表 3-7 为固体废物资源化利用途径及其实际应用。

表 3-7 固体废物资源化利用途径及其实际应用

资源化利用途径	实 际 应 用
生产建筑材料	生产水泥,如以粉煤灰或煤矸石与水泥熟料共同磨制的火山灰质硅酸盐水泥; 生产硅酸盐建筑制品,铬渣、油页岩渣可供烧制砖瓦; 生产碎石,自燃或焙烧膨胀的煤矸石、粉煤灰陶粒、高炉矿渣、锅炉渣等可生产碎石用作普通混凝土和轻质混凝土骨料; 生产铸石和微晶玻璃,高炉矿渣或铁合金渣可生产矿渣微晶玻璃; 生产保温材料,煤矸石、粉煤灰、高炉渣生产矿渣棉和轻质骨料等保温材料
回收能源	固体废物经焚烧、热分解、甲烷发酵和水解产生蒸汽、沼气,回收油,发电和直接作为燃料

续表

资源化利用途径	实 际 应 用
提取各种金属	从粉煤灰中提取稀有金属和变价金属,对钼、钒、锗实行工业化提取; 从有色金属渣中可提取金、银、钴、锑、硒、碲、铊等
有机固体废物堆肥	城市垃圾、粪便、农业有机固体废物等可经过堆肥处理制成有机肥料; 粉煤灰、高炉渣、钢渣和铁合金渣等可作为硅钙肥直接施于农田
取代某种工业原料	粉煤灰和赤泥经加工后作为塑料制品的填充剂; 煤矸石代焦生产磷肥; 高炉渣可替代砂、石作滤料,处理废水,还可作吸收剂

2. 固体废物的处理与处置

1) 固体废物的处理技术

固体废物的处理通常是指通过物理、化学、生物等方法把固体废物转化为适宜于运输、贮存、利用或处置的过程。常用的固体废物处理方法有物理处理、化学处理、生物处理、焚烧处理、热解处理等。

(1) 物理处理是指通过破碎、浓缩或相变改变固体废物的形态,使之便于运输、贮存、利用或处置,其主要方法包括压实、破碎、分选、脱水和固化等。

(2) 化学处理是指采用化学方法使固体废物中的有害成分发生转化,达到无害化的目的,包括氧化、还原、中和等。

(3) 生物处理是利用微生物的分解作用将可生物降解的有机物转化为有用或可利用的物质或减少其体积,包括好氧处理、厌氧处理和兼氧处理等。国内外常用的垃圾堆肥技术就属于此类。

(4) 焚烧处理是利用燃烧反应使固体废物中可燃性物质发生氧化反应达到减容并利用其热能的目的。焚烧常用于可燃有机物的处理,通过焚烧炉,将有机废物转化为二氧化碳、水和灰分及少量硫、磷、氧和卤族的化合物等。焚烧法可以消灭细菌与病毒,占地面积小,还可以利用其热能。

(5) 热解处理是指将固体废物中的有机物在高温下裂解,可获取轻质燃料,如废塑料、废橡胶的处理方法。

2) 固体废物的处置方法

因技术原因或其他原因目前无法处理或利用的固体废物称为最终固体废物。终态固体废物处置是控制固体废物污染的末端环节,如焚烧、热解、堆肥等处理后,剩下的无法再利用的残渣都需要对其进行最终处置。其目的就是为了最大限度地将废物封闭隔离,减少或避免固体废物中污染物对生态环境的污染。

辽宁鞍山污泥干化项目

3.5.5 生活垃圾收集、处理与处置

焚烧处理以其显著的减量化、无害化、资源化优势,被公认为生活垃圾处理的最好方式。焚烧处理工艺主要是对生活垃圾进行高温焚烧处理,在 800～1200℃ 的炉膛内通过燃

烧,快速将垃圾中的化学活性成分充分氧化,留下的无机成分成为熔渣排出,气态污染物的治理和排放严格执行我国《生活垃圾焚烧污染控制标准》(GB 18485—2014)及《生活垃圾焚烧污染控制标准》国家标准第 1 号修改单(GB 18485—2014/XG1—2019)。

生活垃圾焚烧处理工艺为:炉内脱氮+旋风除尘器+换热器+半干法脱酸+活性炭吸附+袋式除尘器,工艺流程如图 3-16 所示。

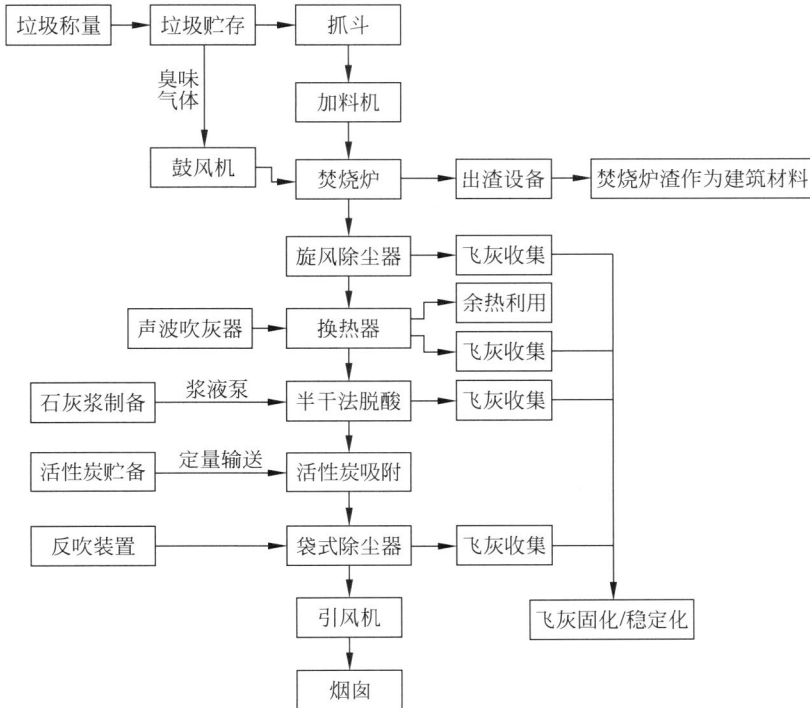

图 3-16 生活垃圾焚烧处理工艺流程

3.5.6 一般工业废物收集、处理与处置

工矿废物中往往含有多种有用物质,是一种潜在资源,采取一定的工艺技术可以从中回收物质与能源,进行综合利用,变废为宝,减少原生资源的消耗,节省大量投资、降低成本,减少固体废物的排放量、运输量和处理处置量。因此工矿一般废物处理的目的为综合利用。

矿业固体废物是指矿山开采和矿石选冶加工过程中产生的废石和尾矿。两者均以量大、处理工艺较复杂而成为环境保护的一大难题。废石是矿山开采过程中排放出的无工业价值的矿体围岩和夹石(包括煤矸石),其中煤矸石是指采煤和洗煤过程中排出的废弃岩石,是在成煤过程中与煤层伴生的一种含碳量较低,比煤坚硬的灰黑色岩石,属沉积岩,煤矸石的化学成分比较复杂,所含元素达数十种,主要成分为 SiO_2、Al_2O_3 等,往往含有多种微量稀有稀土元素,如镓、铟、锗、钒、钴、镍、铜等。

根据煤矸石的组成特点和各种环境条件的限制,对煤矸石的处理方法一般是首先考虑综合利用,对难以综合利用的某些煤矸石可充填矿井、荒山沟谷和塌陷区或覆土造田;暂时无条件利用的煤矸石可覆土植树造林。含碳量较高的煤矸石,可回收煤炭或直接用作某些工业生产的燃料;含碳量较低的煤矸石,可用于生产水泥、烧结砖、轻质骨料、微孔吸声砖、煤矸石棉和工程塑料等建筑材料。一些煤矸石,还可用来生产化学肥料及多种化工产品,如结晶三氧化铝、固体聚合铝、水玻璃和硫酸铵等。煤矸石烧砖生产工艺流程如图 3-17 所示。

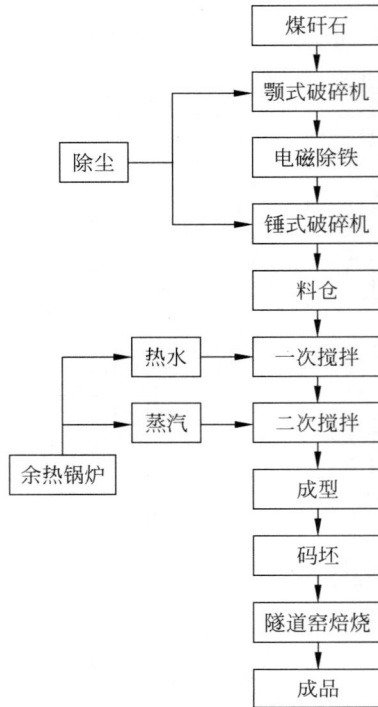

图 3-17　煤矸石烧砖生产工艺流程

3.5.7　危险废物的处理与处置

1. 危险废物的定义与鉴别

危险废物泛指除放射性废物以外,具有毒性、易燃性、反应性、腐蚀性、爆炸性、传染性,可能对人类的生活环境产生危害的废物。《中华人民共和国固体废物污染环境防治法》中规定:危险废物是指列入国家危险废物名录或者根据国家规定的危险废物鉴别标准和鉴别方法认定的具有危险特性的固体废物。国家危险废物名录(2025 年版)规定具有下列情形之一的固体废物(包括液态废物),列入本名录:①具有毒性、腐蚀性、易燃性、反应性或者感染性一种或者几种危险特性的;②不排除具有危险特性,可能对生态环境或者人体健康造成有害影响,需要按照危险废物进行管理的。该名录共列出了 50 类危险废物的废物类别、废物来源、废物代码、废物危险特性,常见废物组分和废物名称。现行的危险废物鉴别标准为《危险废物鉴别标准 通则》(GB 5085.7—2019)。

2. 危险废物的收集、贮存与运输

《危险废物经营许可证管理办法》规定,从事危险废物收集、贮存、运输的单位或个人必须有相关的经营许可证。危险废物的收集专指在危险废物产生单位内部的收集,包括两个方面,①在危险废物产生点将危险废物集中到适当的包装容器中或运输车辆上;②将已包装或装到运输车辆上的危险废物集中到危险废物产生单位内部临时贮存设施的内部转运,同时要求采用专用工具,并填写《危险废物厂内转运记录表》。危险废物的贮存可分为产生单位内部贮存、中转贮存及集中性贮存。危险废物运输除要求运营单位有危险废物经营许可证外,还要求持有交通运输部门颁发的危险货物运输资质。

危险废物产生单位在转移危险废物前,须按照国家有关规定报批危险废物转移计划;经批准后,产生单位应当向移出地环境保护行政主管部门申请领取联单。转移联单制度,又称为废物流向报告单制度,是指在进行危险废物转移时,其转移者、运输者和接受者,不论各环节涉及者数量多寡,均应按国家规定的统一格式、条件和要求,对所交接、运输的危险废物如实进行转移报告单的填报登记,并按程序和期限向有关环境保护部门报告。危险废物的产生单位、运输单位及接受单位都要向当地环保部门提交相关联单并自留。

3. 危险废物的处置方法

1) 物理、化学方法

部分危险废物如工业生产的某些含油、含酸、含碱或含重金属的废液和放射性污泥等,不宜直接焚烧或填埋,需要进行物理、化学预处理。主要的物理化学技术有:固化/稳定化技术、中和沉淀技术、氧化还原技术,其中固化/稳定化技术目前应用比较广泛,如水泥固化、熔融固化(又称玻璃化固化)、塑性材料固化等。

2) 焚烧

危险废物焚烧是焚化燃烧危险废物使之分解并无害化的过程,适用于当前经济和技术条件限制下不能循环再利用或直接安全填埋的危险废物。焚烧可以通过残渣熔融使重金属元素稳定化,还可以回收部分有机物中的热能,实现减量化、无害化和资源化。

焚烧控制条件应符合《危险废物焚烧污染控制标准》(GB 18484—2020)、《医疗废物管理条例》(国务院第 380 号令)和《医疗废物焚烧炉技术要求》(试行)(GB 19218—2003)等相关规定:

(1) 焚烧炉内温度达到 850～1150℃;

(2) 烟气在炉内停留时间大于 2s;

(3) 燃烧效率大于 99.99%;

(4) 焚毁去除率大于 99.99%;

(5) 灰渣的热灼减率小于 5%;

(6) 配备净化系统;

(7) 配备应急和警报系统;

(8) 配备安全保护系统或装置。

根据《危险废物焚烧污染控制标准》及相关规范与标准,焚烧过程产生的废灰、废渣、废水以及净化处理废物必须按危险废物的规定条例进行处理,一般不能随意排放。

3) 安全填埋

安全填埋是将危险废物最大限度地与生态环境封闭隔离,减少对环境和人体造成危害,也是对固体废物进行各种方式的处理之后所采取的最终处置措施,严格执行《危险废物贮存污染控制标准》(GB 18597—2001)、《危险废物填埋污染控制标准》(GB 18598—2019)。

3.5.8　医疗垃圾收集、处理与处置

国务院 2003 年颁布的《医疗废物管理条例》提出,医疗废物分类目录由国务院卫生行政主管部门和环境保护行政主管部门共同制定、公布,国家推行医疗废物集中无害化处置,处

置方式目前主要有焚烧、高温蒸汽、化学消毒、微波消毒等。近年来,生态环境部陆续出台了《医疗废物集中焚烧处置工程技术规范》(HJ 177—2023)、《医疗废物集中焚烧处置工程建设技术规范》(HJ/T 177—2005)、《医疗废物高温蒸汽集中处理工程技术规范(试行)》(HJ/T 276—2006)、《医疗废物化学消毒集中处理工程技术规范(试行)》(HJ/T 228—2006)、《医疗废物微波消毒集中处理工程技术规范(试行)》(HJ/T 229—2006),对医疗废物的四种集中处置方式作了详细规定。

1) 医疗废物分类名录

国家卫生健康委、生态环境部于 2021 年 11 月 25 日发布了医疗废物分类目录(2021 年版)。医疗废物分为 5 类:感染性废物、损伤性废物、病理性废物、药物性废物、化学性废物,如表 3-8 表示。

表 3-8　医疗废物分类目录

类别	特征	常见组分或废物名称	收集方式
感染性废物	携带病原微生物,具有引发感染性疾病传播危险的医疗废物	1. 被患者血液、体液、排泄物等污染的除锐器以外的废物; 2. 使用后废弃的一次性使用医疗器械,如注射器、输液器、透析器等; 3. 病原微生物实验室废弃的病原体培养基、标本,菌种和毒种保存液及其容器;其他实验室及科室废弃的血液、血清、分泌物等标本和容器; 4. 隔离传染病患者或者疑似传染病患者产生的废弃物	1. 收集于符合《医疗废物专用包装袋、容器和警示标志标准》(HJ 421—2008)的医疗废物包装袋中; 2. 病原微生物实验室废弃的病原体培养基、标本,菌种和毒种保存液及其容器,应在产生地点进行压力蒸汽灭菌或者使用其他方式消毒,然后按感染性废物收集处理; 3. 隔离传染病患者或者疑似传染病患者产生的医疗废物应当使用双层医疗废物包装袋盛装
损伤性废物	能够刺伤或者割伤人体的废弃医用锐器	1. 废弃的金属类锐器,如针头、缝合针、针灸针、探针、穿刺针、解剖刀、手术刀、手术锯、备皮刀、钢钉和导丝等; 2. 废弃的玻璃类锐器,如盖玻片、载玻片、玻璃安瓿等; 3. 废弃的其他材质类锐器	1. 收集于符合《医疗废物专用包装袋、容器和警示标志标准》的利器盒中; 2. 利器盒达到 3/4 满时,应当封闭严密,按流程运送、贮存
病理性废物	诊疗过程中产生的人体废弃物和医学实验动物尸体等	1. 手术及其他医学服务过程中产生的废弃的人体组织、器官; 2. 病理切片后废弃的人体组织、病理蜡块; 3. 废弃的医学实验动物的组织和尸体; 4. 16 周胎龄以下或质量不足 500g 的胚胎组织等; 5. 确诊、疑似传染病或携带传染病病原体的产妇胎盘	1. 收集于符合《医疗废物专用包装袋、容器和警示标志标准》的医疗废物包装袋中; 2. 确诊、疑似传染病产妇或携带传染病病原体的产妇的胎盘应使用双层医疗废物包装袋盛装; 3. 可进行防腐或者低温保存

类别	特 征	常见组分或废物名称	收 集 方 式
药物性废物	过期、淘汰、变质或者被污染的废弃药品	1. 废弃的一般性药物； 2. 废弃的细胞毒性药物和遗传毒性药物； 3. 废弃的疫苗及血液制品	1. 少量的药物性废物可以并入感染性废物中，但应在标签中注明； 2. 批量废弃的药物性废物，收集后应交由具备相应资质的医疗废物处置单位或者危险废物处置单位等进行处置
化学性废物	具有毒性、腐蚀性、易燃性、反应性的废弃的化学物品	列入《国家危险废物名录》中的废弃危险化学品，如甲醛、二甲苯等；非特定行业来源的危险废物，如含汞血压计、含汞体温计、废弃的牙科汞合金材料及其残余物等	1. 收集于容器中，粘贴标签并注明主要成分； 2. 收集后应交由具备相应资质的医疗废物处置单位或者危险废物处置单位等进行处置

2）医疗废物的处置方法

与工业危险废物不同，大部分的医疗废物都带有传染疾病的微生物，具有传染性，因此灭活是医疗废物处理工艺首要的技术要求。为了防止使用过的医疗用具通过各种渠道进入市场，威胁人体健康和污染环境，对其进行毁形也是处置医疗废物的技术要求之一。

焚烧处置方式可以处置各种医疗废物，高温蒸汽集中处理只能处理感染性废物和损伤性废物，化学消毒、微波消毒只能处理感染性废物、损伤性废物和病理性废物。医疗废物经高温蒸汽、化学消毒、微波消毒处理后，应进入填埋场进行安全填埋，不能再次回收利用。在技术原理以及国家的有关规定方面，执行《医疗废物集中焚烧处置工程技术规范》（HJ 177—2023）。例如，在建设使用焚烧技术的危险废物集中处置设施区域，医疗废物的焚烧应当纳入其中。

常用的医疗废物处理处置方法还有高温高压蒸汽法、微波消毒法、化学消毒法、等离子热解法等。相关标准有《医疗废物高温蒸汽消毒集中处理工程技术规范》（HJ 276—2021）、《环境保护产品技术要求 推流式潜水搅拌机》《医疗废物微波消毒集中处理工程技术规范》（HJ 229—2021）、《医疗废物化学消毒集中处理工程技术规范》（HJ 228—2021）等。

对于含有少量病毒病菌、动植物组织、少量有毒药剂以及含有中等比例可燃物质的医疗废物可以进行高温高压蒸汽处理，工艺流程如图 3-18 所示。高温高压蒸汽对医疗废物进行处理的过程中，首先要进行医疗废物预处理，即进入预处理室打开包装，分散摊开，用破碎机对大块物体或大的团结性物体进行破碎。然后进入蒸汽蒸煮容器。在高温高压蒸汽的蒸煮之下，绝大部分的病菌可以很快得到分解，转化为无害物质。一般的蒸煮温度达到150℃以上，压力大于 12atm（1atm＝1.01×10^5Pa），时间大于 10min。蒸煮结束后，蒸汽进入预处理容器进行预热和预消毒杀菌，然后加热净化水，蒸汽进入冷凝器凝结后再混入净化水，完成蒸汽的循环。蒸煮后的废物进行固液分离后进入离心式干燥器和真空式干燥器，然后压缩、包装放入贮存箱存放。

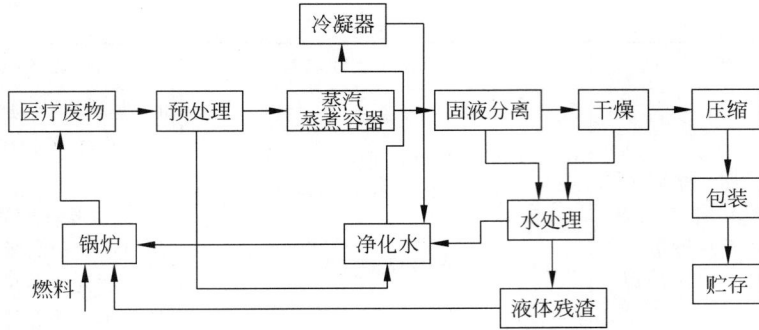

图 3-18　医疗废物的高温高压蒸汽处理工艺流程

3.6　噪声污染、电磁辐射、放射性污染及其他污染

3.6.1　噪声污染与防治

1. 噪声的概念

噪声是声源做无规则振动时发出的声音。从物理学观点来看,噪声是由各种不同频率、不同强度的声音杂乱、无序组合而成的声音。从生理学观点来看,凡是干扰人们休息、学习和工作的声音,即不需要的声音,统称为噪声。当所产生的环境噪声超过国家规定的环境噪声排放标准,并干扰他人正常工作、学习、生活时就构成了环境噪声污染。

2. 噪声的特点

(1) 没有污染物。噪声在空气中传播,不会给周围环境留下任何有毒有害物质。

(2) 对环境的影响不积累,不持久,传播距离有限。

(3) 噪声的声源分散,一旦噪声源停止发声,噪声也随之消失,因此噪声公害不能集中处理。

3. 噪声的来源及分类

1) 噪声的来源

噪声的来源有两种:一种是由自然现象引起的自然界噪声;另一种是人为造成的。噪声污染通常是指人为造成的。噪声污染源主要包括以下4个方面。

(1) 工业噪声源,包括工厂各种机械设备产生的噪声,如鼓风机、空气压缩机、排风扇、球磨机、电动机、电锯、车床、织布机等产生的噪声。

(2) 交通噪声源,包括机动车辆、船舶、地铁、火车、飞机等的噪声。由于机动车辆数目的迅速增加,使得交通噪声成为城市的主要噪声源。

(3) 建筑噪声源,主要来源于建筑机械发出的噪声,如打桩机、搅拌机、压路机、冲击钻等产生的噪声。建筑噪声的特点是强度较大,且多发生在人口密集地区,因此严重影响居民的休息与生活。

(4) 社会噪声源,包括人们的社会活动和家用电器、音响设备发出的噪声。这些设备的噪声级虽然不高,但由于和人们的日常生活联系密切,使人们在休息时得不到安静,尤为让人烦恼,极易引起邻里纠纷。

2) 噪声的分类

(1) 按照声源的机械特点可分为:气体扰动产生的噪声、固体振动产生的噪声、液体装机产生的噪声以及电磁作用产生的电磁噪声。

（2）按声音的频率可分为：$<400\,Hz$的低频噪声、$400\sim1000\,Hz$的中频噪声及$>1000\,Hz$的高频噪声。

（3）按时间变化的属性可分为：稳态噪声、非稳态噪声、起伏噪声、间歇噪声以及脉冲噪声等。

4. 噪声的危害

噪声污染有很多危害,对人体的生理、心理及其社会生产活动造成巨大影响。

1）损伤人的听力

噪声可以造成人体暂时性和持久性听力损伤。一般来说,噪声级在80dB以下,方能保护人们长期工作不致耳聋,而超过100dB时,将有近一半的人耳聋。

2）影响睡眠和休息

噪声会影响人的睡眠质量,当睡眠受干扰而不能入睡时,就会出现呼吸急促、神经兴奋等现象。长期下去,就会引起失眠、耳鸣、多梦、疲劳无力、记忆力衰退等。

3）引起人体的其他疾病

一些实验表明,噪声对人的神经系统、心血管、内分泌系统都有一定影响。长期的噪声污染可引起头痛、惊慌、神经过敏等,甚至引起神经衰弱症。噪声也能导致心跳加速、血管痉挛、高血压、冠心病等。长期的噪声可能导致女性生理机能紊乱,月经失调,流产率增加等。极强的噪声（如170dB）还会导致人死亡。

4）干扰人的正常工作和学习

当噪声低于60dB时,对人的交谈和思维几乎不产生影响。当噪声高于90dB时,交谈和思维几乎不能进行,严重影响人们的工作和学习。

5）噪声对动物的影响

有人给奶牛播放轻音乐后,奶牛的产量大大增加,而强烈的噪声使奶牛不再产奶。20世纪60年代初,美国一种新型飞机进行历时半年的实验飞行,结果使附近一个农场的10 000只鸡羽毛全部脱落,不再下蛋,有6000只鸡体内出血,最后死亡。

6）噪声对发声体及其接受体的损害

声音是由于物体发生振动而产生的。振动波在空中来回运动和振动时,产生了声波。发声体本身会因"声疲劳"而损坏。同时强烈的声波,能冲撞任何物体,在140dB以上,会使玻璃破碎、建筑物产生裂缝;在160dB以上,可以使墙体震裂以致倒塌。

阅读材料：噪声的危害事件

1. 美国芝加哥国际机场是世界上最繁忙的机场之一,每年运输量达到700 000次,来往客人达3600万人次,平均每天起落2000架次,24h噪声不断。严重干扰周围居民和其他人员的正常工作和休息。

2. 中世纪国外流行一种刑罚制度,就是"钟下刑",让死刑犯人站在巨大的钟下,让噪声刺激犯人死亡。

3. 1959年美国有10名志愿者做听飞机噪声实验,当飞机在头顶$10\sim12\,m$高度飞行时,6名当场死亡,另外4名数小时后也死亡,医生验尸结论是死于噪声引起的脑出血。

4. 1961年7月,一名日本青年从新潟来到东京找工作,由于住在铁路附近,日夜被频繁过往的客货车噪声折磨,患了失眠症,不堪忍受痛苦,最终自杀身亡。1961年10月,东京都品川区的一个家庭,母子3人因忍受不了附近建筑器材厂发出的噪声,试图自杀,最终未遂。

5. 1997年7月27日上午,一架B3875型飞机超低空飞行至我国辽宁省新民市大民屯镇大南岗村和西章士台村进行病虫害飞防作业。由于飞机三次超低空飞临鸡舍上空,所产生的噪声使鸡群受到惊吓,累计死亡1021只。而鸡舍内未死亡的肉食鸡由于受到惊吓而生长缓慢,出栏的平均体重减少近1kg,最终农户利用法律手段获得赔偿90 000余元。

5. 噪声的量度、单位及其评价

1) 噪声的量度与单位

对噪声的量度,主要有噪声强弱的量度和噪声频谱的分析。前者包括声强与声强级、声压与声压级、声功率与声功率级。人的听觉机构对声音大小的感觉与声强或声压的绝对值并不成线性关系,而是成对数关系。因此常用对数标度来表示声强、声压或声功率的大小。被度量的量与基准量之比取对数所得值称为被度量的量的"级",它表示被度量的量比基准量高出多少级。"级"的单位是贝尔,贝尔的1/10称为分贝,分贝符号为"dB",是无量纲。

在噪声控制中,常用声压级衡量声音的强弱。声压级 L_p 可用下式表示:

$$L_p = 20\lg(p/p_0)$$

式中: L_p——对应于声压 p 的声压级,dB;

p_0——基准声压,$p_0 = 2 \times 10^{-5} Pa$。

人类的听觉对于1000Hz的纯音,能感觉到的声压范围为 $2 \times 10^{-5} \sim 20 Pa$,相应的声压级范围为 $0 \sim 120 dB$。

2) 噪声评价

声压与声压级是衡量声音强弱的物理量,声压级越高,声音越强。但人耳对声音的感觉不仅与声压有关,还与声音的频率有关。人耳对高频声感觉灵敏,对低频声感觉迟钝,频率不同而声压级相同的声音听起来不一样响。因此声压级并不能表示人对声音的主观感觉。我们研究噪声的目的是防止噪声影响人类,所以,评价噪声必须以人的主观感觉程度为准。噪声的评价量有:响度与响度级。

噪声的计算很复杂,一般用声级计测量,一般声级计有A、B、C三个计权网络,通过三个计权网络测得的噪声级称为A声级、B声级、C声级。A声级能较好地反映人对噪声的主观感觉,因而在噪声测量中A声级被用作噪声评价的主要指标。A声级分贝通常计为dB(A),其单位为分贝。声级是将各个频率的声音计权相加(不是简单的算术相加)得到的声音大小,A声级是各个频率的声音通过A计权网络后再相加得到的大小,A声级反映了人耳对低频和高频不敏感的听觉特性,显示出来的噪声级更符合人耳听觉特性的实际。A声级越高,人们越觉得吵闹。A声级适应于连续稳态噪声的评价,对于不连续的要用等效连续A声级来评价。平均A声级的计算见《声环境质量标准》(GB 3096—2008)附录A。

6. 常用噪声标准

环境噪声基本标准是制定环境噪声标准的基本依据。各国大都参考ISO推荐的基数(如睡眠30dB),并根据不同地区、1d内的不同时间和室内噪声受室外噪声影响的修正值,以及本国和地方的经济技术条件来制定环境噪声标准。

1) 声环境质量标准

（1）我国的《声环境质量标准》（GB 3096—2008）规定，各类声环境功能区规定的环境噪声限值见表 3-9。

表 3-9　环境噪声限值　　　　　　dB（A）

声环境功能区类别		时　段	
		昼　间	夜　间
0		50	40
1		55	45
2		60	50
3		65	55
4	4a 类	70	55
	4b 类	70	60

（2）我国的《城市区域环境振动标准》（GB 10070—1988）规定，城市各类区域铅垂向 Z 振级标准值见表 3-10。

表 3-10　城市各类区域铅垂向 Z 振级标准值　　　dB（A）

适合地带范围	时　段	
	昼　间	夜　间
特殊住宅区	65	65
居民、文教区	70	67
混合区、商业中心区	75	72
工业集中区	75	72
交通干线道路两侧	75	72
铁路干线两侧	80	80

（3）我国的《机场周围飞机噪声环境标准》（GB 9660—1988）规定：一类区域≤70dB（A）（标准值），二类区域≤75dB（A）（标准值）。其中一类区域指特殊住宅区，居住、文教区；二类区域指除一类区域以外的生活区。

2) 环境噪声排放标准

（1）我国的《工业企业厂界环境噪声排放标准》（GB 12348—2008）规定，工业企业厂界环境噪声不得超过表 3-11 规定的排放限值。

表 3-11　工业企业厂界环境噪声排放限值　　　dB（A）

厂界外声环境功能区类别	时　段	
	昼　间	夜　间
0	50	40
1	55	45
2	60	50
3	65	55
4	70	55

（2）我国的《社会生活环境噪声排放标准》(GB 22337—2008)规定,社会生活噪声排放源边界噪声不得超过表 3-12 规定的排放限值。

表 3-12　社会生活噪声排放源边界噪声排放限值　　　　　dB(A)

厂界外声环境功能区类别	时　段	
	昼　　间	夜　　间
0	50	40
1	55	45
2	60	50
3	65	55

（3）我国的《建筑施工场界环境噪声排放标准》(GB 12523—2011)规定,在不同施工阶段作业噪声限值见表 3-13。

表 3-13　建筑施工场界噪声排放限值　　　　　dB(A)

昼　　间	夜　　间
70	55

（4）我国的《铁路边界噪声限值及测量方法》(GB 12525—1990)修正方案中规定,既有铁路边界铁路噪声按表 3-14 的规定执行;新建铁路、边界铁路的噪声限值按表 3-15 的规定执行。既有铁路是指 2010 年 12 月 31 日前已建成运营的铁路或环境影响评价文件已通过审批的铁路建设项目。

表 3-14　既有铁路边界铁路噪声限制(等效声级 L_{eq})　　　　　dB(A)

时　　段	噪　声　限　制
昼间	70
夜间	70

表 3-15　新建铁路、边界铁路噪声限值(等效声级 L_{eq})　　　　　dB(A)

时　　段	噪　声　限　制
昼间	70
夜间	60

7. 噪声防治对策和措施

1) 噪声防治措施的一般要求

工业(工矿企业和事业单位)建设项目噪声防治措施应针对建设项目投产后噪声影响的最大预测值制定,以满足厂界(或场界、边界)和厂界外敏感目标(或声环境功能区)的达标要求。

交通运输类建设项目(如公路、铁路、城市轨道交通、机场项目等)的噪声防治措施应针对建设项目不同代表性时段的噪声影响预测值分期制定,以满足声环境功能区及敏感目标功能要求。铁路建设项目的噪声防治措施还应满足铁路边界噪声排放标准要求。

2）防治途径

在声环境影响评价中,噪声防治对策和措施首先应该考虑规划的合理性。同时考虑到声学系统的组成:声源、传播途径和接收器。因此对噪声的污染控制也可以从以下 3 个环节分别采取措施,使环境噪声达到规定要求。

（1）规划防治对策,主要指从建设项目的选址（选线）、规划布局、总图布置和设备布局等方面进行调整,提出减少噪声影响的建议。如采用"闹静分开"和"合理布局"的设计原则,使高噪声设备尽可能远离噪声敏感区;建议建设项目重新选址（选线）或提出城乡规划中有关防止噪声的建议等。

（2）技术防治措施。声源上降低噪声是最根本的防治措施,主要包括:改进机械设计,如在设计和制造过程中选用发声小的材料,改进设备结构和形状,改进传动装置以及选用已有的低噪声设备等。采用声学控制措施,如对声源采用消声、隔声、隔振和减振等措施。维持设备处于良好的运转状态。改革工艺、设施结构和操作方法等。

噪声传播途径上降低噪声的措施主要包括:在噪声传播途径上增设吸声、声屏障等措施。利用自然地形物（如利用位于声源和噪声敏感区之间的山丘、土坡、地堑、围墙等）降低噪声。将声源设置于地下或半地下的室内等。合理布局声源,使声源远离敏感目标等。

敏感目标自身防护措施主要包括:受声者自身增设吸声、隔声等措施,如敏感目标安装隔声门窗或隔声通风窗。合理布局噪声敏感区中的建筑物功能和合理调整建筑物平面布局。对受声者或受音器官采取防护措施,减少在噪声环境下的暴露时间,同时对于长期暴露在职业性噪声的工人可以戴耳塞、耳罩或头盔等护耳器,对于精密仪器设备,可安置在隔声间或隔振台上。

实际中,由于技术或经济等原因,直接从声源降低噪声的可能性较小,对接受者采取措施也是不得已情况下才进行的选择,因此主要从噪声的传播途径上采取吸声、隔声、消声、隔振、阻尼等几种常用的噪声控制技术。

（3）管理措施,主要包括提出环境噪声管理方案（如制订合理的施工方案、优化飞行程序等）,制订噪声监测方案,提出降噪减噪设施的运行使用、维护保养等方面的管理要求,提出跟踪评价要求等。

3.6.2　电磁辐射污染与防治

信息化时代的到来给人类物质文化生活带来极大的便利,并促进了社会的进步。无线电广播、电视、无线通信、雷达、计算机、微波炉、超高压输电网、变电站等电器、电子设备在使用过程中都会不同程度地产生不同波长和频率的电磁波。这些电磁波无色、无味、看不见、摸不着、穿透力强,且充斥整个空间,并悄无声息地影响着人体的健康,引起了各种社会文明病。电磁辐射已成为当今危害人类健康的致病源之一。

1. 电磁辐射的概念

电磁辐射是指由振荡的电磁波产生,在电磁振荡发射过程中,电磁波在自由空间以一定速度向四周传播,这种以电磁波传递能量的过程或现象称为电磁波辐射,简称电磁辐射。

2. 电磁辐射来源

电磁辐射污染源主要包括天然电磁辐射污染源和人工电磁辐射污染源两大类。天然产生的电磁辐射来自地球热辐射、太阳热辐射、宇宙射线、雷电等,是由自然界的某些自然现象引起的。在天然的电磁辐射中,以雷电所产生的电磁辐射最为突出。人工产生的电磁辐射主要来源于广播、电视、雷达、通信基站及电磁能在工业、科学、医疗和生活中的应用设备。根据产生频率的不同可以将人工电磁辐射源分为工频场源和射频场源。工频场源(数十至数百赫兹)中,以大功率输电线路产生的电磁污染为主,同时也包括若干种放电型场源。射频场源(0.1~3000MHz)主要指由于无线电设备或射频设备工作过程中产生的电磁感应与电磁辐射。射频电磁辐射频率范围宽、影响区域大,对近场区的工作人员能产生危害,是目前电磁辐射污染环境的重要因素。

3. 电磁辐射对人体健康的危害

电磁辐射对生物体的作用机制,主要可分为热效应、非热效应和累积效应几大类。

(1)热效应。人体中70%以上是水,水分子受到电磁波辐射后相互摩擦,引起机体升温,从而影响到体内器官的正常工作。体温升高引发各种症状,如心悸、头昏、失眠、心动过缓、白细胞减少、免疫功能下降、视力下降等。产生热效应的电磁波功率密度在 $10\mathrm{mW/cm^2}$;微观致热效应 $1\sim10\mathrm{mW/cm^2}$;浅致热效应在 $1\mathrm{mW/cm^2}$ 以下。当功率为 $1000\mathrm{W}$ 的微波直接照射人时,可在几秒内致人死亡。

(2)非热效应。人体的器官和组织都存在微弱电磁场,它们是稳定和有序的,一旦受到外界电磁场干扰,处于平衡状态的微弱电磁场会遇到破坏,人体也会遭受侵害。这主要是低频电磁波产生的影响,即人体被电磁辐射照射后,体温并未明显升高,但已经干扰到人体的固有微弱电磁场,使血液、淋巴液和细胞原生质发生改变,对人体造成严重危害,可导致胎儿畸形或孕妇自然流产;影响人体的循环、免疫、生殖和代谢功能等。

(3)累积效应。热效应和非热效应作用于人体后,对人体的伤害尚未来得及自我修复之前(通常所说的人体承受力为内抗力),再次受到电磁波辐射的话,其伤害程度就会发生累积,久之会成为永久性病态,危及生命。对于长期接触电磁波辐射的群体,即使功率很小,频率很低,也可能诱发想不到的病变,应引起警惕。

4. 电磁污染的控制对策

控制电磁污染的手段应从两方面进行考虑:①将电磁辐射的强度减小到容许的强度;②将有害影响限制在一定的空间范围。为了减少电子设备的电磁泄漏,必须从产品设计、屏蔽及吸收等角度入手,采取治标与治本相结合的方案防止电磁辐射污染与危害。

(1)加强电磁兼容性设计审查与管理。无论是工厂企业的射频应用技术,还是广播、通信、气象、国防等领域内的射频发射装置,其电磁泄漏与辐射,除技术上的原因外,主要问题就是设计与管理方面的责任。因此,加强电磁兼容性设计审查与管理是极为重要的一环。

(2)认真做好模拟预测与危害分析。在产品出厂前,均应进行电磁辐射与泄漏状态的预测与分析,实施国家强制性产品认证制度,大中型系统投入使用前,应当对周围环境电磁场进行模拟预测,以便对污染危害进行分析。

(3)电磁屏蔽。在电磁场传播途径中安设电磁屏蔽装置,可使有害的电磁场强度降到容许范围内。电磁屏蔽装置一般为金属材料制成的封闭壳体。频率越高,壳体越厚,材料导电性能越好,屏蔽效果就越大。

(4)接地导流。有电磁辐射的设施必须有很好的接地导流措施,接地导流的效果与接地极的电阻值有关,使用电阻值越低的材料,其导电效果越好。

（5）合理规划。在城市规划中应注意工业射频设备的布局,对集中使用辐射源设备的单位划出一定的范围,并确定有效的防护距离,同时加强无线电发射装置的管理,对电台、电视台、雷达站等的布局及选址必须严格按照相关规定执行,以免居民受到电磁辐射污染。

我国现行的部分电磁辐射标准、规范如下：

《5G 移动通信基站电磁辐射环境监测方法（试行）》（HJ 1151—2020）；

《环境影响评价技术导则　输变电》（HJ 24—2020）；

《建设项目竣工环境保护验收技术规范　输变电》（HJ 705—2020）；

《建设项目竣工环境保护验收技术规范　广播电视》（HJ 1152—2020）。

3.6.3　放射性污染与防护

1. 放射性污染的概念

在人类生存的地球上,自古以来就存在各种放射源。从 1895 年伦琴发现 X 射线和 1898 年居里发现镭元素后,原子能科学得到飞速发展。核能的大量开发和利用以及不断进行核武器爆炸实验,都给人类带来了巨大的经济效益和社会效益,但同时也给人类环境增添了人工放射性物质,对环境造成了新的污染。

《中华人民共和国放射性污染防治法》中定义放射性污染为由于人类活动造成物料、人体、场所、环境介质表面或者内部出现超过国家标准的放射性物质或者射线。

在自然界和人工生产的元素中,有一些能自动发生衰变,并放射出肉眼看不见的射线。这些元素统称为放射性元素或放射性物质。在自然状态下,来自宇宙的射线和地球环境本身的放射性元素一般不会给生物带来危害。20 世纪 50 年代以来,人类活动使得人工辐射和人工放射性物质大大增加,环境中的射线强度随之增强,危及生物的生存,从而产生了放射性污染。放射性污染很难消除,射线强弱只能随时间的推移而减弱。

2. 放射性污染的主要来源

随着核科学技术的进步,人类已经能够运用多种方法从天然的原材料中生产和制备出品种繁多的放射性核素。人类的核活动过程向环境中引入的放射性物质来源主要包括以下几个方面。

（1）核燃料循环的"三废"排放

原子能工业中核燃料的提炼、精制和核燃料元件的制造,都会有放射性废弃物产生和废水、废气的排放。这些放射性"三废"会对环境造成一定程度的污染。

（2）核武器实验的沉降物

全球频繁的核武器实验是造成核放射污染的主要来源。在进行大气层、地面或地下核实验时,排入大气中的放射性物质与大气中的飘尘相结合,由于重力作用或雨雪的冲刷而沉降于地球表面,这些物质称为放射性沉降物或放射性粉尘。放射性沉降物播散的范围很大,往往可以沉降到整个地球表面,而且沉降很慢,一般需要几个月甚至几年才能落到大气对流层或地面。

（3）医疗放射性

全球集体辐射最高剂量来自医疗辐射,特别是诊断用的 X 射线。来自医疗辐射的集体年剂量是每百万人 $5 \times 10^4 \sim 5 \times 10^5$ rad（1rad＝0.01Gy）。在许多国家,医用辐射设备正在不断增加,甚至有的国家规定不设核医学的医院不允许开诊。发达国家有充分的放射诊断治疗条件,可对人造成有遗传作用的剂量进行检测与评价。

3. 放射性污染对人体健康的危害

放射性污染对生物的危害是十分严重的。放射性损伤有急性损伤和慢性损伤。如果人在短时间内受到大剂量的 X 射线、γ 射线和中子的全身照射,就会产生急性损伤。轻者有脱毛、感染等症状。当剂量更大时,出现腹泻、呕吐等肠胃损伤。在极高的剂量照射下,发生中枢神经损伤直至死亡。中枢神经症状主要有无力、倦怠、无欲、虚脱、昏睡等,严重时全身肌肉震颤而引起癫痫样痉挛。细胞分裂旺盛的小肠对电离辐射的敏感性很高,如果受到照射,上皮细胞分裂受到抑制,很快会引起淋巴组织破坏。放射能引起淋巴细胞染色体的变化。放射照射后的慢性损伤会导致人群白血病和各种癌症的发病率增加。

4. 放射性废物处理的技术对策

(1)重视放射性废气处理。核设施排出的放射性气溶胶和固体粒子,必须经过滤净化处理,使之降到最低程度,符合国家排放标准。

(2)强化放射性废水处理。铀矿外排水必须经回收铀后复用或加净化后排放;废水应适当处理后送尾矿库澄清,上清液返回复用或达标排放;核设施产生的废液要注意改进和强化处理,提高净化效能,降低处理费用,减少二次废物产生量。

(3)妥善处理固体放射性废物。废矿石应填埋,并覆土、植被作无害化处理;尾砂坝初期用当地土、石,后期用层砂堆筑,顶部须用泥土、草皮和石块覆盖;核设施产生的易燃性固体废物须装桶送往废物库集中贮存;焚烧后放射性废物,灰渣应装桶或固化贮存;中、低放射性固体废物须经减容处理,在缩小体积增强稳定性后,送废物库作浅层埋藏;已减至最小量的高放射性废物,在充分验证其对环境无害的基础上,作深地质处置。

此外,还要求提高设计质量,减少核"三废"的产生量;加强科学管理,提高操作水平,落实经济责任制;讲究经济效益,扩大利用范围;积极推行主工艺生产线的革新和改造,把"三废"消灭在生产工艺流程之中,减少废液产量,并减小其体积,尽可能考虑固化处理。

我国现行的部分放射性标准、规范如下:

《铀矿冶辐射防护和辐射环境保护规定》(GB 23727—2020);

《核动力厂环境辐射防护规定》(GB 6249—2011);

《低、中水平放射性废物固化体性能要求——水泥固化体》(GB 14569.1—2011)。

常见涉及辐射类的项目是医院、压力容器制造(使用探伤)、放射性矿、输变电线、变电站、信号基站、雷达站等。超声波探伤及 B 超、彩超等设备不属于射线装置。对于输变电工程,需要履行环境影响审批手续的是 100kV 以上电压等级的输变电工程,低于此电压等级属豁免范围。位于居民小区内的变电站、变压器基本上都是 10kV 的,属于环保豁免范围。

阅读材料:日本福岛核泄漏事故与核污染废水排海

2011 年 3 月 11 日,日本东部遭遇大地震和海啸,导致大约 1.8 万人死亡或者失踪,由东电公司运营的福岛核电站因海水灌入导致断电,其 4 个核反应堆中有 3 个(1~3 号机组)先后发生爆炸和堆芯熔毁,造成灾难性核泄漏,福岛至今仍有不少民众处于"避难状态"。有统计显示,截至 2016 年 2 月,福岛县共有 166 名青少年被诊断为甲状腺癌或疑似甲状腺癌,其中 116 人进行了手术,手术患者中又有几名被确诊癌细胞转移。日本冈山大学教授津田敏秀等 2015 年在国际医学杂志《流行病学》上发表论文指出,受福岛核事故泄漏大量放射性物质影响,福岛县内儿童甲状腺癌罹患率是日本全国平均水平的 20～50 倍,且今后不可避免将出现更多的患者。

事故发生后,日本东京电力公司持续向 1～3 号机组安全壳内注水以冷却堆芯并回收污水,截至 2021 年 3 月,已贮存了 125 万 t 核污水,且每天新增 140t。

2021 年 4 月 13 日,日本政府召开有关内阁会议,正式决定:将福岛第一核电站上百万吨核污水经过滤并稀释后排入大海,排放在 2023 年后开始。2023 年 8 月 24 日 13 时 03 分(日本当地时间)日本福岛第一核电站启动核污染水排海,至 9 月 11 日第一批核污染水全部排放完成,共 7788t 核污染水已经流入太平洋。2024 年 6 月 26 日,日本东京电力公司发布消息称,福岛第一核电站核污染水第七轮排海将于 6 月 28 日开始,本轮排海预计将持续到7 月 16 日,排放总量约 7800t。

有日本学者指出,福岛周边的海洋不仅是当地渔民赖以生存的渔场,也是太平洋乃至全球海洋的一部分,核污水排入海洋会影响到全球鱼类迁徙、远洋渔业、人类健康、生态安全等方方面面,因此这一问题绝不仅仅是日本国内的问题,而是涉及全球海洋生态和环境安全的国际问题。

3.6.4　光污染

1. 光污染及其来源

光污染是指光辐射过量而对生活、生产环境以及人体健康产生的不良影响。

将光污染分成以下几类:

(1) 白亮污染。阳光照射强烈时,城市里建筑物的玻璃幕墙、釉面砖墙、磨光大理石和各种涂料等装饰反射光线,明晃白亮、眩晕夺目,成为白亮污染。

(2) 人工白昼。夜幕降临后,商场、酒店上的广告灯、霓虹灯闪烁夺目,令人眼花缭乱,有些强光束甚至直冲云霄,使得夜晚如同白天一样。

(3) 彩光污染。舞厅、夜总会安装的黑光灯、旋转灯、荧光灯以及闪烁的彩色光源构成了彩光污染。

(4) 眩光污染。汽车夜间行驶时照明用的头灯,厂房中不合理的照明布置等都会造成眩光。某些工作场所,如火车站和机场以及自动化企业的中央控制室,过多和过分复杂的信号灯系统也会造成眩光污染。

(5) 红外线污染。红外线近年来在军事、人造卫星以及工业、卫生、科研等方面的应用日益广泛,红外线污染问题也随之产生。红外线是一种热辐射,对人体可造成高温伤害。较强的红外线可造成皮肤伤害,引起白内障。

(6) 紫外线污染。由于人类活动的加剧,臭氧层耗损非常严重,因此紫外线污染成为环境光污染的新问题。波长为 250～320nm 的紫外线,对人具有伤害作用,主要伤害表现为角膜损伤和皮肤灼伤,易患白内障和皮肤癌等疾病。

2. 光污染的危害

(1) 对人体健康的影响。光污染打乱了人(包括其他生物)生物节律和人体的平衡状态,干扰了大脑中枢神经的正常活动,造成人体内分泌失调,引起头晕目眩、失眠心悸、神经衰弱等症状,严重者可导致精神疾病和心血管疾病。生活在"不夜城"的人们会产生失眠、神经衰弱等各种不适症,导致白天精神萎靡、工作效率低下。另外,还表现在对眼睛和神经系统的危害。据测定,白色的粉刷面反射系数为 $69\%\sim80\%$;而镜面玻璃的反射系数为 $82\%\sim88\%$,比绿色草地、森林、深色或毛面砖石外装修建筑物反射系数大 10 倍左右,大大超过人生理上的适应范围,危及人体健康。长期处在光亮污染环境下的人,眼角膜和虹膜都会受到不同程度的损害,视力急剧下降,白内障发病率高达 40% 以上。

(2) 对安全的影响。强光、彩光和玻璃幕墙反射光都会使驾驶员产生视觉错觉,对行车安全造成隐患。

(3) 对动物的影响。动物保护者称,耀眼的光源可以危及鸟类和昆虫的生命安全,是杀死它们的罪魁祸首之一。如在饰有华灯的华盛顿纪念碑下,曾有一次经过强烈光照后,在 $1.5h$ 内就找到 500 余只鸟的尸骸。德国的法兰克福游乐场霓虹灯每晚要烤死几万只有益昆虫,美国杜森市夏夜蚊虫多的原因与该市上千组霓虹灯"杀死"无数食蚊的益虫和益鸟有关。因此,目前许多城市的光彩亮化工程会对城市的生态平衡产生严重影响。

(4) 直接干扰、影响天文观测。

3. 光污染的防治对策

目前,世界各国对光污染还没有制定出相关的法律法规,还没有形成较为完整的研究、控制系统和相应的防治措施。在这种情况下,防止产生光污染最为重要,尤其是建筑物中使用玻璃幕墙和其他强反光性装饰,一旦建成便不易改变。国外有些人甚至对服装都提出"生态颜色"的概念,他们认为,过分雪白颜色的衣服会引起周围人视觉上的不适感。因此,在防、治并重时,还是以防为主。

(1) 加强城市规划和管理,合理布局光源,减少光源集中布置,以便减少光污染来源。

(2) 对有红外线、紫外线的场所,应采取必要的安全防护措施。

(3) 采取个人防护措施,佩戴防护眼镜和防护面罩。

(4) 加强绿化建设,在建筑物周围种树栽花、广植草坪,以改善和调节光线环境。

(5) 对室内装饰,避免使用反射系数过大的装饰材料,室内光源强度应适度。由于蓝、紫光易引起疲劳,红橙光次之,黄绿、蓝绿、淡青色反射系数最小。所以,一般光源外壳采用黄绿、蓝绿等颜色。

(6) 全人类都来关心和阻止人类对臭氧层的破坏。

3.6.5 热污染

1. 热污染概念

由于人类的活动使局部环境或全球环境发生增温,并可能对人类和生态系统产生直接或间接、即时或潜在危害的现象称为热污染。热污染包括以下内容:

(1) 燃料燃烧和工厂生产过程中产生的废热向环境的直接排放;

(2) 温室气体的排放,通过大气温室效应的增强引起大气增温;

(3) 由于消耗臭氧层物质的排放,破坏了大气臭氧层,导致太阳辐射的增强;

(4) 地表状态的改变使反射率发生变化,影响了地表和大气间的换热等。

2. 热污染的来源

热污染主要来自能源的消费。现代化的生产和生活一刻也离不开电,而现在绝大部分电力是通过燃烧化石燃料获得的。

工厂需要的冷却水中大约80%用于发电站。一个大型核电站每秒钟需要42.5m³的冷却水,这相当于直径3m的水管、24km/h流速的流量。这些来自河流、湖泊或海洋的水在发电厂的冷却系统流动的过程中,水温升高了大约11℃,然后又返回它的发源地。

能源消耗过程中生成 SO_2 和 CO_2 等物质。像这种因能源消费而引起环境增温效应的污染,就是典型的热污染。

3. 热污染的危害

热污染除影响全球或区域性的自然环境热平衡外,还对大气和水体造成危害。

由于热气体在热排放总量中所占比例较小,因此对大气环境的影响尚不明显。而温热水的排放最大,排入水体后会在局部范围内引起水温升高,使水质恶化,对水生物圈和人的生产、生活造成危害,其危害主要有以下三点。

(1)影响水生生物的生长。在高温条件下,鱼在热应力作用下发育受阻,严重时导致死亡;水温的升高降低了水生动物的抵抗力,破坏水生动物的正常生存。

(2)导致水中溶解氧降低。水温比较高时,使水中溶解氧浓度降低,加之鱼及水中动物代谢率增高,它们将会消耗更多的溶解氧,势必对鱼类生存形成更大的威胁。

(3)藻类和湖草大量繁殖。水温升高时,藻类种群将发生改变,蓝藻占优势时则发生水污染,水有异味,不宜供水,并可使人畜中毒。

环境热污染对人类的危害大多是间接的,首先冲击对温度敏感的生物,破坏原有的生态平衡,然后以食物短缺、疾病流行等形式波及人类,但危害的出现往往要滞后较长的时间。

4. 热污染的防治对策

(1)改进热能利用技术,提高热能利用率

目前所用的热力装置的热效率一般都较低,工业发达的美国1966年平均热效率为33%,近年才达到44%。将热直接转换为电能可以大大减少热污染。如果把热电厂和聚变反应堆联合运行的话,热效率将可能高达96%。这种效率为96%的发电方式,和今天的发电厂浪费60%~65%的热相比,只浪费4%的热,有效地控制了热污染。

(2)利用冷却温排水的技术来减少温排水

电力等工业系统的温排水主要来自工艺系统中的冷却水,可以通过冷却的方式使温排水降温,降温后的冷水可以回到工业冷却系统中重新使用。可以用冷却塔或冷却池冷却,比较常用的是冷却塔冷却。在塔内,喷淋的温水与空气对流流动,通过散热和部分蒸发达到冷却的目的。应用冷却回用的方式,节约水资源,又可不向或少向水体排放温水,减少热污染的危害。

(3)废热的综合利用

废热是一种宝贵的资源,通过技术创新,如热管、热泵等,可以把过去放弃的低品位的"废热"变成新能源。如用电站温排水进行水产养殖,放养非洲鲫鱼、热带鱼类;冬季用温排水灌溉农田,使之更适宜农作物的生长;利用发电站的温排水在冬季供家庭取暖等。

(4)加强城市和区域绿化

绿化是降低热污染的有效措施。须注意树种选择和搭配,并加强空气流通和水面的结合。

3.7 生态系统

3.7.1 生态学与生态系统

（1）生态学

生态学(ecology)是德国生物学家恩斯特·海克尔于 1866 年定义的一个概念：生态学是研究生物体与其周围环境(包括非生物环境和生物环境)相互关系的科学。目前已经发展为"研究生物与其环境之间相互关系的科学"，是有自己的研究对象、任务和方法的比较完整和独立的学科。它们的研究方法经过描述—实验—物质定量三个过程。系统论、控制论、信息论的概念和方法的引入，促进了生态学理论的发展。

（2）物种

物种简称"种"，是生物分类学研究的基本单元与核心。它是一群可以交配并繁衍后代的个体，但与其他生物却不能交配，不能性交或交配后产生的杂种不能再繁衍。Mayr 1982 年对物种进行了重新定义，他认为物种是由居群组成的生殖单元，和其他单元在生殖上是隔离的，在自然界占据一定的生态位。

物种是生物分类学的基本单位。物种是互交繁殖的相同生物形成的自然群体，与其他相似群体在生殖上相互隔离，并在自然界占据一定的生态位。

对于植物而言，二倍体小麦与四倍体小麦之间虽然不能得到可育的后代，但它们属于同一物种中的不同亚种。

（3）种群

种群(population)指在一定时间内占据一定空间的同种生物的所有个体。种群中的个体并不是机械地集合在一起，而是彼此可以交配，并通过繁殖将各自的基因传给后代。种群是进化的基本单位，同一种群的所有生物共用一个基因库。对种群的研究主要是其数量变化与种内关系，种间关系的内容已属于生物群落的研究范畴。

（4）群落

群落(biocoenosis)或称为"生物群落"。生物群落指生活在一定的自然区域内，相互之间具有直接或间接关系的各种生物的总和。与种群一样，生物群落也有一系列的基本特征，这些特征不是由组成它的各个种群所能包括的，也就是说，只有在群落总体水平上，这些特征才能显示出来。生物群落的基本特征包括群落中物种的多样性、群落的生长形式(如森林、灌丛、草地、沼泽等)和结构(空间结构、时间组配和种类结构)、优势种(群落中以其体大、数多或活动性强而对群落的特性起决定作用的物种)、相对丰盛度(群落中不同物种的相对比例)、营养结构等。

（5）群落演替

在生物群落发展变化的过程中，一个优势群落代替另一个优势群落的演变现象，称为群落的演替。

（6）生态系统

生态系统(ecosystem，ECO)指在自然界一定的空间内，生物与环境构成的统一整体，在这个统一整体中，生物与环境之间相互影响、相互制约，并在一定时期内处于相对稳定的动态平衡状态。生态系统的范围可大可小,相互交错,太阳系就是一个生态系统,太阳就像一台发动机,源源不断地给太阳系提供能量。地球最大的生态系统是生物圈;最为复杂的生态系统是热带雨林生态系统,人类主要生活在以城市和农田为主的人工生态系统中。生态系统是开放系统,为了维系自身稳定,生态系统需要不断输入能量,否则就有崩溃的危险;许多基础物质在生态系统中不断循环,其中碳循环与全球温室效应密切相关,生态系统是生态学领域的一个主要结构和功能单位,属于生态学研究的最高层次。

（7）生境

生境(habitat)指生物的个体、种群或群落生活地域的环境,包括必需的生存条件和其他对生物起作用的生态因素。生境是指生态学中环境的概念,生境又称栖息地。生境是由生物和非生物因子综合形成的,而描述一个生物群落的生境时通常只包括非生物的环境。为了避免混乱,识别生境的这两种用法是很重要的。

（8）植被

植被就是覆盖地表的植物群落的总称。它是一个植物学、生态学、农学或地球科学的名词。植被可以因为生长环境的不同而被分类,譬如高山植被、草原植被、海岛植被等。环境因素如光照、温度和雨量等会影响植物的生长和分布,因此形成了不同的植被。

（9）景观

景观指某地区或某种类型的自然景色,也指人工创造的景色森林景观,泛指自然景色、景象,是现代园林发展的一种形式。

（10）生物多样性

生物多样性是指在一定时间和一定地区所有生物(动物、植物、微生物)物种及其遗传变异和生态系统的复杂性总称。它包括遗传(基因)多样性、物种多样性、生态系统多样性和景观生物多样性四个层次。

（11）生态修复

生态修复是指对生态系统停止人为干扰,以减轻负荷压力,依靠生态系统的自我调节能力与自组织能力使其向有序的方向进行演化,或者利用生态系统的这种自我恢复能力,辅以人工措施,使遭到破坏的生态系统逐步恢复或使生态系统向良性循环方向发展;主要指致力于那些在自然突变和人类活动影响下受到破坏的自然生态系统的恢复与重建工作。

（12）生态影响

生态影响是指外力(一般指"人"为作用)作用于生态系统,导致其发生结构和功能变化的过程。

3.7.2　我国生态系统现状

我国生态系统多样,拥有森林、草地、荒漠、湿地、海岛、海湾、红树林、珊瑚礁、海草床、河口和上升流等多种类型自然生态系统,有农田、城市等人工、半人工生态系统。

2021年,生态环境部印发《区域生态质量评价办法(试行)》,采用生态质量指数(EQI),从生态格局、生态功能、生物多样性、生态胁迫四个方面,对区域生态质量进行综合评价。2022年我国生态质量指数(EQI)值为59.6,生态质量为二类,森林覆盖率为24.02%,陆域生态保护红线面积约占陆域国土面积的30%以上,生态质量综合评价为"二类"。生物多样性较丰富、自然生态系统覆盖比例较高、生态结构较完整、功能较完善。

1. 生态质量

2023年,全国生态质量指数(EQI)值为59.6,生态质量为二类,与2021年、2022年相比均无明显变化。全国生态质量一类的县域面积占陆域国土面积的27.8%,主要分布在东北大小兴安岭和长白山、青藏高原东南部、云贵高原西部、秦岭和江南丘陵地区;二类的县域面积占31.7%,主要分布在三江平原、内蒙古高原、黄土高原、青藏高原西北部、四川盆地和长江中下游平原地区;三类的县域面积占33.3%,主要分布在华北平原、阿拉善、青藏高原中西部和新疆大部分地区;四类的县域面积占6.3%,五类的县域面积占0.9%,主要分布在新疆中北部和甘肃西部地区。

2. 生物多样性状况

1) 生态系统多样性

中国拥有森林、草地、荒漠、湿地、海岛、海湾、红树林、珊瑚礁、海草床、河口和上升流等多种类型自然生态系统,有农田、城市等人工、半人工生态系统。全国陆域生态保护红线面积约304万 km^2,占陆域国土面积比例超过30%,有效保护了90%的陆地生态系统类型和74%的国家重点保护野生动植物种群。

2) 物种多样性

《中国生物物种名录》(2023版)共收录物种及种下单元148 674个。其中,动物界69 658个,植物界47 100个,真菌界25 695个,原生动物界2566个,色素界2381个,细菌界469个,病毒805个。列入《国家重点保护野生动物名录》的野生动物有980种和8类,其中国家一级保护野生动物234种和1类、国家二级保护野生动物746种和7类,包括大熊猫、海南长臂猿、普氏原羚、褐马鸡、长江江豚、长江鲟、扬子鳄等中国特有野生动物。列入《国家重点保护野生植物名录》的野生植物有455种和40类,其中国家一级保护野生植物54种和4类,国家二级保护野生植物401种和36类,包括百山祖冷杉、水杉、霍山石斛、云南沉香等中国特有野生植物。

3) 遗传多样性

据不完全统计,我国有栽培作物455类1339种,经济树种1000种以上,原产观赏植物种类7000种。第三次全国畜禽遗传资源普查显示,中国目前有1018个畜禽地方品种、培育品种、引入品种。长期保存农作物种质资源53.9万份。

3. 受威胁物种状况

全国39 330种高等植物(含种下单元)的评估结果显示,需要重点关注和保护的高等植物有11 715种,占评估物种总数的29.8%,其中受威胁的有4088种、近危等级的有2875种、数据缺乏等级的有4752种。4767种脊椎动物(除海洋鱼类)的评估结果显示,需要重点关注和保护的脊椎动物有2816种,占评估物种总数的59.1%,其中受威胁的有1050种、近危等级的有774种、数据缺乏等级的有992种。9302种已知大型真菌的评估结果显示,需要重点关注和保护的大型真菌有6538种,占评估物种总数的70.3%,其中受威胁的有97种、近危等级的有101种、数据缺乏等级的有6340种。

4. 自然保护地状况

2023年,首批国家公园总体规划正式发布,三江源、大熊猫、东北虎豹、海南热带雨林、武夷山等5个国家公园规划总面积为23万多平方千米。24个省(区、市)的27个国家公园候选区积极开展创建工作。全国各级各类自然保护地总面积约占陆域国土面积的18%。拥有世界自然遗产14项、世界自然与文化双遗产4项,世界地质公园41处。

3.7.3　生态保护基本原则和措施

1. 生态保护的基本原则

(1)坚持生态环境保护与生态环境建设并举。在加大生态环境建设力度的同时,必须坚持保护优先、预防为主、防治结合,彻底扭转一些地区边建设边破坏的被动局面。

(2)坚持污染防治与生态环境保护并重。应充分考虑区域和流域环境污染与生态环境破坏的相互影响和作用,坚持污染防治与生态环境保护统一规划,把城乡污染防治与生态环境保护有机结合起来,努力实现城乡环境保护一体化。

(3)坚持统筹兼顾,综合决策,合理开发。正确处理资源开发与环境保护的关系,坚持在保护中开发,在开发中保护。经济发展必须遵循自然规律,做到近期与长远统一、局部与全局兼顾,绝不允许以牺牲生态环境为代价,换取眼前和局部的经济利益。

(4)坚持谁开发谁保护,谁破坏谁恢复,谁使用谁付费制度。要明确生态环境保护的权、责、利,充分运用法律等手段保护生态环境。

2. 生态保护措施的内容

1)生态保护措施的基本要求

(1)生态保护措施应包括保护对象和目标,内容、规模及工艺,实施空间和时序,保障措施和预期效果分析,绘制生态保护措施平面布置示意图和典型措施设施工艺图,估算或概算环境保护投资。

(2)对可能具有重大、敏感生态影响的建设项目、区域、流域开发项目,应提出长期的生态监测计划、科技支撑方案,明确监测因子、方法、频次等。

(3)明确施工期和运营期管理原则与技术要求。可提出环境保护工程分标与招投标原则,施工期工程环境监理,环境保护阶段验收和总体验收,环境影响后评价等环保管理技术方案。

2)替代方案

替代方案是相对于设计推荐方案以外的其他方案。替代方案因目的、要求不同可能有多种。替代方案一般有零方案和非零方案之分,非零方案(可选择方案)具有不同的层次。

(1)零方案。零方案是一种特殊的替代方案。零方案就是不作为方案,或者说是维持现状的方案。对建设项目来说,零方案就是取消该建设项目的方案。

给自然留有空间,或者说保持某些地区的自然生态系统而不加干预,可能最符合人类可持续发展的长远利益,可能是最有效的"发展"。

(2)替代方案的层次:①项目总体替代方案。前述的零方案即属于一种项目总体替代的方案。从项目总体来看,重大的替代方案主要有建设项目选址的变更,公路、铁路选线的变更,整套工艺技术和设备的变更等。因涉及建设项目总体的经济效益、投资规模和环境影响,关系到项目的可行与否,可视为总体替代方案。②工艺技术替代方案。建设项目采取不同的方案设计会有差异较大的环境影响,因而以新的环保理念优化方案设计(即提出替代方案)是环境影响评价中的一项重要工作。例如,公路建设方案中以桥代填(高填土)、以隧(洞)代挖(深挖方)、收缩边坡、上下行分道设计都是工艺技术方面的替代方案。这种替代方案不仅必要,而且实践证明十分可行。③环保措施替代方案。针对特定的环境条件与特点提出替代方案措施。

3.7.4 减少生态影响的工程措施

从工程项目自身的合理选址选线、合理的工程设计方案、合理的施工建设方式和有效的管理出发来减少生态环境影响,是最有效的方法,也最具有可行性。这些措施也是项目建设者应尽的环保责任。

1. 合理选址选线

从环境保护出发,合理的选址和选线主要是指选址选线避绕敏感的环境保护目标,不对敏感保护目标造成直接危害。这是预防为主的主要措施。

选址选线符合地方环境保护规划和环境功能(含生态功能)区划的要求,或者说能够与规划相协调,即不使规划区的主要功能受到影响。

选址选线地区的环境特征和环境问题清楚,不存在"说不清"的科学问题和环境问题,即选址选线不存在潜在的环境风险。

从区域角度或大空间长时间范围看,建设项目的选址选线不影响区域具有重要科学价值、美学价值、社会文化价值和潜在价值的地区或目标,即保障区域可持续发展的能力不受到损害或威胁。

2. 工程方案分析与优化

从以经济为中心转向"以人为本",实行可持续发展战略,不仅是经济领域的重大战略转变,也是环境保护战略和环境影响评价(简称环评)思想与方法的重大转变。许多工程建设方案是按照经济效益最大化进行设计的,这在以经济为中心的战略下具有一定的合理性(符合总战略方针),但从科学发展观来看,就可能不完全合理,因为可持续发展就是追求经济-社会-环境整体效益的最佳化,或者说发展战略从单一经济目标转向经济-社会-环境综合目标。因此,一切建设项目都须按照新的科学发展观审视其合理性。环境影响评价中,亦必须进行工程方案环境合理性分析,并在环保措施中提出方案优化建议。从可持续发展出发,工程方案的优化措施主要包括以下几方面。

(1) 选择减少资源消耗的方案。最主要的资源是土地资源、水资源。一切工程措施都需首先从减少土地占用尤其是减少永久占地进行分析。例如,公路的高填方段,采用收缩边坡或"以桥代填"的替代方案,需在每个项目环境影响评价中逐段分析用地合理性和采用替代方案的可行性。水电水利工程需从不同坝址、不同坝高等方面分析工程方案的占地类型、占地数量及占地造成的社会经济损失,给出土地资源损失最少、社会经济影响最小的替代方案建议。

(2) 采用环境友好的方案。环境友好是指建设项目设计方案对环境的破坏和影响较少,或者虽有影响也容易恢复。这包括从选址选线、工艺方案到施工建设方案的各个时期。例如,公路铁路建设以隧道方案代替深挖方案;建设项目施工中利用城市、村镇闲空房屋、场地,不建或少建施工营地,或施工营地优化选址,利用废弃土地,少占或不占耕地、园地等。环境影响评价中应对整体建设方案结合具体环境认真调查分析,从环境保护角度提出优化方案建议。

（3）采用循环经济理念，优化建设方案。目前，在建项目工程方案设计中采用的一些方法，如公路铁路建设中的移挖作填（用挖方的土石作填方用料），港口建设中的航道开挖做成陆填料，水利项目中用洞采废石做混凝土填料，建设项目中弃渣造地复垦等，都是一种简单的符合循环经济理念的做法。循环经济包括 3R（reduce（减少），recycle（循环），reuse（再利用））概念，也包括生态工艺概念，还包括节约资源、减少环境影响等多种含义。利用循环经济理念优化建设方案是环境影响评价中需要大力探索的问题，应结合建设项目及其环境特点等具体情况，创造性地发展环保措施。尤其需不断学习和了解新的技术与工艺进步，将其应用于环境影响评价实践中，推进建设项目环境保护的进步与深化。

（4）发展环境保护工程设计方案。环境保护的需求使得工程建设方案不仅应考虑满足工程既定功能和经济目标的要求，而且应满足环境保护需求。这方面的技术发展十分薄弱，需要在建设项目环境影响评价和环保管理中逐步推进。例如，高速公路和铁路建设会对野生生物造成阻隔，有必要设计专门的生物通道；水坝阻隔了鱼类的洄游，需要设计专门的过鱼通道；古树名木受到建设项目选址选线的影响，不得不进行整体移植；文物的搬迁和易地重植、水生生物繁殖和放流等，都是新的问题，都需要发展专门的设计方案，而且都需要在实践中检验其是否有效果。因此，建设项目环境影响评价中不仅应提出专门的环境保护工程设计的要求，而且往往需要提出设计方案建议或指导性意见和一些保障性措施，才可能使这些措施真正落实。

3．施工方案分析与合理化建议

施工建设期是许多建设项目对生态环境发生实质性影响的时期，因而施工方案、施工方式、施工期环境保护管理都非常重要。

施工期的生态环境影响因建设项目性质不同和项目所处环境特点的不同会有很大差别。在建设项目环境影响评价时需要根据具体情况做具体分析，提出有针对性的施工期环境保护工作建议。一般而言，下述方面都是重要的：

1）建立规范化操作程序和制度

以一定程序和制度的方式规范建设期的行为，是减少生态环境影响的重要措施。例如，公路、铁路、管线施工中控制作业带宽度可大大减少对周围地带的破坏和干扰，尤其在草原地带，控制机动车行道范围，防止机动车在草原上任意选路行驶，是减少对草原影响的根本性措施。

2）合理安排施工次序、季节、时间

合理安排施工次序，不仅是环境保护需要，也是工程施工方案优化的重要内容。程序合理可以省工省时，保证质量。

合理安排施工季节，对野生生物保护具有特殊意义，尤其在生物产卵、孵化、育幼阶段，减少对其干扰，可达到有效保护的目的。

合理安排时间，也是一样，如学生上课、居民夜眠时，都需要安静，不在这一时段安排高噪声设备的施工，可大大减少影响。

3）改变落后的施工组织方式，采用科学的施工组织方法

建设项目的目标是明确的，并且一定可以实现，需要讲究的是项目实施过程的科学化、合理化，以收到省力省钱、高质高效的效果。要做到科学化、合理化就必须精心研究、精心

设计、精心施工,注重前期准备。与此相反的做法就是"三边"工程,即"边勘探、边设计、边施工",这种"目标不明干劲大,心中无数点子多"的做法,曾一度盛行,至今仍不时可见。更有甚者至今仍有"会战"式的施工方式,拿打仗的做法来搞建设,混淆了两类不同事物的性质,没有不失败的。因此,从环境保护的角度出发,了解施工组织的科学性、合理性,提出必要的合理化建议,是十分必要的。

4. 加强工程的环境保护管理

加强工程的环境保护管理,包括认真做好选址选线论证,做好环评工作,做好建设项目竣工环境保护验收工作,做好"三同时"管理工作等。根据建设项目生态环境影响和生态环境保护的"过程性"特点,以及建设项目生态环境影响的渐进性、累积性、复杂性、综合性特点,有两项管理工作特别重要,那就是施工期环境工程监理与施工队伍管理、营运期生态环境监测与动态管理。

3.7.5 重要生态保护措施

1. 物种多样性和法定保护动物、珍稀、濒危物种及特有生物物种的保护

(1)栖息地保护。在建设项目选址、选线时,尽可能地避开野生动物保护区、栖息地,尽可能保障动物的生存条件。

(2)易地保护。某些野生动物因为栖息环境不复存在、种群数量极少或难以找到配偶等原因,使物种生存和繁衍受到严重威胁。为了保护这些野生动物,把它们从栖息环境中转移到濒危繁育中心等地,进行特殊的保护和繁殖管理,然后向已经灭绝的原有分布区实施"再引入",以恢复野生种群,称为易地保护。

(3)加强有关野生生物保护的宣传教育和执法力度。

2. 植被的保护与修复

(1)优化工程用地,合理布置施工区,减少植物的影响,工程临时占地在工程结束后积极实施植被恢复。

(2)就地保护,划定保护区。

(3)古树名木建立保护区,并挂牌保护。

(4)保护森林和草原,禁止砍伐。

富营养水体立体生态修复技术

3. 资源保护和合理利用

(1)从可持续发展考虑,切实保护、合理利用自然资源。

(2)立足于保护生态系统的基本功能,保护好植被资源。

(3)防止过度捕捞,加强检查,设置休渔期。

4. 水土保持措施

水土保持措施是为防治水土流失,保护、改良与合理利用水土资源,改善生态环境所采取的工程、植物和耕作等技术措施与管理措施的总称。

水土保持措施一般分为两类:工程措施和生物措施。工程措施主要是以保持土体稳定和截排水的建筑工程防护措施,如挡墙、拦砂坝、护坡、截水沟、沉砂池、水窖等;生物措施主要是指采用林草植被措施进行绿化,减少地表土壤侵蚀的一种防护措施。开发建设项目水土保持除工程措施和生物措施外,还有一些临时措施。

3.8　生态监测与环境监测

3.8.1　生态监测

生态监测是指利用物理、化学、生化、生态学等技术手段,对生态环境中的各个要素、生物与环境之间的相互关系、生态系统结构和功能进行监控和测试。

生态监测不同于环境质量监测,生态学的理论及监测技术决定了它具有以下几个特点:

(1)综合性。生态监测是一门涉及多学科的交叉领域,涉及农、林、牧、副、渔、工等各个生产领域。

(2)长期性。自然界中生态变化过程十分缓慢,而且生态系统具有自我调控功能,必须长期观测,才能做出准确描述。

(3)复杂性。易受人类干扰作用和自然变异及自然干扰作用的影响,因此具有复杂性。

(4)分散性。生态监测平台或生态监测站的设置相隔较远,监测网络的分散性很大。

《自然保护地生态环境调查与观测技术规范》(HJ 1311—2023)及其所列规范性引用文件是我国现行生态监测主要技术规范。

3.8.2　环境监测的分类

环境监测是为了特定目的,按照预先设计的时间和空间,用可对比的环境信息和资料收集方法,对一种或者多种环境要素或指标进行间断或连续观察、测定、分析其变化及对环境影响的过程。

一般来说,环境监测的范围较大,各种环境污染物随时间、空间而变化,通常不可能对环境整体(总体)进行监测,只能以少量环境样品(样本)的监测结果来推断总体环境质量。因此,必须把握好各个技术环节,包括监测项目和范围的确定、采样点数量和位置的布设、采样时间和频次的确定、样品的采集、样品的处理和分析、数据处理和综合评价以及质量保证和质量控制等。监测结果的准确性、精确性、完整性、代表性和可比性反映了对环境监测的质量要求。代表性、可比性和完整性,主要取决于监测点的布设、采样的时间和频次以及采样操作;准确性和精密性主要取决于样品的保存、处理和分析测试。环境监测结果的良好质量,必然是在认真实施全过程质量保证和质量控制的基础上达到的。

环境监测是环境保护工作的基础,是环境立法、环境规划和环境决策的依据。环境监测是环境管理的重要手段之一。按其监测的目的,环境监测可分为以下几类。

(1)监视性监测。监视性监测又称例行监测或常规监测,是对指定的有关项目进行定期的、长时间的监测,以确定环境质量及污染状况,评价控制措施的效果,衡量环境标准实施情况和环境保护工作的进展。这是监测工作中量最大、面最广的工作。监视性监测包括环境质量监测和污染源的监督监测。

(2)特种目的监测。特种目的监测又称应急监测或特例监测,包括污染事故应急监测、纠纷仲裁监测、环境影响评价要求进行的监测、建设项目竣工环保验收监测等。

(3)研究性监测。研究性监测又称为科研监测,是针对特定目的的科学研究而进行的高层监测,如环境本底的监测及研究、标准分析方法的研究、标准物质的研制等。

3.8.3 环境监测方案的基本内容

根据监测要素不同,监测方案也有差别,如水和气的监测方案应强调优化布点、样品采集、保存和运输等,而噪声监测方案的重点是点位布置,比水和气的监测方案要简单得多。监测方案应包括以下基本内容。

1. 现场调查和资料收集

这是把握评价项目所在区域的自然环境、污染物扩散和迁移所必需的。例如,进行地表水检测,要调查水从哪里来、水体水质如何、汇入评价项目的排水后又流到哪里去、该水系应执行什么标准、本区域内污染源排放的特征因子以及污染物排放浓度及排污总量等。现场调查和资料收集是规定监测范围、确定监测因子、设置监测点位的基础。

2. 监测项目

根据我国的环境保护法规,国家、行业及地方的污染物排放标准和环境质量标准,并结合项目的工程分析,如原料、工艺流程、副产品及产品、污染物排放等确定监测项目。当标准和法规修订后应采用最新的有效版本。在确定监测项目时,还应当遵循优先污染物优先监测的原则。

我国加入世界贸易组织(WTO)以后,国际贸易往来迅速发展,外企在我国的独资或合资项目越来越多,在环境监测中,必要时可参照相关的国际标准。

监测项目除了包括污染因子外,还包括一些环境参数,如环境空气质量监测时的气象参数、地表水环境质量监测时的水文参数等。

3. 监测范围和点位布置

充分考虑评价项目所在区域的自然环境状况和污染物扩散分布特征,按照相应的环境影响评价技术导则和监测技术规范确定监测范围。优化点位布设应在充分考虑环境污染物扩散的空间分布基础上,取得有代表性监测数据的重要程序。例如,评价项目的拟厂界外有小学或医院等敏感点,噪声监测的范围应适当扩大;在地形复杂区域环境空气的监测点位应比平原密集;不同宽度的河流在断面上应设置不同数量的采样垂线。

4. 监测时间和频次

环境监测应选择在有代表性的时期进行。大气监测分采暖期和非采暖期,水环境监测分丰水期、平水期和枯水期,噪声监测分昼间和夜间,不同时期获得的监测数据可能会有较大的差别。为了能获得代表性的监测数据,应按照相应的环境影响评价技术导则和监测技术规范的要求,充分考虑污染物时间分布的特点,确定监测时间和监测频次,同时监测时间还必须满足所用评价标准的取值时间要求。

5. 样品的采集和分析测定

环境监测过程必须按照规范操作的操作规程加以实施,才能获取科学可靠的监测信息。进行环境监测工作时,必须按照相关的环境监测技术规范执行,如《污水监测技术规范》(HJ 91.1—2019)、《地表水和污水监测技术规范》(HJ/T 91—2002)、《地下水环境监测技术规范》(HJ 164—2020)、《水污染物排放总量监测技术规范》(HJ/T 92—2002)、《环境空气气态污染物（SO_2、NO_2、O_3、CO）连续自动监测系统安装验收技术规范》（HJ 193—2013）、《环境空气质量手工监测技术规范》（HJ 194—2017）、《固定污染源排气中颗粒物测定和气态污染物采样方法》（GB/T 16157—1996）、《固定源废气监测技术规范》（HJ/T 397—2007）、《大气污染物无组织排放监测技术导则》（HJ/T 55—2000）、《土壤环境监测技术规范》（HJ/T 166—2004）、《声环境质量标准》（GB 3096—2008）、《工业企业厂界环境噪声排放标准》（GB 12348—2008）等。随着环境监测技术不断进步，国家对相关技术规范不断更新，应确保使用标准的最新版本。

污染物的监测分析方法，按相关的国家环境质量标准和污染物排放标准要求，采用其列出的标准测试方法。对相关标准中未列出的污染物和尚未列出测试方法的污染物，按以下次序选择测试方法：国家现行的标准测试方法、行业现行的标准测试方法、国际现行的标准测试方法和国外现行的标准测试方法。对目前尚未建立标准方法的污染物测试，可参考国内外已经成熟的但未上升为标准的测试技术，但应进行空白、检测限、平行双样、加标回收等适用性检验，并附加必要说明。

6. 监测单位的资质要求

根据《中华人民共和国计量法》和《实验室和检查机构资质认定管理办法》规定，向社会出具具有证明作用的数据和结果的实验室必须通过国家认可监督管理委员会和省级以上质量技术监督部门的资质认定，只有其基本条件和能力符合法律、行政法规以及相关技术规范或者标准实施的要求，才能获得资质认定证书，其出具的数据加盖 CMA 印章，具有证明作用。

实验室认可工作是我国完全与国际惯例接轨的一套国家实验室认可体系，有些外国独资企业或合资企业的环境影响评价项目，亦可委托通过实验室认可的监测单位实施监测方案。

3.9　碳排放、碳达峰、碳中和基础

为了达到削减温室气体排放、减缓气候变化的目的，国际社会在 20 世纪 90 年代就开始了气候谈判的历程。从 1991 年第一次国际气候谈判、1992 年签署的《联合国气候变化框架公约》开始，到 1997 年签署《京都议定书》、2007 年达成"巴厘路线图"、2009 年签订《哥本哈根协议》，再到 2015 年签订《巴黎协定》。《巴黎协定》是继《京都议定书》后第二份有法律约束力的气候协议，为 2020 年后全球应对气候变化行动作出了安排。协定指出，各方将加强对气候变化威胁的全球应对，把全球平均气温较工业化前水平升高控制在 2℃之内，并为把升温控制在 1.5℃之内努力。只有全球尽快实现温室气体排放达到峰值，21 世纪下半叶实现温室气体零排放，才能降低气候变化给地球带来的生态风险以及给人类带来的生存危机。

3.9.1　碳排放、碳达峰、碳中和的基本概念

1. 碳排放

根据国家质量监督检验检疫总局、中国国家标准化管理委员会发布的国家标准《工业

企业温室气体排放核算和报告通则》(GB/T 32150—2015),列入的温室气体包括:二氧化碳(CO_2)、甲烷(CH_4)、氧化亚氮(N_2O)、氢氟碳化物(HFCs)、全氟碳化物(PFCs)、六氟化硫(SF_6)和三氟化氮(NF_3)。因此,一般情况下,我国工业企业进行温室气体核算时,只需对这 7 类温室气体进行核算。我们常说的碳减排、碳核查、低碳等术语中的碳,是 CO_2 的简称,实际上指的是温室气体。因为温室气体种类很多,各种温室气体对气候变化的影响不同,为便于比较,采用 CO_2 对气候的影响为基准,根据各种温室气体对气候变化的影响大小折算成等量的 CO_2(CO_2 当量),因此,这些概念中的碳即指温室气体。

碳排放是指煤炭、石油、天然气等化石能源燃烧活动和工业生产过程以及土地利用变化与林业等活动产生的温室气体排放,也包括因使用外购的电力和热力等所导致的温室气体排放。

碳排放量指建设项目在生产运行阶段,煤炭、石油、天然气等化石燃料(包括自产和外购)燃烧活动和工业生产过程等活动,以及因使用外购的电力和热力等所导致的 CO_2 排放量,包括建设项目正常和非正常工况,以及有组织和无组织的 CO_2 排放量,计量单位为"t/a"。

碳减排是减少 CO_2 等温室气体的排放量。随着全球气候变暖,CO_2 等温室气体的排放量必须减少,从而缓解人类的气候危机。

碳减排政策工具多种多样,按其作用的范围划分为国际和国内层面的政策工具。目前国际上和国内层面的各种碳排放政策工具有以下几方面:

(1)碳税。碳税是指对石化能源征收的消费税。设计的税率由三部分构成:①由该能源的含碳量决定,所有固体和液体的矿物能源(包括煤、石油及其各种制品)都要按含碳量缴纳碳税。②CO_2 税,根据每吨 CO_2 排放量征收。按 1t 碳等于 3.67t CO_2 换算,很容易将 CO_2 税转换为碳税。③能源税,是根据消费的能源量征收,相对碳税或 CO_2 税,能源税也包括核能和可再生能源。

(2)排放权交易。CO_2 排放权交易制度的基本内容是:首先设定 CO_2 排放水平的总额度,然后将这一额度分解成一定单位排放权,将这些排放权分配给排放 CO_2 的经济主体,并允许将排放权进行出售。经济主体如果排放的 CO_2 少于初始分配的额度,就可以出售剩余的额度,而如果排放量大于初始分配的额度,就必须购买额外的额度。

(3)复合排放权交易体系。经济学家将以价格为基础的碳税和以数量为基础的一般排放权交易制度结合起来,就是复合排放权交易体系。这交易体系共有永久排放权和年度排放权两种类型的排放权,这两者加起来就是经济主体被允许排放的 CO_2 总量。永久排放权决定了经济主体每一年允许排放的 CO_2 量,复合排放权决定了经济主体在一个特定年份允许排放的额度。

(4)财政补贴。财政补贴就是通过国家财政对有利于减少 CO_2 排放的能源及其相关产品,如可再生能源、节能技术投资与开发等项目进行补贴,来促进 CO_2 减排。

(5)政府规制。政府规制又称政府管制,是指政府运用公共权力,通过制定特定的规则,对 CO_2 排放的个人和组织的行为进行限制与调控。政府规制一般分为政府定价和指令标准两种。政府定价是对能源产品价格的直接设定,指令标准是通过对一些高能耗行业制定标准来限制能耗,促进 CO_2 减排。

在我国,越来越多的企业正在积极参与碳减排。

2009 年 8 月 5 日,天平汽车保险股份有限公司成功购买奥运期间北京绿色出行活动产生的 8026t 碳减排指标,用于抵消该公司自 2004 年成立以来至 2008 年年底全公司运营过程中产生的碳排放,成为第一家通过购买自愿碳减排量实现碳中和的中国企业。

2008 年,顺应低碳经济的趋势,深圳市宗兴环保科技有限公司技术研发中心开发了新的项目《减碳技术咨询服务》,并服务企业近百家。服务项目包括评估减碳空间、实施减碳措施、评价减碳效果、形成减碳报告。

2008 年 7 月,G8 峰会上八国表示将寻求与《联合国气候变化框架公约》的其他签约方一道共同达成到 2050 年把全球温室气体排放减少 50% 的长期目标。

2008 年全国政协委员吴晓青明确将"低碳经济"提到议题上来。他认为,中国能否在未来几十年里走到世界发展的前列,很大程度上取决于中国应对低碳经济发展调整的能力,中国必须尽快采取行动积极应对这种严峻的挑战。他建议应尽快发展低碳经济,并着手开展技术攻关和试点研究。

2009 年 1 月,清华大学在国内率先正式成立低碳经济研究院,重点围绕低碳经济、政策及战略开展系统和深入的研究,为中国及全球经济和社会可持续发展出谋划策。

2009 年,深圳市宗兴环保科技有限公司受邀参加沃尔玛 2009 年供应商能效提升项目启动大会并作大会发言。作为世界 500 强之首的沃尔玛,实施了一项可持续发展计划,作为计划的一个部分,要求其供应商 2009 年相对 2007 年单位产品能耗下降 7%,2012 年下降 20%。

2022 年 5 月 24 日,2022 年华为供应商碳减排大会召开。华为于 2013 年启动供应商碳减排试点项目,100 余家供应商参与试点项目。2020 年,华为开始推动占采购金额 80% 以上的 TOP 供应商制定碳减排目标并实施碳减排行动。2021 年,华为将碳减排要求纳入供应商管理全流程,对所有供应商提出碳减排要求,鼓励领先供应商提前实现碳中和。

2. 碳达峰和碳中和

习近平总书记在第七十五届联合国大会一般性辩论上的讲话中提出:"应对气候变化《巴黎协定》代表了全球绿色低碳转型的大方向,是保护地球家园需要采取的最低限度行动,各国必须迈出决定性步伐。中国将提高国家自主贡献力度,采取更加有力的政策和措施,CO_2 排放力争于 2030 年前达到峰值,努力争取 2060 年前实现碳中和"。在 2021 年的政府工作报告中,"做好碳达峰、碳中和工作"被列为 2021 年重点任务之一;"十四五"规划也将加快推动绿色低碳发展列入其中;中国共产党第二十次全国代表大会上政府工作报告中指出,推动绿色发展,促进人与自然和谐共生需积极稳妥推进碳达峰碳中和。

为加大节能降碳工作推进力度,采取务实管用措施,尽最大努力完成"十四五"节能降碳约束性指标,国务院于 2024 年 5 月 29 日发布《2024—2025 年节能降碳行动方案》(国发〔2024〕12 号)。根据该方案,要求 2024 年单位国内生产总值能源消耗和 CO_2 排放分别降低 2.5% 左右、3.9% 左右,规模以上工业单位增加值能源消耗降低 3.5% 左右,非化石能源消费占比达到 18.9% 左右,重点领域和行业节能降碳改造形成节能量约 5000 万 t 标准煤、减排 CO_2 约 1.3 亿 t。2025 年非化石能源消费占比达到 20%,重点领域和行业节能降碳改造形成节能量约 5000 万 t 标准煤、减排 CO_2 约 1.3 亿 t,尽最大努力完成"十四五"节能降碳约束性指标。

碳达峰是指 CO_2 年总量的排放在某一个时期达到历史最高值,达到峰值之后逐步降低,碳达峰示意见图 3-19。

碳中和是指企业、团体或个人测算一定时间内,直接或间接产生的温室气体排放总量,通过植树造林、节能减排等形式,抵消自身产生的 CO_2 排放量,实现 CO_2 "零排放",碳中和示意见图 3-20。在国际上,气候中性和净零 CO_2 排放量的定义与碳中和是一致的。

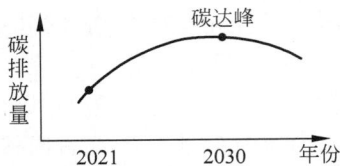

图 3-19 碳达峰示意

图 3-20 碳中和示意

3.9.2 碳排放核算与碳资产管理及碳市场交易

1. 碳排放核算

企业碳排放核算和报告的工作流程可分为四大步骤:

(1) 根据开展核算和报告工作的目的,确定温室气体排放核算边界。

(2) 进行温室气体排放核算,具体包括:①识别温室气体源与温室气体种类;②选择核算方法;③选择与收集温室气体活动水平数据;④选择或测算排放因子;⑤计算与汇总温室气体排放量。

(3) 核算工作质量保证。

(4) 撰写温室气体排放报告。

每一步骤都包含若干环节,见图 3-21。

根据开展温室气体排放核算的目的,企业(报告主体)应确定温室气体排放核算边界与涉及的时间范围,明确工作对象。

报告主体应以企业法人为界,识别、核算和报告所有设施和业务产生的温室气体排放,同时应避免重复计算或漏算。设施和业务范围应包括直接生产系统、辅助生产系统和直接为生产服务的附属生产系统。

核算边界的确定宜参考设施和业务范围及生产工艺流程图。

核算边界应包括:燃料燃烧排放、过程排放、购入的电力热力产生的排放、输出的电力热力产生的排放等。其中,生物质燃料燃烧产生的温室气体排放应单独核算,并在报告中给予说明,但不计入温室气体排放总量。报告主体内生活用能导致的排放原则上不在核算范围内。

核算的温室气体范围包括:二氧化碳、甲烷、氧化亚氮、氢氟碳化物、全氟碳化物、六氟化硫和三氟化氮。报告主体应根据实际情况在上述范围中确定温室气体种类。

确定了核算边界范围后,需对各类温室气体源(向大气中排放温室气体的物理单元或过程)进行识别,并识别出企业排放的温室气体种类。企业(排放主体)的实际生产过程是千变万化的,实际排放源及温室气体种类需根据具体情况分析。

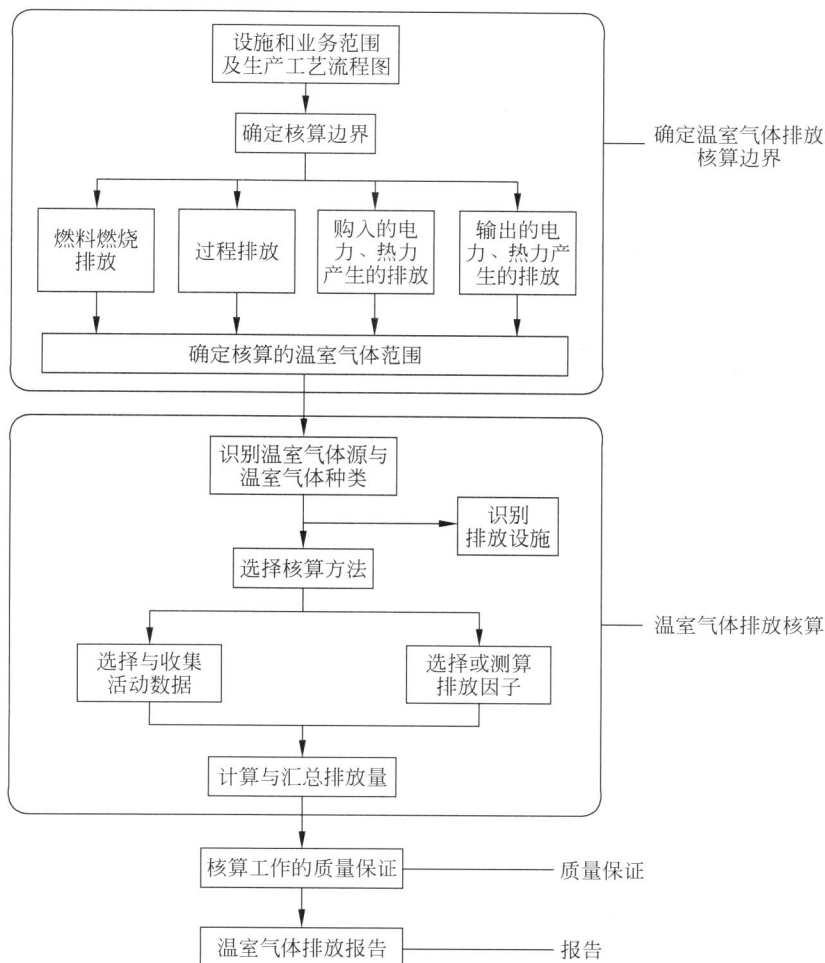

图 3-21　工业企业碳排放的核算和报告的工作流程

在所确定的核算边界中,如果包含重点设施,则宜对重点设施进行单独识别。重点设施包括但不限于:发电锅炉、燃气轮机、工业锅炉、高炉、氧化铝回转炉、合成氨造气炉、石灰窑、水泥回转炉、水泥立窑、污水处理系统等。

在对排放单位进行碳核算前,应选择能得出准确、一致、可再现结果的核算方法,并在报告中对核算方法的选择加以说明。如果在不同批次报告中核算方法有变化,企业应在报告中对变化后的方法进行说明,并解释变化原因。

碳排放核算方法包括两种类型:①计算方法:排放因子法、物料平衡法;②实测方法:持续性测量、间歇性测量。

2. 碳资产管理

据统计,中国碳管理市场规模在 2025 年将达到 1099 亿元,2030 年将达到 4504 亿元,2060 年将达到 43 286 亿元。在全球应对气候变化和中国确定双碳战略目标的大背景下,加上绿色工厂关键指标要求、绿色供应链和价值链碳减排需求,以及行业碳达峰、欧盟碳关税的政策和市场趋势下,企业的碳排放管控已经成为一种新常态。为了降低履约成本及风险、实现碳资产增值保值,解决融资需求,支持节能技改决策,实现企业绿色低碳高质量发展,企业需要积极开展碳资产管理工作。碳资产管理体系如图 3-22 所示。

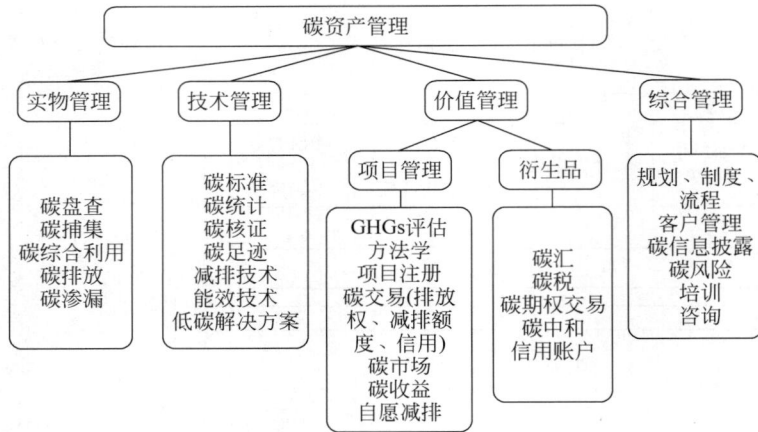

图 3-22　碳资产管理体系

1) 碳资产

碳资产是指在强制或自愿碳排放权交易机制下,产生的可直接或间接影响组织温室气体排放的配额排放权、减排信用额及相关活动。包括碳排放配额、经备案审批及核证后具有交易属性的碳减排量、绿证、绿电和其他减排活动。

2) 碳资产管理流程

(1) 碳核查,主要是确定核算边界、识别碳排放源、收集活动水平数据、选取排放因子数据、计算碳排放;

(2) 减碳场景仿真,包括识别节能减排技术、清洁用能结构建设、识别革新生产技术、使用碳成本核算(carbon cost accounting,LCA)等方法进行模拟计算和碳足迹计算;

(3) 根据量化结果,制定低碳发展路线图;

(4) 依据碳排放的结果和路线分阶段使用清洁能源、实施新技术、常态化计算碳排放,监测碳减排效果;

(5) 购买碳配额或碳汇实现碳中和。

3) 碳资产管理具体模式

碳排放配额通常指政府分配的碳排放权凭证和载体。控排企业做好碳资产管理,发放的碳配额减去实际排放量,有盈余,就可以在碳市场交易获利。配额分配主要模式如下:

(1) 拍卖。政府通过拍卖的形式让企业有偿获得配额,政府不需要事先决定每一家企业应该获得的配额量,拍卖的价格和各个企业的配额分配过程由市场自发形成。

(2) 免费分配。政府将碳排放总量通过一定的计算方法免费分配给企业。

(3) 混合模式。大部分碳交易体系都没有采取纯粹的拍卖或纯粹的免费分配,而是采用配额分配到第三种模式即"混合模式"。混合模式既可以随时间逐步提高拍卖的比例,即"渐进混合模式",也可以针对不同行业采用不同的分配方法。

4) 企业碳资产管理措施

"双碳"目标从战略到落地,从碳资产管理的视角出发建立生态协同的管理体系,企业需要做到：

（1）低碳成本意识和行为。企业的经营者和管理者需要深刻认识碳排放和碳交易的成本和风险，建议成立"'双碳'行动委员会"，系统化管理碳资产，专业化研究碳政策，对企业的低碳发展工作进行统一规划。

（2）碳管理体系建设。企业在全面核查碳排放总量后，应当建立相应的碳资源管理制度和体系，支持碳管理工作。

（3）碳数据能力建设。企业应建立统一的碳数据管理平台，对碳数据实行全周期管理，从数据发现问题，优化流程、管理和工艺，同时用数据提供碳交易的基础和预测，减少管理和运营成本。

（4）碳管理能力培养。碳能力建设是企业有效碳管理的重要保障，从政策角度，如低碳发展策略、国家相关政策要求、碳排放核算指南、交易规则等；从技术角度，如碳核查、配额管理、碳排放管理的技术标准；从实操角度，如清缴履约及碳资产开发。

3. 碳市场交易

碳交易基本原理是，合同的一方通过支付另一方获得温室气体减排额，买方可以将购得的减排额用于减缓温室效应从而实现其减排的目标。被要求减排的温室气体中，二氧化碳（CO_2）为最大宗，所以这种交易以每吨二氧化碳当量（tCO_2）为计算单位，所以统称为"碳交易"。碳交易市场称为碳市场。

碳交易包含清洁发展机制、联合履行、排放交易三种机制：

（1）清洁发展机制（clean development mechanism，CDM）。清洁发展机制是《京都议定书》中引入的灵活履约机制之一。核心内容是允许其缔约方即发达国家与非缔约方即发展中国家进行项目级的减排量抵消额的转让与获得，从而在发展中国家实施温室气体减排项目。

（2）联合履行（joint implementation，JI）。《京都议定书》第六条规范的"联合履行"，是指发达国家之间通过项目级的合作，所实现的减排单位，可以转让给另一发达国家缔约方，但是同时必须在转让方的"分配数量"配额上扣减相应的额度。

（3）排放交易（emissions trade，ET）。把排污许可证看成固定的"污染权"，而把排污收费看成"污染价格"，由此建立起可以交易"污染权"的市场。当某企业排放的污染物量比它的允许排放量少时，该企业就可以把它实际排放量与允许排放量的差值出售给另一个企业，从而使另一个企业获得比原先允许排放量更多的排放权利。

我国建立碳市场遵循的原则是：按照自愿原则建设碳市场，遵循客观规律建设碳市场，政府科学引导碳市场建设，统筹协调推进碳市场建设，循序渐进地建设碳市场。我国碳市场交易结构如图 3-23 所示。

在我国，越来越多的企业正在积极参与碳交易。

2005 年 10 月，中国最大的氟利昂制造公司山东省东岳集团与日本最大的钢铁公司新日本制铁公司和日本三菱集团合作，展开温室气体排放权交易业务。

2005 年 12 月 19 日，江苏梅兰化工有限公司和常熟三爱富中昊化工新材料有限公司与世界银行的伞型碳基金签订了总额达 7.75 亿欧元（折合 9.3 亿美元）的碳减排购买协议。

自 2006 年 10 月 19 日起由 15 家英国碳基金公司和服务机构组成的、有史以来最大的求购二氧化碳排放权的英国气候经济代表团掀起这场"碳风暴"。

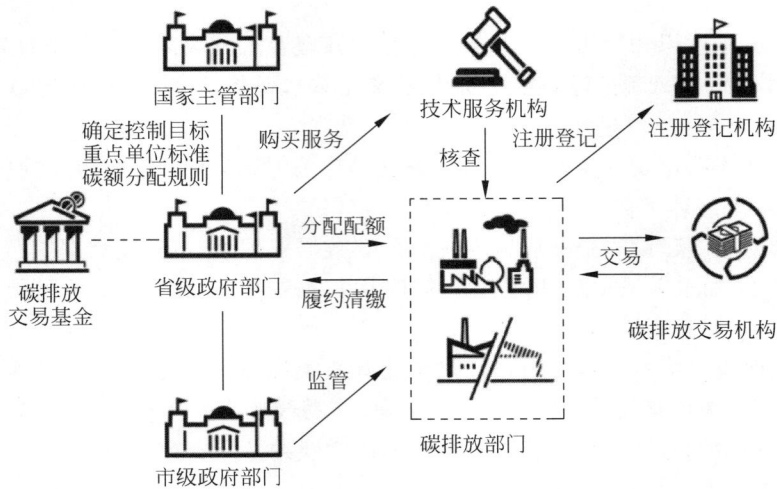

图 3-23　碳市场交易结构

2009 年 11 月 17 日,中国首笔企业间碳中和交易完成。2009 年 11 月 17 日,上海济丰包装纸业股份有限公司(简称上海济丰)委托天津排放权交易所以上海济丰的名义在自愿碳标准(VCS)APX 登记处注销一笔 6266t 的自愿碳指标(VCU),并向厦门赫仕环境工程有限公司支付相应交易对价。由此,国内首笔碳中和交易完成。

2009 年 11 月 25 日,中国国务院常务会议确定了到 2020 年控制温室气体排放的行动目标:到 2020 年中国单位国内生产总值 CO_2 排放比 2005 年下降 40%～45%,作为约束性指标纳入国民经济和社会发展中长期规划,并制定相应的国内统计、监测、考核办法。

2018 年 8 月 1 日,四川省举行了碳中和项目启动仪式,计划于 2018 年 10 月在成都龙泉山城市森林公园建设 500 亩(1 亩≈666.67 m^2)碳中和林,用 20 年时间增加碳汇、用以完全抵消本次会议产生的 921t 碳排放总量。

2019 年 10 月,第一期全国 A 级旅游景区质量提升培训班在陕西举办,并成为全国首个碳中和景区培训班。根据专业核查机构计量,本期培训班在交通出行、住宿、餐饮、消耗品等方面产生的温室气体共计 68.92t CO_2 当量,由兴博旅(北京)文化发展中心向中国绿色碳汇基金会捐资进行碳中和,组织在四川省种植 5 亩碳汇林,抵消培训期间产生的温室气体排放。

2021 年 7 月全国碳排放权交易市场启动上线交易,已顺利完成两个履约周期建设运行,覆盖年 CO_2 排放量 51 亿 t,占全国排放总量的 40% 以上,是全球覆盖 CO_2 排放量最大的市场。截至 2024 年 7 月 15 日,全国碳市场碳配额累计成交量达 4.65 亿 t,累计成交额近270 亿元,市场运行平稳有序,2023 年电力碳排放强度相比 2018 年下降 8.78%。碳排放权交易市场作为温室气体减排的市场化手段,在压实企业碳减排责任、推动行业低成本减排、推动行业技术进步等方面的作用逐步显现。

2024 年 5 月 1 日施行的《碳排放权交易管理暂行条例》,与《碳排放权交易管理办法(试行)》、登记交易结算规则、碳排放核算核查指南和配额分配方案等共同形成了多层级的完整制度体系;建成了全国碳市场管理平台,运用大数据等信息化手段智能预警数据质量风险,并探索出一套行之有效的碳排放数据质量监管手段,有效遏制了数据造假行为;碳排放权交易市场形成的碳价为各类碳金融活动锚定了基准价格,以全国碳排放权交易市场为主体的碳定价机制逐步形成。此外,与碳交易相关的配套技术服务产业快速发展,为实现碳达峰碳中和目标培养了一大批专业人才。

在此基础上,加快推动全国温室气体自愿减排交易市场建设,联合市场监督管理总局发布《温室气体自愿减排交易管理办法(试行)》,组织制定发布配套制度文件,遴选发布包括造林碳汇、并网光热发电、并网海上风力发电、红树林营造等4项方法学,组织建设完成全国统一的温室气体自愿减排注册登记系统和交易系统并上线运行。

2024年1月,全国温室气体自愿减排交易市场正式启动,成为继全国碳排放权交易市场之后,中国政府推出的又一助力实现碳达峰碳中和目标的重要市场政策工具。两个碳市场既各有侧重、独立运行又互补衔接、互联互通,共同构成了全国碳市场体系。

3.9.3　生态系统碳汇的重要作用及实施方案

生态系统中的植被、土壤和微生物等利用自身的碳循环,可以将二氧化碳固定起来,对平衡大气中的二氧化碳浓度起到关键作用。当生态系统固定的碳量大于其向大气中排放的碳量时,该系统就成了大气二氧化碳的汇,简称碳汇。生态系统碳汇是指森林、草原、湿地、海洋等生态系统从大气中清除二氧化碳的过程、活动或机制,包括森林碳汇、草地碳汇、耕地碳汇、土壤碳汇、海洋碳汇等。

1. 生态系统碳汇的重要作用

(1)调节大气中的碳循环。植被能够吸收大量的二氧化碳,降低大气中的温室气体含量。同时,植被还通过光合作用释放出氧气,改善空气质量,减少污染物的氧化作用。生态系统碳汇的存在与运作,对于维持地球大气中的碳平衡至关重要。

(2)缓解气候变化。生态系统碳汇通过吸收大气中的二氧化碳,有助于减缓温室效应,从而缓解气候变化带来的负面影响。生态系统碳汇的有效管理和保护,可以为地球提供一个天然的碳捕获和贮存系统,为减少温室气体排放提供重要支持。

(3)保护生物多样性。植被是生物多样性的基础,生态系统碳汇在促进植被生长的同时,也为各种生物提供了丰富的生境。通过保护生态系统碳汇,可以维护和恢复生物多样性,促进生态系统的健康发展。

(4)保护生态系统。生态系统碳汇与森林、湿地和海洋生态系统等密切相关,有助于吸收二氧化碳,还能维护生物多样性、保护栖息地、维持水循环等生态服务,有助于维持生态平衡和生态系统的健康。

(5)改善土壤质量。某些土壤碳汇如土壤有机质,可以改善土壤的质量和肥力。有机质的积累有助于保持土壤结构、提高水保持能力、增加养分供应等,对农业生产和生态恢复具有重要意义。

(6)提供可持续发展机会。生态系统碳汇的管理和保护可以为可持续发展提供机会。例如,森林保护和再造项目不仅可以吸收二氧化碳,还可以提供可持续的木材、非木材产品、生态旅游和社区发展机会。

"十四五"时期,我国将以国家重点生态功能区、生态保护红线、国家级自然保护地等为重点,实施重要生态系统保护和修复重大工程。全面加强天然林和湿地保护,森林覆盖率提高到 24.1%,湿地保护率提高到 55%。科学推进水土流失和荒漠化、石漠化综合治理,开展大规模国土绿化行动。推行草原森林河流湖泊休养生息,健全耕地休耕轮作制度,巩固退耕还林还草、退田还湖还湿、退围还滩还海成果。

2.《生态系统碳汇能力巩固提升实施方案》

巩固和提升生态系统碳汇能力是贯彻新发展理念、实现碳达峰碳中和的重要行动,是推动生态文明建设、减缓和适应气候变化的重要举措。2023 年 4 月,自然资源部、国家发展改革委、财政部、国家林草局联合印发了《生态系统碳汇能力巩固提升实施方案》(简称《方案》)。

《方案》以生态系统碳汇能力巩固和提升两个关键、科技和政策两个支撑为主线,研究提出了到 2025 年、2030 年的主要目标和重点任务。

《方案》明确,"十四五"期间,基本摸清我国生态系统碳储量本底和增汇潜力,初步建立与国际接轨的生态系统碳汇计量体系,加快构建有利于碳达峰碳中和的国土空间开发保护格局,促进生态保护修复取得明显成效。生态系统碳汇能力稳中有升,为实现碳达峰碳中和目标奠定坚实生态基础。"十五五"期间,生态系统碳汇调查监测评估与计量核算体系不断完善,支撑碳达峰碳中和的国土空间开发保护格局和用途管制制度全面建立并严格实施,山水林田湖草沙一体化保护修复取得重大进展,生态功能重要地区生态系统多样性、稳定性、持续性明显提升,生态系统碳汇技术、标准、市场和政策体系逐步健全,国际影响力持续提高。生态系统碳汇能力持续巩固和提升,为减缓、适应气候变化和实现碳达峰碳中和目标作出贡献。

《方案》提出,生态系统碳汇能力巩固提升包括四个方面重点任务:

(1) 守住自然生态安全边界,巩固生态系统碳汇能力。它包括构建绿色低碳导向的国土空间开发保护新格局、助力巩固生态系统碳汇能力,严格保护自然生态空间、夯实生态系统碳汇基础,强化国土空间用途管制、严防碳汇向碳源逆向转化,全面提高自然资源利用效率、减少资源开发带来的碳排放影响,强化生态灾害防治、降低灾害对生态系统固碳能力的损害等 5 项举措。

(2) 推进山水林田湖草沙系统治理,提升生态系统碳汇增量。包括统筹布局和实施生态保护修复重大工程、持续提升生态功能重要地区碳汇增量,突出森林在陆地生态系统碳汇中的主体作用,增强草原碳汇能力,整体推进海洋、湿地、河湖保护和修复,提升农田和城市人工生态系统碳汇能力,加强退化土地修复治理等 5 项举措。

(3) 建立生态系统碳汇监测核算体系,加强科技支撑与国际合作。包括构建生态系统碳汇调查监测评估体系,完善拓展生态系统碳汇计量体系,大力加强科技支撑,促进国际交流合作等 4 项举措。

(4) 健全生态系统碳汇相关法规政策,促进生态产品价值实现。包括强化生态系统碳汇法治保障,健全体现碳汇价值的生态保护补偿机制,推进生态系统碳汇交易,完善生态保护修复多元化投入机制等 4 项举措。

《方案》要求,从加强组织领导、推进试点示范、强化公众参与等方面加强组织实施,形成生态系统碳汇工作合力。《方案》是今后一段时期我国生态系统碳汇工作的指导和依据,自然资源部将会同有关部门积极推动落实。

3.9.4 实现双碳目标的重要举措与碳减排技术研发

1. 能源替代

能源替代是指用一些新的清洁能源来替代碳排放量高的能源,通过改善能源消费结构和能源生产方式,打破经济社会运行对化石能源的过度依赖,实现从高碳能源向低碳能源的转型。能源替代在中长期将成为我国减少碳排放的第一驱动力。

1)推进清洁能源发展

清洁能源又被称作绿色能源,是指不排放污染物、能够直接用于生产生活的能源,它包括核能和可再生能源。清洁能源是绿色低碳能源,对改善能源结构、应对气候变化、保护生态环境、实现经济社会的可持续发展具有非常重要的意义。

推进清洁能源发展的措施主要包括:①推动太阳能的多元化利用;②全面协调推进风电的开发;③推进水电的绿色发展;④安全有序地发展核电;⑤因地制宜地发展生物质能、地热能和海洋能;⑥全面提升可再生能源的利用率。

2)压控化石能源消费

实现双碳目标的另一个关键是压控化石能源消费总量。压控化石能源消费的措施主要包括:①压控煤电和终端用煤;②压控油气消费增速;③大力推动能源清洁化发展;④推动能源高效发展;⑤实现高碳能源低碳化利用。

3)建设能源互联网

能源互联网是指综合运用先进的电力电子技术、智能管理技术和信息通信技术,将大量由分布式能量采集装置、贮存装置和各种类型负载构成的新型电力网络、天然气网络、石油网络等能源节点互联起来,以实现能量双向流动的能量对等交换与共享网络。能源互联网开辟了低碳、绿色、可持续的能源发展新道路,建设能源互联网的措施主要包括:①生产环节以清洁主导转变能源生产方式;②消费环节以电为中心转变能源消费方式;③市场环节以大电网大市场实现能源大范围优化配置。

2. 节能增效

1)调整产业结构

调整产业结构是节能和提高能效的重要手段,调整产业结构的措施主要包括:①调整第三产业(服务业)结构,提高第三产业在 GDP 中的占比;②调整产业内部结构。

2)推广节能技术

推广节能技术是持续推进节能减排,达成碳达峰碳中和目标的措施之一。创新是节能和提高能效的根本动力。推广节能技术的措施主要包括:①深挖行业内部节能潜力;②跨行业资源整合。

3)发展循环经济

循环经济是以资源高效利用和循环利用为特征,与环境和谐的经济发展模式。强调把经济活动组织成一个"资源—生产—消费—再生资源"的反馈式流程。其特征是"三低一高"(低开采、低消耗、低排放、高利用),其原则是"减量化、再利用、资源化"。所有的物质和能源能在这个不断进行的经济循环中得到合理和持久利用,对生态环境的影响小。

4) 提升能源利用效率

我国应提高能源利用率,推进重要领域实施节能降碳措施,提升能源利用效率的措施如下:

(1) 工业领域。大力发展战略性新兴产业,严格控制高耗能产业项目,加大煤炭、钢铁、石化、建材、有色金属等传统产业的节能减碳技术改造,组织实施重点行业的能效、碳排放对标行动,推进绿色制造体系的建设。

(2) 交通领域。在全民中倡导绿色出行,推广新能源车辆的应用,制订并执行以道路、航空运输等为重点的绿色低碳交通行动计划。

(3) 建筑领域。全面执行绿色建筑标准,大力推广绿色建筑,加大既有建筑的节能改造力度。

5) 重点行业源头减排

电力、工业、交通作为最大的碳排放部门,需要从源头上进行结构调整,促进能源快速转型变革、从而提升效率、降低能耗,实现碳减排目标。

6) 加快能源系统脱碳

化石能源的大量开发使用是导致气候危机的根源,而根本出路是加快实现能源系统的全面脱碳。在能源生产与消费的各个环节、碳排放的各个领域对化石能源进行深度替代,以推动能源系统全面脱碳。能源系统脱碳主要包括:能源生产脱碳、能源消费脱碳、非能利用领域碳减排。

3. 增加生态碳汇

生态系统碳汇是指生态系统从大气中清除二氧化碳的过程、活动或机制。我国增加生态碳汇的措施主要包括:

(1) 开展植树造林;

(2) 加强生态修复;

(3) 构建生态城市;

(4) 发展蓝色碳汇。

4. 构建有效碳市场

解决碳排放问题需要构建一个有效的碳排放权交易市场,以市场化方式促进碳减排和经济清洁低碳转型。碳排放权交易市场和碳定价是真正可持续的碳减排方式。

1) 碳交易市场化

碳市场也就是碳排放权交易市场,其本质是环境领域的市场化。政府根据碳减排目标,制订市场的碳排放限额计划,然后向企业分配碳排放权,企业拿到碳排放配额以后通过碳减排或在碳市场进行交易的方式完成政府限额要求。《碳排放权交易管理办法(试行)》于 2021 年 2 月 1 日正式施行,碳排放计划亦在全国范围内开始实施。我国碳市场发展时间线如图 3-24 所示。

2) 碳配额

排放配额是指排放单位在特定时期内、特定区域合法排放二氧化碳的总量限额,也是经碳排放权交易主管部门核定、发放、被允许纳入碳排放权交易的企业在特定时期内二氧化碳的排放量,其单位以"t"计,这是碳排放权市场交易的主要标的物。作为实现碳中和目标的重要工具,碳交易市场需关注的两个重要影响因素是碳排放配额和碳价。

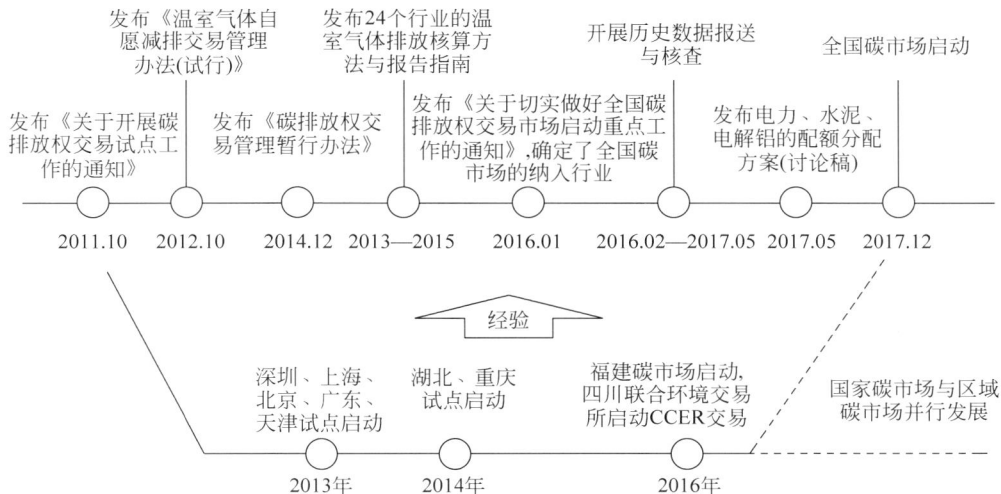

图 3-24 中国碳市场发展时间线

3）碳定价

碳定价是指通过对排放的二氧化碳定价,确定二氧化碳排放主体应为排放一定量的二氧化碳的权利支付多少费用的方法。碳定价有助于把二氧化碳排放造成的破坏或损失转回给责任方且有能力减排的相关方,从而引导生产、消费和投资向低碳方向转型。碳定价有碳税和碳排放权交易两种形式,2019 年全球通过碳定价机制募集的资金总额高达 450 亿美元。2021 年全球共有 31 项碳排放权交易体系和 30 项碳税体系,总计涉及 120 亿 t CO_2,约占全球温室气体排放量的 22%。碳交易过程如图 3-25 所示。

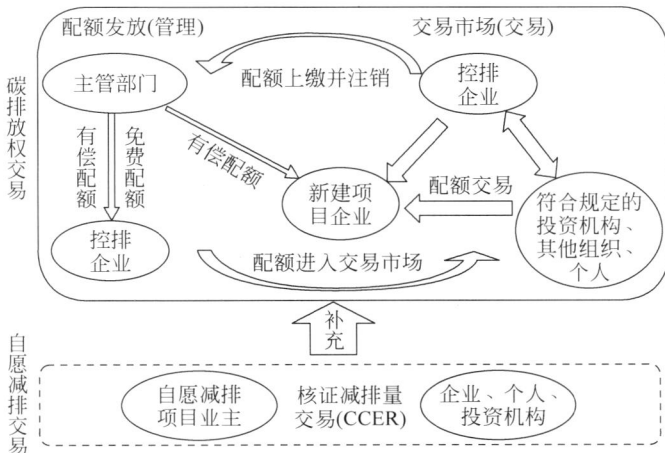

图 3-25 碳交易过程示意

5. 建设绿色金融体系——碳金融体系

中国人民银行货币政策委员会 2021 年第二季度(总第 93 次)例会于 6 月 25 日在北京召开,研究设立碳减排支持工具,以促进实现碳达峰、碳中和为目标完善绿色金融体系。央行将设立碳减排支持工具,撬动更多金融资源向绿色低碳产业倾斜。商业银行要严格执行绿色金融标准,创新产业和服务,强化信息披露,及时调整信贷资源配置。进一步加大对科技创新、制造业的支持,提高制造业贷款比例,增加高新技术制造业信贷投放。绿色金融体系如图 3-26 所示。

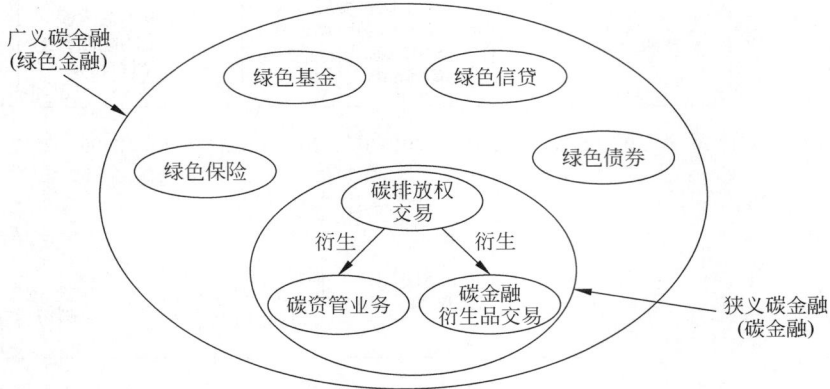

图 3-26 绿色金融体系示意

6. 研发碳减排技术

碳捕集、利用与封存(carbon capture,utilization and storage,CCUS)也被译作碳捕获与埋存、碳收集与贮存,在二氧化碳排放前就对它进行捕捉,从工业过程、能源利用或大气中分离出来,然后通过管道或船舶运输到新的生产过程进行提纯、循环再利用,或输送到封存地进行压缩注入地下并使其发挥有效作用的过程,达到彻底减排和二氧化碳资源化利用的目的。CCUS是一种大规模的二氧化碳减排技术,被国际能源机构定义为"连接现在和未来能源的桥梁"。CCUS 作为"碳吸收"最有效、最直接的手段,可以说是碳中和的托底技术。进入 2020 年以来,在全球大力推进碳中和的背景之下,CCUS 也由此进入发展的快速期。根据国际市场研究机构 Markets and Markets 数据,2020 年全球 CCUS 市场规模达到 16 亿美元,2025 年达到 35 亿美元,年复合增长率达到 17%。CCUS 技术工艺流程如图 3-27 所示,CCUS 产业链如图 3-28 所示,2025—2060 年,CCUS 技术在我国各行业的二氧化碳减排潜力如图 3-29 所示。

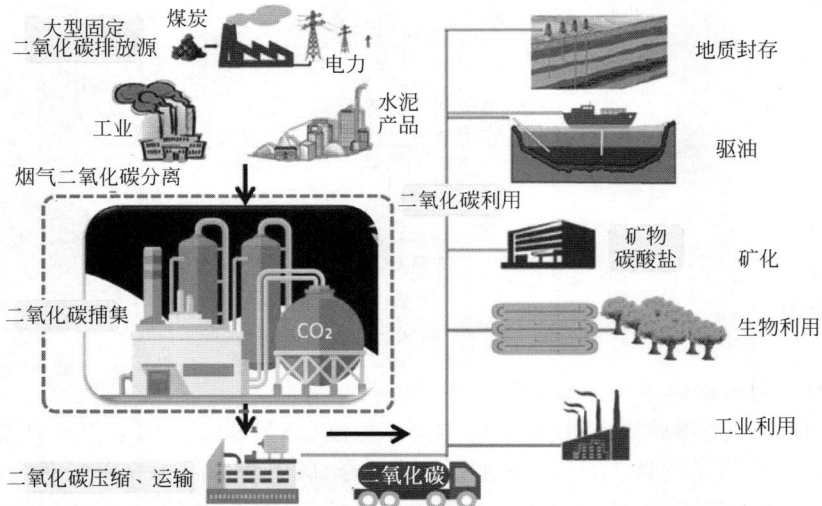

图 3-27 CCUS 技术工艺流程

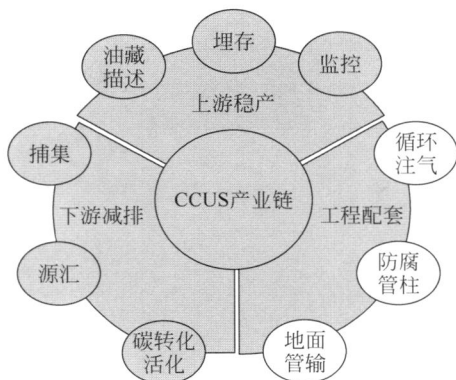

图 3-28　CCUS 产业链示意

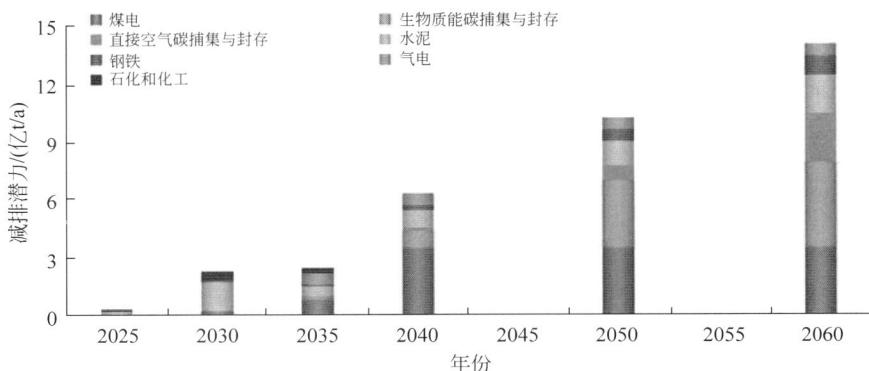

图 3-29　2025—2060 年 CCUS 技术在我国各行业的二氧化碳减排潜力

1）碳捕获

碳捕获技术是指通过化学反应捕获煤燃烧过程中产生的二氧化碳的技术，通过燃烧前捕集、燃烧后捕集、富氧化捕集和化学链捕集等方式，将二氧化碳从工业生产的过程中"抽"出来。运输即用罐车、船舶或管道的方式进行运输，将这些二氧化碳"聚集"起来。我们运用这一技术可以从工业废气流（点源碳捕获）以及直接从大气捕获二氧化碳（直接空气捕获）。一般来说，从二氧化碳浓度较高的点源最容易捕获二氧化碳。基本上所有工业规模的二氧化碳捕获项目都是基于点源碳捕获。直接从空气中捕获二氧化碳的技术成本更高、技术还不成熟，但它有潜力更积极地从大气中去除二氧化碳，因而是将来发展的方向。碳捕集、输送如图 3-30 所示，碳运输如图 3-31 所示。

2）碳利用

碳利用即通过工程技术手段，实现资源化利用。例如，将二氧化碳注入地下，进而实现强化能源生产、促进资源开采的过程；例如，提高石油、天然气的开采率。尽管目前捕获的几乎所有二氧化碳都贮存于地下深处，或存于专门的地质贮存点，或用于提高石油采收率，事实上，二氧化碳还是广泛工业应用的潜在原料。二氧化碳是一种多用途分子，可以通过化学方法转化为多种产品，如建筑材料、燃料、聚合物、化学品等。二氧化碳的资源化利用

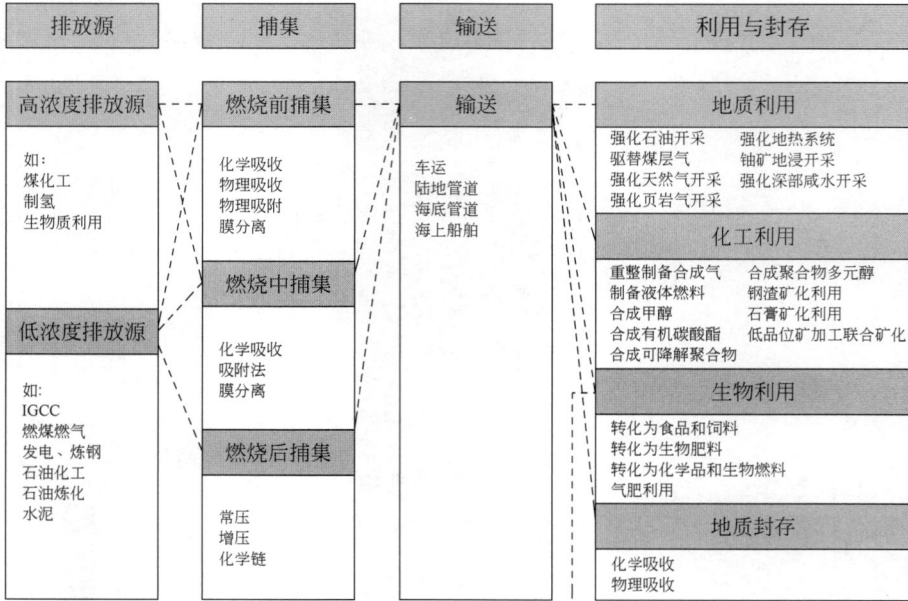

图 3-30　碳捕集、输送示意

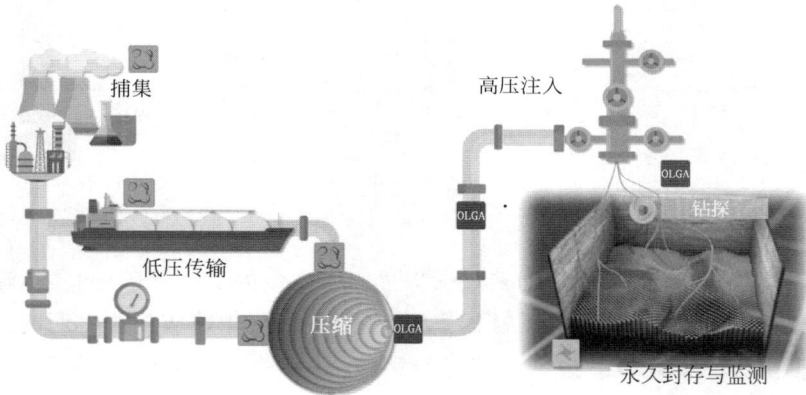

图 3-31　碳运输示意

技术有合成高纯一氧化碳、超临界二氧化碳萃取、烟丝膨化、化肥生产、焊接保护气、灭火器、粉煤输送、培养海藻、油田驱油、合成可降解塑料、改善盐碱水质、饮料添加剂、食品保鲜和贮存等。其中合成可降解塑料和油田驱油技术产业化的应用前景非常广阔。碳利用如图 3-32 所示。

3) 碳封存

碳封存(也称为碳贮存或二氧化碳清除)是对二氧化碳的长期清除或封存,将所捕获的二氧化碳封存在油田、气田、咸水层和不可开采的煤层等地下层,或将二氧化碳通过轮船或管道运输到深海海底进行封存。由于二氧化碳的排放量远超过目前的二氧化碳的利用能力,因此,碳封存很可能仍将在未来的减排计划中发挥重要作用。碳封存如图 3-33 所示。

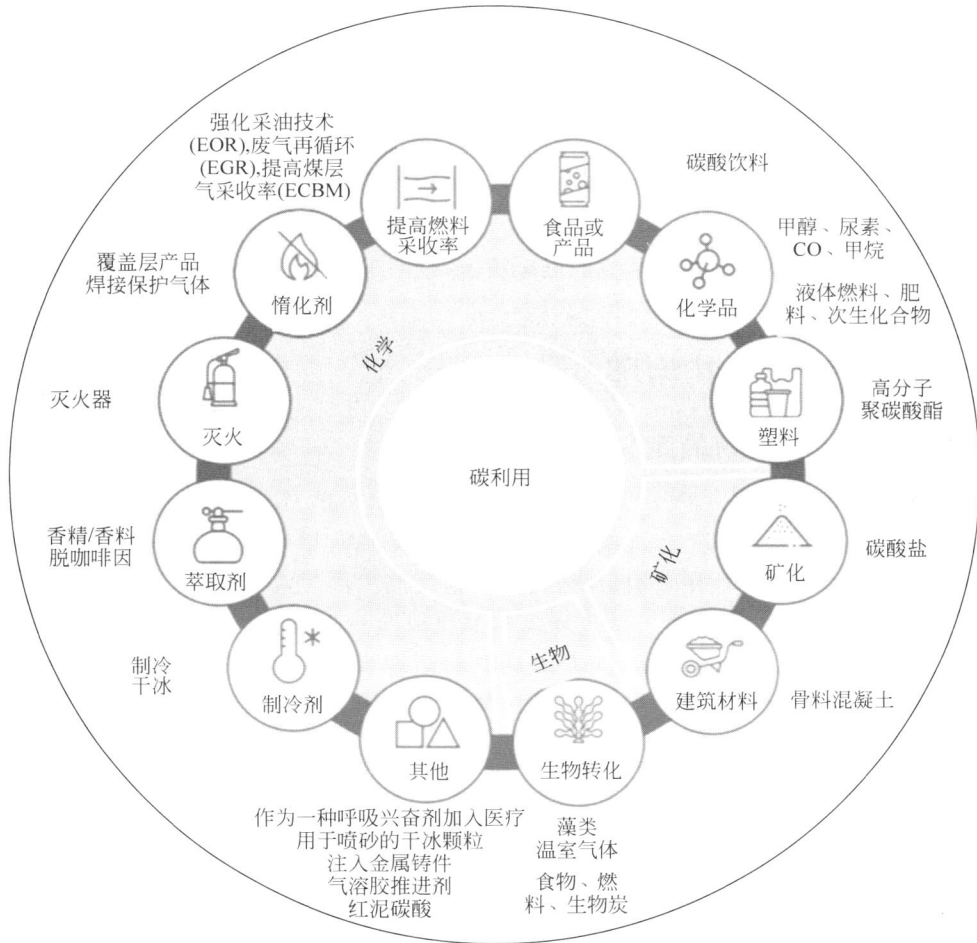

图 3-32 碳利用示意

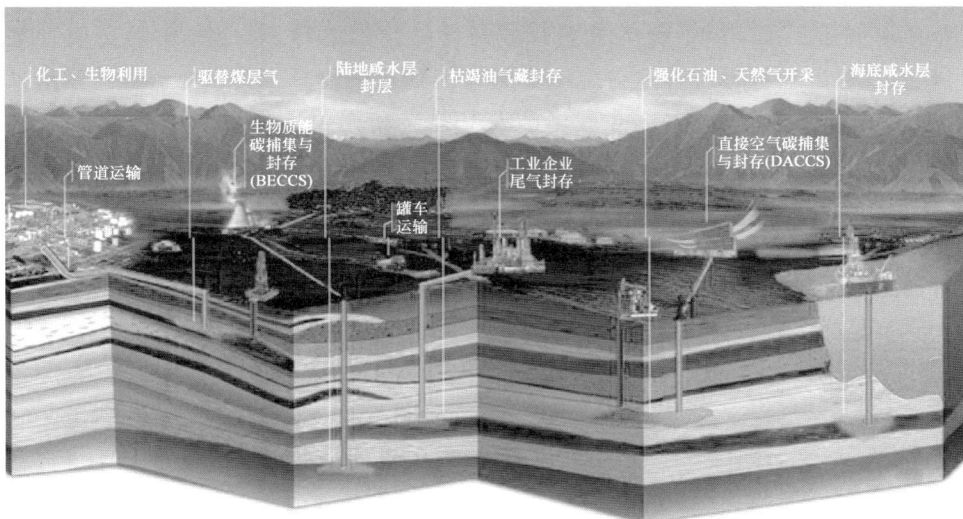

图 3-33 碳封存示意

CCUS 可以捕集发电和工业过程中使用化石燃料所产生的二氧化碳,防止其排入大气中,并将捕集到的二氧化碳进行提纯,并投入新的生产过程中,以实现循环再利用。该技术被认为是解决我国以煤、油为主能源体系的低碳化发展的主要技术手段。

CCUS 是最直接的一种控制二氧化碳排放的措施,被科学界认为是碳存量治理最有潜力和最具实效的减排手段,是未来减缓温室气体排放的重要技术路径之一。国际能源署(IEA)研究结果表明,到 2060 年累计减排量的 14% 来自 CCUS,而 CCUS 是唯一可以实现继续使用化石能源的同时大规模减排的低碳技术,也是工业领域深度减排的关键技术。

3.10   新污染物及其治理

3.10.1   新污染物的定义

新污染物是指排放到环境中的具有生物毒性、环境持久性、生物累积性等特征,对生态环境或者人体健康存在较大风险,但尚未纳入管理或者现有管理措施不足的有毒有害化学物质。

我国是化学物质生产使用大国,加强新污染物管控工作,是深化环境污染防治,保护国家生态环境安全的必然要求,对于防范环境与健康风险意义重大。党的二十大在部署"深入推进环境污染防治"时,明确提出"开展新污染物治理"的重要任务。《中共中央　国务院关于深入打好污染防治攻坚战的意见》把新污染物治理能力明显增强作为"十四五"时期主要目标予以部署,并明确提出要强化源头准入,动态发布重点管控新污染物清单及其禁止、限制、限排等环境风险管控措施。2022 年 5 月,《国务院办公厅关于印发新污染物治理行动方案的通知》(国办发〔2022〕15 号)(简称《行动方案》),对新污染物治理工作进行全面部署,进一步明确要求 2022 年发布首批重点管控新污染物清单。2022 年 12 月,生态环境部会同有关部门印发了《重点管控新污染物清单(2023 年版)》(简称《清单》),于 2023 年 3 月 1 日起施行。

3.10.2   重点管控新污染物

《清单》中给出了四类 14 种类重点管控新污染物的名称、对应的化学文摘社登记号(CAS 号)及其主要环境风险管控措施。重点管控新污染物分别为:全氟辛基磺酸及其盐类和全氟辛基磺酰氟(PFOS 类)、全氟辛酸及其盐类和相关化合物(PFOA 类)、十溴二苯醚、短链氯化石蜡、六氯丁二烯、五氯苯酚及其盐类和酯类、三氯杀螨醇、全氟己基磺酸及其盐类和其相关化合物(PFHxS 类)、得克隆及其顺式异构体和反式异构体、二氯甲烷、三氯甲烷、壬基酚、抗生素、已淘汰类(六溴环十二烷、氯丹、灭蚁灵、六氯苯、DDT、α-六氯环己烷、β-六氯环己烷、林丹、硫丹原药及其相关异构体、多氯联苯)。

3.10.3   新污染物的治理行动方案

1. 指导思想

以习近平新时代中国特色社会主义思想为指导,全面贯彻党的十九大和十九届历次全会精神,深入贯彻习近平生态文明思想,立足新发展阶段,完整、准确、全面贯彻新发展理念,构建新发展格局,推动高质量发展,以有效防范新污染物环境与健康风险为核心,以精准治污、科学治污、依法治污为工作方针,遵循全生命周期环境风险管理理念,统筹推进新污染物环境风险管理,实施调查评估、分类治理、全过程环境风险管控,加强制度和科技支撑保障,健全新污染物治理体系,促进以更高标准打好蓝天、碧水、净土保卫战,提升美丽中国、健康中国建设水平。

2. 主要目标

到 2025 年,完成高关注、高产(用)量的化学物质环境风险筛查,完成一批化学物质环境风险评估;动态发布重点管控新污染物清单;对重点管控新污染物实施禁止、限制、限排等环境风险管控措施。有毒有害化学物质环境风险管理法规制度体系和管理机制逐步建立健全,新污染物治理能力明显增强。

3. 行动举措

1) 完善法规制度,建立健全新污染物治理体系

(1) 加强法律法规制度建设。研究制定有毒有害化学物质环境风险管理条例。建立健全化学物质环境信息调查、环境调查监测、环境风险评估、环境风险管控和新化学物质环境管理登记、有毒化学品进出口环境管理等制度。加强农药、兽药、药品、化妆品管理等相关制度与有毒有害化学物质环境风险管理相关制度的衔接。

(2) 建立完善技术标准体系。建立化学物质环境风险评估与管控技术标准体系,制定修订化学物质环境风险评估、经济社会影响分析、危害特性测试方法等标准。完善新污染物环境监测技术体系。

(3) 建立健全新污染物治理管理机制。建立生态环境部门牵头,发展改革、科技、工业和信息化、财政、住房城乡建设、农业农村、商务、卫生健康、海关、市场监管、药监等部门参加的新污染物治理跨部门协调机制,统筹推进新污染物治理工作。加强部门联合调查、联合执法、信息共享,加强法律、法规、制度、标准的协调衔接。按照国家统筹、省负总责、市县落实的原则,完善新污染物治理的管理机制,全面落实新污染物治理属地责任。成立新污染物治理专家委员会,强化新污染物治理技术支撑。

2) 开展调查监测,评估新污染物环境风险状况

(1) 建立化学物质环境信息调查制度。开展化学物质基本信息调查,包括重点行业中重点化学物质生产使用的品种、数量、用途等信息。针对列入环境风险优先评估计划的化学物质,进一步开展有关生产、加工使用、环境排放数量及途径、危害特性等详细信息调查。2023 年年底前,完成首轮化学物质基本信息调查和首批环境风险优先评估化学物质详细信息调查。

(2) 建立新污染物环境调查监测制度。制定实施新污染物专项环境调查监测工作方案。依托现有生态环境监测网络,在重点地区、重点行业、典型工业园区开展新污染物环境调查监测试点。探索建立地下水新污染物环境调查、监测及健康风险评估技术方法。2025 年年底前,初步建立新污染物环境调查监测体系。

(3) 建立化学物质环境风险评估制度。研究制定化学物质环境风险筛查和评估方案,完善评估数据库,以高关注、高产(用)量、高环境检出率、分散式用途的化学物质为重点,开展环境与健康危害测试和风险筛查。动态制订化学物质环境风险优先评估计划和优先控制化学品名录。2022 年年底前,印发第一批化学物质环境风险优先评估计划。

(4) 动态发布重点管控新污染物清单。针对列入优先控制化学品名录的化学物质以及抗生素、微塑料等其他重点新污染物,制定"一品一策"管控措施,开展管控措施的技术可行

性和经济社会影响评估,识别优先控制化学品的主要环境排放源,适时制定修订相关行业排放标准,动态更新有毒有害大气污染物名录、有毒有害水污染物名录、重点控制的土壤有毒有害物质名录。

3) 严格执行源头管控,防范新污染物产生

(1) 全面落实新化学物质环境管理登记制度。严格执行《新化学物质环境管理登记办法》,落实企业新化学物质环境风险防控主体责任。加强新化学物质环境管理登记监督,建立健全新化学物质登记测试数据质量监管机制,对新化学物质登记测试数据质量进行现场核查并公开核查结果。建立国家和地方联动的监督执法机制,按照"双随机、一公开"原则,将新化学物质环境管理事项纳入环境执法年度工作计划,加大对违法企业的处罚力度。做好新化学物质和现有化学物质环境管理衔接,完善《中国现有化学物质名录》。

(2) 严格实施淘汰或限用措施。按照重点管控新污染物清单要求,禁止、限制重点管控新污染物的生产、加工使用和进出口。研究修订《产业结构调整指导目录》,对纳入《产业结构调整指导目录》淘汰类的工业化学品、农药、兽药、药品、化妆品等,未按期淘汰的,依法停止其产品登记或生产许可证核发。强化环评管理,严格涉新污染物建设项目准入管理。将禁止进出口的化学品纳入禁止进(出)口货物目录,加强进出口管控;将严格限制用途的化学品纳入《中国严格限制的有毒化学品名录》,强化进出口环境管理。依法严厉打击已淘汰持久性有机污染物的非法生产和加工使用。

(3) 加强产品中重点管控新污染物含量控制。对采取含量控制的重点管控新污染物,将含量控制要求纳入玩具、学生用品等相关产品的强制性国家标准并严格监督落实,减少产品消费过程中造成的新污染物环境排放。将重点管控新污染物限值和禁用要求纳入环境标志产品和绿色产品标准、认证、标识体系。在重要消费品环境标志认证中,对重点管控新污染物进行标识或提示。

4) 强化过程控制,减少新污染物排放

(1) 加强清洁生产和绿色制造。对使用有毒有害化学物质进行生产或者在生产过程中排放有毒有害化学物质的企业依法实施强制性清洁生产审核,全面推进清洁生产改造;企业应采取便于公众知晓的方式公布使用有毒有害原料的情况以及排放有毒有害化学物质的名称、浓度和数量等相关信息。推动将有毒有害化学物质的替代和排放控制要求纳入绿色产品、绿色园区、绿色工厂和绿色供应链等绿色制造标准体系。

(2) 规范抗生素类药品使用管理。研究抗菌药物环境危害性评估制度,在兽用抗菌药注册登记环节对新品种开展抗菌药物环境危害性评估。加强抗菌药物临床应用管理,严格落实零售药店凭处方销售处方药类抗菌药物。加强兽用抗菌药监督管理,实施兽用抗菌药使用减量化行动,推行凭兽医处方销售使用兽用抗菌药。

(3) 强化农药使用管理。加强农药登记管理,健全农药登记后环境风险监测和再评价机制。严格管控具有环境持久性、生物累积性等特性的高毒高风险农药及助剂。2025 年年底前,完成一批高毒高风险农药品种再评价。持续开展农药减量增效行动,鼓励发展高效低风险农药,稳步推进高毒高风险农药淘汰和替代。鼓励使用便于回收的大容量包装物,加强农药包装废弃物回收处理。

5) 深化末端治理,降低新污染物环境风险

(1) 加强新污染物多环境介质协同治理。加强有毒有害大气污染物、水污染物环境治

理,制定相关污染控制技术规范。排放重点管控新污染物的企事业单位应采取污染控制措施,达到相关污染物排放标准及环境质量目标要求;按照排污许可管理有关要求,依法申领排污许可证或填写排污登记表,并在其中明确执行的污染控制标准要求及采取的污染控制措施。排放重点管控新污染物的企事业单位和其他生产经营者应按照相关法律法规要求,对排放(污)口及其周边环境定期开展环境监测,评估环境风险,排查整治环境安全隐患,依法公开新污染物信息,采取措施防范环境风险。土壤污染重点监管单位应严格控制有毒有害物质排放,建立土壤污染隐患排查制度,防止有毒有害物质渗漏、流失、扬散。生产、加工使用或排放重点管控新污染物清单中所列化学物质的企事业单位应纳入重点排污单位。

(2)强化含特定新污染物废物的收集利用处置。严格落实废药品、废农药以及抗生素生产过程中产生的废母液、废反应基和废培养基等废物的收集利用处置要求。研究制定含特定新污染物废物的检测方法、鉴定技术标准和利用处置污染控制技术规范。

(3)开展新污染物治理试点工程。在长江、黄河等流域和重点饮用水水源地周边,重点河口、重点海湾、重点海水养殖区,京津冀、长三角、珠三角等区域,聚焦石化、涂料、纺织印染、橡胶、农药、医药等行业,选取一批重点企业和工业园区开展新污染物治理试点工程,形成一批有毒有害化学物质绿色替代、新污染物减排以及污水污泥、废液废渣中新污染物治理示范技术。鼓励有条件的地方制定激励政策,推动企业先行先试,减少新污染物的产生和排放。

6)加强能力建设,夯实新污染物治理基础

(1)加大科技支撑力度。在国家科技计划中加强新污染物治理科技攻关,开展有毒有害化学物质环境风险评估与管控关键技术研究;加强新污染物相关新理论和新技术等研究,提升创新能力;加强抗生素、微塑料等生态环境危害机理研究。整合现有资源,重组环境领域全国重点实验室,开展新污染物相关研究。

(2)加强基础能力建设。加强国家和地方新污染物治理的监督、执法和监测能力建设。加强国家和区域(流域、海域)化学物质环境风险评估和新污染物环境监测技术支撑保障能力。建设国家化学物质环境风险管理信息系统,构建化学物质计算毒理与暴露预测平台。培育一批符合良好实验室规范的化学物质危害测试实验室。加强相关专业人才队伍建设和专项培训。

4. 保障措施

(1)加强组织领导。坚持党对新污染物治理工作的全面领导。地方各级人民政府要加强对新污染物治理的组织领导,各省级人民政府是组织实施本行动方案的主体,于 2022 年年底前组织制定本地区新污染物治理工作方案,细化分解目标任务,明确部门分工,抓好工作落实。国务院各有关部门要加强分工协作,共同做好新污染物治理工作,2025 年对本行动方案实施情况进行评估。将新污染物治理中存在的突出生态环境问题纳入中央生态环境保护督察。

(2)强化监管执法。督促企业落实主体责任,严格落实国家和地方新污染物治理要求。加强重点管控新污染物排放执法监测和重点区域环境监测。对涉重点管控新污染物企事业单位依法开展现场检查,加大对未按规定落实环境风险管控措施企业的监督执法力度。加强对禁止或限制类有毒有害化学物质及其相关产品生产、加工使用、进出口的监督执法。

(3)拓宽资金投入渠道。鼓励社会资本进入新污染物治理领域,引导金融机构加大对新污染物治理的信贷支持力度。新污染物治理按规定享受税收优惠政策。

（4）加强宣传引导。加强法律法规政策宣传解读。开展新污染物治理科普宣传教育，引导公众科学认识新污染物环境风险，树立绿色消费理念。鼓励公众通过多种渠道举报涉新污染物环境违法犯罪行为，充分发挥社会舆论监督作用。积极参与化学品国际环境公约和国际化学品环境管理行动，在全球环境治理中发挥积极作用。

3.11 生态环境的标志

3.11.1 产品环境的标志

环境标志是一种"证明性商标"，它表明该产品不仅质量合格，而且在生产、使用、处置过程中符合特定的环境保护要求，与同类产品相比，具有低毒少害，节约资源等环境优势。环境标志认证是指由国家权威机构认可的第三方认证机构，依据环境标志产品标准及有关规定，对产品环境性能及生产过程进行确认，并以特定的标志图形予以公告，具有高度的客观公正性和可信度。

（1）环境标志的目的。发展环境标志的最终目的是保护环境，它通过两个具体步骤得以实现：①通过环境标志向消费者传递一个信息，告诉消费者哪些产品有益于环境，并引导消费者购买、使用这类产品；②通过消费者的选择和市场竞争，引导企业自觉调整产品结构，采用清洁生产工艺，使企业环保行为遵守法律法规，生产对环境有益的产品。产品环境标志的目标包括：①为消费者提供准确的信息；②增强消费者的环保意识；③促进销售；④推动生产模式的转变；⑤保护环境。环境标志培养了消费者的环保意识，强化了消费者对有利于环境的产品的选择，促进对环境影响较少的产品的开发，达到了减少废物、减少生活垃圾、减少污染的目的。对于实施环境标志制度带来的成效可从三个方面加以评估：①消费者行为的改变程度；②生产者行为的改变程度；③对环境的好处。实践表明，实施环境标志制度确实可以提高消费者对产品环境影响的关注。瑞典第二大零售店对消费者开展了一次民意测验，约有 85% 的顾客表示愿意为环境清洁产品支付较高的价格。

（2）产品环境标志的类型。环境标志计划在不同的国家设计和实施过程中，出现了不同的类型，在 ISO 14024 中将它们分为三类，见表 3-16。

表 3-16　产品环境标志的类型

项　　目	类型 I	类型 II	类型 III
名称	批准印记型	自我声明型	单项性能认证型
特点	大多数国家采用①自愿参加；②以准则、标准为基础；③包含生命周期的考虑；④有第三方认证	① 可由制造商、进口商、批发商、零售商或任何从中获益的人对产品的环境性能做出自我声明；②这种自我声明可在产品上或者在产品的包装上以文字声明、图案、图表等形式来表示，也可表示在产品的广告上或者产品名册上	单项性能有：可再循环性、可再循环的成分、可再循环的比例，节能、节水、减少挥发性有机化合物排放等
目标市场对象	零售消费者	零售消费者	工厂/零售消费者
通信渠道	环境标志	文本和符号	环境性能数据表单
范围	全生命周期	单个方面	全生命周期

续表

项　目	类型Ⅰ	类型Ⅱ	类型Ⅲ
标准	是	没有	没有
是否应用 LCA	是	否	是
选择性	前 20%～30%	无	无
实施者	第三方	第一方	第三方/第一方
是否需要认证	是	一般不	否
管理机构	生态标志小组	公平贸易委员会	鉴定机构

图 3-34　Ⅰ型环境标志

我国的Ⅰ型环境标志图形于 1993 年发布,它由青山、绿水、太阳和 10 个"环"组成。其中心结构表示人类赖以生存的环境;外围的 10 个环紧密结合,环环相扣,表示公众参与,共同保护;10 个"环"的"环"字与环境的"环"同字,寓意为"全民联合起来,共同保护我们赖以生存的环境",如图 3-34 所示。我国从 1994 年开始实施的环境标志认证是Ⅰ型环境标志,其最大的特点是对产品从设计、生产、使用一直到废弃处理的整个生命周期都有严格的环境要求。实施 8 年有 400 多家企业的 1000 多种产品拿到这种标志。

我国的Ⅱ型环境标志如图 3-35 所示,图形的中心结构表示人类赖以生存的地球环境,外围的 10 个环紧密结合,环环紧扣,表示公众参与共同保护环境,同时 10 个环的"环"字与环境的"环"同字,其寓意为"全民联合起来,共同保护人类赖以生存的环境",中间有罗马数字Ⅱ,因此称为"十环Ⅱ标志"。Ⅱ型环境标志主要针对资源有效利用,企业可以从国际标准限定的"可堆肥、可降解、可拆卸设计、延长生命产品、使用回收能量、可再循环、再循环含量、节能、节约资源、节水、可重复使用和充装、减少废物量"等 12 个方面中,选择一项或几项做出产品自我环境声明,并需经第三方验证。

我国的Ⅲ型环境标志如图 3-36 所示,由体现中国生态环境的银杏叶、天鹅有机组合而成,展翅高飞的银杏叶、天鹅,内涵是向人们传递环境保护信息。

图 3-35　Ⅱ型环境标志

图 3-36　Ⅲ型环境标志

相对于Ⅰ型和Ⅱ型,Ⅲ型环境标志基于定量的生命周期评价分析,可为市场上的产品和服务提供科学的、可验证和可比性的量化环境信息,可以更加科学合理地评价产品对环境造成的影响,因此被认为是对各国政府绿色采购和产品生态设计最有力的支持工具。

环境标志作为一种指导性的、自愿的、控制市场的手段,成为保护环境的有效工具。有关环境标志的内容也被列入 ISO 14000 系列标准之中。

3.11.2 环境保护的标志

基于环境生态被破坏的现状,环境未来可持续化考量以及人类文明进步的精神诉求,环境保护刻不容缓,常用环境保护标志详见表 3-17。

表 3-17　常用环境标志列表

序号	标志图例	标志名称	标识含义
1		FSC 森林认证	20 世纪 90 年代初的"森林认证"行动,旨在作为促进森林可持续经营的一种市场机制,通过对森林经营活动进行独立的评估,将"绿色消费者"与寻求提高森林经营水平和扩大市场份额,以求获得更高收益的生产商联系在一起。1994 年,森林管理委员会(FSC)正式成立,制定了 FSC 原则与标准,并认可认证机构根据此标准开展森林认证
2		绿色食品标志	图形由三部分构成,即上方的太阳、下方的叶片和中心的蓓蕾,象征自然生态;颜色为绿色,象征着生命、农业、环保;图形为正圆形,意为保护。AA 级绿色食品标志与字体为绿色,底色为白色,A 级绿色食品标志与字体为白色,底色为绿色。整个图形描绘了一幅明媚阳光照耀下的和谐生机,告诉人们绿色食品是出自纯净、良好生态环境的安全、无污染食品,能给人们带来蓬勃的生命力
3		中国环境保护产品认证	图案中间英文字母 CEP 是"certification for environmental products(环境保护产品认证)"的缩写;包裹 CEP 的大写字母 C,代表中国(China)。整个图案英文字母缩写 CCEP 寓意是"中国环境保护产品认证",与标志上方的中文相互对应
4		抗菌标志	抗菌标志是由中国抗菌材料及制品行业协会(CIAA)颁发的抗菌产品性能质量识别标志。CIAA 是中国抗菌材料及制品行业协会的英文缩写,贴有抗菌标志的产品表明产品的品质符合抗菌产品的质量标准或达到了相应的技术规范,寓示产品具有持久抗菌、安全自洁的功能

续表

序号	标志图例	标志名称	标识含义
5		有机食品标志	标志采用国际通行的圆形构图,以手掌和叶片为创意元素。有机食品标志由两个同心圆、图案以及中英文文字组成。内圆表示太阳,其中的既像青菜又像绵羊头的图案泛指自然界的动植物;外圆表示地球。整个图案采用绿色,象征着有机产品是真正无污染、符合健康要求的产品以及有机农业给人类带来了优美、清洁的生态环境
6		中国节水标志	该标志由水滴、手掌和地球变形而成。绿色的圆形代表地球,象征节约用水是保护地球生态的重要措施。本标志由江西省井冈山师范学院(现更名为井冈山大学)团委康永平设计,2000 年 3 月 22 日揭牌。标志着中国从此有了宣传节水和对节水型产品进行标识的专用标志
7		安全饮品标志	安全饮品认证是由认证中心依据国家规定的标准,按系统的程序和方法对饮品的质量安全保证能力进行审核、评估的产品认证活动。通过安全饮品认证,将饮品中的危害因素控制在可接受或消除的饮品为安全饮品
8		无公害农产品认证	无公害农产品认证工作是农产品质量安全管理的重要内容。开展无公害农产品认证工作是促进结构调整,推动农业产业化发展,实施农业名牌战略,提升农产品竞争力和扩大出口的重要手段
9		循环再生标志	循环再生标志,又称回收标志。这个标志有两方面的含义:①它提醒人们,在使用完印有这种标志的商品包装后,请把它送去回收,而不要把它当作垃圾扔掉;②它标志着商品或商品的包装是用可再生的材料做的,因此是有益于环境和保护地球的

3.11.3　环境保护图形的标志

　　根据中华人民共和国国家标准《环境保护图形标志 排放口(源)》(GB 15562.1—1995)、《环境保护图形标志——固体废物贮存(处置)场》(GB 15562.2—1995)及修改单(生态环境部公告 2023 年第 5 号)和《危险废物识别标志设置技术规范》(HJ 1276—2022),污水排放口、废气排放口、噪声排放源、一般固体废物和危险废物贮存、利用、处置场等环境保护图形标志及其功能详见表 3-18,常用标识牌示意详见图 3-37。

表 3-18　常用环境保护图形标志

序号	提示图形符号	警示图形符号	名称	功能
1			污水排放口	表示污水向水体排放
2			废气排放口	表示废气向大气环境排放
3			噪声排放源	表示噪声向外环境排放
4			一般固体废物	表示一般固体废物贮存、处置场

序号	提示图形符号	警示图形符号	名称	功　能
5			危险废物	表示危险废物贮存、处置场

企业生产中在各污染源排放口及固体废物(一般固体废物、危险废物)贮存、利用、处置设施悬挂的环境标识牌详见图 3-37。

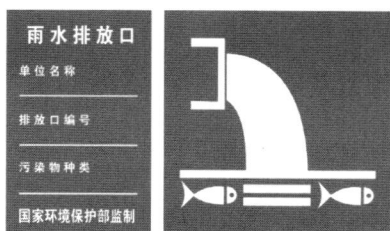

(a) 雨水排放口标识牌

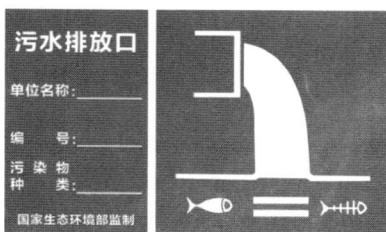

(b) 污水排放口标识牌

(c) 一般固体废物贮存场所标识牌

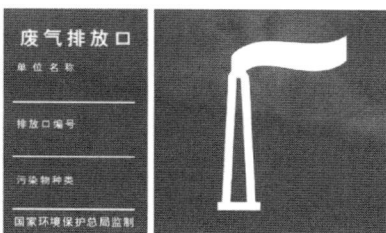

(d) 废气排放口标识牌

(e) 危险废物贮存设施标识牌

(f) 危险废物利用设施标识牌

图 3-37　常用环境标识牌

(g) 危险废物处置设施标识牌

(h) 危险废物标签

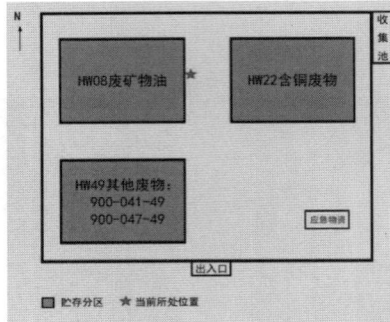

(i) 危险废物标签与分区标志

(j) 危险废物标签

(k) 环境噪声标识牌

(l) 电离辐射标识牌

图 3-37(续)

思考与练习

1. 什么叫大气环境？如何理解大气环境的含义？

2. 大气主要污染源有哪些？

3. 简述空气质量指数的分级及其对健康的影响情况。

4. 常用的大气环境标准有哪些？

5. 大气污染治理技术有哪些？

6. 什么是 VOCs？什么是非甲烷总烃？

7. 恶臭气体的基本治理技术包括哪几类？

8. 什么是室内空气污染？

9. 简述主要的水环境污染物。

10. 简述地表水体的分类。

11. 简述典型自来水处理工艺。

12. 论述水处理技术方法。

13. 论述地表水处理工艺流程。

14. 论述黑臭河道治理可以采用哪些技术方法？请通过资料检索，列举 3～5 个典型工程治理案例。

15. 简述 1～2 种典型工业生产废水处理工艺。

16. 简述地下水污染修复技术的发展趋势。

17. 什么是地下水抽出-处理技术？地下水抽出-处理技术的修复过程和反应原理？如何设计地下水污染修复抽出-处理技术？

18. 什么是生物修复？同物理、化学修复相比有什么优缺点？

19. 生物修复受哪些因素影响？

20. 地下水的生物修复有哪些方法？

21. 怎样对石油污染的海洋进行生物修复？

22. 什么是反应渗透墙技术？其反应原理是什么？简述渗透墙技术优势及存在问题。

23. 简述地下水污染的物理处理技术和气提处理技术。

24. 如何在氧化还原的条件下去除铁锰？如何利用臭氧处理被污染的含水层？

25. 什么是噪声？其来源和特点是什么？有哪些危害？

26. 常用衡量噪声强弱的物理量的计算公式及其单位是什么？

27. 噪声的治理对策有哪些？

28. 电磁辐射危害人体的机理是什么？

29. 什么是放射性污染？其来源和危害有哪些？有哪些治理对策？

30. 什么是热污染？其来源和危害有哪些？有哪些治理对策？

31. 什么是光污染？其来源和危害有哪些？有哪些治理对策？

32. 什么是生态环境？

33. 生态保护的基本原则是什么？

34. 什么是生态保护替代方案？

35. 减少生态影响的工程措施有哪些?

36. 重要生态保护措施有哪些?

37. 生态监测有什么特点?

38. 简述生态保护措施的基本要求。

39. 什么叫固体废物? 固体废物有哪些分类?

40. 简述固体废物污染控制标准体系。

41. 固体废物进入环境的途径有哪些? 分别有什么危害?

42. 试讨论固体废物资源化利用问题。

43. 什么是危险废物? 试论述危险废物的处理处置技术。

44. 常用的危险废物固定化/稳定化方法有哪些?

45. 医疗废物的类别及其处理处置方法有哪些?

46. 简述碳排放、碳达峰、碳中和基本概念。

47. 简述碳排放核算方法及步骤。

48. 什么叫碳资产? 碳排放配额分配主要模式有哪几种?

49. 什么叫碳交易? 碳交易有哪几种机制?

50. 简述生态系统碳汇的作用。

51. 简述碳捕集、利用与封存(CCUS)技术要点。

52. 什么是新污染物?

53. 了解《重点管控新污染物清单(2023年版)》中给出了4类14种类重点管控新污染物的名称、对应的化学文摘社登记号(CAS号)及其主要环境风险管控措施。

54. 了解环境标志和环境标志认证概念及作用。

55. 认识常用环境标志。

56. 认识并熟记常用环境保护图形标志。

参 考 文 献

[1] 环境保护部环境工程评估中心.建设项目环境监理[M].北京:中国环境科学出版社,2012.

[2] 卢昌义.现代环境科学概论[M].3版.厦门:厦门大学出版社,2020.

[3] 方淑荣,姚红.环境科学概论[M].3版.北京:清华大学出版社,2022.

[4] 龙湘犁,何美琴.环境科学与工程概论[M].上海:华东理工大学出版社,2018.

[5] 蒋展鹏,杨宏伟.环境工程学[M].3版.北京:高等教育出版社,2013.

[6] 国家环境保护总局环境工程评估中心.环境影响评价技术方法[M].北京:中国环境科学出版社,2022.

[7] 赵由才,牛冬杰.危险废物处理技术[M].3版.北京:化学工业出版社,2019.

[8] 赵由才,牛冬杰.固体废物处理与资源化[M].4版.北京:化学工业出版社,2023.

[9] 李广贺,李发生,张旭.污染场地环境风险评价与修复技术体系[M].北京:中国环境科学出版社,2010.

第4章
工程建设项目产污环节、处理处置方法与典型工程案例

4.1 轻工纺织化纤

4.1.1 轻工业污染特点

轻工业是以生产"消费资料"为主的工业,即生产用来满足人们日常生活中衣、食、住、行、用及文化娱乐方面消费的产品,如食品、纸张、日用器皿等。它包括食品发酵、制浆造纸、家电、家具、塑料、制革、制盐等19大类45个行业。纺织化纤工业是指将天然纤维和人造纤维原料加工成各种纱、丝、线、绳、织物及其染整制品的工业,如棉纺织、毛纺织、丝纺织、化纤纺织、针织、印染等工业。纤维可被分作天然纤维及人造纤维。天然纤维是自然界存在的,可以直接取得,根据其来源纤维分成植物纤维、动物纤维和矿物纤维三类。人造纤维是聚合物经一定的加工(牵引、拉伸、定型等)后形成细而柔软的细丝。轻工纺织化纤工业承担着繁荣市场、增加出口、扩大就业、服务"三农"的重要任务,是国民经济的重要产业,在经济和社会发展中起着举足轻重的作用。近年来,我国轻工业迅速发展,无论在企业规模和实力,还是在产业竞争力上都得到了明显提高,具备了一定的自主创新能力,但也存在一些问题。

4.1.2 废气防治

轻工业中最具典型的行业为制浆造纸(木材制浆、非木材制浆和废纸制浆),废气主要以烟粉尘和恶臭为代表。纺织化纤工业最典型的行业为印染,废气主要为整经、织造、磨毛、烧毛等生产环节产生的粉尘,烧毛工段产生的燃料废气及烧毛粉尘,导热油锅炉燃料废气及污水处理环节产生的氨气、硫化氢、甲硫醇等恶臭气体。

1. 废气产生特点

(1) 含有大量恶臭有异味的物质,影响人的感官,极易扰民;

(2) 产生环节多,难以收集,无组织排放量大;

(3) 夹带粉尘,污染环境,损伤人的呼吸系统。

2. 废气防治方法

1) 防治原则

(1) 改进生产工艺,从源头防止、减少有害气体的产生和排放量;

（2）热源的生产环节宜采用清洁能源作为燃料，如天然气、汽油等；

（3）加强废气收集工艺设计，控制恶臭气体无组织排放。

2）治理方法

（1）恶臭气体。工艺过程臭气一般采用燃烧法处理，配备臭气燃烧器、燃烧火炬等；污水处理厂产生的恶臭气体一般采用吸收法处理，用液体吸收剂溶解除去废气中有害组分，物理吸收或伴有化学吸收作用，常用吸收剂为水、稀碱、稀酸等，可根据废气的种类多级串联吸收。

（2）烟（粉）尘。一般采用较多的是旋风除尘器、布袋除尘器和静电除尘器，根据产生工段废气特点（浓度、粒径等）进行选择。

4.1.3 废水处理

轻工纺织化纤工业中废水是主要的环境问题，废水产生量大、毒性高，生化需氧量和化学耗氧量高。例如，造纸漂白废水中含大量的有机氯化物，具有很深的颜色和很大的毒性。

1. 废水处理的一般原则

（1）应特别注意水的梯度利用，水的循环使用，减少新鲜水的利用量和废水的排放量；

（2）废水的处理必须考虑技术可行性和经济实用性，把控制和消除污染与降低生产成本结合起来。

（3）废液处理尽可能回收有用物质，可以降低原材料消耗、回收化学药品和纤维、节约能源等，如造纸黑液碱回收工艺。

2. 治理方法

1）生物法

生物法原理是运用自然界生物细胞新陈代谢的生物化学反应来转化废水有机物。但是微生物系统存在一系列缺陷，包括对环境因素的变化比较敏感，营养系统维持微生物生长难以较长时间控制等问题。

2）絮凝法

对于废水中不溶或难溶的物料，通常用絮凝法使之沉降，絮凝沉降速度相当快，一级混凝装置基本满足工艺要求。实际工程中，一些企业从原理、设备、工艺及工程各方面考虑，把常用的物化法和固体吸附剂吸附、萃取、气提、蒸馏、高温深度氧化等化工工程物化法以及生物化学法组合起来应用。

3）臭氧氧化法

该方法在国外应用较多，研究表明，氧化1g染料需要0.886g臭氧时，淡褐色染料废水脱色率达80%；反应器内安装隔板，可减少臭氧用量16.7%。因此，利用臭氧氧化脱色，宜设计成间歇运行的反应器，并可考虑在其中安装隔板。

4）吸附法

该方法是将活性炭、黏土等多孔物质的粉末或颗粒与废水混合，或让废水通过由其颗粒状物组成的滤床，使废水中的污染物质吸附在多孔物质表面或被过滤除去。

4.1.4　固体废物处理处置

固体废物主要包括：污泥、绿泥、白泥、浆渣、石灰渣、木屑、废纸、泥砂油、废坯布、废涤纶等次品和废燃料桶、废包装袋等。

固体废物处置的途径主要包括：

（1）资源回收利用，如造纸工业中木屑进入燃料锅炉燃烧回收热能，黑液进入碱回收炉回收热能和碱。制浆污水污泥含有很高的有机质，是生产肥料的良好资源。通过微生物肥料技术可以实现污水污泥无害化、资源化综合利用。

（2）作为燃料利用，如造纸工业浆渣主要成分是纤维，销售给地方造纸厂生产低档纸和蛋托，也可以送入多燃料流化床锅炉燃烧提供一定的热量，减少用煤量。

（3）污泥的干化、焚烧，如印染污泥的最终处置常采用污泥干化和焚烧。

（4）填埋，不具危险性的废物采用填埋处理。

4.1.5　某纸业有限公司环境保护工程案例

1. 某纸业有限公司新建 30 万 t/a 牛皮箱板纸生产项目简介

某纸业有限公司拟投资 5000 万元新建 30 万 t/a 牛皮箱板纸生产项目，项目采用废纸浆生产工艺，有效利用废料来生产纸制品，建设一条牛皮箱板纸生产线，年产牛皮箱板纸 30 万 t，新建生产用房及附属用房 160 000m²。该公司在周边地区设置废纸收购点，收购废纸合计 397 300t/a，满足项目的生产需求。牛皮箱板纸由面纸、底纸黏合而成。其生产工艺包括制浆和造纸两个流程，制浆包括制面浆、制底浆两类。

2. 废气

废气主要为污水预处理区域未被收集的臭气、废纸堆棚内湿废纸长期堆放发酵产生的恶臭气体以及固体废物临时堆场内固体废物长时间堆放发酵产生的恶臭气体。建议废纸堆棚、固体废物临时堆场废气收集处理后排放。对污水厂、废纸堆棚、固体废物临时堆场的恶臭采取如下防治措施：

（1）在厂区及厂界种植比较高大的树种。植树要保持一定的种植密度，且种植 3～4 排，这样可在一定程度上阻挡恶臭对周边环境的影响。

（2）及时清运厂区的固体废弃物，减少其在厂区内的滞留时间，使恶臭对周围环境影响减至最低；合理控制废纸的一次购入量，购入的废纸尽量保证含水率在 15% 以下，湿度较大的废纸及时利用；若有可能，建议将产生恶臭污染的构筑物设计为密闭式，这样可大大降低恶臭对周围环境的污染。

（3）厂区污水管设计流速应足够大，尽量避免产生死区；设计中在不影响处理工艺及检修、安装的前提下尽量采用封闭式构筑物。

（4）沉淀池或格栅截留的物质经滤水后立即转移到容器中，尽快外运处置。

（5）厂区保持清洁，沉淀池表面漂浮的污泥层和污泥固体应定期去除。

（6）厂区污泥临时堆场要用氯水或漂白粉冲洗和喷洒。

3. 废水

1）纸机白水的回用方式

由白水的特性和回用水质要求决定的白水回用方式各有不同，如直接回用、间接回用、封闭循环等,应以环境保护和经济效益的统筹观点,根据实际情况进行选择。

2)该项目白水回用方案

该项目白水产生后,一部分直接在车间内采用多圆盘白水过滤机过滤后回用到工艺中作为补充水,其余部分作为工艺废水入厂区污水处理设施处理,处理后的废水部分回用到工艺作为补充水,其余部分与生活污水一起接管城镇污水处理厂集中处理。

4. 固体废物

塑料皮、废料为一般固体废物,外售综合利用,用来制成塑料粒子;渣浆、废渣(含水)为一般固体废物,外售综合利用;助剂、染料废包装桶袋为危险废物,由供应商回收或送有资质单位处置;厂内污水预处理设施产生的大部分污泥和纸张边角料为一般固体废物,厂内回用作造纸原料,不外排;砂石、铁钉(混有部分废渣),河水净化产生的污泥,厂内污水预处理设施产生污泥中少数腐烂变质、无法回用部分,属于一般废物,外售综合利用。

4.2 化工石化医药

4.2.1 化工污染的特点

化学工业作为国民经济的支柱产业之一,对社会的进步和发展具有重大推动作用。医药行业与人民群众的日常生活息息相关,是为人民防病治病、康复保健、提高民族素质的特殊产业,在保证国民经济健康、持续发展中,起到了积极的、不可替代的"保驾护航"作用。但化工石化医药具有"特殊贡献"与环境污染的双重性。在化工生产(医药中药品大部分属于化学药品,生产过程主要为化工过程)中产生的三废(废气、废水、废渣)中可能含有毒害物质,直接排入大气、江河和大地,会给人类生存造成极大危害。有资料表明,化工行业是三废污染最为严重的领域之一。因此,在工程设计施工及营运期内必须具体体现可持续发展的思想观念和环保意识,把三废防治和环保措施列为工程重要组成部分,根据防治结合、以防为主的原则,采取措施,达到原材料综合利用,变废为宝,减少三废排放的目的。

4.2.2 废气防治

1. 废气特点

化工企业产生废气具有以下特点:

① 含易燃、易爆物质,如低沸点的有机溶剂;

② 含有毒物质,易造成刺激性、窒息性中毒,甚至危害神经、心血管系统;

③ 含酸性气体,有害人的呼吸,腐蚀建筑物和农作物;

④ 夹带粉尘,污染环境,损伤人的呼吸系统;

⑤ 含有恶臭有异味的物质,影响人的感官。

2. 防治原则

(1) 改进生产工艺,从源头防止、减少有害气体的产生和排放量;提升工艺装备的自动化、密闭化、连续化水平,控制无组织排放;

(2) 使用毒性较小的环保型原辅料,降低废气的危害程度;

(3) 因地制宜,根据废气特性选择有效措施综合治理;

（4）变有害气体为无害后再排放；

（5）采取高空稀释扩散排放。

3. 治理方法

常用的有两种方法,包括除尘除雾法和气体净化法。除尘除雾法所包括的常用方法及其特点见表 4-1。

表 4-1　除尘除雾法常用方法及特点

方 法 名 称	特　　　点
重力沉降法	利用重力、惯性力作用在沉降室中进行,目前广泛应用
离心式旋风除尘器	离心力比重力大几百倍,所以比重力除尘设备小很多
袋式除尘器	适应性强,可捕集各类性质的粉尘,且不因粉尘的比电阻等性质而影响除尘效率,便于回收物料
湿式除尘器	用水喷洒废气使气体中的颗粒润湿;废气变成废水后再按废水处理的方法处理
静电除尘器	利用高压电场使气体中粉尘带电后沉积在集尘电板上使气体净化;除尘效率最高,但经费高,仅当上述方法不奏效时采用

气体净化法常用的方法及特点见表 4-2。

表 4-2　气体净化法常用方法及特点

方 法 名 称	特　　　点
吸收法	用液体吸收剂溶解除去废气中有害组分,物理吸收或伴有化学吸收作用,常用吸收剂为水、稀碱、稀酸、有机溶剂等
吸附法	使废气中有害组分吸附在固体吸附剂上以净化气体,常用吸附剂有:硅胶、活性炭、活性氧化铝、焦炭、气体吸附树脂等
焚烧法	是处理不易回收或回收价值不大的可燃气体的方法,采用热力燃烧或在催化剂条件下低温燃烧分解
生物法	气体经过去尘增湿或降温等预处理工艺后,从底部由下向上穿过由滤料组成的滤床,气体由气相转移至水-微生物混合相,通过固着于滤料上的微生物代谢作用而被分解掉

4.2.3　废水处理

化工生产中产生的废水成分复杂,如含有毒害物质,酸碱度不确定,生化需氧量和化学耗氧量高,危及水生生物,含有氮、磷等营养物质,有利于水中微生物和藻类繁殖导致鱼类死亡。上述种种因素使废水处理的难度加大,应根据不同特点采取不同处理方法。

1. 废水处理的一般原则

（1）改进生产工艺,使生产过程不产生或少产生工业废水,或使废水中少含或不含毒性物质;

（2）必须排放的废水,尽量回收有用物质,变废为宝,化毒为利;

（3）采用对水多次利用和闭路循环等措施,减少废水排放量;

（4）清水与污水分流管理;

（5）最终产生的废水采用合适的处理方法有效处理,达到允许的排放标准。

2. 废水处理方法及其特点（表4-3）

表4-3　废水处理方法及其特点

方法类别	具体方法	特　　点
物理法	自然过滤法	主要用于去除废水中的固体悬浮物、油类等,是分离废水中悬浮物的有效方法。常用过滤介质:格栅、筛网、沙滤池、布袋、微孔管
	重力分离法（沉淀池、隔油池）	水中杂质靠自身重力与水分离
	离心分离法	高速旋转产生的离心力使悬浮物与水分离,消耗动力大,用于废水量少的物质
化学法	中和法	根据水中含物的化学性质,利用化学反应分离杂质的常用基本法(物理法失效时用之)
	混凝沉淀法	加入混凝剂,使废水中细小颗粒和胶体混凝后再用沉淀法、过滤法去除。化工、石油厂废水及工业用水的水预处理普遍采用
	氧化还原法	加入氧化剂(还原剂)使废水中毒物转变为无毒物质,化工厂、电镀厂中含氰、腈、硫及铬离子的污水处理常采用此法。常用氧化剂是空气、漂白粉、次氯酸钠、二氧化氮、高锰酸钾等
	化学沉淀法	加入沉淀剂,使废水中所含砷、汞、铅、铬、铝等金属离子转变成难溶物质沉淀下来
物理化学法	吸附法	适用于物理法不能净除污染物的场合,可不加入药剂(不产生化学反应),靠物理化学作用处理。利用固体吸附剂吸附废水中毒物并与废水分离。常用的吸附剂为活性炭、活性白土等;用腐殖酸作吸附剂处理含重金属(汞、镉、铅等)的工业废水。使用专用的吸附器(或塔),并配再生设备
	萃取法	选用萃取剂(不溶或少溶于水)与水接触,使其污染物转入萃取剂后再经分离处理。可把污水处理和物料回收结合进行
	气提法	向废水中通入蒸汽,使其中 H_2S、NH_3、草酸等易挥发物和可溶性气体提取出来
	膜分离法	利用具有特殊性能的膜,通过电力或压力去除废水中的杂质。当前有电渗析法和反渗析法
生物处理法(生化法)		用某些微生物分解废水中的有机物质和无机毒物。因处理设备简单、成本低、效果好而得到广泛使用。常用的是活性污泥法,因技术条件要求严格,选用时要慎重

4.2.4　固体废物处理及处置

化工企业固体废物包括一般废物和危险废物2类。

化工生产中的固体废物包括各种原料废包装物、生产过程中产生的过滤残渣、精馏残渣、不合格品以及烟尘和废水处理污泥等。固体废物具有两面性,一方面是水、土壤和大气的污染物;另一方面是可转化为其他材料的有用资源。因此固体废物处理的原则是"三化",即减量化、资源化、无害化。下面研究固废资源化的途径,做到变废为宝。

① 提取金属或贵金属及化工产品,比如贵金属催化剂提取贵金属,废溶剂提取溶剂;

② 回收未被转化的原料;

③ 转化为建筑材料,如一般废物污泥;

④ 转化为其他化工产品,如废硫酸污泥可利用生产石膏;

⑤ 废渣最终处理:一般采用焚烧或土地填埋,大多数采用危险废物焚烧炉焚烧处置,无法焚烧处置的或焚烧残渣采取填埋处置,填埋的 4 种具体方法见表 4-4。

表 4-4　废渣填埋处理方法

填　埋　法	适　用　场　合
惰性填埋法	无毒无害成分、无释放可能的废渣,直接埋入地下
卫生土地填埋法	不会造成污染的废渣
工业土地填埋法	填埋前经无害化处理后再直接填埋的废渣
安全土地填埋法	废渣中有害物质能够释放出来污染环境

4.2.5　某化工公司环境保护工程案例

1. 企业项目概况

某化工公司投资新建项目,项目主要产品包括 DCPD 不饱和聚酯树脂和医药中间体 3-乙酰氧基-2-甲基苯甲酸项目,主要产品方案见表 4-5。

表 4-5　主要产品方案

序号	产品名称	设计能力/(t/a)	生产时间/h
1	DCPD 不饱和聚酯树脂	1000	7200
2	3-乙酰氧基-2-甲基苯甲酸	100	4800

2. 产品主要生产工艺

(1) DCPD 不饱和聚酯树脂生产工艺流程如图 4-1 所示。

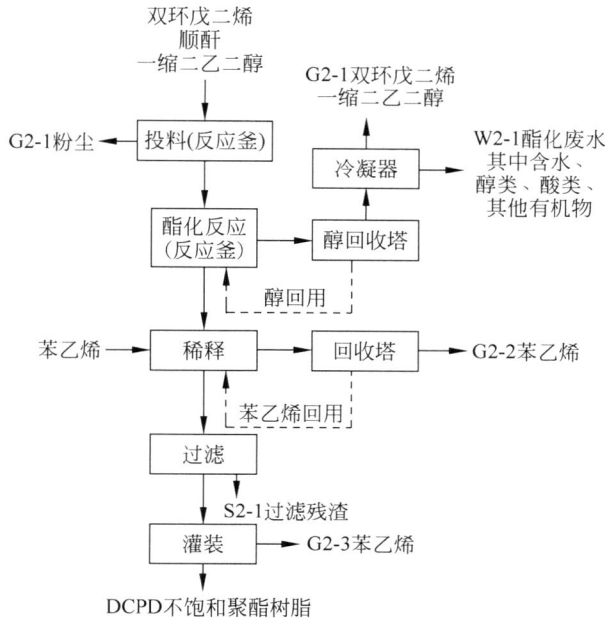

图 4-1　DCPD 不饱和聚酯树脂生产工艺流程

G 为废弃;S 为固体废物;W 为废水

（2）3-乙酰氧基-2-甲基苯甲酸生产工艺流程如图 4-2 所示。

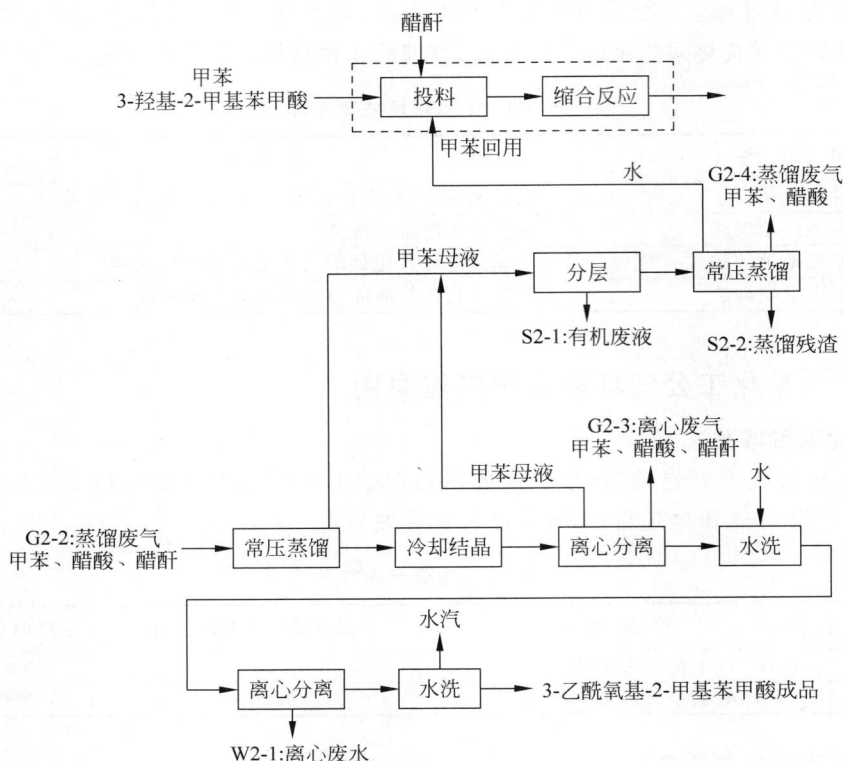

图 4-2　3-乙酰氧基-2-甲基苯甲酸生产工艺流程

3. 三废产生及处理情况

1）废气

本项目废气产生及处理情况见表 4-6。

表 4-6　废气产生及处理情况

产　品	废气源	污染因子	处理措施	备注说明
DCPD 不饱和聚酯树脂	酯化反应废气 G1-1	双环戊二烯、一缩二乙二醇	废气收集后经废气焚烧炉焚烧处理后通过 25m 高排气筒排放	高浓度废气通过焚烧处理
	稀释废气 G1-2	苯乙烯		
	罐装废气 G1-3	苯乙烯	废气收集后经活性炭吸附处理后通过 15m 高排气筒排放	罐装低浓度废气单独通过活性炭处理
3-乙酰氧基-2-甲基苯甲酸	缩合废气 G2-1	甲苯、醋酐	废气收集后经两级碱液喷淋＋除水＋活性炭吸附处理后通过 15m 高排气筒排放	酸性废气首先经过碱液吸收，然后去除水汽，最后有机废气通过活性炭处理
	蒸馏废气 G2-2	甲苯、醋酐、醋酸		
	离心废气 G2-3	甲苯、醋酐、醋酸		
	蒸馏废气 G2-4	甲苯、醋酸		

2）废水

本项目废水产生及处理情况见表 4-7。

表 4-7　废水产生及处理情况

废水来源	污染因子	处理措施	备注说明
酯化废水 W1-1	COD、醇类	高浓度废水经过厌氧处理后和其他废水调节，然后经生化、沉淀处理后达标接管入园区污水处理厂集中处理	高浓度废水
水洗离心废水 W2-1	COD、甲苯、醋酸		中浓度废水
设备清洗水	COD、甲苯		
废气处理废水	COD、甲苯、溶解性固体		
地面冲洗水	COD、SS、甲苯		
初期雨水	COD、SS		低浓度废水
生活污水	COD、SS、氨氮、总磷		

3）固体废物

本项目固体废物产生及处理情况见表 4-8。

表 4-8　固体废物产生及处理情况

固体废物来源	固体废物性质	处理措施
树脂过滤残渣 S1-1	危险固体废物	委托有资质单位焚烧处理
分层有机废液 S2-1	危险固体废物	
蒸馏残渣 S2-2	危险固体废物	
污水处理污泥	危险固体废物	
原料废包装桶	危险固体废物	委托有资质单位清洗
生活垃圾	一般固体废物	环卫定期清运

4.2.6　废旧新能源动力电池拆解与高值化利用环境保护案例

1. 企业项目概况

常州厚丰新能源有限公司现有工程为废旧新能源动力电池包高值化利用 5 万套/a（折合 25 000t/a），其中梯次利用退役动力电池 3.25 万套/a（单体电池折合 10 563t/a），再生利用无法梯次利用的动力电池 1.75 万套/a（单体电池折合 5687t/a）生产线及配套设施，300d，3 班制。现有生产工艺包括拆解、梯次利用、破碎、热解、分选、回收、酸洗、除杂、水洗、萃取、浓缩、过滤、干燥等环节，为批次生产操作。

2. 主要生产工艺及产污环节（图 4-3～图 4-7）

3. "三废"、噪声产生及控制措施

1）废气

本项目废气主要为有机废气（有组织）、有机废气（无组织）、酸性废气、含尘废气、热解废气。主要来源于生产过程中的破碎、热解、酸洗、萃取、干燥。采取的防治措施如下：

（1）热解设备全密闭，热解废气密闭收集采用 1 套"高温除尘＋二次焚烧＋急冷＋袋式除尘＋两级碱喷淋＋除雾＋二级活性炭"装置处理；

（2）筛分分选、干法剥离、比重分选过程废气在密闭设备中负压收集，废气收集后采用 1 套"旋风＋袋式除尘"装置进行处理；

（3）酸浸、除铁铝工序废气在密闭设备中负压收集，收集的废气采用 1 套"两级碱喷淋"装置进行处理；

退役动力电池包

S1-1废电池外壳
S1-2废金属零件
S1-3废导线
一次拆解 → S1-4废塑料隔板
S1-5废电池管理模块
S1-6废冷却液
S1-7废冷却管

电池模组

二次拆解 → S1-8废金属零件

电池单体

外观检测

性能检测 ——不合格电池→ 去后续破碎热解分选系统

合格电池

可追溯信息处理

电池管理模块导线、外壳 → 配组

串并联

镍片 → 电芯点焊

铜带 → 模块激光焊

电性能检测

过滤棉、胶布塑料外壳 → 组装

可追溯信息处理

动力电池包

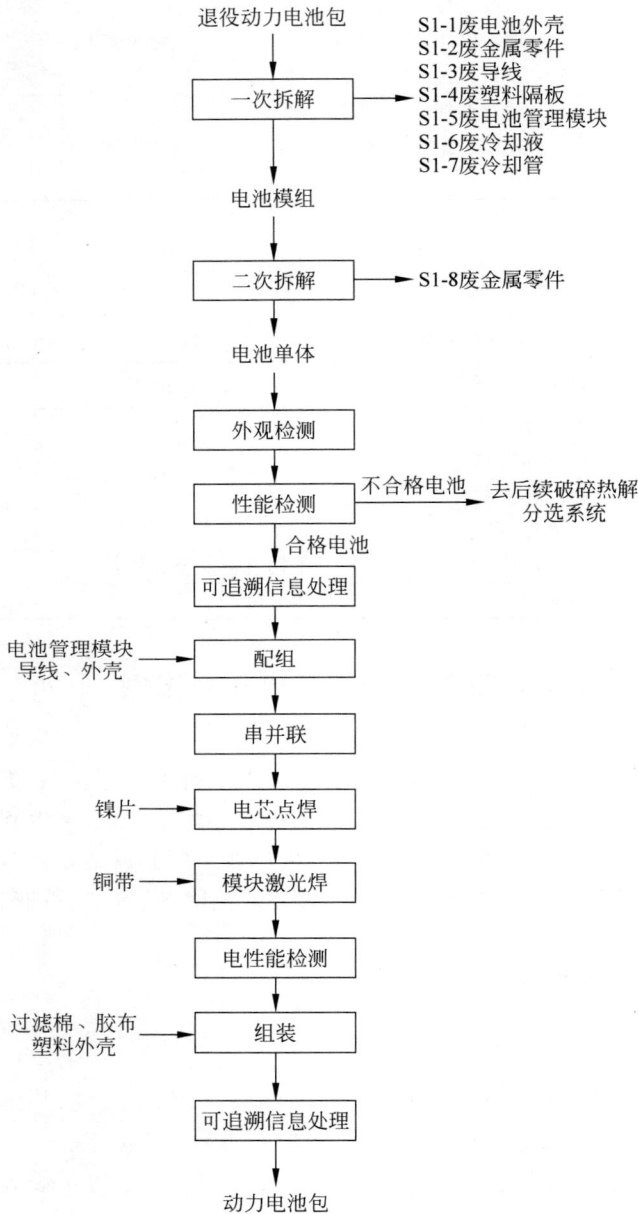

图 4-3 退役动力电池包拆解和梯次利用工艺流程

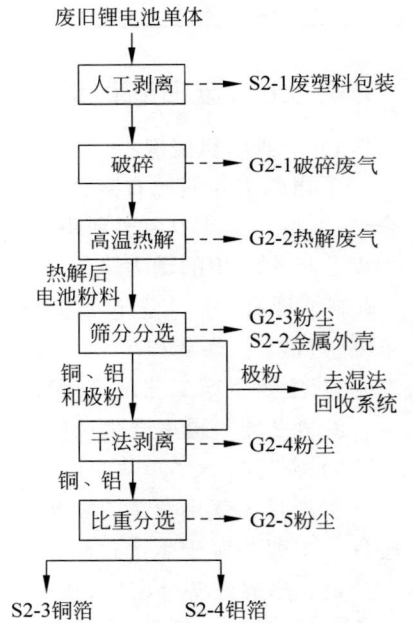

废旧锂电池单体

人工剥离 --→ S2-1废塑料包装

破碎 --→ G2-1破碎废气

高温热解 --→ G2-2热解废气

热解后电池粉料

筛分分选 --→ G2-3粉尘 / S2-2金属外壳

极粉 → 去湿法回收系统

铜、铝和极粉

干法剥离 --→ G2-4粉尘

铜、铝

比重分选 --→ G2-5粉尘

S2-3铜箔   S2-4铝箔

图 4-4 破碎热解分选系统工艺流程

三元电池黑粉

新鲜水 → 浆化

98%硫酸
20%双氧水 → 酸浸 ⤑ G3-1硫酸雾

洗涤水
回浆化 水 → 压滤、水洗 ⤑ S3-1石墨渣

铁粉 → 除铜

洗涤水
回浆化 水 → 压滤、水洗 ⤑ S3-2铜渣

98%硫酸
20%双氧水
30%氢氧化钠 → 除铁、铝 ⤑ G3-2硫酸雾

洗涤水
回浆化 水 → 压滤、水洗 ⤑ S3-3三元铁铝渣

氟化钠 → 除钙、镁

洗涤水
回浆化 → 压滤、水洗 ⤑ S3-4钙镁渣

有机相

P204+磺化煤油、硫酸 → 萃锰+反萃 ⤑ G3-3萃锰废气
硫酸锰溶液 → 前驱体系统

30%氢氧化钠 → 皂化 水洗 ← 有机相

W3-1皂化 W3-2萃锰
废水 水洗废水

有机相

P507+磺化煤、油、硫酸 → 萃钴+反萃 ⤑ G3-4萃钴废气
硫酸钴溶液 → 前驱体系统

30%氢氧化钠 → 皂化 水洗 ← 有机相

W3-3皂化 W3-4萃钴
废水 水洗废水

有机相

P507+磺化煤、油、硫酸 → 萃镍+反萃 ⤑ G3-5萃镍废气
硫酸镍溶液 → 前驱体系统

30%氢氧化钠 → 皂化 水洗 ← 有机相

W3-5皂化 W3-6萃镍
废水 水洗废水

萃镍余液

锂盐系统

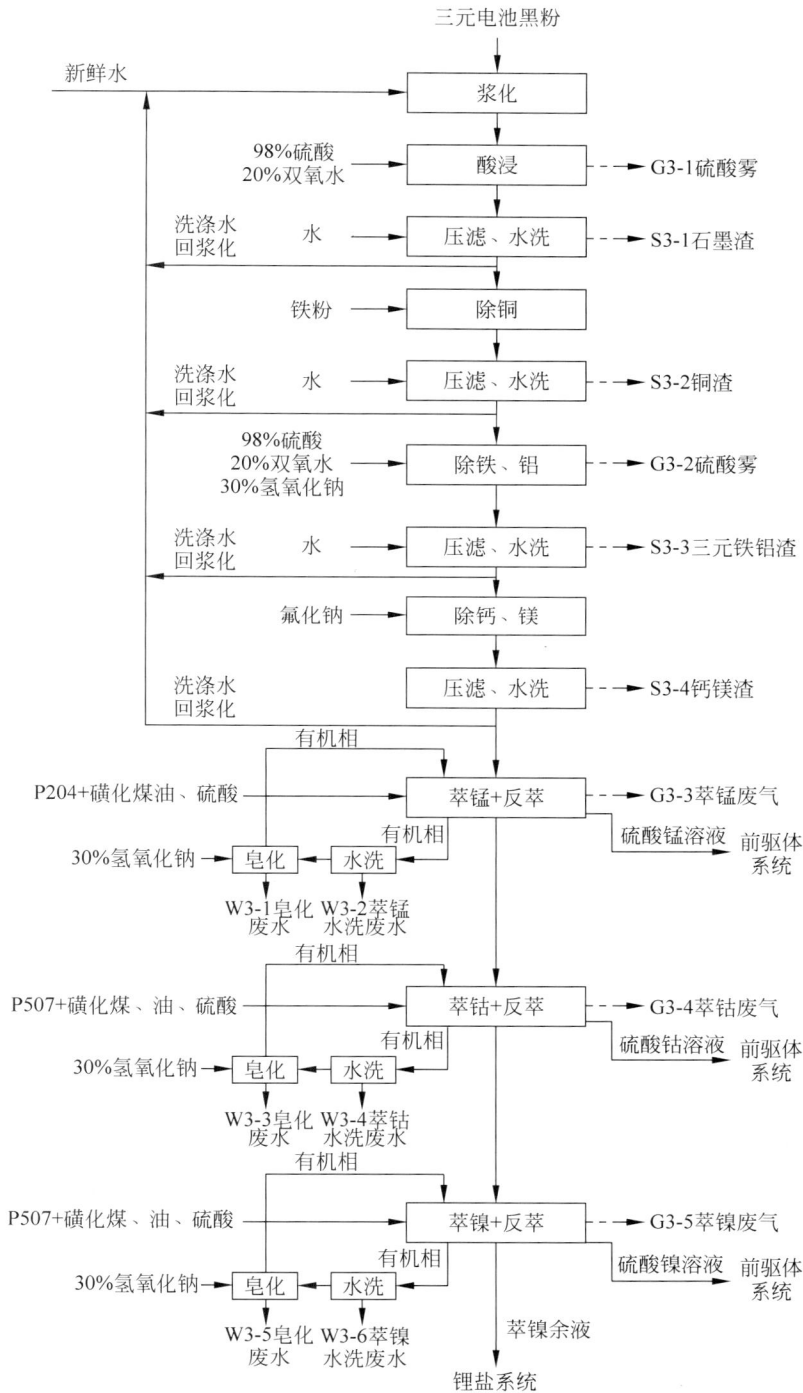

图 4-5 三元黑粉湿法回收工艺流程

磷酸铁锂电池
黑粉
↓

新鲜水 ──────────────────→ 浆化

98%硫酸
20%双氧水 ──→ 酸浸 ----→ G4-1硫酸雾

洗涤水
回浆化 ← 水 ──→ 压滤、水洗 ----→ S4-1石墨渣

50%氢氧化钠 ──→ 除铁、磷

洗涤水
回浆化 ← 水 ──→ 压滤、水洗 ----→ S4-2铁磷渣

50%氢氧化钠 ──→ 除铜、铝

洗涤水
回浆化 ← 水 ──→ 压滤、水洗 ----→ S4-3铜铝渣

碳酸钠 ──→ 除钙、镁

洗涤水
回浆化 ──→ 压滤、水洗 ----→ S4-4钙镁渣

滤液
↓
去锂盐系统

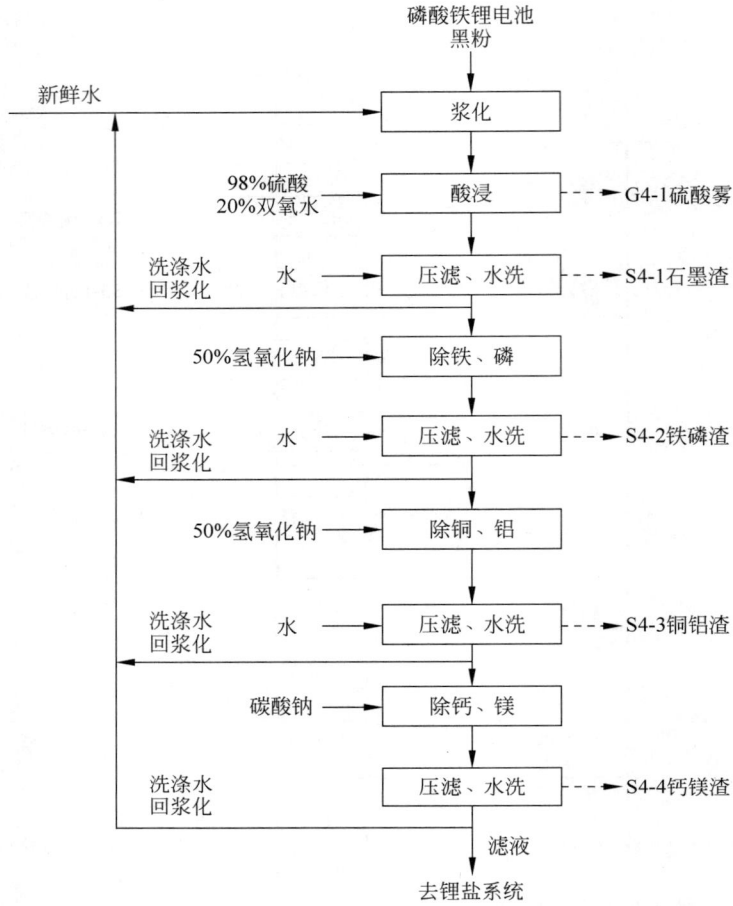

图 4-6 磷酸铁锂极粉湿法回收工艺流程

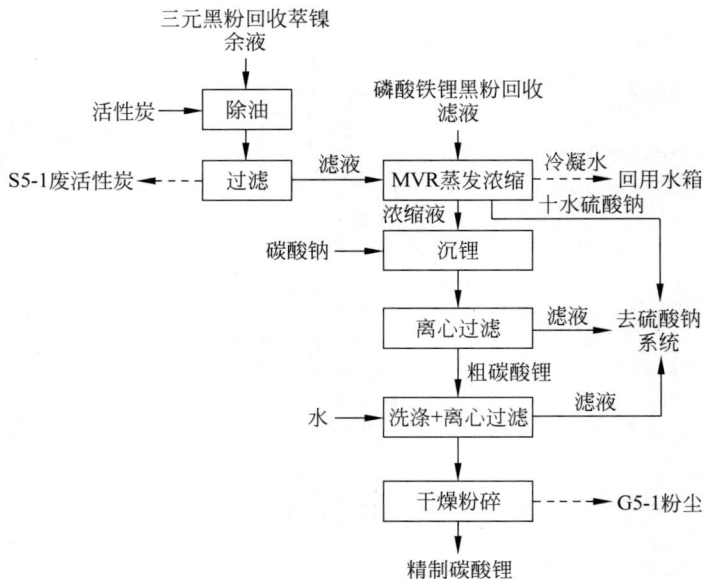

三元黑粉回收萃镍
余液
↓
活性炭 ──→ 除油

磷酸铁锂黑粉回收
滤液
↓

S5-1废活性炭 ←---- 过滤 ── 滤液 ──→ MVR蒸发浓缩 ──→ 冷凝水 ──→ 回用水箱
十水硫酸钠

浓缩液↓
碳酸钠 ──→ 沉锂

离心过滤 ── 滤液 ──→ 去硫酸钠系统

粗碳酸锂↓
水 ──→ 洗涤+离心过滤 ── 滤液 ──→

干燥粉碎 ----→ G5-1粉尘
↓
精制碳酸锂

图 4-7 锂盐系统工艺流程

（4）萃取、反萃工序废气在密闭设备中负压收集，收集的废气采用1套"碱喷淋＋除雾＋两级活性炭"装置进行处理。

2）废水

本项目废水主要为工艺废水（三元黑粉湿法回收系统皂化和水洗废水）、车间地面清洁废水、喷淋废水、纯水制备废水、锅炉排水、间接冷却废水、初期雨水和生活污水等。采取的防治措施有：

（1）项目废水按"分类收集、分质处理"原则，废水收集和处理设施区域均采用防腐、防渗设计。

（2）工艺废水和地面清洁废水合并作为车间生产废水，采用"隔油＋混凝沉淀"工艺处理，处理后尾水进入厂内综合污水站进一步处理。

（3）预处理后的车间生产废水与喷淋废水、纯水制备废水、锅炉排水、间接冷却废水、初期雨水进厂内综合污水站处理，处理后达标尾水全部回用于废气喷淋和冷却系统补水，实现废水"零排放"。

（4）员工生活污水单独接管至市政污水处理厂——常州市江边污水处理厂集中处理，尾水最终排入长江。

3）固体废物

本项目产生的固废有：废电池外壳、废金属零件、废导线、废塑料隔板、废电池管理模块、废冷却管、废电池塑料包装、废石墨渣、废铜渣、废铁铝渣、废钙镁渣、废铁磷渣、废铜铝渣、一般废包装物；废冷却液（HW09）、废滤渣（HW35）、喷淋沉渣（HW35）、除油废活性炭（HW49）、废活性炭（HW49）、废布袋（HW49）、废滤膜（HW49）、水处理污泥（HW49）、蒸发残液（HW49）、沾染危化品的废包装物（HW49）、废矿物油（HW08）等。采取的防治措施有：

（1）废电池外壳、废金属零件、废导线、废塑料隔板、废电池管理模块、废冷却管、废电池塑料包装、废石墨渣、废铜渣、废铁铝渣、废钙镁渣、废铁磷渣、废铜铝渣、一般废包装物属于一般工业固体废物，外售综合利用；

（2）废冷却液（HW09）、废滤渣（HW35）、喷淋沉渣（HW35）、除油废活性炭（HW49）、废活性炭（HW49）、废布袋（HW49）、废滤膜（HW49）、水处理污泥（HW49）、蒸发残液（HW49）、沾染危化品的废包装物（HW49）、废矿物油（HW08）属于危险废物（简称危废），分类暂存于危险废物暂存间，委托有资质单位定期处置；

（3）危险废物暂存满足《危险废物收集、贮存、运输技术规范》（HJ 2025—2012）、《危险废物识别标志设置技术规范》（HJ 1276—2022）、《危险废物贮存污染控制标准》（GB 18597—2023）等规范要求；

（4）一般固体废物暂存满足防渗漏、防雨淋、防扬尘等相关环境管理要求。

4）噪声

施工期施工场地噪声主要是施工机械噪声、物料装卸碰撞噪声及施工人员人为噪声。因为施工阶段一般为露天作业，无隔声与消减措施，故施工噪声传播较远，受影响范围较大。施工场地噪声源主要为各类高噪声施工机械，如挖土机、推土机、打桩机、压路机、自卸机、搅拌机、电锯、运土车等。

根据工程分析结果，运营期本项目噪声不高且附近无敏感目标的情况，采取以下防治措施：

（1）在满足工艺的前提下，选用功率小，噪声低的设备；

（2）将噪声较大的设备如鼓风机等置于室内以抑制噪声的扩散与传播，对室外水泵加装隔声罩；

（3）建筑设计中厂房采取相应的吸声措施；

（4）振动较大的设备如反应釜采用单独基础，在其基础上采取相应的减振措施；

（5）在设备布置时考虑地形、声源方向性和车间噪声强弱、绿化等因素，进行合理布局，以求进一步降低厂界噪声；

（6）增加厂区的绿化面积，特别是在生产车间周围及厂界种植树木，空地种植草坪以起吸声作用。

4.3 冶金机电

4.3.1 冶金机电行业污染的特点

冶金机电工业作为国民经济的支柱产业之一，对社会的进步和发展具有重大推动作用。但其具有"特殊贡献"与环境污染的双重性。在冶金机电生产中产生的三废(废气、废水、废渣)中可能含有毒害物质，直接排入大气、江河和大地，会给人类生存造成极大危害。有资料表明，冶金是三废污染最为严重的领域之一。烟(粉尘)、二氧化硫、氮氧化物等污染物排放量大，而机电的表面处理、涂装、电镀也是三废污染较为严重的领域之一，涉及 VOCs、重金属污染物排放。因此，在工程设计施工及营运期内必须具体体现可持续发展的思想观念和环保意识，把三废防治和环保措施列为工程重要组成部分，根据防治结合，以防为主的原则，采取措施，达到原材料综合利用，变废为宝，减少三废排放的目的。

4.3.2 废气防治

1. 废气特点

（1）产生大量烟尘、二氧化硫，污染环境，损伤人的呼吸系统，如钢铁行业；

（2）含有毒物质，易造成刺激性、窒息性中毒，甚至危害神经、心血管系统；

（3）含易燃、易爆物质，如机电工业油漆中低沸点的有机溶剂。

2. 废气防治方法

（1）烟(粉)尘

冶金工业是烟(粉)尘污染物的排放大户，此外机电工业焊接、抛丸等工艺也是烟(粉)尘污染物来源之一。

烟(粉)尘常用的治理方法主要为重力沉降法、离心式旋风除尘器、湿式除尘器、布袋除尘器、静电除尘器。实际工业生产过程中常是几种方法的组合使用。冶金工业由于排放量大，常需要使用除尘效率较高的袋式除尘器及静电除尘器；机电工业焊接一般自带除尘设备或配备移动式除尘装置，抛丸工艺一般使用布袋除尘器。

（2）有机废气

有机废气常用的净化方法主要包括吸收法、吸附法、化学催化法、焚烧法等。机电工业由于涂装等表面处理工艺的需求，常常使用到油漆及稀释剂，其中含有大量的有机溶剂。

污染防治优先考虑油性涂料的替代,从源头控制污染,但实际往往水性涂料在产品质量上无法满足要求。高浓度有机废气优先考虑焚烧处理,如涂装工艺的烘干废气;低浓度废气宜采用吸收或吸附法处理。

4.3.3 废水处理

冶金机电生产中产生的废水成分一般相对简单,但涉及电镀、阳极氧化等生产工序时,需重点考虑重金属,尤其重点关注铅、汞、铬、镉及类金属砷等毒性较强的污染因子。

废水污染防治优先从源头控制,尽可能实现梯度利用、循环回用,减少废水排放量,在冶金工业中尤其应重点关注,一般钢铁联合企业能够实现废水零排放。图 4-8 为项目污水预处理工艺流程。一般废水处理方法包括物理、化学及生物处理方法,含重金属废水常用化学沉淀法。

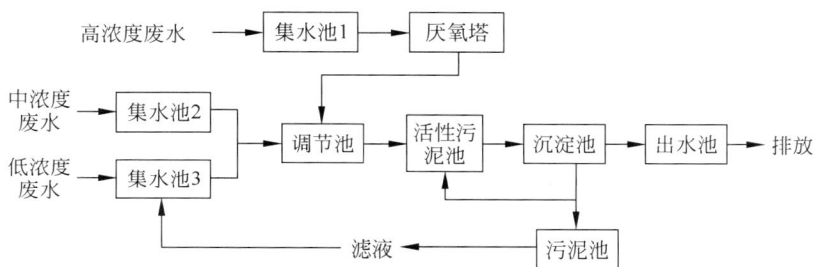

图 4-8 项目污水预处理工艺流程

4.3.4 固体废物处理处置

冶金机电企业固体废物包括一般废物和危险废物两类。

冶金机电生产中的固体废物包括各种工业炉渣、金属边角料、废机油和废乳化液以及烟(粉)尘和污泥等。

废渣资源化的途径:①提取金属或贵金属;②回收金属边角料;③转化为建筑材料,如冶金废渣制成钢渣水泥;④生产化肥,如钢渣含磷,可制成钢渣磷肥等。

废渣最终处理:一般采用土地填埋。

4.3.5 某车辆制造公司环境保护工程案例

1. 企业项目概况

某车辆制造公司投资新建项目,项目主要产品为机动车辆,主要产品方案见表 4-9。

表 4-9 主要产品方案

产品名称	设计能力/(辆/a)	生产时间/(h/a)
机动车辆	1000	4800

2. 产品主要生产工艺流程(图 4-9)

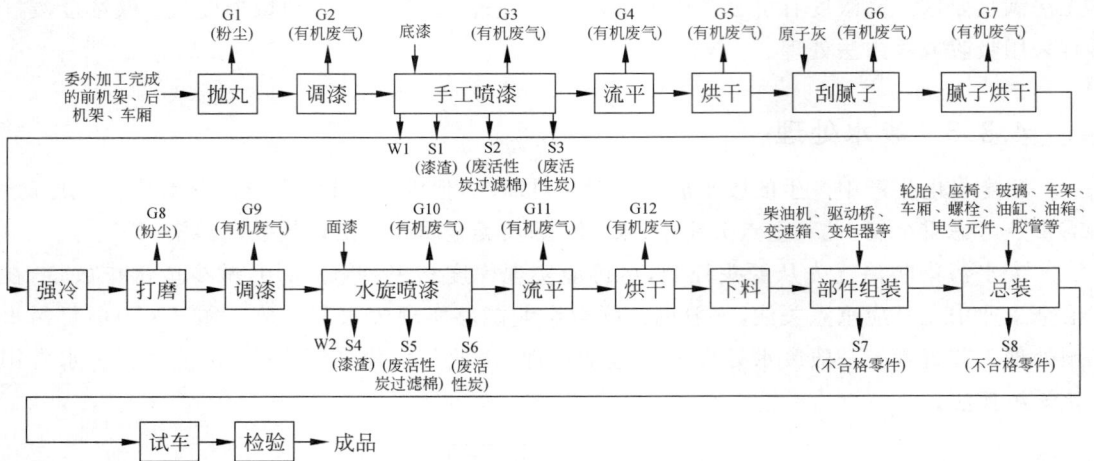

图 4-9 产品主要生产工艺流程

注:废活性炭为废气处理工段产生

3. 三废产生处理情况

1) 废气

本项目废气产生及处理情况见表 4-10。

表 4-10 废气产生及处理情况

废 气 源	污 染 因 子	处 理 措 施	备 注 说 明
抛丸废气 G1	粉尘	废气收集经布袋除尘器处理后通过 15m 高排气筒排放	—
调漆废气 G2、G9	二甲苯、醋酸丁酯	废气收集经活性炭吸附处理后通过 15m 高排气筒排放	低浓度废气通过活性炭处理
喷漆废气 G3、G10	二甲苯、醋酸丁酯	利用水旋漆雾处理系统对喷漆废气进行处理,先经活性炭过滤棉吸附,再经活性炭吸附处理后通过 15m 高排气筒排放	低浓度大风量废气通过活性炭处理
流平废气 G4、G11	二甲苯、醋酸丁酯	废气收集经燃烧装置焚烧处理后通过 15m 高排气筒排放	高浓度小风量废气通过焚烧处理
烘干废气 G5、G12	二甲苯、醋酸丁酯		
刮腻子废气 G6	非甲烷总烃	废气收集经活性炭吸附处理后通过 15m 高排气筒排放	酸性废气首先经过碱液吸收,然后去除水汽,最后有机废气通过活性炭处理
腻子烘干废气 G7	非甲烷总烃		
打磨废气 G8	粉尘	废气收集经滤筒式除尘器处理后通过 15m 高排气筒排放	—

2) 废水

本项目废水产生及处理情况见表 4-11。

表 4-11　废水产生及处理情况

废 水 来 源	污 染 因 子	处 理 措 施
喷漆废水 W1、W2	COD、二甲苯、醋酸丁酯	经厂区内污水处理站处理后接入市政污水管网
地面冲洗水	COD、SS、石油类	直接接入市政污水管网
生活污水	COD、SS、氨氮、总磷	

喷漆废水处理工艺流程见图 4-10。

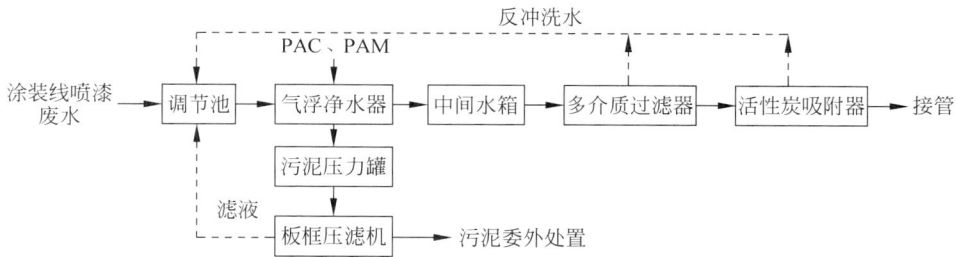

图 4-10　喷漆废水处理工艺流程

3）固体废物

本项目固体废物产生及处理情况见表 4-12。

表 4-12　固体废物产生及处理情况

固体废物来源	固体废物性质	处理处置情况
漆渣 S1、S4	危险固体废物	分类收集委托有资质单位处置
废活性炭过滤棉 S2、S5	危险固体废物	
废活性炭 S3、S6	危险固体废物	
污水处理污泥	危险固体废物	
废油漆桶	危险固体废物	
沾染油漆废手套	危险固体废物	
不合格零件 S7、S8	一般固体废物	分类收集后外售综合利用
废布袋、废滤筒	一般固体废物	
布袋、滤筒收集的粉尘	一般固体废物	
生活垃圾	一般固体废物	环卫定期清运

4.4　建材火电

4.4.1　建材及火电行业污染特点

建材及火电类建设项目主要包括水泥、玻璃、陶瓷工业、火电厂等项目，其主要污染因子为燃煤烟气、生产废水、生活污水、固体废物、噪声、灰场生态影响等。

1. 建材行业

1）水泥行业

一条完整的水泥生产线是从石灰石原料的开采到水泥成品的制造，包括原料采掘、生料和煤粉的制备、熟料煅烧、水泥的粉磨和包装。实际上是石灰石开采建设项目、熟料生产建设项目、水泥粉磨站建设项目的生产工艺组合。生产中主要产生颗粒物、SO_2、NO_x 等废气污染和废水污染、噪声污染。

2) 玻璃行业

玻璃行业是我国重点工业污染控制的行业之一。目前,90％以上的平板玻璃工业熔窑采用重油作为燃料,大气污染物排放问题较为严重,主要产生 SO_2、NO_x、烟尘、粉尘、氯化氢、氟化物等废气污染、水污染、噪声污染和固体废物。

3) 陶瓷行业

建筑卫生陶瓷是指主要用于建筑物饰面,建筑物的构件和卫生设施的陶瓷制品,属建筑材料产品,可分为陶瓷墙地砖、瓦、卫生陶瓷、陶管等,其中卫生陶瓷占其总产量的80％以上,其生产企业属建筑材料行业。生产中主要产生粉尘、烟尘等废气污染、水污染、噪声污染和固体废物。

2. 火电行业

火电厂是利用动力燃料燃烧产生热能并转化为电能的生产单位,能够用来发电的燃料较多,目前已得到应用的有:煤炭(原煤、煤泥、煤矸石、洗中煤、洗精煤)、原油、柴油、重油、天然气、液化石油气、垃圾、农林废弃物、煤层气、沼气、高炉煤气、焦炉煤气、石油焦等,不同燃料燃烧后产生的污染物是不同的,其环境影响也各有差异,我国的能源资源中煤炭占比仍较大。据国家能源局相关资料显示,2024 年年底全国发电装机容量约 32.5 亿 kW,火电 14.6 亿 kW,其中煤电 12 亿 kW 左右,占总装机比例降至约 37％,60％以上的高峰负荷仍需煤电承担。煤电生产中主要产生 SO_2、NO_x、烟尘等废气污染、水污染、噪声污染和固体废物。

4.4.2 废气防治

1. 建材行业

1) 水泥行业

(1) 颗粒物

目前新型干法水泥厂控制有组织颗粒物排放采用最多的除尘技术就是袋式收尘和静电收尘两种方式。

袋式收尘技术是指利用滤袋进行过滤除尘的技术。窑尾大布袋收尘器具有下列特点:收尘效率高,袋式收尘器收尘效率可达到99.9％以上;除尘过程中不会因 CO 气体浓度高而造成颗粒物的非正常排放;运行和维修费用高;生产使用受气体温度限制。

电收尘器的内部构件均用钢材制作,所以适用于净化温度高、湿度大的颗粒物烟气。我国前几年建成的新型干法水泥熟料生产线的回转窑窑头、窑尾烟气的处理,大多都采用电收尘器。静电收尘器的特点:收尘效率高;设备阻力小,总的能耗低;适用范围大;可处理大风量烟气;一次性投资大。

(2) SO_2

我国已建成运行的新型干法生产线,均没有配置 SO_2 处理装置,而是由生产过程中的碱性氧化物吸收硫份。

(3) NO_x

我国现在普遍采用第二燃烧系统(即分解炉,这是先进工艺的重要标志)和改进燃烧器

的做法降低 NO_x 的产生量和排放量。

2）玻璃行业

玻璃行业生产中产生的主要大气污染因子是烟（粉）尘、SO_2、NO_x。

（1）烟（粉）尘

烟尘是玻璃熔窑中排出的主要污染物，烟尘中除燃料燃烧后的残余物外，还混有部分原料的微粒，它们的粒径很小，以可吸入颗粒物为主。常用的收尘方法有离心收尘、洗涤收尘、过滤收尘、静电收尘、重力收尘和惯性收尘等。

（2）SO_2

玻璃工业熔窑中 SO_2 的来源主要由燃料及芒硝中硫份所致。SO_2 污染防治的方法有高空排放、燃料低硫化、排烟脱硫等，其中技术成熟、效果较好的是排烟脱硫。

排烟脱硫的措施也较多，但基本上可以分为干法和湿法两大类。干法脱硫常用的方法有活性炭法、氧化铜法、接触氧化法等。湿法脱硫以石灰-石灰石法的应用最为普遍，其次是亚硫酸钠法、威尔曼-洛德法、氨法和氧化镁-锰法等。

（3）NO_x

控制 NO_x 产生量的方法是降低火焰温度及减少供氧量，如两段燃烧法、烟气循环燃烧法、使用低氮氧化物喷嘴等；目前，降低 NO_x 排放的方法还有排烟脱除 NO_x 措施，可分为干法和湿法两类。

目前，国内玻璃行业对 NO_x 产生和排放的控制措施是减少其产生量，主要是通过改进燃烧方式，改善熔窑内燃烧环境，减少过剩空气量等措施，也取得一定的成效。

3）陶瓷行业

（1）粉尘

建筑卫生陶瓷生产中，原料运输、配料、球磨机加料、打磨修坯、施釉等工序中会产生粉尘，其排放粉尘的成分与被加工的物料相同，在排尘点一般都配置袋式收尘器或旋风式收尘器，它们的排放形式基本上都属于有组织排放。

（2）烟尘

干燥室、炉窑以及锅炉房（煤气站）产生烟（尘）气。我国大中型企业多采用油类燃料，部分有条件的企业使用天然气、煤气或液化石油气燃料，个别落后的小型企业仍使用煤作燃料。由于气体燃料燃烧的充分，烟尘的产生量和排放量均很少，使用重油或煤作燃料时将有一定的 SO_2 和烟尘排放。国内除个别几家大型企业对窑炉烟气进行收尘和脱硫处理，做到达标排放外，大多数企业窑炉排放烟气都未经过处理直接外排。在一般情况下使用气体或低硫燃油，其烟气中的烟尘和 SO_2 可做到达标排放。

2. 火电行业

火电行业生产中主要产生烟尘、SO_2、NO_x 等废气污染。

1）烟尘

火电厂锅炉普遍采用煤粉悬浮燃烧方式，煤粉燃烧后所形成的粉煤灰随烟气进入锅炉尾部，通过各类除尘器将其中的绝大部分收集下来。除尘器按其工作原理可以分为干式除尘器、湿式除尘器、电除尘器和袋式除尘器。

2）SO_2

根据脱硫工艺在电力生产中所处的位置，脱硫技术可以分为燃烧前脱硫、燃烧中脱硫及燃烧后脱硫三大类型。

燃烧前脱硫主要指原煤洗选、煤气化等脱硫技术。燃烧中脱硫主要指常压循环流化床、增压循环流化床与炉内喷钙等脱硫技术。燃烧后脱硫又称烟气脱硫,主要指石灰石-石膏法等湿法脱硫、旋转喷雾等半干法脱硫、海水脱硫、电子束脱硫;烟气循环流化床、炉内喷钙和尾部加湿联合等干法脱硫以及脱硫除尘一体化技术等。

3)NO_x

低氮燃烧与烟气脱除 NO_x 主要采用如下技术:

(1)洁净煤燃烧技术。洁净煤燃烧技术采用洁净煤燃烧技术减少 NO_x 的生成,如采用循环流化床技术(CFB)等。

(2)低 NO_x 燃烧技术。低 NO_x 燃烧技术有多种,主要有空气分级燃烧、燃料分级燃烧和烟气再循环技术等。

(3)炉内喷射脱除 NO_x 技术。炉膛喷射脱除 NO_x 实际上是在炉膛上部喷射某种物质,在一定的温度条件下还原已生成的 NO_x,以降低 NO_x 的排放量,包括向炉膛喷水、喷射二次燃料和喷氨等。

4.4.3 废水处理

1. 建材行业

1)水泥行业

水泥生产中所排废水主要是高温设备和机械运转设备的间接冷却水和车间冲洗地面的污水,其水质污染物相对简单,主要污染物为悬浮物,还有管理不当、滴漏的石油类,污染程度较轻,经过通用的废水处理工艺处理后即可达标排放或符合回用水质要求后用于生产系统。

2)玻璃行业

玻璃生产过程中生产设备的冷却水经过降温和沉淀等处理后可循环使用。清洗碎玻璃和冲洗车间地面的废水经过处理后,可作为厂区绿化、降尘洒水或冲洗用水等。

3)陶瓷行业

建筑卫生陶瓷生产过程中所排放废水一般不含有毒物质,仅为少量泥沙等悬浮物,一般可排入车间外设置的沉淀池,经沉淀后,送至废水处理站,统一处理达标。很多企业废水处理后会用于生产线或用于降尘洒水、绿化用水,可做到基本不外排。

2. 火电行业

1)火电厂的废水处理方式有:

(1)分散处理方式。在排出废水的车间或废水源所在地附近设置处理装置,或将近处几种性质相似的废水混合处理。目前,中、小型火电厂一般均采用这种处理方式,其优点是费用低,缺点是管理分散。

(2)集中处理方式。把全厂废水集中在废水处理车间,然后按废水中污染物的性质,采取相应的处理净化工艺。通常,在废水处理车间设若干个废水贮存池,将来自各个收集点或分散处理点需要处理的水,按照不同的处理要求,分别集中于各个废水贮存池内。贮存池的总有效容积通常为1d的经常性废水排放总量与一次最大的非经常性废水量之和。为使水质均匀,池中设空气混合装置。采用这种方式处理投资高,占地面积大,但便于集中,确保处理后的水质符合排放标准和回用的要求。该法适用于大、中型火电厂。

(3)分散与集中相结合的处理方式。锅炉化学清洗废水、化学车间废水、锅炉房排水、汽机房排水、净水构筑物澄清池排泥、煤场排水等均送入废水处理车间集中处理,而冲灰水、含油废水分散就地处理,生活污水单设处理车间或送城市下水道集中处理。

2)灰水处理

将水力除灰系统灰场排水中所含的污染物去除,使排水达到排放标准或回收利用的工艺。处理装置可设在厂内,也可设在灰场灰水排放口。在低浓度水力输灰系统中,每吨灰要用 $10\sim15t$ 水,高浓度水力输灰系统每吨灰用 $1.5\sim2t$ 水。这些水,如不回收重复利用,除灰场蒸发等损失外,均在灰渣场排放口排入水体。

3)含氟、含砷灰水的处理

火电厂含氟、含砷灰水具有水量大,氟、砷浓度低,不需要深度处理的特点,最常用的办法是采用灰水再循环系统,在再循环系统中,经一段时间运行后,灰水中氟和砷一般可达到一定的平衡状态,其浓度不再上升。如系统中平衡浓度过高,也可从此系统中抽出部分灰水进行除氟、除砷处理后再返回系统或排走。

4)油污水处理

火电厂的油污水主要是储油罐群的排水、油罐车排水、卸油栈台冲洗水、油泵房排水、输油管路吹扫排水、主厂房汽轮机和转动机械轴承油系统排水、油罐区降雨排水以及地面冲洗水等。处理方法分为:重力分离法、上浮法、吸附过滤法、生化法、粗粒化法。

5)酸碱废水处理

火力发电厂中的含酸、含碱废水主要来源于化学水处理车间阳离子和阴离子交换剂的再生、清洗过程。应用化学的方法将含酸、含碱废水的 pH 调整到符合排放标准或回用要求的工艺。

6)煤场排水处理

首先在煤场四周设一排水沟以便汇集排水,再将汇集到的水排入沉淀池内,根据排水所含杂质的性质及其含量的高低选用以下处理方法,以便排入水体或作他用:

(1)沉淀池上部澄清水、所含杂质符合工业废水排放标准,可直接排入水体或回用于煤场喷淋,池内下部煤末等沉淀物可定期挖出返回煤场。

(2)沉淀池中排水可经过过滤设备除去所含悬浮物,必要时可先加絮凝剂絮凝澄清后再过滤处理,处理后的排水再用作煤场喷水或输煤系统除尘用水。过滤设备可采用压力式过滤器。

(3)当煤场排水酸性或重金属含量较高时,可将其注入电厂水力除灰系统中,借灰水的碱性以中和酸性物质,并使重金属呈氢氧化物除去。对于干式除灰系统的电厂,可对这种排水采用石灰澄清处理,或者排到废水集中处理装置的有关部分进行处理。处理后的煤场排水若水质合格,也可用作电厂凝汽器循环冷却系统的补充水。

7)脱硫废水处理

当采用湿法脱硫工艺时,如果后续工艺用真空脱水机将副产品石膏浆液变成固态(表面水分在 10% 以下),供综合利用或运往干贮存场,则将产生脱硫废水。

目前设计的脱硫废水处理程序一般是先通过加石灰浆对脱硫废水进行中和、沉淀处理,后经絮凝、澄清、浓缩等处理,沉降物经脱水后用运泥汽车外运处理或处置,清水由于含盐量较高一般不外排,可用于冲灰系统、冲渣系统、干灰调湿、灰场喷洒等,也可经除盐处理后用于其他目的。

4.4.4 固体废物处理处置

1. 建材行业

1) 水泥行业

生产过程中收集的粉尘回收后用于生产中,粉煤灰可综合利用。

2) 玻璃行业

碎玻璃可完全回收利用不外排。锡渣由专职的金属回收部门回收,不排弃。

现在玻璃熔窑使用的耐火材料主要成分是高熔点的氧化物,其更换下的废耐火材料可作一般工业垃圾处理,也可用作修路、土石方填埋料等。

3) 陶瓷行业

生产中产生的废瓷渣、废耐火材料可部分回收利用,废石膏可作为水泥生产的原料。

2. 火电行业

火电厂产生的灰渣综合利用,可分为:

① 直接用灰:不经过加工即能直接使用火电厂的灰渣。用量较大的有筑路和回填。

② 间接用灰:使用火电厂的灰、渣作为原材料,生产建材产品,如可生产水泥、灰渣砖、砌块、陶粒等。

③ 高附加值用灰:主要有干灰分选、粉煤灰选铁和选碳、生产复合肥料等。

4.4.5 某生活垃圾焚烧发电BOT项目环境保护工程案例

1. 工艺技术方案

垃圾焚烧法是将城市垃圾进行高温处理,在800～1000℃的焚烧炉里,垃圾的可燃成分与空气中的氧进行剧烈化学反应,放出热量,转化成为高温的燃烧气和量少而性质稳定的固体残渣,燃烧气可以作为热能回收利用,固体残渣可直接填埋。本项目对工艺流程进行严格选型,包括垃圾炉接收、焚烧(含焚烧及蒸汽生产锅炉,以及排渣冷却等辅机)、烟气净化处理、灰渣收集处理、供水、余热利用系统等。本项目工艺流程见图4-11。

垃圾由专用车辆运送至厂区垃圾接收系统入口,经称量后卸入垃圾储坑堆储发酵。为了稳定焚烧过程,需要用行车抓斗进行不停地撒布和翻混,使垃圾进行均质化。储坑中经过均质化处理的垃圾,按负荷量的要求送入焚烧炉。焚烧炉燃烧空气由鼓风机从垃圾储坑上部抽引过来,作为一次风的形式送入炉膛,二次风则从焚烧炉间就地抽取。在焚烧炉正常运行时,垃圾在炉排上,经干燥、燃烧、燃烬阶段,完成焚烧过程,其渣则落入出渣机由液压装置推出并作相应处理。焚烧产生的热量通过锅炉受热面吸收,并经过换热器后产生中温中压过热蒸汽(400℃、4.0MPa)送往发电机组发电;焚烧炉内脱氮系统采用选择性非催化还原法(SNCR)的工艺;焚烧烟气则通过烟气净化系统作净化处理,使烟气中的污染物含量全部降低到国家允许标准值以下,经80m高的烟囱排放到大气。

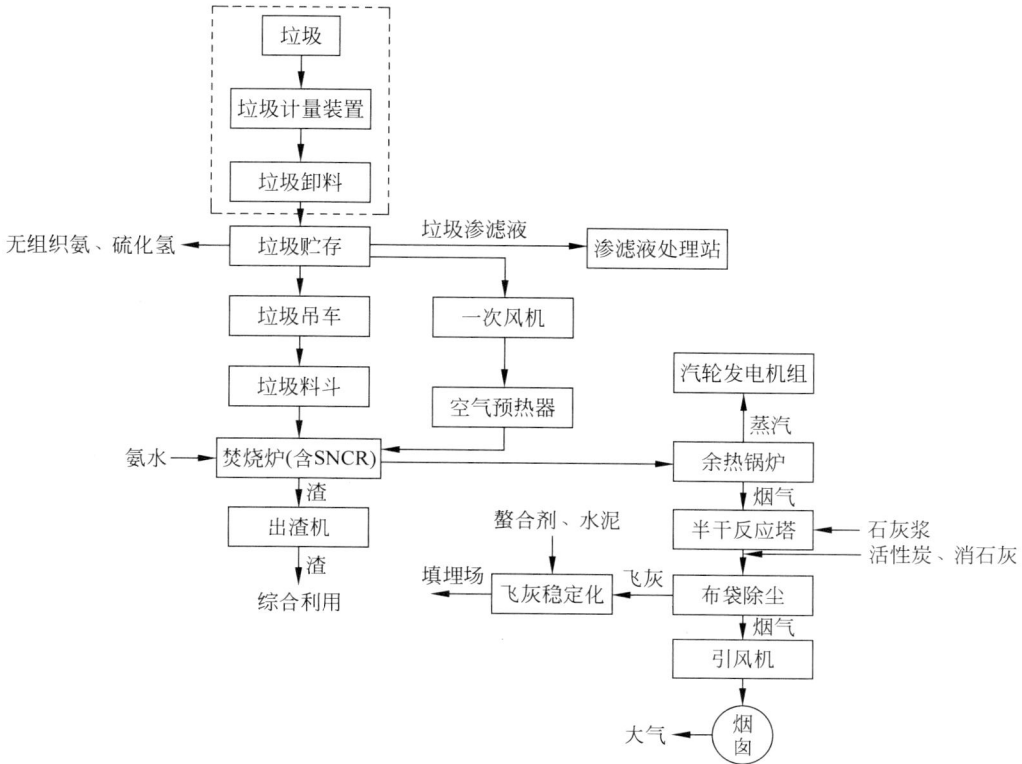

图 4-11　工艺流程

2. 三废产生情况

项目污染物排放情况见表 4-13。

表 4-13　污染物排放情况汇总

种　　类	污染物名称
废水（垃圾渗滤液、卸料平台、厂房等冲洗、生活污水）	COD
	BOD_5
	SS
	$NH_3\text{-}N$
	总磷
废气（焚烧炉）	烟尘
	HCl
	SO_2
	NO_x
	CO
	HF
	Hg
	Cd
	Pb
	二噁英

续表

种　　类	污染物名称
固体废物	炉渣
	飞灰
	污泥
	废机油
	生活垃圾
	废布袋
	废膜

3. 污染物防治措施

污染防治措施见表 4-14。

表 4-14　污染防治措施

类别	污染源	污染物	治理措施(设施数量、规模、处理能力等)	处理效果、执行标准及拟达要求
废水	垃圾渗滤液、卸料平台、厂房等冲洗、生活污水	COD、NH_3-N、SS 等	建设垃圾渗滤液回喷装置。垃圾渗滤液、卸料平台、垃圾通道及垃圾车废水处理采用"物化预处理＋高效厌氧反应器＋MBR＋纳滤膜系统＋反渗透系统"工艺。设计规模 400t/d。生活污水、主厂房厕所及车间清洁废水经化粪池处理后接入污水处理厂	渗滤液处理后出水达到《污水综合排放标准》(GB 8978—1996)表 4 一级标准,部分回用于生产,剩余部分接管污水处理厂。渗滤液处理产生的浓缩液回喷焚烧炉
废气	焚烧炉	SO_2、NO_x、氯化氢、Hg、Cd、Pb、烟尘、二噁英类等	"SNCR 脱硝＋半干法＋干法＋活性炭＋布袋除尘器"烟气净化系统 2 套,1 根 80m 高排气筒(含烟气在线监测系统)	达标排放
	垃圾坑、卸料厅等产生的恶臭	恶臭污染物主要为 H_2S、NH_3	密闭、负压等方式,臭气送到焚烧炉焚烧,定期对垃圾储坑进行喷洒灭菌、灭臭	
	飞灰固化车间	粉尘	飞灰仓和水泥仓顶部设布袋除尘器	达标排放
	污水处理设施产生的沼气	—	净化后回焚烧炉焚烧	不排放
固体废物	焚烧装置	飞灰炉渣	飞灰采用水泥作为稳定化材料,配以螯合剂与水泥混合的稳定化工艺。达到《生活垃圾填埋场污染控制标准》(GB 16889—2024)要求后,进入生活废弃物处理中心处置。炉渣送再生资源利用有限公司进行综合利用,用作制砖或路基材料、建筑材料等	合法化处置 100%

续表

类别	污染源	污染物	治理措施(设施数量、规模、处理能力等)	处理效果、执行标准及拟达要求
固体废物	设备检修	废机油	送有资质单位处理	合法化处置100%
	布袋除尘器	废布袋	送工业固体废弃物安全填埋场处置	
	污水处理设施	污泥	回焚烧炉焚烧	
	污水处理设施	废膜		
	职工生活	生活垃圾		
噪声	设备噪声	噪声	建筑隔声、隔声板、吸声材料、减振	厂界达标
事故应急措施	活性炭除臭装置、通信报警设备、自动监控设备、紧急冲淋装置、防护设备、围堰、泄漏物收集设施,雨水排口立切断装置、监测装置等				
	事故池1000m³				
	应急预案				
地下水防渗措施	在垃圾贮坑、渗滤液坑以及污水处理池等重点防渗区域,污水处理池池体内表面刷涂水泥基渗透结晶型防渗涂料(渗透系数不大于1.0×10^{-12}cm/s)。对垃圾贮坑和渗滤液坑,要求防渗混凝土渗透系数不小于10^{-9}cm/s				

4.5 交通运输

4.5.1 工程分析

工程内容包括工程名称、建设性质、地理位置、线路走向、主要技术指标、主要工程项目组成、临时工程、建设投资等。

主要技术指标包括线路的等级及使用功能、列车速度、最小曲线半径、最大坡度、牵引种类及机车类型、牵引质量、运行控制方式、行车指挥方式、列车编组等。

主要工程项目组成包括土场、弃土场、隧道弃渣场、制梁场、制板厂(制板厂为无渣轨道等高速铁路特有)、拌和站、铺轨基地、铁路岔线、栈桥、汽车运输便道等。

4.5.2 环境影响

生态环境影响包括:施工期和运营期两个阶段。施工期主要环境影响见表4-15、运营期环境影响见表4-16。

表4-15 施工期环境影响

环境要素	工程内容	环境影响	影响性质
生态环境	永久占地	工程永久占地对沿线土地利用的影响	长期不可逆不利
	施工活动	施工活动地表开挖、建材堆放和施工人员活动可能对植被和景观产生破坏	短期可逆不利
水环境	施工场地	施工机械跑、冒、滴、漏的污油及露天机械受雨水冲刷后产生的油水污染;施工场地砂石材料冲洗废水等	短期可逆不利

续表

环境要素	工程内容	环境影响	影响性质
环境空气	粉尘、扬尘	粉状物料的装卸、运输、堆放、拌和过程中有大量粉尘散逸到周围大气中;施工运输车辆在施工便道上行驶导致的扬尘;路面刨铣过程也会产生较多的扬尘	短期可逆不利
	燃油烟气	施工期各类燃油动力机械在现场进行场地挖填、运输、施工等作业时会使用柴油(要求使用轻质柴油),施工机械燃油所产生的废气主要为 CO、NO_x、SO_2、烃类	
	沥青烟气	沥青铺设过程中产生的沥青烟气中含沥青烟气有 THC、TSP 及苯并[a]芘等有毒有害物质	
声环境	施工机械	不同施工阶段施工车辆或施工机械噪声对离路线较近的声环境敏感点的影响	短期可逆不利
	运输车辆	运输车辆在行驶过程中对沿线敏感点的噪声影响	
固体废物	施工废渣生活垃圾	道路、管线施工会产生施工废渣,施工人员会产生生活垃圾等	短期可逆不利

表 4-16　运营期环境影响

环境要素	影响因素	环境影响	影响性质
生态环境	土地利用	工程占地对土地利用的影响	长期不利不可逆
水环境	路面径流	降雨冲刷路面产生的道路径流污水排入河流造成水体污染	长期不利可逆
环境空气	汽车尾气	对沿线环境空气质量造成影响	长期不利可逆
声环境	交通噪声	交通噪声影响沿线声环境保护目标,干扰居民正常的生产、生活和学习	长期不利可逆

4.5.3　环境影响减缓及防治措施

1. 生态影响

(1) 优化线路设计方案减缓生态影响。对局部线路方案从工程角度和环境保护要求作进一步优化,避绕各种保护区或敏感点,以最小的工程代价,获取最大的环境保护效果。取(弃)土场设置应充分考虑取(弃)土场的位置对周边环境的协调和影响,尽量不占农田、河道、森林,尽量做到不破坏周围景观。编制土地复耕计划,采取移挖作填、复垦造田、造塘及森林绿化等设计措施。

对耕地资源紧缺地区采用高路堤通过时,根据环境要求,路桥方案实施必须严格遵循设计规范,针对路基边坡、取(弃)土场、裸露面等关键区域,以系统性防控水土流失风险;线路经过特殊地质地区,为防止地面塌陷或地下水流失、地面水冲刷和改道,应进行必要的专项环境保护设计。

(2) 采取工程措施和植物措施相结合的水土保持方案。桥梁墩台压缩河床断面、涵洞汇水面积顺接的工程设计,为防止水土流失,路基、站场取(弃)土场边坡应设置拦渣、拦土墙及排水等防护工程,裸露地面应采取植物绿化。在山区修铁路,受地形影响,弃渣不仅困难,防护工程实施难度也大,而且很容易引起冲刷,所以应综合利用挖方和隧道出渣,减少弃渣,合理选择弃渣场位置。在此基础上进一步完善挡护措施,如绿化裸露面覆土等植物工程措施。另外,隧道边仰坡的生态措施也是防止水土流失的一个重要方面。

环境敏感区段引入专项环保设计。在地下水丰富、山体岩石透水性较强的条件下,开挖隧道可导致山体地表水土流失,应采取防止水资源流失的环保设计。

线路经过动物迁徙通道区段应进行动物通道专项设计。

2．噪声控制

(1)施工期噪声控制措施。混凝土搅拌站、预制场等高噪声作业场地设置应尽量避开居民集中区;邻近居民区、学校和医院等噪声敏感地带的施工,应严格控制机械作业噪声;噪声大的施工作业应尽量安排在白天,因生产工艺要求或其他特殊要求需要连续昼夜作业的,应到当地建设行政主管部门、环保行政主管部门提出申请,批准后方能进行夜间施工。同时,要做好对周边居民的公告、宣传和沟通工作。

施工车辆通过城区、村庄时应减速慢行,减少鸣笛。对沿线两侧受到噪声影响较大的住宅小区(楼)、学校、医院、疗养院及人口稠密或受影响户数较多的村庄等地段的各施工作业场地实施噪声控制。

(2)营运期噪声控制。通过合理规划布局、噪声源控制、传声途径噪声削减、敏感建筑物噪声防护、加强交通噪声管理5个方面降低噪声污染。

3．水污染防治

(1)施工期。施工营地设置应远离水体边缘;含有有害物质的施工物料不得堆放在河流、沟渠等水体附近。桥梁施工时应采取措施防止石油类污染物排入水体;桩基钻孔施工产生的泥浆,经沉淀分离后,沉渣外运弃至当地环保部门指定地点,废水重复利用或用于场地、道路的降尘和绿化。隧道施工时,应在隧道进(出)口设置沉淀池,对隧道施工产生的浊度废水进行沉淀处理后再排放。采砂场的洗砂废水经沉淀后,重复利用或排放。应对施工生活污水设置污水沉淀池,经沉淀处理后可用于施工降尘或绿化。

(2)营运期。营运期站场污水主要防治措施包括通过市政管道进入地方污水处理厂、站场配套污水处理设施等。

4．大气污染防治

(1)施工期。施工场地、道路应定时洒水,防止施工扬尘对地表植被和农作物产生不利影响;城市区域施工场地出入口应设置冲洗设备,对施工车辆轮胎及车外表进行冲洗,确保城市道路清洁。

运输易产生扬尘的建筑材料或土石方时,运输车辆应装料适中,并采用篷布覆盖严密。

(2)施工场地。营地四周应采取围护措施;城市地带的施工场地裸露地表或几种堆放的土方表面,应采取临时覆盖措施,防治扬尘。

(3)运营期。选用清洁能源生产蒸汽或热水,燃煤锅炉设脱硫除尘设施。

5．固体废物

(1)施工期。施工场地产生的生活垃圾应经专人收集后,送至环卫部门集中处理。彻底清理拆迁及施工场地车里产生的建筑垃圾,运至指定的弃渣场或其他指定场所进行处置。施工中产生的各类固态油浸废物等,应集中收集、封装,交由有资质部门处置。

(2)运营期。在旅客列车上设置垃圾袋,并定点在固定车站投放垃圾袋,专人集中收集后定点存储,并及时将车站办公人员、旅客候车生活垃圾一并清运到城市垃圾转运站处理。

交通运输项目环境影响重点内容如表 4-17 所示。

表 4-17　交通运输项目环境影响重点内容

序号	施 工 内 容	潜在影响和监理要点	施 工 节 点
1	沥青加热； 沥青蜡含量实验； 乳化沥青蒸发残留物含量实验	1. 蒸发气体排放； 2. 废沥青； 3. 废液体外加剂； 4. 石油醚等化学物	工地实验室
2	沥青混合料沥青抽提； 沥青闪点实验； 沥青混合料车辙试件成型	1. 三氯乙烯； 2. 松节油挥发； 3. 煤气； 4. 蒸发气体； 5. 沥青气体； 6. 废弃物	工地实验室
3	化学危险药品	1. 强酸强碱腐蚀； 2. 易燃； 3. 化学废液； 4. 遗失	工地实验室
4	材料抗压实验； 材料抗拉实验； 材料混合料击实	1. 压力机排放噪声； 2. 电动油泵产生噪声； 3. 击实仪产生噪声	工地实验室
5	水泥混凝土试件制作； 水泥试件制作； 试件养护； 试样切割	1. 振动台产生噪声； 2. 智能养护室控制仪产生噪声； 3. 切割机产生噪声； 4. 废弃物； 5. 粉尘； 6. 废水	工地实验室
6	混凝土取芯	1. 取芯机产生噪声； 2. 废弃物	工地实验室
7	骨料筛分；骨料磨耗实验；沥青混合料飞散实验	1. 摇筛机产生噪声； 2. 磨耗机产生噪声	工地实验室
8	骨料磨光值实验	1. 加速磨光机产生噪声； 2. 废弃物	工地实验室
9	密度实验	放射源	工地实验室
10	场地拆除	1. 废弃物分类、清除； 2. 生态恢复	工地实验室
11	沥青拌和站、灰土、混凝土拌和场、砂石料厂、轧石场	1. 选址：远离居民区的下风向，灰土拌和站在 200m 以外；混凝土拌和站、沥青拌和站在 300m 以外； 2. 占地； 3. 表土保存； 4. 废水； 5. 噪声； 6. 固体废弃物	拌和场预制场施工

续表

序号	施 工 内 容	潜在影响和监理要点	施 工 节 点
12	场地拆除	1. 废弃物分类、清除； 2. 生态恢复	拌和场和预制场施工
13	拌和场场地平整	1. 植被破坏； 2. 水土流失	路面施工类
14	拌和场搬运、安装、维修	1. 扬尘； 2. 噪声	路面施工类
15	拌和场运行	1. 噪声； 2. 水泥、沥青等泄漏污染土壤； 3. 清洗废水排放； 4. 有害气体如沥青烟等； 5. 扬尘	路面施工类
16	混合料运行	沿路洒落	路面施工类
17	场地粗骨料、沙堆放	扬尘	路面施工类
18	石灰、矿粉	1. 洒落污染大气； 2. 土壤污染	路面施工类
19	破碎机、振动筛等	1. 噪声； 2. 扬尘； 3. 振动	路面施工类
20	各类运输车辆	1. 噪声； 2. 扬尘； 3. 有害气体； 4. 漏油	路面施工类
21	路面摊铺、压实设备运行	1. 噪声； 2. 有害气体,如苯并芘； 3. 漏油； 4. 扬尘	路面施工类
22	夜间拌和场强光照明	减少强光和光照时间,保护夜间昆虫等； 生态环境	路面施工类
23	场地清理	1. 剩余原料,如碎石,水泥； 2. 废弃原料,如沥青渣	路面施工类
24	基坑开挖	1. 生态破坏； 2. 污水排放、淤泥堆积,围堰作业等污染环境； 3. 水土流失	桥涵工程
25	钻孔机和打桩机作业	1. 噪声； 2. 漏油； 3. 钻孔作业时排放污水； 4. 桩基对河床的破坏； 5. 泥浆外泄对土壤和河道水质的破坏； 6. 振动	桥涵工程

序号	施工内容	潜在影响和监理要点	施工节点
26	机械维修保养和进出场运输	1. 打桩机械维修保养时机油、废油撒漏和废配件丢弃; 2. 进出场运输时机油泄漏和粉尘撒落	桥涵工程
27	水泥混凝土拌和与浇筑	1. 水泥浆拌和和输送噪声; 2. 水泥倾倒,拆袋有扬尘污染; 3. 振捣机振捣噪声; 4. 商品混凝土运输,泵送噪声; 5. 振捣机维修滴油,配件丢弃; 6. 浇筑时混凝土落于河道污染河水	桥涵工程
28	钢筋作业	1. 装卸搬运噪声、扬尘; 2. 锈蚀产生锈水; 3. 钢筋焊接产生废气和废渣; 4. 焊接产生电火花、电弧光; 5. 钢筋切断机,弯曲机使用产生噪声; 6. 零星废钢筋等的废弃物	桥涵工程
29	钢模板	1. 搬运,搭拆噪声; 2. 打磨噪声; 3. 脱模剂(油)污染; 4. 腐蚀产生锈水	桥涵工程
30	钻孔平台搭设	使用后的处置	桥涵工程
31	机械设备作业与维修	1. 漏油污染; 2. 废配件丢弃	桥涵工程
32	各类运输车辆	1. 噪声; 2. 扬尘; 3. 有害气体; 4. 漏油	桥涵工程
33	钢管支架作业	1. 装卸噪声,扬尘,防锈漆振落; 2. 搬运噪声; 3. 支模架搭拆噪声,扬尘; 4. 钢模钢管扣件遇水腐蚀产生锈水; 5. 零星扣件散落	桥涵工程
34	工程船舶作业	1. 船舶生活废物; 2. 抛锚、起锚的噪声; 3. 主辅机运行噪声,有害气体; 4. 油料泄漏污染水源	桥涵工程
35	隧道开挖、爆破	1. 噪声; 2. 扬尘; 3. 生态破坏; 4. 废弃物处置; 5. 有害气体; 6. 弃渣	隧道工程

序号	施 工 内 容	潜在影响和监理要点	施 工 节 点
36	弃渣装运、丢弃	同路基工程	隧道工程
37	隧道支护、衬砌	1. 噪声； 2. 有害气体	隧道工程
38	防水排水	同排水工程	隧道工程
39	路基路面	同路面工程	隧道工程
40	挖掘机、装载机等	1. 噪声； 2. 扬尘； 3. 有害气体； 4. 漏油	排水工程
41	土石方运输	1. 沿路洒落； 2. 随意丢弃	排水工程
42	运输车辆	1. 噪声； 2. 尾气； 3. 扬尘	排水工程
43	夯实机械	1. 噪声； 2. 漏油； 3. 有害气体	排水工程
44	砂浆拌和机搅拌	1. 噪声； 2. 砂浆外漏	排水工程
45	砂浆喷射机	1. 噪声； 2. 砂浆外漏	排水工程
46	清洗砂浆设备	水污染	排水工程
47	地基承载力和基础埋置深度	1. 冲刷； 2. 墙体稳定	防护工程
48	挖掘机、装载机等	1. 噪声； 2. 扬尘； 3. 有害气体； 4. 漏油	防护工程
49	土石方运输	1. 沿路洒落； 2. 随意丢弃	防护工程
50	运输车辆	1. 噪声； 2. 尾气； 3. 扬尘	防护工程
51	夯实机械	1. 噪声； 2. 漏油； 3. 有害气体	防护工程
52	砂浆拌和机搅拌	1. 噪声； 2. 砂浆外漏	防护工程
53	砂浆喷射机	1. 噪声； 2. 砂浆外漏	防护工程
54	清洗砂浆设备污水	水污染	防护工程

序号	施工内容	潜在影响和监理要点	施工节点
55	拌和场	1. 噪声; 2. 废水; 3. 扬尘	安全设施工程
56	预制场	1. 噪声; 2. 废水	安全设施工程
57	基础工程	1. 噪声; 2. 扬尘; 3. 有害气体; 4. 废弃物处置	安全设施工程
58	焊接	1. 有害气体; 2. 废弃物处置; 3. 光辐射	安全设施工程
59	油漆和表面处理	1. 有害气体; 2. 废弃物处置	安全设施工程

4.5.4 京沪高铁项目交通运输环境保护工程案例

1. 京沪高铁项目简介

京沪高速铁路,简称京沪高铁,又名京沪客运专线,作为京沪快速客运通道,是中国"四纵四横"客运专线网的其中"一纵",也是中国《中长期铁路网规划》中投资规模大、技术水平高的一项工程。是新中国成立以来一次建设里程长、投资大、标准高的高速铁路。2008 年4 月 18 日正式开工,2011 年 6 月 30 日通车,时任国务院总理温家宝主持通车典礼。

线路由北京南站至上海虹桥站,全长 1318km,纵贯北京、天津、上海三大直辖市和冀鲁皖苏四省,连接环渤海和长江三角洲两大经济区。总投资约 2209 亿元,设 24 个车站,基础设施设计速度为 380km/h。桥梁长度约 1140km,占正线长度 86.5%;隧道长度约 16km,占正线长度 1.2%;路基长度 162km,占正线长度 12.3%;全线铺设无砟轨道正线约1268km,占线路长度的 96.2%。有砟轨道正线约 50km,占线路长度的 3.8%。全线用地总计 5000km^2(不包括北京南站、北京动车段、大胜关桥及相关工程)。京沪高速铁路将全线铺设无缝线路和无砟轨道。铁路线路、牵引供电、通信信号等基础设施,采取多种减振降噪、低能耗、少电磁干扰的环保措施。全线实行防灾安全实时监控,运用具有世界先进水平的动力分散式电力动车组,由集行车控制、调度指挥、信息管理和设备监测于一体的综合自动化系统统一指挥,以确保实现高速度、高密度、高舒适性、大能力、强兼容、高正点率、高安全性的现代化旅客运输。京沪高速铁路客运专线全线实现道口的全立交和线路的全封闭。既方便沿线群众、车辆通行,又可确保高速列车运行安全。全线优先采用以桥代路方式,最大限度节约宝贵的土地资源。

2. 主要环境影响

1) 生态环境

施工期:主体工程如路堤填筑、路堑开挖、车站修筑等工程活动,将导致地表植被破坏、地表扰动,易诱发水土流失,以深路堑、陡坡路基、浸水路堤等特殊路基地段尤为突出。临时工程如取土场、弃土(渣)场、施工场地平整、施工便道修筑等工程行为,使土壤裸露、地表扰动、局部地貌改变、原稳定体失衡,易产生水蚀。

线路通过有关风景名胜区、自然保护区、森林公园等,将对地表植被、环境景观等产生一定影响;施工噪声、振动对野生动物产生惊扰。

运营期:火车运行对动物迁徙通道会产生一定的影响。

2)噪声与振动

施工期:施工中的挖土机、打桩机、重型装载机及运输车辆等机械设备产生的噪声、振动会影响周围居民区等敏感点。

运营期:铁路建成后,列车运行通过时发出噪声,会对两侧一定区域内的居民生活产生影响。当动车和货车通过时,会对线路两侧一定区域内的房屋产生振动影响。

3)电磁环境

电力机车的受电弓在接触网上划过会造成火花放电,产生宽频带电磁干扰信号,对沿线使用开路天线的住户收看电视产生影响;牵引变电所会使周围的工频电磁场升高,可能会对一定距离内人的身体健康造成影响。

4)水污染

施工期:施工过程中的生产作业废水,尤其是钻孔桩施工产生的泥浆废水以及施工人员驻地排放的生活污水可能会对周围区域水环境造成影响。线路跨越河流、水体时,水中墩施工使得泥沙浮起,使得水体浊度增大,尤其是在水源保护区内,将对水质产生一定影响。

运营期:生活污水来源于沿线车站旅客候车和铁路职工办公、生产过程,是铁路车站排放的主要污水,以 COD、BOD_5 为特征污染物。生产废水主要来源于客车外皮清洗及检修产生的含油污水,特征污染物为石油类。密闭电动车组还会产生列车集便器污水,以 COD、BOD_5、NH_3-N 为特征污染物。

5)大气污染

施工期:主要为扬尘污染,主要来源于土石方工程、地表开挖和运输过程;燃油施工机械排烟、施工人员炊事炉排烟等也将影响环境空气质量。

运营期:主要为机车废气排放,车站新增加的生产、生活锅炉废气排放。

6)固体废物

施工期:施工固体废物主要为施工单位驻地产生的生活垃圾和工地施工产生的建筑垃圾。

运营期:主要为各车站列车的卸放垃圾、候车旅客及工作人员产生的生活垃圾、生活污水处理装置产生的剩余污泥等。

7)其他施工影响

施工扬尘、施工噪声和振动会造成农作物减产并对附近居民生产、生活产生影响;工程施工对两侧城市道路交通、水运产生不利影响;施工场地临时占地及开挖破坏也将影响周边居民的出行。工程建设将带来部分居民的拆迁安置,如安置措施不适当,将对拆迁居民生活质量带来一定程度的影响。

铁路进入市区路段,由于受到城市的地形、城市规划以及既有铁路设施布局的制约,各城市接轨方案是工程线路比选工作量最大设计区段,也是环境最敏感的区段之一。设计人员在接轨方案线路比选时,应在城市规划相容性、征用土地、拆迁房屋、噪声干扰、水源保护等各因素影响最低的基础上选择对环境影响最小的方案。

3．环境影响减缓及防治措施

1) 生态影响

(1) 优化线路设计方案减缓生态影响。对局部线路方案从工程角度和环境保护要求作进一步优化,绕避各种保护区或敏感点,以最小的工程代价,获取最大的环境保护效果。取(弃)土场设置应充分考虑取(弃)土场的位置对周边环境的协调和影响,尽量不占农田、河道、森林,尽量做到不破坏周围景观。编制土地复耕计划,采取移挖作填、复垦造田、造塘及造林绿化等设计措施。

对耕地资源紧缺地区采用高速堤坝通过时,根据环境要求,进行路桥方案比选设计。路基边坡、取弃土场、裸露面提出相应的工程、植物防护设计,防止水土流失;线路经过特殊地质地区,为防止地面塌陷或地下水流失、地面水冲刷和改道,应进行必要的专项环境保护设计。

(2) 采取工程措施和植物措施相结合的水土保持方案。桥梁墩台压缩河床断面、涵洞汇水面积增大都将产生局部冲刷,造成水土流失,设计中要充分考虑护岸锥体、涵洞出口顺接的工程设计,防止水土流失。

路基、站场取弃土场边坡应设置拦渣、拦土墙及排水等防护工程,裸露地面应采取植物绿化,防止水土流失。

在山区修铁路,受地形影响,弃渣不仅困难,防护工程实施难度也大,而且容易引起冲刷。所以应综合利用挖方和隧道出渣,减少弃渣,合理选择弃渣场位置。在此基础上进一步完善挡护措施,如绿化裸露面覆土等植物工程措施。另外,隧道边仰坡的生态措施也是防止水土流失的一个重要方面。

(3) 环境敏感区段引入专项环保设计。在地下水丰富、山体岩性透水性较强的条件下,开挖隧道可导致山顶地表水流失,应采取防止水资源流失的环保设计。

线路经过动物迁徙通道区段应进行动物通道专项设计。

2) 噪声控制

(1) 施工期噪声控制措施。混凝土拌和站、预制场等高噪声作业场地设置应尽量避开居民集中区;邻近居民区、学校和医院等噪声敏感地带的施工,要严格控制机械作业噪声;噪声大的施工作业应尽量安排在白天,因生产工艺要求或其他特殊要求需要连续昼夜作业的,应到当地建设行政主管部门、环保行政主管部门提出申请,批准后方能进行夜间施工。同时,要做好对周边居民的公告、宣传和沟通工作。

施工车辆通过城区、村庄时应减速慢行和减少鸣笛。沿线两侧受噪声影响较大的住宅小区(楼)、学校、医院、疗养院及人口稠密或受影响户数较多的村庄等地段的各实施作业场地应实施噪声控制。

(2) 营运期噪声控制。通过合理规划布局、噪声源控制、传声途径噪声削减、敏感建筑物噪声防护、加强交通噪声管理5个方面降低噪声污染。

3) 水污染防治

(1) 施工期。施工营地设置应远离水体边缘;含有有害物质的施工物料不得堆放在河流、沟渠等水体附近。

桥梁施工应采取措施防止石油类污染物排入水体；桩基钻孔施工产生的泥浆，经沉淀分离后，沉渣外运弃至当地环保部门指定地点，废水重复利用或用于场地、道路的降尘和绿化。

隧道施工时，应在隧道进（出）口设置沉淀池，对隧道施工产生的高浊度废水进行沉淀处理后再排放。

采砂场的洗砂废水经沉淀后，重复利用或排放。

施工生活污水要设置污水沉淀池，沉淀处理后用于施工降尘或绿化。

（2）营运期。营运期站场污水主要防治措施包括通过市政管道进入地方污水处理厂、站场配套污水处理设施处理。

4）大气污染防治

（1）施工期。施工场地、道路应定时洒水，防止施工扬尘对地表植被和农作物产生不利影响；城市区域施工场地出入口应设置冲洗设备，对施工车辆轮胎及车外表进行冲洗，确保城市道路清洁。

运输易产生扬尘的建筑材料或土石方时，运输车辆应装料适中，并采用篷布覆盖严密。

施工场地、营地四周应采用围护措施；城市地带的施工场地裸露地表或集中堆放的土方表面，应采取临时覆盖措施，防止扬尘。

（2）运营期。选用清洁能源生产蒸汽或热水，燃煤锅炉设脱硫除尘设施。

5）固体废物

（1）施工期。施工营地产生的生活垃圾应经专人收集后，送至环卫部门集中处理。彻底清理拆迁及施工营地撤离产生的建筑垃圾，运至指定的弃渣场或其他指定场所进行处置。

施工中产生的各类固态浸油废物等应集中收集、封装，交由有资质部门处置。

（2）运营期。对旅客列车垃圾在车上设置垃圾袋，并定点在固定车站投放，专人集中收集后定点存储，并及时与车站办公人员、旅客候车生活垃圾一并清运到市政垃圾转运站处理。

4.6　社会区域

4.6.1　社会区域范畴

社会区域包括市政公用工程、社会服务行业、区域开发三个部分，对建设期产生的噪声、扬尘、建筑废渣、原材料运输影响交通、破坏植被、施工人员生活废水、生活垃圾等进行分析，并明确施工方案中的相应防治措施。

4.6.2　废气防治

1. 废气产生

主要包括建设期产生的扬尘；建成后废气应考虑可能存在的锅炉房排放烟气（若有储煤场，要考虑煤尘对环境的影响）、集中式车库排放的废气、餐饮业油烟排放和风害。对环保工程，如污水处理与排放，要考虑恶臭等问题。

2. 废气特点

1) 餐饮业油烟特点

厨房油烟是由动植物油脂在高温加热情况下的挥发物凝聚而成。形成的气溶胶粒子具有粒径细微、黏附性强等特点,除了油烟在燃烧过程中产生一氧化碳、二氧化碳和颗粒物外,在炒菜的过程还逸出大量的有害物质如丙烯醛、3,4-苯并芘及环芳烃等成分,其结构组成极为复杂,而且油烟呈水包油、油包水的厚状形态,具有疏水性,净化难度高。

2) 集中式车库排放的废气特点

机动车尾气主要污染物为一氧化碳(CO)、碳氢化合物、硫化物、氮氧化物(NO_x)及颗粒物(PM)。

一氧化碳主要由气缸内燃料不充分燃烧形成的,它经呼吸道进入肺部被血液吸收,与血红蛋白结合形成碳氧血红蛋白,降低血液的载氧能力,使人体组织血液中含氧量减少,引起头痛等症状,重者窒息死亡。

氮氧化物是在发动机压缩冲程的末尾阶段,在气缸高温和火花塞放电作用下产生的。氮氧化物会刺激人的眼、鼻、喉和肺,进入人体肺部后能形成亚硝酸和硝酸,对肺部产生剧烈的刺激作用,形成高铁血红蛋白,增加肺部毛细血管的通透性,最终形成肺气肿。同时可增加病毒感染的发病率,诱发肺细胞癌变。

硫化物是燃料中的含硫杂质在气缸内燃烧形成的。大量的硫化物进入大气层后经氧化等作用形成酸雨,对土壤和水环境造成危害,影响农作物和森林植物的生长。部分硫化物还会形成悬浮颗粒物,随人的呼吸进入肺部,对肺部直接造成损伤。

碳氢化合物主要是由燃料中的碳氢化合物不完全燃烧产生的,它和氮氧化物容易在太阳光下产生光化学烟雾,在一定的浓度下对植物和动物有直接毒性,对人体有致癌作用。

颗粒物主要是燃油在气缸内不完全燃烧产生的,粒径在 $2.5\,\mu m$ 下的颗粒物可直接经肺泡进入人体,对人体健康造成危害。大量颗粒物使城市空气能见度和空气质量变差,在静风、低温等气象条件下极易形成雾霾。雾霾天气不利于各种大气污染物的扩散,而污染物的持续排放和增加将进一步加剧大气污染。2012 年新修订的《环境空气质量标准》(GB 3095—2012)对空气中的细颗粒物($PM_{2.5}$)治理工作提出更高的要求,机动车污染防治成为关键领域。此外,机动车尾气中的二氧化碳是温室气体,是加剧全球气候变暖的主要温室气体之一。

3. 防治措施

(1) 对于油烟,应设置油烟净化设备,油烟净化设备可分为机械式、湿式、静电式和复合式四大类。

油烟设施净化效率要求是:小型餐饮业的油烟净化设施最低去除效率是 60%;中型餐饮业的油烟净化设施最低去除效率是 75%;大型餐饮业的油烟净化设施最低去除效率是85%,故选择油烟净化设施应根据最低去除效率来决定。

(2) 集中收集处理恶臭主要治理措施有:物理法、化学法和生物法三类。其中物理法主要有稀释法、吸附法等;化学法有吸收法、燃烧法等;生物法包括生物制剂法、土壤处理法、生物滤池法等。

(3) 不集中收集处理恶臭污染防治措施:优化工艺,设计足够的流速避免产生死水区,污染物腐败产生臭气;对污泥脱水后尽快处理,临时堆放要用氯水或漂白粉冲洗或喷洒;

厂区防护距离内设置高大阔叶乔木绿化隔离带；设置卫生防护距离和环境防护距离。

4.6.3　废水处理

1. 废水产生

社会服务类项目排放的污废水可分为两大类：一类是不含有毒有害物质、以需氧有机污染为主要特征的一般性污废水，如商业服务设施、饮食服务设施、社会福利设施、旅游设施、体育设施、文化娱乐设施排放的污废水；另一类是以含有毒有害物质为主要特征的特殊性行业废水，如汽修厂，加油站，卫生服务设施，教育机构中的化学、生物与医药实验室，印刷及冲扩店设施等排放的污废水，这类废水水量均较少。

废水主要考虑居民生活污水，如有商务（如餐饮、洗衣等）服务功能建筑还要考虑餐饮废水、洗衣废水。

2. 废水特点

（1）随着生活习惯的变化，社会区域污水类型也在变化。例如，厨房废水主要是油脂类，以及大量其他有机物质。

（2）社会区域污水的指标为 BOD、COD、pH、大肠杆菌、SS、总磷（TP）、氨氮（NH_3-N）。

3. 防治措施

（1）根据各产生水污染物的构筑物或作业活动的给排水量，分析减少废水排放量的潜力，分析治理方法的必要性和可行性，并提出改进措施。

（2）污水必须做到"清污分流""雨污分流"。废水实施分类处理、分级控制水质指标。

（3）一般餐饮废水经隔油池处理与其他生活污水通过化粪池进行简单处理后经市政污水管道进入城市污水处理厂。

（4）对特殊性行业废水的处理，也应注意对排入城市污水收集系统的废水严格控制重金属、有毒有害物质，并在厂（场）区内进行预处理，使其达到国家和行业规定的排放标准。

4.6.4　固体废物处理处置

1. 固体废物产生

社会区域固体废物主要为居民生活垃圾、餐饮垃圾、商务垃圾等。

2. 固体废物特点

（1）社会区域固体废物资源化方法少。我国以堆肥法和废旧回收循环利用为主，少数城市利用卫生填埋场回收沼气。

（2）社会区域固体废物经过资源化的相对数量少。我国城市生活垃圾的处理量仅占总生活垃圾量的 5%，其中 70% 是通过简易填埋法处理的，无任何收益，仅有 20% 进行了简易堆肥，其他方法的资源化体现得更少。

（3）社会区域固体废物中资源化的物质种类少。我国城市垃圾中含有许多有用物质，但被利用的成分少，废旧回收主要收集了垃圾中的金属、塑料、玻璃、纸张等，而堆肥则主要是利用其中一些易腐物质和有机物质，其他未能充分利用。

（4）社会区域固体废物资源化经济效益差。目前，由于我国垃圾资源化技术差，资金缺口大等因素的影响，垃圾资源化成本偏高，资源化的物质品位低，经济效益差。

3. 防治措施

（1）生活垃圾由环卫部门收集；

（2）废金属屑和废金属边角料暂存于一般固体废物堆场,定期外售综合利用；

（3）企业在生产过程中不产生危险废物,只有在设备维修维护时产生少量废含油抹布。根据最新颁布的《国家危险废物名录》(2025年版),从2016年8月1日起开始实施,新名录中明确了废含油抹布(HW49,900-041-49)将按照危险废物豁免管理清单要求管理废物,因此全过程不按危险废物管理,委托环卫部门处理；在此之前(2016年8月1日前),废含油抹布暂存场所仍应按照《一般工业固体废物贮存和填埋污染控制标准》(GB 18599—2020)、《危险废物贮存污染控制标准》(GB 18597—2023)和《危险废物填埋污染控制标准》(GB 18598—2019)等3项国家污染物控制标准修改单的公告(环境部公告2013年第36号)进行管理设置。

4.6.5 噪声防治

1. 噪声源

噪声主要考虑公用设施(如锅炉房、中央空调等)设备运行噪声和可能存在的娱乐服务设施(KTV、舞厅、游乐场等)社会噪声。

2. 噪声特点

1) 干扰休息和睡眠、影响工作效率

（1）干扰休息和睡眠。休息和睡眠是人们消除疲劳、恢复体力和维持健康的必要条件。但噪声使人不得安宁,难以休息和入睡。当人辗转不能入睡时,便会心情紧张,呼吸急促,跳动加剧,大脑兴奋不止,第二天就会感到疲倦,或四肢无力。从而影响工作和学习。人进入睡眠之后,即使是40～50dB较轻的噪声,也会从熟睡状态变成半熟睡状态。人在熟睡状态时,大脑活动是缓慢而有规律的,能够得到充分的休息；而半熟睡状态时,大脑仍处于紧张、活跃的阶段,这就会使人得不到充分的休息和体力的恢复。

（2）使工作效率降低。研究发现,噪声超过85dB,会使人感到吵闹,因而无法专心地工作,结果会导致工作效率降低。

2) 损伤听觉

我们都有这样的经验,从飞机里下来或从车间出来,耳朵总是嗡嗡作响,甚至听不清对方说话的声音,过一会儿才会恢复。这种现象叫做听觉疲劳,是人体对外界环境的一种保护。如果人长时间遭受强烈噪声作用,听力就会减弱,进而造成：①强的噪声可以引起耳部的不适,如听力损伤。据测定,超过115dB的噪声还会造成耳聋。据统计,若在80dB以上噪声环境中生活,造成耳聋者可达50%。医学专家研究认为,家庭噪声是造成儿童产生疾病的原因之一。噪声对儿童身心健康危害更大。因儿童发育尚未成熟,各组织器官十分娇嫩和脆弱,不论是体内的胎儿还是刚出世的孩子,噪声均可损伤,使听力减退或丧失。据统计,当今世界上有7000多万耳聋者,其中相当部分是由噪声所致。专家研究已经证明,家庭室内噪声是造成儿童耳聋的主要原因,若在85dB以上噪声中生活,耳聋者可达5%。②噪声对视力的损害。人们只知道噪声影响听力,其实噪声还影响视力。实验表明：当噪声强度达到90dB时,人的视觉细胞敏感性下降,识别时间延长；噪声达到95dB时,有40%的人视物模糊；而噪声达到115dB时,多数人的眼球对物体的适应都有不同程度的减弱。所以长时间处于噪声环境中的人很容易发生眼痛、眼花和视物流泪等眼损伤现象。同时,噪声还会使视野发生异常。调查发现噪声对红、蓝、白三色视野缩小80%。

　　3)对人体的生理影响

　　噪声可使大脑皮质的兴奋和抑制失调,异常,出现头晕、头痛、多梦、心慌、记忆力减退、注意力不集中等症状,严重者可产生这种症状,药物治疗疗效很差,但当脱离噪声环境时,症状就会明显好转。噪声可引起自主功能紊乱,表现在血压升高或降低。噪声会使人唾液、胃液分泌减少,胃蠕动减弱,食欲缺乏。噪声对人的机能也会产生影响,如导致女性生理机能紊乱,流产率增加等。噪声对儿童的智力发育也有不利影响,据调查,3岁前婴儿生活在75dB的噪声环境里,他们的心脑功能发育都会受到不同程度的损害,在噪声环境下生活的儿童,智力发育水平要比安静条件下的儿童低20%。噪声对人的心理影响主要是使人烦恼、激动、易怒,甚至失去理智。此外,噪声还对动物、建筑物有损害,在噪声下的植物也生长不好,有的甚至死亡。

　　(1)损害心血管。噪声是危险因子,噪声会加速心脏衰老,增加发病率。医学专家经人体和动物实验证明,长期接触噪声可使体内分泌增加,从而使血压上升,在平均70dB的噪声中长期生活的人,可使其发病率增加30%左右,特别是夜间噪声会使发病率更高。调查发现,生活在高速公路旁的居民,发病率增加了30%左右。调查1101名纺织工人,发病率为7.2%,其中接触强度达100dB噪声者,发病率达15.2%。

　　(2)噪声还可以引起功能紊乱,甚至事故率升高。高噪声的工作环境可使人出现头晕、头痛、多梦、全身乏力、记忆力减退以及恐惧、易怒、自卑。在日本,曾有过因为受不了火车噪声的刺激而最后自杀的事例。

3. 防治措施

　　(1)在传声途径上降低噪声,控制噪声的传播,改变声源已经发出的噪声传播途径,如采用吸声、隔声、声屏障、营造隔声林、隔振等措施,以及合理规划城市和建筑布局等;

　　(2)将噪声污染严重的企业搬离市区;

　　(3)源头处预防,传播过程消减;

　　(4)在声源和传播途径上无法采取措施,或采取的声学措施仍不能达到预期效果时,就需要对受声者或受声器官采取防护措施,如长期暴露在噪声中的人可以戴耳塞、耳罩或头盔等护耳器。

4.6.6　某污水处理厂项目社会区域环境保护工程案例

1. 某污水处理厂项目简介

　　某污水处理厂一期、二期已建成5万 m³/d 的规模及配套管网和泵站,主要收集东部的生活污水和部分工业废水。随着周边地区的建设,污水管网不断延伸,收水面积不断增加,沿途接入的污水量也随之增加,均导致该污水处理厂现有的污水处理设施已不能满足发展的需要。为使污水得到有效处理,进一步改善该区域的水体环境和投资环境,拟新建污水处理厂三期工程。项目建设地点为此污水处理厂二期工程东侧预留用地。

2. 主要环境影响

　　1)水环境

　　施工期:施工期废水来源主要为工程施工废水和生活污水。其中工程施工废水包括施工机械冷却水及洗涤用水、施工现场清洗、建材清洗、混凝土浇筑、养护、冲洗等,这部分废水含有一定量的油污和泥沙。施工人员的生活污水中含有一定量的有机物和病菌。另外,雨季作业场面的地面径流水含有一定量的泥土和高浓度的悬浮物。

污水处理厂三期工程施工现场产生的施工废水和施工人员的生活污水经收集沉淀后至污水处理厂原有污水处理系统处理。采取以上措施后,能有效地控制对水体的污染,预计施工期对水环境的影响较小。随着施工期的结束,该类污染将随之不复存在。

运营期:

① 此污水处理厂在旱季正常排放、雨季正常排放情况下,排污口下游的河道河段仍能满足Ⅳ类水质标准。

② 在旱季事故、雨季事故排放情况下,对下游河道河段的影响程度要明显高于正常排放。在雨季事故排放情况下,排放口下游的河段将会出现 $NH_3\text{-}N$、TP 浓度超标的情况。

③ 本项目建成运行后,旱季正常、雨季正常排放情况下,对周边水质影响不大。但旱季事故、雨季事故排放时造成部分河段或部分指标超标。因此,应尽可能避免事故情况的发生。

2) 噪声与振动

施工期:施工中的挖土机、打桩机、重型装载机及运输车辆等机械设备产生的噪声、振动会影响周围居民区等敏感点。

运营期:污水处理厂项目建成后,昼、夜间各点噪声新增值不大,不会产生噪声扰民现象。建议配套泵站向外 50m 范围内禁止建设学校、医院、集中居住区等环境敏感目标。

3) 大气污染

施工期:该项目建设期间,大气污染来源主要为在管沟开挖,土方回填、堆存、运输,材料运输、装卸,构筑物砌建及施工爆破等过程中产生的扬尘以及运输车辆行驶引起的道路扬尘。对于施工场地、运输通道应采取洒水抑尘措施,每天洒水 4~5 次,即可减少扬尘70%左右。

运营期:主要为恶臭气体如氨气、硫化氢的影响,应对进水泵房、格栅间、污泥浓缩池等恶臭气体产生单位设置相应卫生防护距离。

4) 固体废物

施工期:施工固体废物主要为施工单位驻地产生的生活垃圾和工地施工产生的建筑垃圾。

运营期:主要为工作人员产生的生活垃圾、污水处理污泥等。

5) 生态环境

施工期:该项目施工所产生的生态环境问题主要包括挤占农地及道路,造成农作物及植物破坏,沿程堆存的土方若不及时回填,易造成两侧土壤剖面结构破坏,遇降水易造成水土流失,并影响附近水体环境和自然环境。对于土方应及时回填,并尽可能恢复植被,易起尘的建材如石灰、水泥等应尽可能堆存在室内,妥善管理,防止扬尘的产生。

运营期:本工程运营期的生态环境问题主要包括污水处理产生的臭气对污水处理厂周围大气环境的影响;污水处理系统发生事故时尾水对河流的水质冲击影响;污水处理厂及泵站机械设备运行噪声对周围环境的影响。

针对上述问题需要建设绿化防护带,制定严格的事故防范措施和应急方案,最大限度地控制和减轻事故的发生；污水处理设备及泵站运行设备采用低噪声的先进设备，并采取一定的降噪防振措施。采取相应的措施后本工程对周围环境的影响较小。

6）其他施工影响

污水管网施工将对交通产生较大影响。截污管的铺设将会开挖道路。道路开挖和管道堆放将导致车辆运输受阻，使交通变得拥挤混乱，易发生交通事故。另外管网、泵站和污水处理厂施工都会由于运输量的增加而使交通负荷增大，影响交通畅通。在雨天道路的弃土将使道路泥泞不堪影响交通。

为了缓解对交通的影响，建议对交通繁忙的道路设计临时便道或避让高峰时间；施工分段进行，尽快完成开挖、埋管和回填工作；及时清运弃土。

3. 环境影响减缓及防治措施

1）生态影响

建设绿化防护带，制定严格的事故防范措施和应急方案，最大限度地控制和减轻事故的发生；污水处理设备及泵站运行设备采用低噪声的先进设备，并采取一定的降噪防振措施。

2）噪声控制

施工期：施工单位应注意施工机械保养，维持施工机械低声级水平，并合理安排工作人员作业时间或进行工作轮换；加强管理，掌握周围居民的作息时间，合理安排施工，昼间施工时应确保施工噪声不影响运输路线沿线的居民生活环境，噪声大的施工机械在22:00—6:00停止施工，尽量不在夜间进行高噪声设备的施工作业，混凝土需要进行连续作业时应先做好人员、设备、场地、材料的准备工作，将搅拌机运行时间压缩到最低限度。

运营期：选用噪声较小的设备；加强绿化，加强鼓风机房周围的绿化，利用较高大的绿篱减弱噪声的传播。

3）水污染防治

施工期：污水处理厂内施工产生的施工废水和施工人员生活污水经收集沉淀送至污水处理厂原有工程污水处理系统处理达标后排放；各类施工材料应有防雨遮雨设施，工程废料要及时运走；应合理组织施工程序和施工机械，安排好施工进度。

运营期：加强源头控制，建议进一步加强对进入污水处理厂工业污染源的管理，进入市政污水管网工业废水应达到接管标准；加强污水处理厂的运行管理，定期维护设备，采用双电源供电，尽可能避免污水处理厂的事故排放。

4）大气污染防治

施工期：运输建筑材料车辆要严密，物料不要装得过满，以防途中洒漏；应及时清扫运输车辆洒漏的物料，并辅以必要的洒水抑尘等措施，保证每天不少于2～3次，以保持场地不起尘；根据本地区主导风向和周围环境敏感点的分布，合理选择施工场地和混凝土搅拌场的位置，同时对易起尘物料实行库内堆存和加盖篷布等措施；加强对运输车辆和流动机械的维修保养，使它们处于良好的运行状态；使用合格的燃料油，并设法使其充分燃烧，减少尾气中污染物的排放量；混凝土搅拌是施工期主要固定沙尘污染源，对拌和设备应有较好的密封，从业人员必须注意劳动保护，搅拌地点应选在其主导风向下方300m内无敏感单位的地方。

运营期：总平面布置将生产区和生产管理区分开，减少臭味对管理区的影响；进行臭气的收集处理,加强厂区绿化建设,减小厂区臭气对周围环境的影响;厂区产生的污泥和垃圾及时外运处置。

5) 固体废物

施工期:施工产生的各种垃圾应分别堆放,不得随便丢弃于施工现场;生活垃圾由环卫部门统一处理处置;土建垃圾要运至环保部门指定地点堆放,金属垃圾要进行回收利用。

运营期:厂区产生的固体废弃物如泥饼、垃圾等及时清运,生活垃圾委托环卫部门处理处置;远期根据污泥处理处置技术进步,选用先进的污泥处理处置技术,真正实现污泥的减量化、稳定化、无害化。

4.7 放射性污染与电磁辐射

4.7.1 放射性污染

1. 放射性污染概述

20世纪50年代以来,人的活动使得人工辐射和人工放射性物质大大增加,环境中的射线强度随之增强,危及生物的生存,从而产生了放射性污染。放射性污染很难消除,射线强弱只能随时间的推移而减弱。天然食品中都有微量的放射性物质,一般情况下对人是无害或影响很微小的。在特殊环境下,放射性元素可能通过动物或植物富集而污染食品,对人类身体健康产生危害。

放射性物质在自然界中分布很广,存在于矿石、土壤、天然水、大气和动植物组织中。由于核素可参与环境与生物体间的转移和吸收过程,所以可通过土壤转移到植物而进入生物圈,成为动植物组织的成分之一。

2. 辐射的环境影响

辐射环境影响评价是为了评估和分析辐射环境可能产生的影响。这种影响可能涉及电离辐射、非电离辐射、光生物学效应等因素。辐射环境评价的主要目的是防止辐射环境对人类健康和生态系统造成潜在的危害。它通常包括以下几个步骤:

(1) 辐射源评估:确定区域内主要的辐射源种类、强度和频率,这可以包括天然辐射源(如地壳中的放射性物质)以及人造辐射源(如核电站和核设施)。

(2) 辐射散播模拟:使用数值模型或计算机程序来预测辐射如何从辐射源传播到环境中,包括空气、水和土壤。

(3) 辐射水平评估:根据上述信息,评估区域内不同位置上的辐射水平,如剂量率、等效剂量和累积剂量等重要指标。

(4) 环境影响评价:结合人体辐射防护标准和环保法规的相关要求,评估辐射对环境的长期潜在影响,如生物多样性和土壤质量等。

(5) 人体健康风险评估:分析辐射水平与人体辐射暴露之间的关系,评估辐射对人体健康的短期和长期危害,如癌症和其他遗传性疾病的风险。

《放射性污染防治法》第二十九条规定"生产、销售、使用放射性同位素和加速器、中子发生器以及含放射源的射线装置的单位,应当在申请领取许可证前编制环境影响评价文件,报省、自治区、直辖市人民政府环境保护行政主管部门审查批准;未经批准,有关部门不得颁发许可证"。《放射性同位素与射线装置安全和防护管理办法》(环保部令第18号)第十四条"依法实施退役的生产、使用放射性同位素与射线装置的单位,应当在实施退役前编制环境影响评价文件,报原辐射安全许可证发证机关审查批准;未经批准的,不得实施退役"。

4.7.2　电磁辐射

1. 电磁辐射概述

电磁辐射又称电子烟雾,是由空间共同移送的电能量和磁能量所组成,而该能量是由电荷移动所产生。比如,正在发射信号的射频天线所发出的移动电荷,便会产生电磁能量。电磁"频谱"包括形形色色的电磁辐射,从极低频的电磁辐射至极高频的电磁辐射。两者之间还有无线电波、微波、红外线、可见光和紫外线等。电磁频谱中射频部分的一般定义是指频率由 300kHz~300GHz 的辐射。有些电磁辐射对人体有一定的影响。

2. 电磁辐射的环境影响

电磁辐射环境影响评价是对某一电磁辐射源(如电力设备、无线通信设备等)产生的电磁辐射对环境和人体健康的影响进行评估的过程。电磁辐射是指电磁波在空间传播过程中释放的能量,可以分为极低频、射频、微波等不同频段。电磁辐射的环境评价主要包括以下几个方面:

(1)电磁辐射强度测量与监测:通过现场测量和监测,获取电磁辐射源辐射强度数据,包括频率、功率密度、场强等参数。

(2)环境影响评估:评估电磁辐射对周围环境(大气、水体、土壤等)的影响,包括生物多样性、生态系统功能、土壤质量等方面。

(3)人体健康风险评估:评估电磁辐射对人体健康的潜在风险,包括电离辐射和非电离辐射的潜在影响,如癌症、生殖系统问题、神经系统问题等。

(4)辐射防护与管理措施:根据评估结果,提出相应的辐射防护和管理措施,如调整设备布局、减少辐射强度、人员安全培训等。

在进行电磁辐射环境影响评价时,需要参考国家和地区相关的法规和标准,确定评估指标和方法,并进行合理、科学的评估和分析。电磁辐射环境影响评价的结果对设备的选择、运营和环境保护具有指导意义,可以有效减少电磁辐射对环境和人体健康的影响。

《电磁辐射环境保护管理办法》第七条规定,省、自治区、直辖市环境保护行政主管部门负责除第六条规定所列项目以外、豁免水平以上的电磁辐射建设项目和设备的环境保护申报登记和环境影响报告书的审批。

4.7.3　某 110kV 变电站新建项目电磁辐射环境影响案例

1. 建设内容

新建 1 座 110kV 变电站,半户外布置,本期新建 1 台主变压器,容量为 40MV·A,远景不变;本期 110kV 电缆进线间隔 1 回,10kV 电缆出线 6 回,远景不变。表 4-18 为该项目主体工程、辅助工程、环保工程、依托工程、临时工程概况。

表 4-18　某 110kV 变电站新建项目组成及规模

项 目 组 成			项目建设规模
主体工程	110kV 变电站		半户外布置,面积为永久用地 386.4m²
	其中	主变压器	本期新建主变 1 台,容量为 40MV·A(1 号),采用户外布置,远景不变
		配电装置	110kV 配电装置采用户内 GIS 布置
		配电装置楼	总体为一栋 2 层配电楼,建筑面积 209.83m²
		进出线规模	本期 110kV 电缆进线间隔 1 回,10kV 电缆出线 6 回,远景不变
辅助工程	排水		本项目为无人值守变电站,无生活污水产生,雨水依托厂区内雨水管线
	进站道路		依托厂区内道路
环保工程	事故油坑		于主变压器下设置事故油坑,通过钢管与事故油池相连,有效容积约 8m³,大于主变油量的 20%
	事故油池		1 座,位于变电站南侧,具有油水分离功能,有效容积 25m³,可满足单台主变油量 100% 的储放
依托工程	项目配套 110kV 线路情况		线路环境影响评价另行编制报批,不在本次评价范围内
	危险废物仓库		本项目废铅蓄电池、废变压器油属于危险废物,在本项目主体工程已建的 200m² 危险废物仓库内划出 4m² 的贮存专区,用于本项目危险废物的暂存,暂存后交由有资质单位处置
临时工程	施工营地		施工营地位于变电站站址南侧,设有围挡、材料堆场、办公区、生活区、临时排水沟、临时沉淀池、临时化粪池等,临时用地面积约 750m²
	临时施工道路		本项目利用已有道路运输设备、材料等

2. 评价因子

根据《环境影响评价技术导则　输变电》(HJ 24—2020)规定,输变电建设项目运行期的环境影响评价因子为工频电场、工频磁场。本项目环境影响评价因子见表 4-19。

表 4-19　本项目环境影响评价因子

评价阶段	评价项目	现状评价因子	单位	预测评价因子	单位
运行期	电磁环境	工频电场	V/m	工频电场	V/m
		工频磁场	μT	工频磁场	μT

3. 评价标准

电磁环境中公众曝露限值执行《电磁环境控制限值》(GB 8702—2014)表 1 中频率为 50Hz 所对应的公众曝露限值,即电场强度限值:4000V/m;磁感应强度限值:100μT。

4. 评价工作等级

本项目 110kV 变电站的主变电压器(简称主变)为户外式布置,110kV GIS 为户内式布置,根据《环境影响评价技术导则　输变电》中的表 2 从严确定本项目电磁环境影响评价工作等级划分为二级。工作等级的划分见表 4-20。

表 4-20　输变电建设项目电磁环境影响评价工作等级

分类	电压等级	工程	条件	评价工作等级
交流电	110kV	变电站	户内式、地下式	三级
			户外式	二级

5．评价方法

根据《环境影响评价技术导则　输变电》中 4.10.3 条款,确定本项目电磁环境影响评价方法,本项目电磁环境影响评价方法如表 4-21 所示。

表 4-21　电磁环境影响评价方法

评价对象	评价方法
110kV 变电站	类比监测

6．评价范围

根据《环境影响评价技术导则　输变电》中的表 3,本项目电磁环境影响评价范围如表 4-22 所示。

表 4-22　电磁环境影响评价范围

评价对象	评价因子	评价范围
110kV 变电站	工频电场、工频磁场	站界外 30m

7．评价重点

电磁环境评价重点为项目运行期产生的工频电场、工频磁场对周围环境的影响,特别是对项目附近环境敏感目标的影响。

8．电磁环境敏感目标

根据《环境影响评价技术导则　输变电》,电磁环境敏感目标包括住宅、学校、医院、办公楼、工厂等有公众居住、工作或学习的建筑物。

环境质量控制要求:工频电场<4000V/m、工频磁场<100μT。

9．监测因子、监测方法

监测因子:工频电场、工频磁场。

监测方法:《交流输变电工程电磁环境监测方法(试行)》(HJ 681—2013)。

10．监测点位布设

在变电站拟建址四周及电磁环境敏感目标处布设工频电场、工频磁场现状测点。

11．环境影响预测评价

1)变电站工频电场、工频磁场影响分析

本项目 110kV 变电站电磁环境影响评价工作等级为二级,根据《环境影响评价技术导则　输变电》,110kV 变电站电磁环境影响预测可采用类比监测的方式。

2)类比监测对象的选择

为预测该公司新建 110kV 变电站建成投运后产生的工频电场、工频磁场对站址周围环境的影响,本次选取电压等级、布置方式、建设规模及布置方式类似的吉安永新在中(龙源口)110kV 变电站作为类比监测对象。变电站类比情况如表 4-23 所示。

表 4-23　变电站类比情况

项 目 名 称	某公司 110kV 变电站(本项目)	在中 110kV 变电站(类比)	可比性分析
电压等级	110kV	110kV	电压等级一致
主变规模	40MV·A	50MV·A	类比变电站主变容量大于本项目变电站容量,类比较保守

续表

项 目 名 称	某公司110kV变电站(本项目)	在中110kV变电站(类比)	可比性分析
主变布置形式	户外布置	户外布置	布置形式一致
配电装置布置形式	110kV GIS 户内布置	110kV GIS 户外布置	类比变电站 GIS 布置方式与本项目有差异,类比较保守
占地面积	386.4m²	3559m²	类比变电站面积大于本项目站址面积,类比较保守
110kV 进出线方式及规模	电缆进线一回	电缆进线一回	进线形式一致
总平面布置	主变位于站区南部,110kV GIS 位于站区北部	主变位于站区中部,110kV GIS 位于站区东部	类比变电站总平面布置与本项目类似,类比较保守
电磁环境条件	周围无同类型电磁污染源	周围无同类型电磁污染源	变电站周围地势平坦,周围地形相似,类比监测断面无其他电磁污染影响

根据表 4-23 对比分析可以看出,为预测该公司新建 110kV 变电站工程建成投运后的工频电场、工频磁场的影响,选取在中 110kV 变电站作为类比变电站是可行的。

3)类比监测结果

数据来源、监测时间及监测工况见表 4-24,监测结果见表 4-25。

表 4-24 类比监测数据来源、监测时间及监测工况

分类	描 述
数据来源	吉安永新在中(龙源口)110kV 输变电工程建设项目竣工环境保护验收调查
监测单位	核工业二七〇研究所
监测时间	2022 年 10 月 18 日
天气状况	晴,温度:16~22℃,风速:0.7~0.9m/s,相对湿度:30%~36%
监测工况	1 号主变:$I=(8.9\sim9.2)$A,$U=(115.2\sim116.7)$kV,$P=(1.12\sim1.22)$MW

表 4-25 在中 110kV 变电站工频电场、工频磁场监测结果

测点序号	测点位置		测量结果		备 注
			工频电场/(V/m)	工频磁场/μT	
1	变电站东侧围墙外	5m	62.92	0.006	110kV 出线,没有监测断面条件
2	变电站南侧围墙外	5m	11.42	0.005	—
3	变电站西侧围墙外	5m	2.64	0.011	—
4	变电站北侧围墙外	5m	16.63	0.020	
5		10m	11.22	0.020	
6		15m	9.59	0.017	
7		20m	6.12	0.014	
8		25m	3.03	0.014	
9		30m	2.80	0.014	

续表

测点序号	测点位置		测量结果		备　　注
			工频电场/(V/m)	工频磁场/μT	
10	变电站北侧围墙外	35m	2.61	0.013	—
11		40m	2.26	0.012	—
12		45m	2.04	0.012	—
13		50m	1.88	0.012	—
	标准限值		4000	100	—

监测结果表明,在中 110kV 变电站四周围墙外 5m 各测点处工频电场强度为 2.64～62.92V/m,工频磁感应强度为 0.005～0.020μT;监测断面各测点处工频电场强度为 1.88～16.63V/m,工频磁感应强度为 0.012～0.020μT,分别符合《电磁环境控制限值》表 1 中工频电场强度 4000V/m、工频磁感应强度 100μT 公众曝露控制限值要求。通过断面监测结果可知,变电站运营产生的工频电场强度和工频磁感应强度随距离的增大而逐渐降低。

根据类比监测结果,所有测点处的工频电场强度低于《电磁环境控制限值》规定的工频电场强度 4000V/m 标准限值,工频电场强度仅与运行电压相关,在中 110kV 变电站验收监测期间主变运行电压已达到设计额定电压等级,因此类比后期运行期间,变电站四周及断面测点处的工频电场强度仍将低于《电磁环境控制限值》规定的工频电场强度 4000V/m 标准限值。变电站四周的工频磁感应强度为 0.005～0.020μT,为标准限值的 0.005%～0.020%,监测断面处各测点处工频磁感应强度为 0.012～0.020μT,为标准限值的 0.012%～0.20%。结合《110kV 变电所工频电磁场强度监测实践与影响研究》,在中 110kV 变电站主变稳定运行,主变负荷达到稳定负荷后,变电站四周及断面测点处的工频磁感应强度仍能低于《电磁环境控制限值》规定的工频磁感应强度 100μT 的标准限值。

通过对已运营的在中 110kV 变电站的类比监测结果,可以预测该公司新建 110kV 变电站工程本期工程投运后产生的工频电场、工频磁场均能满足相应的评价标准要求,站外电磁环境敏感目标处电磁环境亦能满足相应评价标准要求。

12. 变电站电磁环境保护措施

变电站中,主变采用户外式布置、110kV 配电装置采用户内 GIS 布置,主变及电气设备合理布局,保证导体和电气设备安全距离,设置防雷接地保护装置,降低静电感应的影响。

13. 电磁环境影响评价结论

该公司 110kV 变电站新建项目在认真落实电磁环境保护措施后,工频电场、工频磁场对周围环境的影响较小,投入运行后对周围环境的影响符合相应评价标准要求。

4.8　地块土壤污染调查、评估与修复工程案例

4.8.1　项目概况

项目地块位于江苏省某市主城区,包括热电厂、染整有限公司、染浆有限公司三个企业地块,占地面积共 65 225m^2,图 4-12 为地块场地环境详细调查与风险评估平面图。热电厂主要通过燃煤为附近逾百家企业供热,染浆有限公司主要经营印染、浆纱加工、针纺织品销售,染整

有限公司主要经营针、梭织面料的印染及后整理。根据国家、省市及地方的要求,对于原从事化工、农药、石化、医药、金属冶炼、铅蓄电池、皮革、金属表面处理的企业,及生产贮存使用危险化学品、贮存利用处置危险废物及其他可能造成场地污染的工业企业,在地块再开发利用前,污染责任人或地块使用权人应委托专业机构对地块开展土壤污染状况调查评估工作。

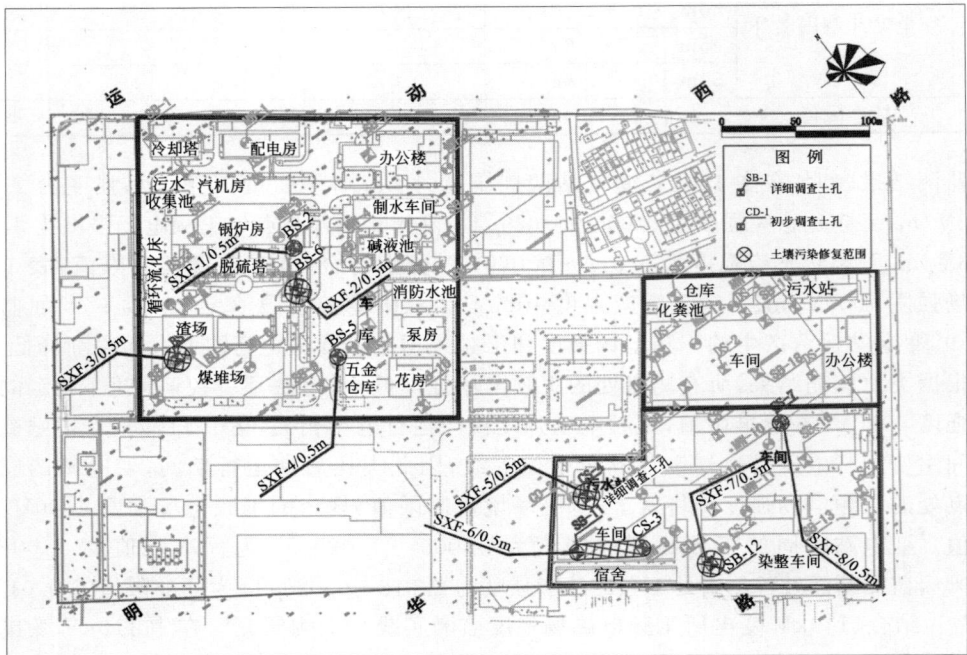

图 4-12 常州市某地块场地环境详细调查与风险评估平面图

前期由专业机构开展了该地块土壤污染状况初步调查,结果表明该地块土壤受到一定程度的污染,为进一步了解地块污染程度和范围,需开展详细调查和环境风险评估。随后,开展了该地块土壤污染状况详细调查工作。结合项目地块初步调查的结果及周边地块使用情况,初步调查和详细调查结果表明,项目地块内部分土壤受到砷、铜及苯并[a]芘、苯并[b]荧蒽、茚并[1,2,3-cd]芘等多环芳烃的影响,地下水中无超标污染物。

后续项目地块将规划为教育设施用地。结合调查阶段的土壤、地下水检测结果及现场情况,建立地块场地概念模型,利用地块特征参数和受体暴露参数等,进行人体健康风险评估。健康风险评估结果显示在敏感用地方式下,项目地块内土壤中部分污染物环境风险超过可接受水平。主要污染物为砷、铜及苯并[a]芘、苯并[b]荧蒽及茚并[1,2,3-cd]芘等多环芳烃。经过初步估算污染土壤修复量为 $680m^3$,约 1176t。

为切实做好该地块污染土壤修复工程,同时考虑到修复量较小及修复时间有限,该地块污染土壤修复工程最终通过竞争性磋商确定了修复单位。修复单位中标后按照相关规范和导则要求,编制了该地块污染土壤修复技术方案。随后,该方案通过了专家论证并按要求完成备案。修复技术方案中提出对污染土壤采用原地异位固化稳定化和原地异位化学氧化修复的技术方案。

确定该地块污染土壤修复工程的环境技术咨询(验收)单位后,其按照相关技术导则要求,根据地块环境调查取得的污染物数据资料、风险评估结论以及该地块污染土壤修复技术方案,开展该地块污染场地修复工程的验收(修复效果评估)工作。该地块内共 8 个污染土壤修复区域,分别为 SXF-1/0.5m~SXF-8/0.5m,总修复面积约 $1360m^2$,修复体积约 $680m^3$,各修复区域在污染土壤清挖完成后对清挖基坑的四周及底部进行布点采样,同时对固化稳定化和化学氧化处理后的污染土壤、修复区域上方的环境空气质量进行采样监测。该单位编制了验收技术方案指导该修复工程的验收工作,修复工程完成后编制了该地块污染土壤修复工程验收技术报告并通过了评审。

4.8.2　地块初步调查

1. 调查主要工作内容

(1)地块历史利用情况调查与分析:主要通过资料收集、现场踏勘和人员访谈等手段来开展回顾性分析。

(2)地块污染源调查:主要从原企业原辅材料使用、生产工艺、废水及固体废物产生、处理、排放等方面,调查了解土壤可能遭受污染的原因、污染因子、区域。初步确定地块土壤和地下水的主要污染因子、范围,有针对性地设置采样点位。

(3)土孔钻探和土壤、地下水样品采集:专业人员采用机械钻井、机械压入取土等方式,采集土壤和地下水样品,通过现场快速检测、土质观察等方式,筛选土壤和地下水样品,以确保土壤和地下水样品的代表性。

(4)检测分析:将按规范采集的土壤和地下水样品,运输至检测单位,完成样品的检测,取得符合规范的土壤和地下水污染检测报告。

(5)污染数据评估:对检测数据进行分析评估,确定地块是否受到污染,是否需要进行下一步详细调查。

2. 调查与评估技术路线

第一阶段是以资料收集、现场踏勘和人员访谈为主的污染识别阶段,以确认场地内及周围区域可能存在的污染源,判断场地是否受到污染及采样监测的必要性;第二阶段是以采样与分析为主的污染证实阶段,以确定场地的污染种类、程度和范围为目标;第三阶段是以补充采样和测试为主,满足风险评估和土壤及地下水修复过程所需参数需求。

根据项目的基本情况,本次项目地块环境调查同时完成了第一阶段和第二阶段的初步调查工作。并按以下几个重点方面开展:

1)前期准备

(1)资料收集。收集的资料主要包括场地利用变迁资料、场地环境资料、场地相关记录、有关政府文件以及场地所在区域自然社会信息五部分。

(2)资料的范围。当场地与邻近地区存在相互污染的可能时,须调查邻近地区的相关记录和资料。

(3)资料的分析。调查人员应根据专业知识和经验有效识别资料中的错误和不合理的信息,如当资料缺失影响判断场地污染状况时,应在报告中说明。资料收集过程中应注意资料的有效性,避免取得错误或过时的资料。

2)现场踏勘

(1)安全防护准备。在现场踏勘前,调查人员应根据场地的具体情况掌握相应的安全卫生防护知识,并装备必要的防护用品。

（2）现场踏勘范围。以场地内为主,并应包括场地周围区域,同时观察是否有敏感目标存在,并在报告中说明。

（3）现场勘察主要内容。勘察包括场地现状、场地历史、相邻场地的历史情况、周围区域的现状与历史情况、地质、水文地质、地形、建筑物、构筑物、设施或设备。

（4）现场踏勘重点。重点勘察对象包括有毒有害物质的使用、处理、贮存以及处置,污染痕迹,排水管与污水池或其他地表水、废弃物、井、污水系统,其他可供评价场地状态的对象。

（5）现场踏勘方法。调查人员可通过对异常气味的辨识、异常痕迹的观察等方式判断场地污染状况。

3）人员访谈

（1）访谈内容,包括资料分析和现场踏勘所涉及的内容。

（2）访谈的对象,受访者为场地现状或历史的知情人。

（3）访谈的方法,可采取当面交流、电话交流、网络沟通等方式进行。

（4）内容整理,调查人员应对访谈内容进行整理,并对照已有资料,对其中可疑处和不完善处进行再次核实和补充。

4）调查工作计划

调查人员根据前期收集的资料和信息或第一阶段场地环境调查结论制订工作计划,计划包括核查已有信息,判断污染物的可能分布,制定采样方案、风险评估、检测方案、质量保证和质量控制程序等。

5）现场调查采样与样品送检

（1）采样

现场调查采样内容主要包括:调查和采样前的准备,现场检测,土壤和地下水样品的采集,其他注意事项,样品追踪管理。

根据污染源分析及场地内原有各企业分布情况,结合导则布点要求,确定采样点。共设置检测点位 18 个,5 个点位设置监测井,作为地下水采样点。每个点位的送检样品量为 4 个,共送检土壤样品量 72 个,地下水样品量 5 个。采样检测点布设方案,详见表 4-26。

表 4-26　地块土壤和地下水采样点布设方案

序　号	地　　块	样品分类	土孔 6m/个	监测井 6m/个	布 点 依 据
1	热电厂	土壤	4	0	
2	(B 地块)	土壤、地下水	2	2	
3	染浆	土壤	5	0	场地环境监
4	(C 地块)	土壤、地下水	2	2	测技术导则
5	染整	土壤	4	0	
6	(D 地块)	土壤、地下水	1	1	

具体采样间隔及送检样品可结合现场快筛及实际情况而定。

（2）送检

① 检测机构资质情况

本次初步调查由某检测技术有限公司开展现场采样及实验室分析,其为中华人民共和国境内依法注册的,具有独立法人资格的企业,已经获得《中国合格评定国家认可委员会实验室认可证书》(CNAS)和省级及以上《资质认定计量认证证书》(CMA)。

② 检测项目

实验室分析项目包括:通过对本地块上企业生产历史的了解以及产品生产过程中涉及的所有原辅材料、成品等的分析,本地块特征污染物 pH、重金属、挥发性有机化合物(VOCs)、半挥发性有机化合物(SVOCs)及总石油烃等;现场检测项目包括:土壤检测项目为挥发性气体半定量分析便携式光离子化检测仪(PID)、手持式重金属 X 荧光分析仪(XRF),地下水为温度、溶解氧、电导率、氧化还原电位等。

6) 数据评估和结果分析

(1) 检测分析。委托经计量认证合格和国家认可委员会认可的检测单位进行样品检测分析。

(2) 数据评估。对场地调查信息和检测结果进行整理,评估检测数据的质量,分析数据的有效性和充分性,确定是否需要补充采样分析。

(3) 结果分析。根据场地内土壤和地下水检测结果,确定场地污染物种类、浓度水平。

4.8.3　地块详细调查

在资料收集、人员访谈、污染源调查的基础上,结合初步调查结果,编制了《地块土壤污染状况详细调查技术方案》,本次调查方案共设置了土壤采样点 34 个,其中地块内土孔采样点 19 个,监测井采样点 13 个;地块外布设 2 个土壤对照点,采用土孔的形式采集土壤样品。地下水采样点 15 个,其中地块内监测井采样点 13 个,地块外利用现有民井采集地下水对照点 2 个。

结合项目地块生产历史、原辅料、成品等分析,确定染整地块特征污染物,见表 4-27。

表 4-27　地块特征污染物

序号	调查区域	原辅料、产品名称	包含特征污染物名称	所属污染物种类
1	热电厂地块	燃煤	多环芳烃、硫化物、苯胺	半挥发性有机化合物、苯胺
2	染浆、染整地块	染料	芳烃胺类、酚类、硫化物、AOX	半挥发性有机化合物、苯胺、硫化物、AOX
3		烧碱	氢氧化钠	pH
4		酸系浆料	酸类	pH

考虑到场地历史资料收集的局限性、有效性和场地调查的不确定性,项目地块调查土壤和地下水检测项目既要涵盖项目地块特征污染物,又要对场地污染有全面的了解,具有针对性和全面性。因此,本次调查检测项目如下:

(1) 土壤分析项目,包括:pH、VOCs、SVOCs、重金属(8 项)、总石油烃、苯胺、总有机碳。

(2) 地下水和分析项目,包括:pH、VOCs、SVOCs、重金属(8 项)、总石油烃、硫化物、AOX、苯胺。

泥芯样分析项目,包括:土壤粒径分布(颗粒组成)、含水率、密度、干密度、相对密度、孔隙比、孔隙率、饱和度、液限、塑限、塑性指数、液性指数、垂直渗透系数、水平渗透系数、提供粒径分布曲线等。本项目地块土工实验结果如表 4-28 所示。

表 4-28　项目地块土工实验结果

野外土样编号	取样深度/m	砂粒 0.25%~0.075%	粉粒 0.075%~0.005%	黏粒 <0.005%	含水率 W/%	密度 ρ/(g/cm³)	干密度 ρ_d	相对密度 G_s	孔隙比 e_0	孔隙率 n/%	饱和度 S_r/%	液限 W_L/%	塑限 W_P/%	塑性指数 I_P	液性指数 I_L	垂直渗透系数 K_V/(10⁻⁷cm/s)	水平渗透系数 K_H/(10⁻⁷cm/s)	岩土依《岩土工程勘察规范》分类
MW5-1	1.00~1.20	5.5	62.7	31.8	19.8	1.73	1.44	2.73	0.890	47.1	61.0	35.4	19.8	15.6	0.00			粉质黏土
MW5-2	2.00~2.20	0.9	63.4	35.7	22.8	2.02	1.64	2.74	0.666	40.0	94.0	37.4	20.2	17.2	0.15	2.93	3.06	黏土
MW5-3	3.00~3.20	0.6	63.5	35.9	24.0	1.98	1.60	2.74	0.716	41.7	92.0	37.3	20.0	17.3	0.23	3.02	3.17	黏土
MW13-1	2.00~2.20	0.8	64.6	34.6	26.3	1.92	1.52	2.73	0.796	44.3	90.0	37.0	20.1	16.9	0.37	3.89	4.02	粉质黏土
MW13-2	4.00~4.20	0.6	63.8	35.6	25.9	1.94	1.54	2.74	0.778	43.8	91.0	37.2	20.0	17.2	0.34	3.01	3.14	黏土
MW13-3	6.00~6.20	0.9	64.8	34.3	26.4	1.93	1.53	2.73	0.788	44.1	91.0	36.9	20.2	16.7	0.37	4.13	4.27	粉质黏土

本次详细调查地块内的 32 个土壤采样点,发现污染物超标的点位 5 个,超标率为 15.6%。地块内的 13 个地下水采样点中,未发现超标污染物,达标率为 100%。热电厂地块共设置土孔 17 个,采集 152 个土壤样品,送检并分析了 51 个土壤样品。土壤样品分析结果表明:该场地 SB4-6/2.6~2.9m 和 SB6-1/0.1~0.4m 的土壤砷超标,分别为标准值的 1.5 倍和 1.1 倍。地下水采集 7 个点,均无超标现象。染整地块共设置土孔 8 个,采集 71 个土壤样品,送检并分析了 24 个土壤样品。土壤样品分析结果表明:该场地 SB15-1/0.1~0.4m 的镍超标,为标准值的 1.02 倍。地下水采集 2 个点,均无超标现象。染浆地块共设置土孔 7 个,采集 63 个土壤样品,送检并分析了 21 个土壤样品。土壤样品分析结果表明:该场地 SB-11/0.1~0.4m 和 SB-12/0.1~0.4m 的铜和砷超标,分别为标准值的 1.72 倍和 2.5 倍。地下水采集 4 个点,均无超标现象。

4.8.4　土壤风险控制值

筛选得到超过可接受致癌风险或者可接受非致癌危害商的目标污染物,本次健康风险评估方法不适用于对土壤中砷进行风险评估,砷浓度超过江苏省《场地土壤环境风险评价筛选值》(DBII/T 811—2011),因此保留砷为目标污染物。

结合更新后的场地概念模型及调整后的场地参数制定风险控制目标计算模型,得出土壤中目标污染物的风险控制目标值。综合比较计算得出的风险控制值、展览会用地 A 标和 B 标和江苏省居住用地土壤筛选值等标准基础上,考虑风险可接受、修复可行性,确定最终风险控制目标。本次健康风险评估方法不适用于对土壤中砷进行风险评估,综合考虑选用《展览会用地土壤环境质量评价标准》(暂行)中的 A 标作为最终的风险控制目标(符合 A 级标准的土壤可适用于各类土壤土地利用类型)。苯并[a]芘、二苯并[a,h]蒽计算得到的风险控制值较小,从安全保守以及技术可达性综合考虑,选择《展览会用地土壤环境质量评价标准》(暂行)中的 A 标作为其最终的风险控制值(该标准现已废止,GB 36600—2018 替代)。敏感用地条件下污染物风险控制值分别见表 4-29。

表 4-29　敏感用地土壤目标污染物风险控制值

环境介质	污　染　物	敏感用地风险控制目标值(计算值)	展览会用地 A 标	展览会用地 B 标	北京市居住用地土壤筛选值	最终风险控制目标
土壤/ (mg/kg)	铜	663	63	600	600	663
	砷	—	20	80	20	20
	苯并[b]荧蒽	0.64	0.9	4	0.5	0.64
	苯并[a]芘	0.064	0.3	0.66	0.2	0.3
	茚并[1,2,3-cd]芘	0.64	0.9	4	0.2	0.64
	二苯并[a,h]蒽	0.064	0.33	0.66	0.06	0.33

4.8.5　修复工程量估算

前文筛选出超过可接受致癌风险或者可接受非致癌危害商的目标污染物。后续对于目标污染物,根据更新后的场地概念模型及调整后的场地参数计算得到敏感用地风险控制目标值,并结合相关标准,确定各目标污染物的风险控制目标。结合场地土壤污染物浓度及控制值,分析场地环境风险分布,初步确定修复范围,估算修复量。

1) 土壤污染状况评估

项目地块土壤中目标污染物种类、浓度范围、污染程度和位置总结分别见表 4-30。

表 4-30 敏感用地土壤中目标污染物总结

污 染 物	风险控制值 /(mg/kg)	超 标 点 位		深度/m	超标点浓度 /(mg/kg)	超标数据个数	超风险控制值的倍数
铜	663	详查点位	SB11-1	0.1~0.4	1030	2	1.55
		初查点位	CS3-1	0.1~0.4	1020		1.54
砷	20	详查点位	SB4-6	2.6~2.9	29.2	8	1.46
			SB6-1	0.1~0.4	21.7		1.09
			SB12-1	0.1~0.4	50.0		2.5
		初查点位	BS2-1	0.1~0.4	23.6		1.18
			BS4-1	0.1~0.4	35.5		1.78
			BS5-1	0.1~0.4	22.3		1.16
			CS7-1	0.1~0.4	22.7		1.14
			DS1-9	5.4~5.7	25.3		1.27
苯并[b]荧蒽	0.64	初查点位	CS3-1	0.1~0.4	0.652	3	1.02
			CS4-1	0.1~0.4	1.575		2.46
			CS7-1	0.1~0.4	0.866		1.35
苯并[a]芘	0.3	初查点位	CS3-1	0.1~0.4	0.343	3	1.14
			CS4-1	0.1~0.4	0.859		2.56
			CS7-1	0.1~0.4	0.561		1.87
茚并[1,2,3-cd]芘	0.64	初查点位	CS4-1	0.1~0.4	0.693	1	1.08

2) 敏感用地土壤修复量估算

根据本次敏感用地风险评估结果,项目地块内详查采样点 SB4-6、SB6-1、SB12-1 土壤中砷浓度高于风险控制值,SB11-1 土壤中铜浓度高于风险控制值;初步调查采样点 BS2-1、BS4-1、BS5-1、DS1-9 土壤中砷浓度高于风险控制值,CS3-1 土壤中铜、苯并[a]芘、苯并[b]荧蒽浓度高于风险控制值,CS4-1 土壤中苯并[a]芘、苯并[b]荧蒽、茚并[1,2,3-cd]芘浓度高于风险控制值,CS7-1 土壤中砷、苯并[a]芘、苯并[b]荧蒽浓度高于风险控制值。

采样点 SB4-6(2.6~2.9m)和 DS1-9(5.4~5.7m)砷浓度超过风险控制值,但其两个点位表层砷浓度未超过风险控制值,对于 2m 埋深以下的重金属砷,没有暴露途径,风险可控。

项目地块场地污染物主要为砷、铜等重金属和苯并[a]芘、苯并[b]荧蒽等多环芳烃,且多存在于土壤表层,污染较轻。热电厂在燃煤过程中会产生苯并[a]芘、苯并[b]荧蒽等污染物进入大气,同时燃煤中的砷也会随污染物的排放进入大气中,这些污染物会随着热电厂排入大气的污染物的降尘对周围产生一定的影响,所以项目地块出现的砷和苯并[a]芘、苯并[b]荧蒽等多环芳烃在土壤表层的污染现象主要可能是受热电厂燃煤的影响。另外点位 CS4-6 位于浆染的污水池附近,该点位表层苯并[a]芘、苯并[b]荧蒽、茚并[1,2,3-cd]芘等多环芳烃风险不可控,也可能是受印染废水的影响。浆染地块西南侧车间点位 CS3-1、SB11-1 表层铜风险不可控,可能是浆染生产过程中用到了含重金属铜的络合染料,这些染料的跑冒滴漏可能是造成该点位铜超风险的主要原因。

通过对各风险不可控点位的估算(采用土壤湿容重为 $1.73g/cm^3$),项目地块场地污染土壤修复量为 $680m^3$,约 1176t。

3)健康风险评估结论

地块所在地规划为教育用地,因此以敏感用地暴露场景对项目地块进行了风险评估,通过健康风险评估,结果显示敏感用地方式下,项目地块内土壤风险不可控。

4.8.6 修复方案设计概要

1. 技术路线

本项目污染土壤修复施工主要包括:区域现场放线、污染土壤挖掘与转运、预处理、药剂混合、养护、自检等。

2. 修复技术工艺参数

1)土壤预处理

土壤中含有一些石块、建筑垃圾、树枝等杂物,在进行土壤修复之前需要进行筛分,大块的土壤需要进行破碎。筛除建筑垃圾等杂质土壤需经专业的土壤修复设备筛分破碎,将其中的石块和垃圾等杂物筛选出来,同时要求筛下 80% 的土块粒径不大于 60mm;初步破碎土壤往往以大块状的形式存在,这会造成土壤与修复药剂接触的面积有限,修复效果不理想。因此可以进行初步破碎,减少土壤块状结构。为了降低土壤水分便于建筑垃圾等杂质的筛除,可加入土壤调节剂。

2)药剂添加与混合

根据技术可行性评估结果综合分析,当污染土壤中固化稳定砷剂的拟投加比例为 0.5%,固化稳定铜剂的拟投加比例为 1% 时,污染土壤中的重金属浸出浓度可达到修复标准中确定的重金属修复浸出目标值。具体投加量将视不同区域污染土壤的污染程度进行微调。

氧化药剂拟添加比例为 1.5%~2% 时,污染土壤中的有机物浓度可达到修复标准中确定的修复目标值。具体添加比例根据现场施工自检结果进行调整,保证修复达标。

3)土壤养护

经稳定化处理后的土壤需养护 3~7d,以确保药剂与污染物有充分的反应时间,保证修复效果。

4)验收监测和修复后评估

污染土壤挖掘完成后,业主应委托第三方监测单位,根据相关验收规范对基坑进行验收监测,确保基坑周边及坑底土壤中污染物浓度不超过修复目标值,若基坑土壤监测未达标,则应根据现场实际情况进一步扩大挖掘范围,直至基坑验收监测合格。

对于单一重金属污染土壤经过稳定化处理,自然养护 3~7d 后,按照《固体废物 浸出毒性浸出方法 硫酸硝酸法》(HJ/T 299—2007)对修复后土壤进行浸出实验。浸出液浓度满足相应的修复目标值,则可将修复后土壤为规划区内道路中层覆土资源化利用。若验收不合格,则需要对污染土壤进行再次的稳定化处理,直至满足修复目标。

3. 修复工程量估算

本方案根据污染调查和健康风险评估资料,确定修复工程量。

4.8.7 修复工程环境管理与污染防治

1. 修复工程监理

本项目施工过程全程受工程监理和环境监理的全程监督。工程监理和环境监理的主要工作内容如下:

1) 土壤挖掘工程

放样范围关键点保护措施的检查;挖掘设备质量监测报告的审核;施工安全措施及安全标志的检查;防止二次污染措施的监理,如避免降雨冲洗污染土壤携带污染物进入周边环境,及控制开挖过程中有机物气味扩散;基坑形状和挖掘方量的审核。

2) 土壤暂存

挖掘出的土壤堆放在现场暂存库内,需监督暂存库构建过程,审查原材料的质量合格证和质量鉴定文件。

3) 土壤运输

①运输车辆的监督。严禁跑冒滴漏事件。②运输量的监督。按照指定的路线转移到指定的处置场所,记录运输次数和运输量,确保与设计方案的运输量一致。

4) 土壤处理

①处理场地地面防渗。②处理药剂的监督。记录药剂添加量,确保与设计方案一致。③药剂添加方式的监督。使之满足设计方案的要求。④药剂与污染土壤的混匀度检查。使之满足设计方案要求。⑤添加药剂的二次污染监测。修复后达标验收的采样根据分析数据确定修复效果。

2. 二次污染防范

1) 粉尘污染防治

项目施工易在污染土壤清挖、土壤转运、修复暂存、土壤修复施工过程中产生粉尘污染,主要从以下方面进行粉尘污染防治:

(1) 污染土壤清挖。污染土壤清挖时,每开挖 $100\,\mathrm{m}^2$,立刻进行覆盖。铺设范围应外延至清挖范围边界外 2m,并用重物压盖;污染土壤清挖施工时挖土机械采取轻挖、慢转、轻放、清边清底准确、装车适量的原则进行施工;大风天气条件下,停止污染土壤清挖工作。

(2) 污染土壤转运。污染土壤转运采用密闭车辆运输,防止短驳过程洒落。

(3) 土壤暂存。污染土方堆放在硬化地面上;暂存土壤用雨布覆盖。

(4) 污染土壤修复施工。污染土壤修复现场对外围有影响的方向设置围栏或围墙,封闭施工,缩小施工现场扬尘和尾气扩散范围,围挡或围墙的高度不低于 1.8m;选择信誉高、素质高的施工队伍负责污染土壤修复施工;项目组对施工人员做好技术交底和相关培训工作;施工过程采取轻挖、慢转、轻放,严禁暴露施工情况出现。

2) 噪声污染防治

污染土壤清挖现场和污染土壤修复施工现场需做好噪声污染防治工作。主要噪声污染源为各种机械设备,如挖掘机的振动噪声,污染土壤混翻、搅拌、破碎机、运输车辆的鸣笛声等。施工现场噪声污染防治主要通过以下措施进行防治:场地清挖机械、运输车辆等高噪声设备采取在发动机上加装隔声装置及加装消声器的措施来降低施工机械噪声。施工人员及时维修、管理高噪声的器具设备,使设备处于低噪声,良好运行状态;合理布设施工现场,尽量将作业机械布置在场地距敏感点较远的西侧区域;禁止车辆在场界内鸣笛,车辆噪声可采取保持技术状态完好和适当减速的方法进行控制;场内噪声保证符合《建筑施工场界环境噪声排放标准》(GB 12523—2011)要求;原则上,夜间严禁施工和转运污染土壤。如确有必要夜间施工,将提前向环境管理行政部门申请,获批后再施工。

3)水污染防治

污染土壤清挖现场和污染土壤修复施工现场易产生水污染。污染土壤清挖现场可能产生的水污染为清洗进出场地车辆车轮所产生的废水和现场处理过的水池蓄水,修复施工现场可能产生的水污染主要为进出场地车辆清洗水。本项目主要通过以下措施防治水污染:根据场地环境调查结论,场地内地下水无超标污染物,可以判断如施工期间出现降水,污染土壤渗滤液超标可能很小,将在修复场地一侧设置的废水收集沟和池中的废水进行检测,如不超标则直接排放,如超标则与场地积水一同处置或直接送污水处理厂;冲洗进出施工场地车辆所产生的污水将集中收集。检测分析若发现该部分废水中重金属离子含量超过相关标准,则现场处理后排入市政污水管网;否则,可直接排入市政污水管网。

4)空气污染防治

针对场地土壤中部分污染物具有刺激性气味,施工现场将采取以下措施:当居民区位于下风向时,减少或者停止施工;施工现场视具体情况考虑对刺激性气味较重的污染土壤喷洒天然除臭剂或抑制挥发剂,晚上停工期间在施工挖掘区上方进行覆盖;挖掘出的待处理污染土用雨布遮盖。

4.8.8　地块修复工程验收

根据修复技术方案和施工组织设计,现场具体施工过程基本符合修复技术方案的要求,具体修复过程如下:

1)场地平整、勘定修复范围

2017 年 3 月 1—14 日,开始平整场地,铺设临时道路,实施修复堆场硬化;对场地基坑采集水样检测分析后,抽排、托运至污水处理厂。

2017 年 3 月 10 日,根据热电厂等三地块场地环境详细调查与风险评估报告和修复技术方案确定的土壤修复范围,委托专业测绘单位进行准确放线,并做好现场标示。

2)现场修复

(1) SXF-5～SXF-8 修复区域

根据修复技术方案(备案稿)和施工组织设计,2017 年 3 月 11—16 日对修复区域 SXF-7～SXF-8 污染土壤采用稳定化/固化法和异位化学氧化法修复,即对 SXF-5、SXF-6、SXF-7、SXF-8 修复区域污染土壤实施清挖,清挖土壤短驳托运至修复区外围混凝土硬化堆场,然后通过对 SXF-7 污染土壤加入稳定化/固化药剂促使土壤中的重金属进行稳定化/固化反应;对 SXF-5 污染土壤加入化学氧化药剂促使土壤中的有机污染物被氧化分解;对 SXF-6、SXF-8 污染土壤先加入化学氧化药剂促使土壤中的有机污染物被氧化分解,然后加入稳定化/固化药剂促使土壤中的重金属进行稳定化/固化。

（2）SXF-1～SXF-4 修复区域

根据修复技术方案和施工组织设计,2017 年 3 月 25—27 日,对修复区域 SXF-1～SXF-4 污染土壤采用稳定化/固化修复法,即对 SXF-1～SXF-4 修复区域污染土壤实施清挖,清挖土壤短驳托运至修复区外围混凝土硬化堆场,通过对污染土壤加入稳定化/固化药剂促使土壤中的重金属进行稳定化/固化反应。

3）验收采样

2017 年 3 月 17 日,对 SXF-5～SXF-8 修复区域清挖基坑边界、底部进行验收采样检测,根据检测报告显示,SXF-5～SXF-8 清挖基坑各采样点位土壤中关注污染物检出浓度均低于修复技术方案和验收技术方案规定的土壤修复目标值,修复区域 SXF-5～SXF-8 清挖效果达到验收要求。

2017 年 3 月 28—29 日,对 SXF-1～SXF-4 修复区域清挖基坑边界、底部进行验收采样检测,根据检测报告显示,该区域 SXF-2、SXF-3 清挖边界部分点位土壤中重金属砷检出浓度超过修复技术方案和验收技术方案规定的土壤修复目标值,须对修复区域 SXF-2、SXF-3 清挖基坑部分边界进行二次清挖,并将清挖后的土壤短驳托运至堆场修复处理。

2017 年 4 月 5 日,对 SXF-1～SXF-8 修复区域清挖至堆场修复后的土壤进行验收采样检测,根据检测报告显示,修复区域 SXF-6 清挖至堆场修复后的土壤中多环芳烃苯并[a]芘和苯并[b]荧蒽检出浓度超过修复技术方案和验收技术方案规定的土壤修复目标值,须对修复区域 SXF-6 清挖至堆场土壤增加药剂进行二次修复处理。

4）验收结果

地块土壤修复工程中,采用"原地异位修复"的思路开展修复工作,针对重金属污染土壤采用异位稳定化技术进行修复,针对多环芳烃污染土壤采用异位高级氧化技术进行修复,对重金属和多环芳烃复合污染的土壤先后应用高级氧化和稳定化/固化技术进行修复。

整个修复工程于 2017 年 3 月 1 日启动,污染土壤修复施工于 2017 年 3 月 10 日正式开始,2017 年 4 月 22 日结束。完成 SXF-1～SXF-8 八个污染基坑土壤的清挖、二次清挖以及清挖后污染土壤的异位化学氧化和稳定化/固化处理。本次土壤修复工程实际清挖污染土壤土方量约为 1039.4m³。土壤修复区添加药剂过硫酸钠 5.12t,双氧水 10.0t,多硫化钙 10.5t,氧化钙 9.2t。

（1）土壤

根据两次污染土壤清挖效果的采样监测结果：土壤修复效果监测样品达标率达到 100%,监测数据达标率达到 100%,修复面积达标率达到 100%,不存在超标点位；根据两次污染土壤异位化学氧化和稳定化/固化处理效果的采样检测结果：土壤修复效果监测样品达标率达到 100%,监测数据达标率达到 100%；验收范围内土壤颜色基本正常、无明显异味。

（2）环境空气

根据监测结果,修复工程施工期间和修复施工结束后,修复现场环境空气中均未检出关注污染物。

5）验收结论

综合以上土壤验收结果分析,地块土壤修复工程验收范围内的污染土壤修复工作已经达到验收标准,基本消除风险隐患,风险可控。

6）开发施工建议

针对本项目地块后期开发施工提出以下建议：

（1）项目地块尤其是原修复区域外围地块开挖施工过程中应制定必要的环境应急预案，若发现疑似污染土壤，应及时采取措施，妥善处置。

（2）应重视项目地块开发施工对周边环境敏感目标（学校、居民区等）的影响，加强项目地块周边环境空气质量动态检测，采取必要措施保障地块周边学校、居民区环境空气质量达标。

此外，在项目地块开发和后期学校运营过程中，建设单位还应关注周边污染源对项目地块土壤、地下水以及环境空气的直接影响和潜在影响。

思考与练习

1. 查阅相关轻工化纤类工程案例（如印染、纺织、造纸等项目环评报告书或者环评报告表），选择其中某一生产工艺过程，进行废气、废水及固体废物产污分析，提出噪声和三废治理方法。

2. 查阅相关石油化工类工程案例（如炼油，甲醇、甲醛等合成项目环评报告书或者环评报告表），选择其中某一生产工艺过程，进行废气、废水及固体废物产污分析，提出噪声和三废治理方法。

3. 查阅相关冶金机电类工程案例（如炼钢、汽车制造等环评报告书或者环评报告表），选择其中某一生产工艺过程，进行废气、废水及固体废物产污分析，提出噪声和三废治理方法。

4. 查阅相关建材火电类工程案例（如水泥厂、燃煤电厂等项目环评报告书），选择其中某一生产工艺过程，进行废气、废水及固体废物产污分析，提出噪声和"三废"治理方法。

5. 查阅相关交通运输类工程案例（如铁路建设工程、桥梁建设工程、高速公路建设工程等环评报告书或者环评报告表），选择其中某一生产工艺过程，进行废气、废水及固体废物产污分析，提出噪声和"三废"治理方法。

6. 查阅相关社会区域类工程案例（如医院、污水处理厂、大型车站、商业综合体等环评报告书或者环评报告表），选择其中某一生产工艺过程，进行废气、废水及固体废物产污分析，提出噪声和"三废"治理方法。

7. 查阅相关放射性、电磁辐射等环境影响类工程案例（如变电站、核设施、医院等环评报告书或者环评报告表），选择其中 1～2 个案例，说明辐射环境影响评价的主要目的和电磁辐射环境影响评价主要内容及其环境影响。

8. 通过土壤污染调查、评估与修复工程案例学习，请归纳整理地块土壤污染修复主要环节，并绘制全过程流程图。

第5章
企业清洁生产、突发环境事件
风险评估与应急预案编制

5.1 清洁生产的产生与发展

清洁生产(cleaner production)是人类总结工业发展历史经验教训的产物,数十年来全球的研究和实践充分证明了清洁生产是有效利用资源、减少工业污染、保护环境的根本措施,它作为预防性的环境管理策略,已被世界各国公认为实现可持续发展的技术手段和工具,是可持续发展的一项基本途径,是可持续发展战略引导下的一场新的工业革命,是21世纪工业生产发展的主要方向,是现代工业发展的基本模式和现代工业文明的重要标志。联合国环境规划署将清洁生产从四个层次上形象地概括为技术改造的推动者,改善企业管理的催化剂,工业运行模式的革新者,连接工业化和可持续发展的桥梁。

5.1.1 清洁生产的产生

清洁生产是在环境和资源危机的背景下,国际社会在总结了各国工业污染控制经验的基础上提出的一个全新的污染预防环境战略。它的产生过程就是人类寻求一条实现经济、社会、环境、资源协调可持续发展道路的过程。

18世纪工业革命以来,随着社会生产力的迅速发展,人类在创造巨大物质财富的同时,也付出了巨大的资源和环境代价。到20世纪中期,随着世界人口迅速增长和工业经济的迅猛发展,资源消耗速度加快,废弃物排放明显增加;再加上认识上的误区,致使环境问题日益严重,公害事件屡屡发生,以致全球性的气候变暖、臭氧层被破坏及有毒化学品的泛滥和积累等已严重威胁到整个人类的生存环境和社会经济的发展,经济增长与资源环境之间的矛盾日渐凸显。

20世纪60年代开始,工业对环境的危害已引起社会关注。70年代西方一些国家的企业开始采取应对措施,对策是将污染物转移到海洋或大气中,认为大自然能吸纳这些污染。但是,人们很快意识到,大自然在一定时间内对污染的吸收承受能力是有限的,因而,又根据环境的承载能力计算污染物的排放浓度和标准,采用将污染物稀释后排放的对策。

1976年,欧共体在巴黎举行的无废工艺和无废生产国际研讨会上,首次提出清洁生产的概念,其核心是消除产生污染物的根源,达到污染物最小量化及资源和能源利用的最大化。这种旨在实现经济、社会和生态环境协调发展的新的环境保护策略,迅速得到了国际社会各界的积极响应。

1989年5月,总结了各国清洁生产相关活动之后,联合国环境规划署工业与环境规划活动中心(UNEP IE/PAC)正式制订了《清洁生产计划》,提出了国际普遍认可的包括产品设计、工艺革新、原辅材料选择、过程管理和信息获得等一系列内容和方法的清洁生产总体框架。之后,世界各国也相继出台了各项有关法规、政策和法律制度。

1992年,在联合国环境与发展大会上,呼吁各国调整生产和消费结构,广泛应用环境无害技术和清洁生产方式,节约资源和能源,减少废物排放,实施可持续发展战略。清洁生产正式写入《21世纪议程》,并成为通过预防来实现工业可持续发展的专用术语。从此,在全球范围内掀起了清洁生产活动的高潮。经过几十年不断地创新、丰富与发展,清洁生产现已成为国际环境保护的主流思想,有力推动了全世界的可持续发展进程。

1994年12月国家环境保护总局批准成立清洁生产中心,隶属中国环境科学研究院,是联合国工业发展组织和联合国环境规划署最早支持建立的国家清洁生产中心。清洁生产中心工作重点为清洁生产法规体系建设、清洁生产审核方法研究、重点企业清洁生产审核推进机制、清洁生产产业技术研发和推广、清洁生产产业链布局、地方政府和企业的环保管家、城市和开发区的环境保护战略规划、资源高效利用与清洁生产国际合作等。2002年6月29日通过《中华人民共和国清洁生产促进法》,以法律形式规范清洁生产工作。

2021年10月29日,国家发展和改革委员会、生态环境部等十部门以发改环资〔2021〕1524号印发通知,公布《"十四五"全国清洁生产推行方案》。其主要目标是:①到2025年,清洁生产推行制度体系基本建立,工业领域清洁生产全面推行,农业、服务业、建筑业、交通运输业等领域清洁生产进一步深化,清洁生产整体水平大幅提升,能源资源利用效率显著提高,重点行业主要污染物和二氧化碳排放强度明显降低,清洁生产产业不断壮大。②到2025年,工业能效、水效较2020年大幅提升,新增高效节水灌溉面积6000万亩(1亩≈666.67m^2)。化学需氧量、氨氮、氮氧化物、挥发性有机化合物(VOCs)排放总量比2020年分别下降8%、8%、10%、10%以上。全国废旧农膜回收率达85%,秸秆综合利用率稳定在86%以上,畜禽粪污综合利用率达到80%以上。城镇新建建筑全面达到绿色建筑标准。

5.1.2　清洁生产的发展

1. 国外清洁生产的发展

清洁生产是国际社会在总结工业污染治理经验教训的基础上,经过40多年的实践和发展逐渐趋于成熟,并为各国政府和企业所普遍认可的实现可持续发展的一条基本途径。

1976年,欧洲共同体(简称欧共体)提出了清洁生产的概念。1979年4月欧共体理事会正式宣布推行清洁生产政策,开始拨款支持建立清洁生产示范工程。20世纪80年代美国化工行业提出的污染预防审计也逐步在全球推广,逐步发展为清洁生产审计。1984年、1987年又制定了欧共体促进开发清洁生产的两个法规,明确对清洁生产工艺示范工程在财政上给予支持。1984年有12项、1987年有24项示范工程得到财政资助。欧共体建立了信息情报交流网络,由该网络为其成员国提供有关环保技术及市场的情报信息。美国国会1990年10月通过了《污染预防法》,把污染预防作为美国的国家政策,取代了长期采用的末端处理的污染控制政策,要求工业企业通过设备与技术改造、工艺流程改进、产品重新设计、原材料替代以及促进生产各环节的内部管理来减少污染物的排放,并在组织、技术、宏观政策和资金方面做了具体安排。

发达国家的这一系列工业污染防治策略得到了联合国环境规划署的极大重视。1992年在巴西里约热内卢召开的联合国环境与发展大会制定的《21世纪议程》,将清洁生产作为实现可持续发展的重要内容,号召各国工业界提高能效,开发更先进的清洁技术,更新、替代对环境有害的产品和原材料,实现环境和资源的保护与合理利用。

1994年联合国工业发展组织和联合国环境规划署联合发起了"全球范围创建发展中国家清洁生产中心计划"。在各国政府的大力支持下,联合国工业发展组织和联合国环境规划署启动的国家清洁生产中心项目在约30个发展中国家建立了国家清洁生产中心,这些中心与十几个发达国家的清洁生产组织共同构成了一个巨大的国际清洁生产网络,建立了全球、区域、国家、地区多层次的组织与联络。

联合国环境规划署自1990年起,每两年召开一次清洁生产国际高级研讨会,1998年在汉城举行了第五届国际清洁生产高级研讨会,会上出台了《国际清洁生产宣言》。发表这个宣言的目的是加快将清洁生产纳入全球工业可持续发展战略的进程。截至2002年3月底,包括我国在内,已有300多个国家、地区或地方政府、公司以及工商业组织在《国际清洁生产宣言》上签字。联合国环境规划署的另一重要举措是促进清洁生产投资的机制与战略研究示范,促进各界向清洁生产投资。

近年来美国、澳大利亚、荷兰、丹麦等发达国家在清洁生产立法、组织机构建设、科学研究、信息交换、示范项目和推广等领域已取得明显成就。发达国家清洁生产政策有两个重要的倾向:①着眼点从清洁生产技术逐渐转向清洁产品的整个生命周期;②从多年前大型企业在获得财政支持和其他种类对工业的支持方面拥有优先权转变为更重视扶持中小企业进行清洁生产,包括提供财政补贴、项目支持、技术服务和信息等措施。

国际推进清洁生产活动,概括起来具有如下特点:

(1)将推行清洁生产和推广国际标准化组织ISO 14000的环境管理制度(EMS)有机地结合在一起。

(2)通过自愿协议推动清洁生产。自愿协议是政府和工业部门之间通过谈判达成的契约,要求工业部门自己负责在规定的时间内达到契约规定的污染物削减目标。

(3)政府通过优先采购,对清洁生产产生积极推动作用。

(4)把中小型企业作为宣传和推广清洁生产的主要对象。

(5)依赖经济政策推进清洁生产。

(6)要求社会各部门广泛参与清洁生产。

(7)在高等教育中增加清洁生产课程。

(8)科技支持是发达国家推进清洁生产的重要支撑力量。

2. 中国清洁生产的发展

我国从20世纪70年代开始环境保护工作,当时主要是通过末端治理方式解决环境问题。随着国际社会对解决环境问题的反思,80年代我国开始探索如何在生产过程中消除污染。清洁生产引入中国近三十年来,已在企业示范、人员培训、机构建设和政策研究等方面取得了明显的进展,是国际上公认的清洁生产搞得最好的发展中国家。

1992年,中国积极响应联合国环境与发展大会倡导的可持续发展的战略,将清洁生产正式列入《环境与发展十大对策》,要求新建、扩建、改建项目的技术起点要高,尽量采用能耗物耗低、污染物排放量少的清洁生产工艺。

1993年召开的第二次全国工业污染防治工作会议上，明确提出工业污染防治必须从单纯的末端治理向生产全过程控制转变，积极推行清洁生产，走可持续发展之路，从而确立清洁生产成为中国工业污染防治的思想基础和重要地位，拉开了中国开展清洁生产的序幕。

1994年，我国制定了《中国21世纪议程》，专门设立了开展清洁生产和生产绿色产品的领域。把建立资源节约型工业生产体系和推行清洁生产列入了可持续发展战略与重大行动计划中。从此，我国把清洁生产作为优先实施的重点领域，以生态规律指导经济生产活动，环境污染治理开始由末端治理向源头治理转变。

1994年12月国家环保局成立了国家清洁生产中心与行业和地方清洁生产中心。1997年4月，国家环保局发布了《关于推行清洁生产的若干意见》，要求地方环境保护主管部门将清洁生产纳入已有的环境管理政策中，以便更深入地促进清洁生产。1999年5月，国家经济贸易委员会发布了《关于实施清洁生产示范试点计划的通知》，选择北京、上海等10个试点城市和石化、冶金等5个试点行业开展清洁生产示范和试点。与此同时，陕西、江苏、山西、辽宁沈阳等许多省市也制定和颁布了地方性的清洁生产政策和法规。

2003年12月，为贯彻落实《中华人民共和国清洁生产促进法》，国务院办公厅转发了国家环保总局和国家发展改革委及其他9个部门共同制定的《关于加快推行清洁生产的意见》（简称《意见》）。《意见》提出：推行清洁生产必须从国情出发，发挥市场在资源配置中的基础性作用，坚持以企业为主体、政府指导推动，强化政策引导和激励，逐步形成企业自觉实施清洁生产的机制。

国家对企业实施清洁生产的鼓励政策也在逐步落实之中，如有关节能、节水、综合利用等方面的税收减免政策；支持清洁生产的研究、示范、培训和重点技术改造项目；对符合《排污费征收使用管理条例》规定的清洁生产项目，在排污费使用上优先给予安排；企业开展清洁生产审核和培训等活动的费用允许列入经营成本或相关费用科目；中小企业发展基金应安排适当数额支持中小企业实施清洁生产；建立地方性清洁生产激励机制；引导和鼓励其开发清洁生产技术和产品；在制订和实施国家重点投资计划和地方投资计划时，把节能、节水、综合利用，提高资源利用率，预防工业污染等清洁生产项目列为重点领域。

应该看到，目前我国清洁生产在运行机制和具体实施过程中还存在一些问题，主要表现在以下三个方面：

（1）企业参加清洁生产审计的热情不高；

（2）清洁生产审计的成果持续性差；

（3）清洁生产在我国没有规模化发展。

近年来，为科学推进清洁生产工作，规范清洁生产审核行为，指导清洁生产审核评估与验收工作，生态环境部、国家发展改革委制定了《清洁生产审核评估与验收指南》《清洁生产审核办法》（2016年第38号令）等文件。2010年9月3日、2010年12月8日和2011年7月19日国家环境保护部分别公告了第1批、第2批和第3批实施清洁生产审核并通过评估验收的重点企业名单，共计6439家。2005—2024年江苏省已经连续发布20批强制性清洁生产审核重点企业名单，其中仅2024年纳入"强审"企业名单中就有1650家，从而规范重点企业按强制性清洁生产审核工作的要求做好清洁生产审核工作。

总之，清洁生产在中国蕴藏着很大的市场潜力。随着市场竞争的加剧、经济发展质量的提高,我国企业开展清洁生产的积极性会越来越高,这也必将拉动需求市场的发展。预计在今后几年中,清洁生产将会在中国形成一个快速生长期,为进一步促进中国经济的良性增长和可持续发展做出积极的贡献。

5.2 清洁生产的原则、主要内容和全过程控制

5.2.1 清洁生产的原则

1989 年,联合国环境规划署工业与环境规划活动中心提出了清洁生产的定义:清洁生产是指对工艺和产品不断运用综合性的预防战略,以减少其对人体和环境的风险。

1996 年联合国环境规划署对该定义作了进一步的完善:清洁生产是一种新的创造性的思想,该思想将整体预防的环境战略持续地应用于生产过程、产品和服务中,以增加生态效率和减少人类和环境的风险。对于生产过程,要求节约原材料和能源,淘汰有毒原材料,降低所有废弃物的数量和毒性;对于产品,要求减少从原材料提炼到产品最终处置的整个生命周期的不利影响;对于服务,要求将环境因素纳入设计和所提供的服务中。

联合国环境规划署的定义将清洁生产上升为一种战略,该战略的特点为持续性、预防性和整体性。

1994 年,《中国 21 世纪议程》对清洁生产做出的定义是:清洁生产是指既可满足人们的需要又可合理使用自然资源和能源并保护环境的实用生产方法和措施,其实质是一种物料和能耗最少的人类生产活动的规划和管理,将废物减量化、资源化和无害化,或消灭于生产过程之中。由此可见,清洁生产的概念不仅含有技术上的可行性,还包括经济上的可营利性,体现了经济效益、环境效益和社会效益的统一。

2003 年,《中华人民共和国清洁生产促进法》关于清洁生产的定义是:清洁生产是指不断采取改进设计,使用清洁的能源和原料,采用先进的工艺技术与设备,改善管理,综合利用等措施,从源头削减污染,提高资源利用效率,减少或者避免生产、服务和产品使用过程中污染物的产生和排放,以减轻或者消除对人类健康和环境的危害。

以上诸定义虽然表述方式不同,但内涵是一致的。从清洁生产的定义可以看出,实施清洁生产体现了 4 个方面的原则:

(1) 减量化原则,即资源消耗最少、污染物产生和排放最少。

(2) 资源化原则,即"三废"最大限度地转化为产品。

(3) 再利用原则,即对生产和流通中产生的废弃物,作为再生资源充分回收利用。

(4) 无害化原则,尽最大可能减少有害原料的使用以及有害物质的产生和排放。

值得注意的是,清洁生产只是一个相对的概念,所谓清洁的工艺、清洁的产品以至清洁的能源都是和现有的工艺、产品、能源比较而言的,因此,清洁生产是一个持续进步、创新的过程,而不是一个用某一特定标准衡量的目标。推行清洁生产,本身是一个不断完善的过程,随着社会经济发展和科学技术的进步,需要适时地提出新的目标,争取达到更高的水平。清洁生产不包括末端治理技术,如空气污染控制、废水处理、焚烧或者填埋。清洁生产的理念适用于第二、第三产业的各类组织和企业。

5.2.2　清洁生产的主要内容和全过程控制

1. 清洁生产的内容

（1）清洁的能源

清洁的能源是指新能源的开发以及各种节能技术的开发利用、可再生能源的利用、常规能源的清洁利用，如使用型煤、煤制气和水煤浆等洁净煤技术。

（2）清洁的生产过程

尽量少用和不用有毒、有害的原料，采用无毒、无害的中间产品，选用少废、无废工艺和高效设备；尽量减少或消除生产过程中的各种危险性因素，如高温、高压、低温、低压、易燃、易爆、强噪声、强振动等；采用可靠和简单的生产操作和控制方法；对物料进行内部循环利用；完善生产管理，不断提高科学管理水平。

（3）清洁的产品

产品设计应考虑节约原材料和能源，少用昂贵和稀缺的原料；利用二次资源做原料。产品在使用过程中以及使用后不含危害人体健康和破坏生态环境的因素；产品的包装合理；产品使用后易于回收、重复使用和再生；使用寿命和使用功能合理。

2. 清洁生产的两个全过程控制

（1）产品的生命周期全过程控制，即从原材料加工、提炼到产品产出、产品使用直到报废处置的各个环节，采取必要的措施，实现产品整个生命周期资源和能源消耗的最小化。

（2）生产的全过程控制，即从产品开发、规划、设计、建设、生产到运营管理的全过程，采取措施，提高效率，防止生态破坏和污染的发生。

清洁生产的内容既体现于宏观层次上的总体污染预防战略中，又体现于微观层次上的企业预防污染措施中。在宏观上，清洁生产的提出和实施使污染预防的思想直接体现在行业的发展规划、工业布局、产业结构调整、工艺技术以及管理模式的完善等方面。例如，我国许多行业、部门提出严格限制和禁止能源消耗高、资源浪费大、污染严重的产业和产品发展，对污染重、质量低、消耗高的企业实行关、停、并、转等，都体现了清洁生产战略对宏观调控的重要影响。在微观上，清洁生产通过具体的手段措施达到生产全过程污染预防，如应用生命周期评价、清洁生产审核、环境管理体系、产品环境标志、产品生态设计、环境审计等各种工具，这些工具都要求在实施时必须深入组织的生产、营销、财务和环保等各个环节。

针对企业而言，推行清洁生产主要进行清洁生产审核，对企业正在进行或计划进行的工业生产进行预防污染分析和评估。这是一套系统的、科学的、操作性很强的程序。从原材料和能源、工艺技术、设备、过程控制、管理、员工、产品、废弃物8条途径，通过全过程定量评估，运用投入-产出的经济学原理，找出不合理排污点位，确定削减排污方案，从而获得企业环境绩效的不断改进以及企业经济效益的不断提高。

推行农业清洁生产是指把污染预防的综合环境保护策略，持续应用于农业生产过程、产品设计和服务中，通过生产和使用对环境温和（environmentally benign）的绿色农用品（如绿色肥料、绿色农药、绿色地膜等），改善农业生产技术，提供无污染、无公害农产品，实现农业废弃物减量化、资源化、无害化，促进生态平衡，保证人类健康，实现持续发展的新型农业生产。

5.3 清洁生产推行和实施的原则

5.3.1 清洁生产推行的原则

清洁生产是一种新的环保战略,也是一种全新的思维方式,推行清洁生产是社会经济发展的必然趋势,必须对清洁生产有明确的认识。结合中国国情,参考国外实践,我国现阶段清洁生产的推动方式要以行业中环境绩效、经济效益和技术水平高的企业为龙头,由它们对其他企业产生直接影响,带动其他企业开展清洁生产。推进清洁生产应遵从以下基本原则:

（1）调控性

政府的宏观调控和扶持是清洁生产成功推行的关键。政府在市场竞争中起到引导、培育、管理和调控的作用,通过政府宏观调控可以规范清洁生产市场行为,营造公平竞争的市场环境,从而使清洁生产在全国范围内有序推进。政府的宏观调控不仅通过产业政策和经济政策的引导来实现,而且要完善清洁生产法治建设,通过加强清洁生产立法和执法来全面推进我国清洁生产的实施。

（2）自愿性

推行清洁生产牵涉社会、经济和生活的各个方面,需要各行业、各企业和个人积极参与,只有通过大力宣传,使社会所有单元都了解清洁生产的优势并自愿参与其中,通过建立和完善市场机制下的清洁生产运作模式,依靠企业自身利益来驱动,清洁生产才能迅速全面推进。

（3）综合性

清洁生产是一种预防污染的环境战略,具有很强的包容性,需要不同的工具去贯彻和体现。在清洁生产的推进过程中,要以清洁生产思想为指导,将清洁生产审计、环境管理体系、环境标志等环境管理工具有机结合,互相支持,取长补短,达到完整的统一。

（4）现实性

清洁生产的实施受到经济、技术、管理水平等多方面条件的影响,因此制定清洁生产推进措施应充分考虑中国当前的生态形势、资源状况、环保要求及经济技术水平等,有步骤、分阶段地推进。忽视现实条件、好高骛远、希望一蹴而就来推进清洁生产的做法最终必将失败,充分考虑清洁生产的实施要求和企业的现实条件,分步推进才是持续清洁生产的保证。

（5）前瞻性

作为先进的预防性环境保护战略,清洁生产服务体系的设计应体现前瞻性。清洁生产服务体系包括清洁生产的政策、法律、市场规则等,其制定和实施需要一定的程序,周期相对较长,修订不易。因而在制定时必须有发展的眼光,充分考虑和预测社会、经济、技术以及生态环境的发展趋势。

（6）动态性

随着科学技术的进步、经济条件的改善,清洁生产的推进有不同的内涵,因此清洁生产是持续改进的过程,是动态发展的。一轮清洁生产审核工作的结束,并不意味着企业清洁生产工作的停止，而应看作持续清洁生产工作的开始。

（7）强制性

全面推行清洁生产是我国社会经济可持续发展的重要保障，是突破我国经济高速发展过程中的低效高耗、生态环境破坏严重等瓶颈问题，实现经济转型的重大战略决策。其推行过程中必然对某些局部利益和当前利益产生影响，受到抵制，因而需要在一定程度上采取强制措施，强制推行。

5.3.2　企业实施清洁生产的原则

由于不同行业之间千差万别，同一行业不同企业的具体情况也不相同，企业在实施清洁生产的过程中侧重点各不相同。一般来说，企业实施清洁生产应遵循以下五项原则：

（1）环境影响最小化原则

清洁生产是一项环境保护战略，因此其生产全过程和产品的整个生命周期均应趋向对环境的影响最小，这是实施清洁生产最根本的环境目标。

（2）资源消耗减量化原则

清洁生产要求以最少的资源生产出尽可能多且社会需要的优质产品，通过节能、降耗、减污来降低生产成本，提高经济效益，这有助于提高企业的竞争力，符合企业追求商业利润的要求，因此资源消耗减量化原则又是持续清洁生产的内在动力。

（3）优先使用再生资源原则

人类社会经济活动离不开资源，不可再生资源的耗竭直接威胁人类社会的可持续发展。因此，企业在实施清洁生产过程中必须遵循优先使用再生资源的原则，以保证社会经济的持续发展，同时也是企业持续发展的保证。

（4）循环利用原则

物流闭合是无废生产与传统工业生产的根本区别。企业实施清洁生产要达到无废排放，其物料在一定程度上需要实现内部循环。例如，将工厂的供水、用水、净水统一起来，实现用水的闭合循环，达到无废水排放。循环利用原则的最终目标是有意识地在整个技术圈内组织和调节物质循环。

（5）原料和产品无害化原则

清洁生产所采用的原料和产品应不污染空气、水体和地表土壤，不危害操作人员和居民的健康，不损害景区、休憩区的美学价值。

5.4　清洁生产实施的主要方法与途径

清洁生产是一个系统工程，需要对生产全过程以及产品的整个生命周期采取污染预防和资源消耗减量的各种综合措施，不仅涉及生产技术问题，而且涉及管理问题。推进清洁生产就是在宏观层次上（包括清洁生产的计划、规划、组织、协调、评价、管理等环节）实现对生产的全过程调控，在微观层次上（包括能源和原材料的选择、运输、贮存，工艺技术和设备的选用、改造，产品的加工、成型、包装、回收、处理、服务的提供以及对废弃物进行必要的末端处理等环节）实现对物料转化的全过程控制，通过将综合预防的环境战略持续地应用于生产过程、产品和服务中,尽可能地提高能源和资源的利用效率,减少污染物的产生量和排放量,从而实现生产过程、产品流通过程和服务对环境影响的最小化,同时实现社会经济效益的最大化。

工农业生产过程千差万别,生产工艺繁简不一。因此,推进清洁生产应该从各行业的特点出发,在产品设计、原料选择、工艺流程、工艺参数、生产设备、操作规程等方面分析生产过程中减污增效的可能性,寻找清洁生产的机会和潜力,促进清洁生产的实施。近年来,国内外的实践表明,通过资源的综合利用、改进产品设计来革新产品体系、改革工艺和设备、强化生产过程的科学管理、促进物料再循环和综合利用等是实施清洁生产的有效途径。

1. 资源的综合利用

资源的综合性首先表现为组分的综合性,即一种资源通常都含有多种组分;其次是用途的综合性,同一种资源可以有不同的利用方式,生产不同的产品,可找到不同的用途。资源的综合利用是推行清洁生产的首要方向,因为这是生产过程的"源头"。如果原料中的所有组分通过工业加工过程的转化都能变成产品,这就实现了清洁生产的主要目标。这里所说的综合利用,有别于"三废"的综合利用,这里是指并未转化为废料的物料,通过综合利用就可以消除废料的产生。资源的综合利用也可以包括资源节约利用的含义,物尽其用,没有浪费。资源综合利用增加了产品的生产,同时减少了原料费用,减少了工业污染及其处置费用,降低了成本,提高了工业生产的经济效益,可见是全过程控制的关键部位。资源综合利用的前提是资源的综合勘探、综合评价、综合开发和综合利用。

1) 资源的综合勘探

资源的综合勘探要求对资源进行全面、正确的鉴别,考虑其中所有的成分。随着科学技术的发展,对资源的认识范围正在扩大。

2) 资源的综合评价

以矿藏为例,资源的综合评价不但要评价矿藏本身的特点,如矿区地点、储量、品位、矿物组成、矿物学和岩相学特点、成矿特点等,还要评价矿藏的开发方案、选矿方案、加工工艺、产品形式等,同时还要评价矿区所在地交通、动力、水源、环境、经济发展特点、相关资源状况等。综合评价的结果应贮存在全国性的资源数据库内。

3) 资源的综合开发

资源的综合开发,首先是在宏观决策层次上,从生态经济大系统的整体优化出发,从实施持续发展战略的要求出发,规划资源的合理配置和合理投向,在使资源发挥最大效益的前提下组织资源。其次在资源开采、收集、富集和储运的各个环节中要考虑资源的综合性,避免有价组分遭到损失。对于矿产资源来说,随着高品位矿产资源的逐渐耗竭,中低品位资源的高效利用技术的突破在缓解资源危机、促进清洁生产中的重要性将更加突出。

4) 资源的综合利用

资源的综合利用,首先要对原料的每个组分列出清单,明确目前有用和将来有用的组分,制定综合利用方案。对于目前有用的组分要考察它们的利用效益;对于目前无用的组分,显然在生产过程中将转化为废料,应将其列入科技开发的计划,以期尽早找到合适的用途。在原料的利用过程中应对每一个组分都建立物料平衡,掌握它们在生产过程中的流向。

实现资源的综合利用需要实行跨部门、跨行业的协作开发,一种可取的形式是建立原料开发区,组织以原料为中心的利用体系,按生态学原理,规划各种配套的工业,形成生产链,使在区域范围内实现原料的“吃光榨尽”。

2. 改进产品设计

改进产品设计的目的在于将环境因素纳入产品开发的全过程,使其在使用过程中效率高、污染少,在使用后易回收再利用,在废弃后对环境危害小。近年来,产品生态设计理念的贯彻实施是清洁生产实施的重要手段。

产品生态设计,也称绿色设计或生命周期设计或环境设计,它是一种以环境资源为核心概念的设计过程。产品生态设计是指将环境因素纳入产品设计之中,在产品生命周期的每一个环节都考虑其可能产生的环境负荷,并通过改进设计使产品的环境影响降到最低。

产品生态设计从保护环境角度考虑,能减少资源消耗,可以真正地从源头开始实现污染预防,构筑新的生产和消费系统。从商业角度考虑,可以降低企业的生产成本、减少企业潜在的环境风险,提高企业的环境形象和商业竞争力。

产品生态设计的实施要考虑从原材料选择、设计、生产、营销、售后服务到最终处置的全过程,是一个系统化和整体化的统一过程。进行生态设计时,应遵守以下生态设计原则:①选择环境影响小的材料;②减少材料的使用量;③生产技术的最优化;④营销系统的优化;⑤减少消费过程的环境影响;⑥延长产品生命周期;⑦产品处置系统的优化。

3. 革新产品体系

在当前科学技术迅猛发展的形势下,产品的更新换代速度越来越快,新产品不断问世。人们开始认识到,工业污染不但发生在生产产品的过程中,有时还发生在产品的使用过程中,有些产品使用后废弃、分散在环境中,也会造成始料未及的危害。例如,作为制冷设备中的冷冻剂以及喷雾剂、清洗剂的氟氯烃,生产工艺简单,性能优良,曾经成为广泛应用的产品,但自 1985 年发现其为破坏臭氧层的主要元凶后,现已被限制生产和限期使用,由氨、环丙烷等其他对环境安全的物质代替。

在农业生产中,主要的农业生产资料——肥料和农药产品体系同样在不断更新。肥料产品由单纯的有机肥到化学肥料,极大地提高了农业生产力,特别是粮食产量。据联合国粮农组织估计,发展中国家粮食的增产中 55% 来自化学肥料。然而,目前普通化学肥料利用率低、浪费巨大、污染严重的问题已成为阻碍农业清洁生产的重要因素之一。在我国,完全放弃化学肥料回归单纯的有机肥料是无法满足 14 亿人口的生活甚至生存需求的。因此,研制开发高效、无污染的环境友好型肥料,提高肥料的利用率,在保证增产的同时减少肥料造成的污染,是当今肥料科技创新的重要任务。同样,农药由剧毒、高残留的有机氯和有机磷农药到低毒、高效、低残留的氨基甲酸酯类农药的更新有力地促进了农业清洁生产,目前正朝着环境友好型的植物性杀虫剂的开发应用以及生物防治方向发展。

由此可见,污染的预防不但体现在生产全过程的控制之中,而且还要落实到产品的使用和最终报废处理过程中。对于污染严重的产品要进行更新换代,不断研究开发与环境相容的新产品。

4. 改革工艺和设备

工艺是从原材料到产品实现物质转化的基本软件。一个理想的工艺是:工艺流程简单、原材料消耗少、无(或少)废弃物排出、安全可靠、操作简便、易于自动化、能耗低、所用设备简单等。设备的选用是由工艺决定的,它是实现物料转化的基本硬件。改革工艺和设备是预防废物产生,提高生产效率和效益,实现清洁生产最有效的方法之一,但是工艺技术和设备的改革通常需要投入较多的人力和资金,因而实施时间较长。

工艺设备的改革主要采取如下4种方式:

(1) 生产工艺改革。开发并采用低废或无废生产工艺和设备来替代落后的老工艺,提高生产效率和原料利用率,消除或减少废物。例如,采用流化床催化加氢法代替铁粉还原法旧工艺生产苯胺,可消除铁泥渣的产生,废渣量由2500kg/t(产品)减少到5kg/t(产品),并降低了原料和动力消耗,每吨苯胺产品蒸汽消耗可由35t降为1t,电耗由220kW·h降为130kW·h,苯胺回收率达到99%。

(2) 改进工艺设备。通过改善设备和管线或重新设计生产设备来提高生产效率,减少废物量。例如,优选设备材料,提高可靠性、耐用性;提高设备的密闭性,以减少泄漏;采用节能的泵、风机、搅拌装置等。

(3) 优化工艺控制过程。在不改变生产工艺或设备的条件下进行操作参数的调整、优化操作条件常常是最容易而且最便宜的减废方法。大多数工艺设备都是采用最佳工艺参数(如温度、压力和加料量)设计以取得最高的操作效率,因而在最佳工艺参数下操作,避免生产控制条件波动和非正常停车,可大大减少废物量。

(4) 加强自动化控制。采用自动控制系统调节工作操作参数,维持最佳反应条件,加强工艺控制,可增加生产量、减少废物和副产品的产生。例如,安装计算机控制系统监测和自动复原工艺操作参数,实施模拟结合自动定点调节。在间歇操作中,使用自动化系统代替手工处置物料,通过减少操作失误,降低产生废物及泄漏的可能性。

5. 生产过程的科学管理

有关资料表明,目前的工业污染约有30%以上是由于生产过程中管理不善造成的,只要加强生产过程的科学管理、改进操作,不需花费很大的成本,便可获得明显减少废弃物和污染的效果。在企业管理中要建立一套健全的环境管理体系,使环境管理落实到企业中的各个层次,分解到生产过程的各个环节,贯穿于企业的全部经济活动中,与企业的计划管理、生产管理、财务管理、建设管理等专业管理紧密结合,使人为的资源浪费和污染排放降到最低。

6. 物料再循环和综合利用

从本质上讲,工业生产中产生的"三废"污染物质都是生产过程中流失的原材料、中间产物和副产物。因此,对"三废"污染物进行有效的处理和回收利用,既可以创造财富,又可以减少污染。开展"三废"综合利用是消除污染、保护环境的一项积极而有效的措施,也是企业挖潜、增效截污的一个重要方面。

在企业生产过程中,应尽可能提高原料利用率,降低回收成本,实现原料闭路循环。在生产过程中比较容易实现物料闭路循环的是生产用水的闭路循环。根据清洁生产的要求,工业用水组成原则上应是供水、用水和净水组成的一个紧密体系。根据生产工艺要求,一水多用,按照不同的水质需求分别供水,净化后的水重复利用。我国已经开展了一些实用的综合利用技术,如小化肥厂冷却水、气水闭路循环技术,可以大大节约水资源,减少水体热污染;电镀漂洗水无排或微排技术,实行了漂洗水的闭路循环,因而不产生电镀废水和废渣;利用硝酸生产尾气制造亚硝酸钠,利用硫酸生产尾气制造亚硫酸钠等。

此外,一些工业企业产生的废物有时难以在本厂有效利用,有必要组织企业间的横向联合,使废物进行复用,使工业废物在更大的范围内资源化。肥料厂可以利用食品厂的废物加工肥料,如味精废液 COD 很高,而其丰富的氨基酸和有机质可以加工成优良的有机肥料。目前,一些城市已建立了废物交换中心,为跨行业的废物利用协作创造了条件。

7. 必要的末端处理

在目前技术水平和经济发展水平条件下,实行完全彻底的无废生产是很困难的,废弃物的产生和排放有时还难以避免,因此需要对它们进行必要的处理和处置,使其对环境的危害降至最低。此处的末端处理与传统概念的末端处理相比区别如下:

(1) 末端处理是清洁生产不得已而采取的最终污染控制手段,而不应像以往那样处于实际上的优先考虑地位;

(2) 厂内的末端处理可作为送往厂外集中处理的预处理措施,因而其目标不再是达标排放,而只需要处理到集中处理设施可以接纳的程度;

(3) 末端处理重视废弃物资源化;

(4) 末端处理不排斥继续开展推行清洁生产的活动,以期逐步缩小末端处理的规模,乃至最终以全过程控制措施完全替代末端处理。

为实现有效的末端处理,必须开发一些技术先进、处理效果好、投资少、见效快、可回收有用物质、有利于组织物料再循环的实用环保技术。目前,我国已经开发了一批适合国情的实用环保技术,需要进一步推广。同时,有一些环保难题尚未得到很好的解决,需要环保部门、有关企业和工程技术人员继续共同努力。

8. 某涂料生产企业清洁生产审核简介

某涂料生产企业使用到环氧树脂、氨基树脂、氟碳树脂、醚类有机溶剂、醇类有机溶剂、二甲苯以及天然气等危险化学品,会产生挥发性有机化合物(VOCs)、颗粒物、生产废水、危险废物等有毒有害物质,属于"双有"企业。因此该公司被列入江苏省实施强制性清洁生产审核的重点企业名单中,按强制性清洁生产审核工作的要求规范了本轮清洁生产审核工作。

该公司委托某咨询公司进行清洁生产审核工作。咨询公司于 2019 年 6 月组织咨询师对企业开展了清洁生产培训,参加培训的人员有企业的管理层人员、生产车间负责人和分管技术、设备、环保和安全等人员。清洁生产培训结束后,公司将此项工作列入企业议事日程,立即在企业内部抽调精干人员确定清洁生产审核的基本任务,制订清洁生产审核工作计划(表 5-1)。主要任务包括:①制订清洁生产审核工作计划;②开展宣传教育,普及清洁生产知识;③确定清洁生产审核并及时向领导和员工汇报实施情况;④组织、实施清洁生产审核并及时向领导和员工汇报实施情况;⑤收集和筛选清洁生产方案并组织实施;⑥编写清洁生产审核报告;⑦总结经验,制订企业持续清洁生产计划。

表 5-1　清洁生产审核工作计划

阶　　段	工　作　内　容	时　间　进　度
筹建和组织	1. 取得领导支持	2023-06-01
	2. 组建清洁生产审核领导和工作小组	2023-06-02—2023-06-14
	3. 制订工作计划	2023-06-15
	4. 开展宣传教育	2023-06-29—2023-06-30

续表

阶　　　段	工 作 内 容	时 间 进 度
预审核	1. 进行现状调研	2023-07-01
	2. 进行现场考察	2023-07-02—2023-07-10
	3. 评价产污状况	2023-07-10
	4. 确定审核重点	2023-07-11—2023-07-12
	5. 设置清洁生产目标	2023-07-13
	6. 提出和实施无低废方案	2023-07-14
审核	1. 准备审核重点材料	2023-07-11
	2. 实测输入输出物流	2023-07-15
	3. 建立物料平衡,并实施无/低废方案	2023-07-17
	4. 分析废弃物产生原因	2023-07-18
	5. 提出并实施无/低废方案	2023-07-25
方案产生和筛选	1. 产生方案	2023-07-25
	2. 制订并汇总方案	2023-07-26
	3. 筛选方案	2023-07-27
	4. 研制方案	2023-07-28
	5. 继续实施无/低废方案	2023-08-01—2023-08-02
	6. 核定并汇总无/低废方案实施效果	2023-08-03—2023-08-05
	7. 编写中期审核报告	2023-08-06—2023-08-08
可行性分析	1. 对备选方案进行技术、环境、经济评估	2023-08-09—2023-08-14
	2. 推荐可实施方案	2023-08-15
方案实施	对推荐方案组织实施	2023-10-08
持续清洁生产	1. 建立和完善清洁生产组织	2023-10-15
	2. 建立和完善清洁生产管理制度	2023-10-20
	3. 制订持续清洁生产计划	2023-10-25
	4. 编制清洁生产审核报告	2023-10-30
申请和验收	1. 申请验收	根据环保部门安排确定
	2. 验收	根据环保部门安排确定

5.5　企业突发环境事件风险评估与应急预案编制

5.5.1　企业环保治理设施安全辨识与隐患排查

1. 环保治理设施及管理

环保设施是指用于防治环境污染,改善环境质量的各种设备、装置和系统。环保治理设施通常包括:空气(废气)净化设施、废水处理设施、固体废物处理设施(一般固体废物、医疗垃圾、危险废物等)、噪声振动防治设施、电磁及核辐射防控设施等。这些设施在环境保护中发挥着重要的作用,为我们的生活和生产提供了更加清洁、安全的环境。2014 年修订的《中华人民共和国环境保护法》第五十一条规定"各级人民政府应当统筹城乡建设污水处理设施及配套管网,固体废物的收集、运输和处置等环境卫生设施,危险废物集中处置设施、场所以及其他环境保护公共设施,并保障其正常运行。"

环保设施管理是指在企业或社区内,针对环境保护的相关设施和设备进行管理、运营和维护,以保证其正常运转,达到环保目的(达标要求)。它是保护环境和促进可持续发展的紧要措施之一,对于削减污染,优化环境质量,提高生活质量意义重大。

2. 环保设备设施安全风险及防护措施

环保设备设施的安全风险是不可忽视的,通过合适的防护措施可以降低这些风险带来的危害。电气安全、化学品泄漏、机械伤害和环境污染是环保设备设施常见的安全风险,而加强电气安全防护化学品泄漏防护、机械伤害防护和环境污染防护措施是保障环保设备设施安全的重要手段。只有在安全的前提下,环保设备设施才能更好地发挥其作用,保护环境、保障人们的生命安全和身体健康。因此,各行各业在使用环保设备设施的过程中,应高度重视安全风险,采取相应的防护措施,确保环保设备设施的安全运行。

1) 环保设备设施的安全风险

(1) 电气安全风险:环保设备中常使用电气设备,如电动机、电控等。电气设备在使用过程中可能存在线路短路、电气火灾、触电等安全隐患。

(2) 化学品泄漏风险:环保设备中使用的化学品如酸碱溶液、有机溶剂等,在不当操作或设备故障时可能发生泄漏,导致化学品外泄火灾等危险情况。

(3) 机械伤害风险:环保设备中的机械设备如输送带、压力容器等存在着操作不当、设备损坏等因素可能导致的机械伤害风险。

(4) 环境污染风险:环保设备在处理废水、废气等污染物时,如果操作不当、设备故障等,可能导致环境污染,对周围环境和人体健康造成危害。

2) 环保设备设施的安全防护措施

(1) 电气安全防护措施

① 确保电气设备的正常运行,定期进行设备维护和检修,防止设备老化和故障。

② 加强对电气设备的绝缘检查,确保设备绝缘性能良好。

③ 设置过载保护装置和漏电保护装置,及时发现和处理电气故障。

(2) 化学品泄漏防护措施

① 加强对化学品的贮存管理,确保容器密封性良好,避免泄漏。

② 建立化学品泄漏应急预案,定期组织演练,提高应急处理能力。

③ 配备合适的个人防护装备,如防护服、呼吸器等,保护工作人员的安全。

(3) 机械伤害防护措施

① 加强对机械设备的定期检查和维护,确保设备正常运行。

② 设置安全防护装置,如防护网、安全门等,防止人员误入危险区域。

③ 加强对操作人员的培训,提高其对机械设备安全操作的意识和能力。

(4) 环境污染防护措施

① 严格遵守环境保护法规,确保环保设备设施符合排放标准。

② 定期对环保设备进行检测,确保设备运行正常,不发生污染物外泄。

③ 加强对操作人员的培训,提高其对环境保护的意识,正确操作环保设备。

表 5-2 为某公司内突发环境事件时,风险物质的扩散途径、防控及应急资源。

表 5-2　某公司环境风险物质扩散途径、防控及应急资源情况调查

事故类型	发生源	风险物质扩散途径	风险防控及应急资源
泄漏、火灾爆炸	生产车间、原辅料堆场、丙烷房、危险废物仓库	液体料进入雨水管网后向外环境扩散	风险防控:车间内张贴有安全操作指南,禁止吸烟及使用易产生火花的机械设备和工具;车间内物料堆放区及生产区域分开设置,界限分明;车间内设有可燃气体报警装置、视频监控,监控生产车间人员、物料进出情况和生产情况,一旦事故发生,能给事故原因分析提供视频资料;厂区设事故应急池、标准化雨水排放口和截流控制阀门;丙烷房设有可燃气体报警装置; 应急资源:车间内外均设有消防栓、灭火器等消防器材;员工均配备个人防护用品等应急物资
环境风险防控措施失灵或非正常操作	雨水阀门失灵或非正常操作	废水通过雨水管网进入水体环境	风险防控:定期检查维护; 应急资源:河道下游采取拦截措施,关闭通往河流的闸阀,拦截泄漏物料
	废气处理设施故障	废气未经处理排放	停止作业,及时检修
	危险废物仓库泄漏	废液渗漏,影响土壤和地下水	堆场地面做防腐防渗处理
非正常工况	开、停车	废气未经处理通过排气筒排入大气	无
	废气处理设施检修	废气未经处理通过排气筒排入大气	无
违法排污	雨水口、污水口	废水随雨水排放口或污水排放口排入地表水环境	制定环境保护目标责任制,对违法排污行为进行惩处
各种自然灾害、极端天气或不利气象条件	暴雨天气	受污染雨水或事故废水扩散进水中,通过雨水管网进入附近水体	经水体稀释及自净作用,其对水体影响较小

5.5.2　企业突发环境事件隐患排查

1. 突发环境事件隐患排查内容

按照《突发环境事件应急管理办法》(环保部令第 34 号)、《企业突发环境事件隐患排查和治理工作指南(试行)》(中华人民共和国环境保护部公告 2016 年第 74 号)及地方环保部门要求,企业需从环境应急管理和突发环境事件风险防控措施两大方面排查可能直接导致或次生突发环境事件的隐患。

2. 突发环境事件应急管理

突发环境事件应急管理包括重大突发环境事件隐患和环境应急管理类。环境应急管

理类又细分为：环境应急预案、隐患排查治理、环境应急培训、环境应急物资装备、环境应急演练、突发水环境事件风险防控措施、突发大气环境事件风险防控措施、危险废物环境风险防控措施。企业突发环境事件应急管理要求及实际情况调查描述见表 5-3。

表 5-3　突发环境事件应急管理要求

评 估 依 据	企业实际情况调查描述（以某公司为例）
按规定开展突发环境事件风险评估，确定风险等级情况	该公司突发环境事件风险等级最终确定为"一般［一般-大气（Q0）］＋一般［一般-水（Q0）］"
按规定制定突发环境事件应急预案并备案情况	该公司按规定制定了突发环境事件应急预案，并将在签署发布后及时报所在地生态环境主管部门备案
按规定建立健全隐患排查治理制度，开展隐患排查治理工作和建立档案情况	该公司按规定建立健全了隐患排查治理制度，并开展隐患排查治理工作和建立档案
按规定开展突发环境事件应急培训，如实记录培训情况	该公司每年开展一次突发环境事件应急培训，并如实记录培训情况
按规定储备必要的环境应急装备和物资情况	该公司按规定储备必要的环境应急装备和物资，具体清单已经上墙（见应急物资库）
按规定公开突发环境事件应急预案及演练情况	该公司按规定公开突发环境事件应急预案和演练情况

3. 企业突发环境事件风险防控措施评估

企业突发环境事件风险防控措施评估见表 5-4。

表 5-4　突发环境事件风险防控措施评估

评 估 依 据	企业实际情况调查描述（以某公司为例）
是否设置中间事故缓冲设施、事故应急水池或事故存液池等各类应急池；应急池容积是否满足环境影响评价文件及批复等相关文件要求；应急池位置是否合理，是否能确保所有受污染的雨水、消防水和泄漏物等通过排水系统接入应急池或全部收集；是否通过厂区内部管线或协议单位，将所收集的废（污）水送至污水处理设施处理	企业设置了一座容积 $96m^3$ 的事故应急池。事故应急池位置合理，能确保所有受污染的雨水、消防水和泄漏物等通过排水系统接入事故应急池。事故发生时产生的事故废水经收集后送至协议单位进行处理
正常情况下厂区内涉危险化学品或其他有毒有害物质的各个生产装置、罐区、装卸区、作业场所和危险废物贮存设施（场所）的排水管道（如围堰、防火堤、装卸区污水收集池）接入雨水或清净下水系统的阀（闸）是否关闭，通向应急池或废水处理系统的阀（闸）是否打开；受污染的冷却水和上述场所的墙壁、地面冲洗水和受污染的雨水（初期雨水）、消防水等是否都能排入生产废水处理系统或独立的处理系统；有排洪沟（排洪涵洞）或河道穿过厂区时，排洪沟（排洪涵洞）是否与渗漏观察井、生产废水、清净下水排放管道连通	正常情况下，厂区内涉危险化学品或其他有毒有害物质的各个生产装置、装卸区、作业场所和危险废物贮存设施的排水管道接入雨水系统的阀门处于关闭状态，通向应急池或废水处理系统的阀门处于开启状态。受污染的冷却水和上述场所的墙壁、地面冲洗水和初期雨水、消防水等都能排入事故应急池。企业不涉及排洪沟（排洪涵洞）或河道穿过厂区
雨水系统、清净下水系统、生产废（污）水系统的总排放口是否设置监视及关闭闸（阀），是否设专人负责在紧急情况下关闭总排口，确保受污染的雨水、消防水和泄漏物等全部收集	企业无生产废水产生及排放，企业雨水排放口设置关闭阀，并设专人负责在紧急情况下关闭总排口，确保受污染的雨水、消防水和泄漏物等全部收集

评 估 依 据	企业实际情况调查描述(以某公司为例)
企业与周边重要环境风险受体的各类防护距离是否符合环境影响评价文件及批复的要求	企业与周边重要环境风险受体的各类防护距离符合环境影响评价文件及批复的要求
涉有毒有害大气污染物名录的企业是否在厂界建设针对有毒有害特征污染物的环境风险预警体系	企业不涉及有毒有害大气污染物
涉有毒有害大气污染物名录的企业是否定期监测或委托监测有毒有害大气特征污染物	企业不涉及有毒有害大气污染物
突发环境事件信息通报机制建立情况,是否能在突发环境事件发生后及时通报可能受到污染危害的单位和居民	企业建立了突发环境事件信息通报机制,能在突发环境事件发生后及时通报可能受到污染危害的单位和居民

4. 企业突发环境事件隐患分级

根据可能造成的危害程度、治理难度及企业突发环境事件风险等级,隐患分为重大突发环境事件隐患(简称重大隐患)和一般突发环境事件隐患(简称一般隐患)。具有以下特征之一的可认定为重大隐患,除此之外的隐患可认定为一般隐患:

(1) 情况复杂,短期内难以完成治理并可能造成环境危害的隐患;

(2) 可能产生较大环境危害的隐患,如可能造成有毒有害物质进入大气、水、土壤等环境介质次生较大以上突发环境事件的隐患。

5. 企业突发环境事件隐患排查治理制度

(1) 建立隐患排查治理责任制。企业应当建立健全从主要负责人到每位作业人员,覆盖各部门、各单位、各岗位的隐患排查治理责任体系;明确主要负责人对本企业隐患排查治理工作全面负责,统一组织、领导和协调本单位隐患排查治理工作,及时掌握、监督重大隐患治理情况;明确分管隐患排查治理工作的组织机构、责任人和责任分工,按照生产区、化学品库、工段等划分排查区域,明确每个区域的责任人,逐级建立并落实隐患排查治理岗位责任制。

(2) 制定突发环境事件风险防控设施的操作规程和检查、运行、维修与维护等规定,保证资金投入,确保各设施处于正常完好状态。

(3) 建立自查、自报、自改、自验的隐患排查治理组织实施制度。

(4) 如实记录隐患排查治理情况,形成档案文件并做好存档。

(5) 及时修订企业突发环境事件应急预案、完善相关突发环境事件风险防控措施。

(6) 定期对员工进行隐患排查治理相关知识的宣传和培训。

(7) 有条件的企业应当建立与企业相关信息化管理系统联网的突发环境事件隐患排查治理信息系统。

6. 企业突发环境事件隐患排查及隐患排查表填写

对照隐患排查表 5-5,对企业现场进行突发环境事件隐患排查,隐患问题、隐患级别,并就隐患排查问题编制整改方案,及时完成整改(即填写该表 5-5 右 4 列)。

表 5-5　企业突发环境事件应急管理隐患排查

基本信息	企业名称	某电感器变压器有限公司	行业类别及代码	C3821 变压器、整流器和电感器制造
	企业地址	×××市×××路×××号	风险级别	一般-大气（Q0）＋一般-水（Q0）
	排查时间	2024 年 1 月 15 日	现场排查负责人（签字）	

隐患类别	细分类别	序号	隐患内容	有/无	隐患问题描述	隐患级别	整改措施、进度、截止日期
重大突发环境事件隐患		1	未编制备案企业环境应急预案（含危险废物专项应急预案），预案过期未修订；可能的突发环境事件情景辨析不全；预案中的风险防控措施与实际不符	无	正在编制	—	—
		2	未开展突发环境事件风险评估；风险评估报告中环境风险信息、突发环境事件风险等级认定与实际不符	无	正在编制	—	—
		3	未建立突发环境事件隐患排查治理制度，无隐患排查治理档案；重大隐患未制定整改方案	无	—	—	—
		4	未按相关规定或环境影响评价文件、环境应急预案要求的频次开展应急演练	无	—	—	—
		5	未配备与自身环境风险水平相匹配的环境应急物资装备或未建立环境应急物资装备快速供应机制	无	—	—	—
		6	未落实环境影响评价文件及批复要求的环境风险防控措施	无	—	—	—
		7	未按要求设置事故应急池；事故应急池有效容积不满足环境影响评价文件及批复、环境风险评估报告等相关要求；事故应急池未采取防渗措施；事故应急池存在旁路直通外环境	无	—	—	—
		8	消防水、泄漏物及初期雨水等不能通过自流或泵引设施提升至事故应急池；未配置传输泵、配套管线、应急发电等装置，无法将事故应急池中废水转输处置	无	—	—	—
		9	生产场所、一体装卸作业场所、物料贮存场所、危险废物贮存场所等涉风险物质（参考 HJ 941—2018 附录 A）的区域未设置事故废水截流措施（围堰、环沟、防火堤、闸、阀等）	无	—	—	—
		10	接纳消防废水的排水系统未按最大消防水量校核排水能力	无	—	—	—
		11	雨水、清净下水、排洪沟、污（废）水的厂区总排口等未设置截流措施；事故状态下，无有效措施防止废水、泄漏物、受污染的雨水、消防水等溢出厂界	无	—	—	—
		12	将车间冲洗水、储罐清洗水、生活污水、车辆冲洗水、事故排放水等生产废水排入雨水沟，混入雨水排放	无	—	—	—
		13	排放纳入《有毒有害大气污染物名录》气体的企业未确定事故状态下监测因子，无监测预警手段	无	—	—	—

隐患类别	细分类别	序号	隐患内容	有/无	隐患问题描述	隐患级别	整改措施、进度、截止日期
重大突发环境事件隐患		14	脱硫脱硝、煤改气、挥发性有机化合物回收、污水处理、粉尘治理、RTO焚烧炉等六类污染防治设施未开展安全风险辨识	无	—	—	—
		15	危险废物贮存设施未开展安全风险辨识;危险废物贮存超过一年;属性不明的固体废物未开展鉴定工作	无	—	—	—
		16	其他可能次生较大以上突发环境事件的隐患情形	无	—	—	—
环境应急管理类	1. 环境应急预案	1	未开展环境应急资源调查或调查不充分	无	—	—	—
		2	未按规定签发环境应急预案	无	—	—	—
		3	未明确环境应急预案培训、演练、评估修订等管理要求	无	—	—	—
		4	未编制重点工作岗位的现场处置方案	无	—	—	—
		5	未更新环境应急预案中相关单位和人员通信录	无	—	—	—
	2. 隐患排查治理	6	以安全等其他类型隐患代替突发环境事件隐患	无	—	—	—
		7	发现一般突发环境事件隐患未立即整改治理	无	—	—	—
		8	隐患排查频次不满足相关要求	无	—	—	—
	3. 环境应急培训	9	未组织开展环境应急培训或以其他类型培训代替环境应急培训	有	暂未开展	一般	2024.6
		10	未如实记录环境应急培训的时间、内容、人员等情况	有	暂未开展	一般	2024.6
	4. 环境应急物资装备	11	以其他类型物资装备代替环境应急物资装备	无	—	—	—
		12	未建立环境应急物资装备管理台账	无	—	—	—
		13	未定期检查现有物资,及时补充已消耗的物资装备	无	—	—	—
		14	无应急救援队伍的企业未与其他组织或单位签订应急救援协议或互救协议	无	—	—	—
	5. 环境应急演练	15	以其他类型演练代替环境应急演练	无	—	—	—
		16	未开展环境应急演练的总结和评估工作	有	暂未开展	一般	2024.6
		17	未建立环境应急演练台账	有	暂未开展	一般	2024.6
	6. 突发水环境事件风险防控措施	18	事故应急池非事故状态下被占用超过有效容积的1/3且无紧急排空技术措施	无	—	—	—
		19	事故应急池未设置液位标识、标识牌	无	—	—	—
		20	事故应急池存在孔洞和裂缝	无	—	—	—
		21	事故应急池保养维修期间,无其他暂存措施	无	—	—	—
		22	围堰、防火堤等未设置导流沟及排水切换阀	无	—	—	—
		23	未按要求设置初期雨水收集池。雨水管路常年未开展闭水实验	无	—	—	—
		24	初期雨水收集池容积不符合相关要求	无	—	—	—
		25	雨水、清净下水、排洪沟、污(废)水的厂区总排口未按要求设置监视	无	—	—	—
		26	雨水截留设施锈蚀、简陋(如简易闸板),存在渗漏现象	无	—	—	—
		27	雨水截留设施正常情况下处于常开状态	无	—	—	—
		28	未设置厂区雨污分流及事故废水收集、控制节点示意图	无	—	—	—
		29	生产车间(针对土壤污染重点监管单位)、储罐区、固体废物堆场、运输装卸区等易受污染区域未采取防渗措施	无	—	—	—
		30	生产区域、原料管线、污水处理设施等存在跑冒滴漏现象	无	—	—	—

续表

隐患类别	细分类别	序号	隐患内容	有/无	隐患问题描述	隐患级别	整改措施、进度、截止日期
环境应急管理类	7. 突发大气环境事件风险防控措施	31	排放纳入《有毒有害大气污染物名录》气体的企业未建立有毒有害大气特征污染物名录	无	—	—	—
		32	信息通报机制不健全,不能在发生突发大气环境污染事件后及时通报可能受到危害的单位和居民	无	—	—	—
	8. 危险废物环境风险防控措施	33	危险废物贮存设施未设置固定防雨、防扬散、防流失、防渗漏等措施	无	—	—	—
		34	危险废物贮存设施未设置泄漏液体收集装置	无	—	—	—
		35	危险废物贮存设施未配备通信设备、照明设施、消防设施和应急防护用品等	无	—	—	—
		36	易燃、易爆及排出有毒气体的危险废物稳定化后进入贮存设施贮存,未配备有机气体报警、火灾报警装置和导出静电的接地装置	无	—	—	—
		37	可能产生粉尘、挥发性有机化合物、酸雾以及其他有毒有害气态污染物质的危险废物贮存设施未设置气体收集装置和气体净化设施	无	—	—	—

5.5.3 企业突发环境事件风险评估方法

1. 企业突发环境事件风险评估的由来

为贯彻落实《突发事件应急预案管理办法》(国办发〔2024〕5号),国家环境保护部发布了《企业突发环境事件风险评估指南(试行)》(环办〔2014〕34号)、《企业突发环境事件风险分级方法》(HJ 941—2018)。企业突发环境事件风险评估的目的是分析和预测建设项目存在的潜在危险、有害因素,建设项目建设和运行期间可能发生的突发性事件或事故(一般不包括人为破坏及自然灾害),引起有毒有害和易燃易爆等物质泄漏,所造成的人身安全与环境影响和损害程度,提出合理可行的防范、应急与减缓措施,使建设项目事故率、损失和环境影响能够达到可接受水平。在评估中把事故引起厂界外人群的伤害、环境质量的恶化以及防护作为评价重点,关注事故对厂界外环境的影响。对可能发生突发环境事件的(已建成投产或处于试生产阶段的)企业进行环境风险评估。评估对象为生产、使用、存储或释放涉及(包括生产原料、燃料、产品、中间产品、副产品、催化剂、辅助生产物料、"三废"污染物等)突发环境事件风险物质及临界量清单中的化学物质(简称环境风险物质)以及其他可能引发突发环境事件的化学物质的企业。

2. 环境风险评估涉及的主要概念

(1)突发环境事件是指突然发生,造成或可能造成环境污染或生态破坏,危及人民群众生命财产安全,影响社会公共秩序,需要采取紧急措施予以应对的事件。

(2)环境风险是指发生突发环境事件的可能性及突发环境事件造成的危害程度。它具有危害性大、影响范围广等特点,同时风险发生的概率又有很大的不确定性,倘若一旦发生,其破坏性极强,对生态环境会产生严重破坏。

(3) 环境风险受体是指在突发环境事件中可能受到危害的企业外部人群,具有一定社会价值或生态环境功能的单位或区域等。

(4) 环境风险单元是指长期或临时生产、加工、使用或贮存环境风险物质的一个(套)生产装置、设施或场所或同属一个企业且边缘距离小于 500m 的几个(套)生产装置、设施或场所。

(5) 突发环境事件风险物质及临界量是指某种(类)化学物质及其数量,主要包括:突发环境事件风险物质及临界量清单,规定了 310 种(类)化学物质及其临界量。

(6) 清净下水是指装置区排出的未被污染的废水,如间接冷却水的排水、溢流水等。

(7) 事故排水是指事故状态下排出的含有泄漏物以及施救过程中产生其他物质的生产废水、清净下水、雨水或消防水等。

(8) 企业应急资源是指第一时间可以使用的企业内部应急物资、应急装备和应急救援队伍情况,以及企业外部可以请求援助的应急资源,包括与其他组织或单位签订应急救援协议或互救协议情况等。

3．环境风险评估的一般要求

有下列情形之一的,企业应当及时划定或重新划定本企业环境风险等级,编制或修订本企业的环境风险评估报告:

(1) 未划定环境风险等级或划定环境风险等级已满三年的;

(2) 涉及环境风险物质的种类或数量、生产工艺过程与环境风险防范措施或周边可能受影响的环境风险受体发生变化,导致企业环境风险等级变化的;

(3) 发生突发环境事件并造成环境污染的;

(4) 有关企业环境风险评估标准或规范性文件发生变化的。

企业可以自行编制环境风险评估报告,也可以委托相关专业技术服务机构编制。新、改、扩建相关项目的环境影响评价报告中的环境风险评价内容,可作为所属企业编制环境风险评估报告的重要内容。

4．环境风险评估的程序

企业环境风险评估,按照资料准备与环境风险识别,可能发生突发环境事件及其后果分析,现有环境风险防控和环境应急管理差距分析,制订完善环境风险防控和应急措施的实施计划、划定突发环境事件风险等级五个步骤实施。

5．环境风险评估的内容

1) 资料准备与环境风险识别

在收集相关资料的基础上,开展环境风险识别。环境风险识别对象包括:①企业基本信息;②周边环境风险受体;③涉及环境风险物质和数量;④生产工艺;⑤安全生产管理;⑥环境风险单元及现有环境风险防控与应急措施;⑦现有应急资源等。按照《企业突发环境事件风险分级方法》(HJ 941—2018)中的相关要求,并综合考虑环境风险企业、环境风险传播途径及环境风险受体进行环境风险识别。制作企业地理位置图、厂区平面布置图、周边环境风险受体分布图,企业雨水、清净下水收集和排放管网图、污水收集和排放管网图以及所有排水最终去向图,并作为评估报告附件。

企业基本信息可列表说明,应当包括:①单位名称、组织机构代码、法定代表人、单位所在地、中心经度、中心纬度、所属行业类别、建厂年月、最新改扩建年月、主要联系方式、企业规模、厂区面积、从业人数等(如为子公司,还需列明上级公司名称和所属集团公司名称);②地形、地貌(如在泄洪区、河边、坡地)、气候类型、年风向玫瑰图、历史上曾经发生过的极端天气情况和自然灾害情况(如地震、台风、泥石流、洪水等);③环境功能区划情况以及最近一年地表水、地下水、大气、土壤环境质量现状。

2)企业现有应急资源情况

应急物资主要包括处理、消解和吸收污染物(泄漏物)的各种絮凝剂、吸附剂、中和剂、解毒剂、氧化还原剂等;应急装备主要包括个人防护装备、应急监测能力、应急通信系统、电源(包括应急电源)、照明等。按应急物资、装备和救援队伍,分别列表说明下列内容:名称、类型(指物资、装备或队伍)、数量(或人数)、有效期(指物资)、外部供应单位名称、外部供应单位联系人、外部供应单位联系电话等。

3)可能发生的突发环境事件及其后果情景分析

(1)收集国内外同类企业突发环境事件资料列表说明下列内容:年份日期、地点、装置规模、引发原因、物料泄漏量、影响范围、采取的应急措施、事件损失、事件对环境及人造成的影响等。

(2)提出所有可能发生突发环境事件情景。结合收集国内外同类企业突发环境事件资料中的事件情景,列表说明并至少从以下9个方面分析可能引发突发环境事件的最坏情景:①火灾、爆炸、泄漏等生产安全事故及可能引起的次生、衍生厂外环境污染及人员伤亡事故(例如,因生产安全事故导致有毒有害气体扩散出厂界,消防水,物料泄漏物及反应生成物,从雨水排口、清净下水排口、污水排口、厂门或围墙排出厂界,污染环境等);②环境风险防控设施失灵或非正常操作(如雨水阀门不能正常关闭,化工行业火炬意外灭火);③非正常工况(如开、停车等);④污染治理设施非正常运行;⑤违法排污;⑥停电、断水、停气等;⑦通信或运输系统故障;⑧各种自然灾害、极端天气或不利气象条件;⑨其他可能的情景。

(3)每种情景源强分析。针对上述可能发生突发环境事件情景提出的每种情景进行源强分析,包括释放环境风险物质的种类、物理化学性质、最小和最大释放量、扩散范围、浓度分布、持续时间、危害程度。有关源强计算方法可参考《建设项目环境风险评价技术导则》(HJ 169—2018)。

(4)每种情景环境风险物质释放途径、涉及环境风险防控与应急措施、应急资源情况分析。对可能造成地表水、地下水和土壤污染的,分析环境风险物质从释放源头(环境风险单元),经厂界内到厂界外,最终影响到环境风险受体的可能性、释放条件、排放途径,涉及环境风险与应急措施的关键环节,需要应急物资、应急装备和应急救援队伍情况。对于可能造成大气污染的,依据风向、风速等分析环境风险物质少量泄漏和大量泄漏情况下,白天和夜间可能影响的范围,包括事故发生点周边的紧急隔离距离、事故发生地下风向人员防护距离。

(5)每种情景可能产生的直接、次生和衍生后果分析。根据每种情景源强的分析,从地表水、地下水、土壤、大气、人口、财产乃至社会等方面考虑并给出突发环境事件对环境风险受体的影响程度和范围,包括如需要疏散的人口数量,是否影响到饮用水水源地取水,是否造成跨界影响,是否影响生态敏感区生态功能,预估可能发生的突发环境事件级别等。

6. 现有环境风险防控与应急措施差距分析

从以下五个方面对现有环境风险防控与应急措施的完备性、可靠性和有效性进行分析论证,找出差距、问题,提出需要整改的短期、中期和长期项目内容。

(1)环境风险管理制度:①环境风险防控和应急措施制度是否建立,环境风险防控重点岗位的责任人或责任机构是否明确,定期巡检和维护责任制度是否落实;②环评及批复文件的各项环境风险防控和应急措施要求是否落实;③是否经常对职工开展环境风险和环境应急管理宣传和培训;④是否建立突发环境事件信息报告制度,并有效执行。

(2)环境风险防控与应急措施:①是否在废气排放口、废水、雨水和清洁下水排放口对可能排出的环境风险物质,按照物质特性、危害,设置监视、控制措施,分析每项措施的管理规定、岗位职责落实情况和措施的有效性;②是否采取防止事故排水、污染物等扩散、排出厂界的措施,包括截流措施、事故排水收集措施、清净下水系统防控措施、雨水系统防控措施、生产废水处理系统防控措施等;③涉及毒性气体的,是否设置毒性气体泄漏紧急处置装置,是否已布置生产区域或厂界毒性气体泄漏监控预警系统,是否有提醒周边公众紧急疏散的措施和手段等。

(3)环境应急资源:①是否配备必要的应急物资和应急装备(包括应急监测);②是否已设置专职或兼职人员组成的应急救援队伍;③是否与其他组织或单位签订应急救援协议或互救协议(包括应急物资、应急装备和救援队伍等情况)。

(4)历史经验教训总结。分析、总结历史上同类型企业或涉及相同环境风险物质的企业发生突发环境事件的经验教训,对照检查本单位是否有防止类似事件发生的措施。

(5)需要整改的短期、中期和长期项目内容。针对上述排查的每一项差距和隐患,根据其危害性、紧迫性和治理时间的长短,提出需要完成整改的期限,分别按短期(3个月以内)、中期(3~6个月)和长期(6个月以上)列表说明需要整改的项目内容,包括:整改涉及的环境风险单元、环境风险物质、目前存在的问题(环境风险管理制度、环境风险防控与应急措施、应急资源)、可能影响的环境风险受体。

7. 完善环境风险防控与应急措施的实施计划

针对需要整改的短期、中期和长期项目,分别制订完善环境风险防控和应急措施的实施计划。实施计划应明确环境风险管理制度、环境风险防控措施、环境应急能力建设等内容,逐项制订加强环境风险防控措施和应急管理的计划、责任人及完成时限。

每完成一次实施计划,都应将计划完成情况登记建档备查。对于因外部因素致使企业不能排除或完善的情况,如环境风险受体的距离和防护等问题,应及时向所在地县级以上人民政府及其有关部门报告,并配合采取措施消除隐患。

8. 企业突发环境事件风险评估程序

根据《企业突发环境事件风险分级方法》(HJ 941—2018)等相关技术规范的要求,企业环境风险评估按照资料准备与环境风险识别,可能发生突发环境事件及其后果分析,现有环境风险防控和环境应急管理差距分析,制订完善环境风险防控和应急措施的实施计划,划定突发环境事件风险等级五个步骤实施。评估程序如图5-1所示。

通过对企业基本情况调查,包括周边环境风险受体、环境风险物质、生产及污染物排放状况、安全生产管理、现有风险防控应急措施,参考实际案例分析突发环境事件及其后果,对照现有环境风险防控和应急设施差距,完善环境风险防控和应急措施的实施计划。根据企业生产、使用、存储和释放的突发环境事件风险物质数量与其临界量的比值(Q),评估生产工艺过程与大气(或水)环境风险控制水平(M)以及环境风险受体敏感程度(E)的评估分

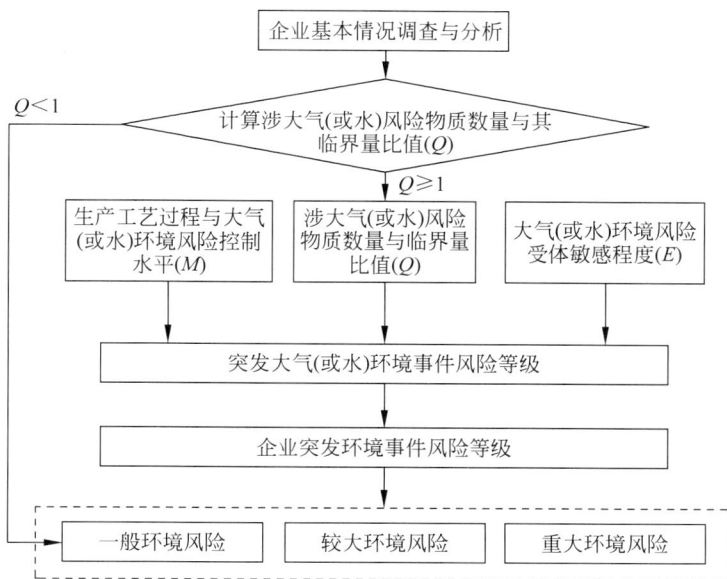

图 5-1　企业突发环境事件风险分级流程示意

析结果,分别评估企业突发大气环境事件风险和突发水环境事件风险,将企业突发大气或水环境事件风险等级划分为一般环境风险、较大环境风险和重大环境风险三级,分别用蓝色、黄色和红色标识。同时涉及突发大气和水环境事件风险的企业,以等级高者确定企业突发环境事件风险等级。

　　企业完成短期、中期或长期的实施计划后,应及时修订突发环境事件应急预案,并按照《企业突发环境事件风险分级方法》划定或重新划定企业环境风险等级,并记录等级划定过程,包括:①计算所涉及环境风险物质数量与其临界量比值(Q);②逐项计算工艺过程与环境风险控制水平(M),确定工艺过程与环境风险控制水平;③判断企业周边环境风险受体是否符合环境影响评价及批复文件的卫生或大气防护距离要求,确定环境风险受体敏感程度(E);④确定企业环境风险等级,按要求表征。

5.5.4　企业环境应急预案及其编制方法

1. 应急预案定义

　　应急预案是指各级人民政府及其部门、基层组织、企事业单位、社会团体等为依法、迅速、科学、有序应对突发事件,最大限度地减少突发事件及其造成的损害而预先制定的工作方案。它包括规划、编制、审批、发布、备案、演练、修订、培训、宣传教育等工作,其管理遵循统一规划、分类指导、分级负责、动态管理的原则;其编制要依据有关法律、行政法规和制度,紧密结合实际,合理确定内容,切实提高针对性、实用性和可操作性。

2. 应急预案分类

　　应急预案按照制定主体划分,分为政府及其部门应急预案、单位和基层组织应急预案两大类。

　　(1) 政府及其部门应急预案由各级人民政府及其部门制定,包括总体应急预案、专项应急预案、部门应急预案等。总体应急预案是应急预案体系的总纲,是政府组织应对突发事件的总体制度安排,由县级以上各级人民政府制定。专项应急预案是政府为应对某一类型或某几种类型突发事件,或者针对重要目标物保护、重大活动保障、应急资源保障等重要专项工作而预先制定的涉及多个部门职责的工作方案,由有关部门牵头制定,报本级人民政府批准后印发实施。部门应急预案是政府有关部门根据总体应急预案、专项应急预案和部门职责,为应对本部门(行业、领域)突发事件,或者针对重要目标物保护、重大活动保障、应急资源保障等涉及部门工作而预先制定的工作方案,由各级政府有关部门制定。此外,鼓励相邻、相近的地方人民政府及其有关部门联合制定应对区域性、流域性突发事件的联合应急预案。

(2) 单位和基层组织应急预案由机关、企业、事业单位、社会团体和居委会、村委会等法人和基层组织制定,侧重明确应急响应责任人、风险隐患监测、信息报告、预警响应、应急处置、人员疏散撤离组织和路线、可调用或可请求援助的应急资源情况及如何实施等,体现自救互救、信息报告和先期处置特点。大型企业集团可根据相关标准规范和实际工作需要,参照国际惯例,建立本集团应急预案体系。

3. 应急预案编制

各级人民政府应当针对本行政区域多发易发突发事件、主要风险等,制定本级政府及其部门应急预案编制规划,并根据实际情况变化适时修订完善。单位和基层组织可根据应对突发事件需要,制订本单位、本基层组织应急预案编制计划。应急预案编制部门和单位应组成预案编制工作小组,吸收预案涉及主要部门和单位业务相关人员、有关专家及有现场处置经验的人员参加。编制工作小组组长由应急预案编制部门或单位有关负责人担任。

编制应急预案应当在开展风险评估和应急资源调查的基础上进行,包括:①风险评估。针对突发事件特点,识别事件的危害因素,分析事件可能产生的直接后果以及次生、衍生后果,评估各种后果的危害程度,提出控制风险、治理隐患的措施。②应急资源调查。全面调查本地区、本单位第一时间可调用的应急队伍、装备、物资、场所等应急资源状况和合作区域内可请求援助的应急资源状况,必要时对本地居民应急资源情况进行调查,为制定应急响应措施提供依据。政府及其部门应急预案编制过程中应当广泛听取有关部门、单位和专家的意见,与相关的预案作好衔接。涉及其他单位职责的,应当书面征求相关单位意见。必要时,向社会公开征求意见。单位和基层组织应急预案编制过程中,应根据法律、行政法规要求或实际需要,征求相关公民、法人或其他组织的意见。

企业是制定环境应急预案的责任主体,根据应对突发环境事件的需要,开展环境应急预案制定工作,对环境应急预案内容的真实性和可操作性负责。企业可以自行编制环境应急预案,也可以委托相关专业技术服务机构编制环境应急预案。委托相关专业技术服务机构编制的,企业指定有关人员全程参与。

环境应急预案体现自救互救、信息报告和先期处置特点,侧重明确现场组织指挥机制、应急队伍分工、信息报告、监测预警、不同情景下的应对流程和措施、应急资源保障等内容。经过评估确定为较大以上环境风险的企业,可以结合经营性质、规模、组织体系和环境风险状况、应急资源状况,按照环境应急综合预案、专项预案和现场处置预案的模式建立环境应急预案体系。环境应急综合预案体现战略性,环境应急专项预案体现战术性,环境应急现场处置预案体现操作性。跨县级以上行政区域的企业,编制分县域或者分管理单元的环境应急预案。

企业制定环境应急预案步骤如下：

（1）成立环境应急预案编制组，明确编制组组长和成员组成、工作任务、编制计划和经费预算。

（2）开展环境风险评估和应急资源调查。环境风险评估包括但不限于：分析各类事故演化规律、自然灾害影响程度，识别环境危害因素，分析与周边可能受影响的居民、单位、区域环境的关系，构建突发环境事件及其后果情景，确定环境风险等级。应急资源调查包括但不限于：调查企业第一时间可调用的环境应急队伍、装备、物资、场所等应急资源状况和可请求援助或协议援助的应急资源状况。

（3）编制环境应急预案。按照《企业事业单位突发环境事件应急预案备案管理办法（试行）》（环发〔2015〕4号）要求中的相关要求，合理选择类别，确定内容，重点说明可能的突发环境事件情景下需要采取的处置措施、向可能受影响的居民和单位通报的内容与方式、向环境保护主管部门和有关部门报告的内容与方式，以及与政府预案的衔接方式，形成环境应急预案。编制过程中，应征求员工和可能受影响的居民和单位代表的意见。

（4）评审和演练环境应急预案。企业组织专家和可能受影响的居民、单位代表对环境应急预案进行评审，开展演练进行检验。评审专家一般应包括环境应急预案涉及的相关政府管理部门人员、相关行业协会代表、具有相关领域经验的人员等。

（5）签署发布环境应急预案。环境应急预案经企业有关会议审议，由企业主要负责人签署发布。

此外，企业根据有关要求，结合实际情况，开展环境应急预案的培训、宣传和必要的应急演练，发生或者可能发生突发环境事件时及时启动环境应急预案。企业结合环境应急预案实施情况，至少每三年对环境应急预案进行一次回顾性评估。

4. 三级防控体系建立

1）水体污染事件特点

水体污染事件通常具有污染水量大、影响范围广、处置难度大等特点，因此水体污染事故的风险防控与应急响应一直是区域应急工作重点与难点工作之一。水体污染事件是涉水环境风险源和水环境风险受体发生联系的过程，即风险源-路径-环境风险受体。根据《行政区域突发环境事件风险评估（推荐方法）》（环办应急〔2018〕9号），环境风险源可以大致分为固定源和移动源两类，其中固定源主要包括生产、使用、贮存或释放涉及突发环境事件风险物质的企业，贮存和装卸环境风险物质的港口码头、尾矿库、石油天然气开采设施、集中式污水处理厂、危险废物经营单位、集中式垃圾处理设施、加油站、加气站、天然气及成品油长输管道等。移动源主要包括环境风险物质内陆水运及道路运输载具。在生产安全事故、交通事故、企业违法排污或人为倾倒、自然灾害等水体污染突发环境事件引发因素中，生产安全事故引发的突发环境事件占比最高，事故水流经路径最长且最具代表性，因此本书以环境风险企业为主要环境风险源分析对象。

2）水环境风险受体

按照水环境风险受体敏感程度，同时考虑河流跨界的情况和可能造成土壤污染的情况，将水环境风险受体敏感程度类型划分为类型1、类型2和类型3，分别以E1、E2和E3表示，见表5-6。水环境风险受体敏感程度按类型1、类型2和类型3顺序依次降低。

表 5-6 水环境风险受体敏感程度类型划分

类 别	环境风险受体情况
类型 1(E1)	1. 企业雨水排口、清净废水排口、污水排口下游 10km 流经范围内有如下一类或多类环境风险受体：集中式地表水、地下水饮用水水源保护区(包括一级保护区、二级保护区及准保护区)；农村及分散式饮用水水源保护区； 2. 废水排入受纳水体后 24h 流经范围(按受纳河流最大日均流速计算)内涉及跨国界的
类型 2(E2)	1. 企业雨水排口、清净废水排口、污水排口下游 10km 流经范围内有生态保护红线划定的或具有水生态服务功能的其他水生态环境敏感区和脆弱区，如国家公园、国家级和省级水产种质资源保护区、水产养殖区、天然渔场、海水浴场、盐场保护区、国家重要湿地、国家级和地方级海洋特别保护区、国家级和地方级海洋自然保护区、生物多样性保护优先区域、国家级和地方级自然保护区、国家级和省级风景名胜区、世界文化和自然遗产地、国家级和省级森林公园、世界级地质公园、国家和省级地质公园、基本农田保护区、基本草原； 2. 企业雨水排口、清净废水排口、污水排口下游 10km 流经范围内涉及跨省界的； 3. 企业位于溶岩地貌、泄洪区、泥石流多发等地区
类型 3(E3)	不涉及类型 1 和类型 2 情况的

注：表中规定的距离范围以到各类水环境保护目标或保护区域的边界为准。

3) 水污染事件应急三级防控体系内容

三级防控是指水环境风险控制实现源头、过程、终端三级防控。

(1) 第一级防控是指设置装置区、原料区防泄漏装置,构筑生产过程中环境安全的第一层防控网,使泄漏物料切换到处理系统,防止污染雨水和轻微事故泄漏造成的环境污染。

一级防控具体包括围堰、罐组防火堤及其配套设施。

(2) 第二级防控是指在产生剧毒或者污染严重的装置或厂区设置事故缓冲池,切断污染物与外部通道,将污染控制在厂内,防止较大的生产事故泄漏物料和污染消防水造成的环境污染。

二级防控具体包括雨排水切断系统、拦污坝、防漫流及导流设施、必要的中间事故缓冲设施及其配套设施。企业可根据规模和排水系统的实际情况确定是否设置中间事故缓冲设施。

(3) 第三级防控是指在进入江、河、湖、海的总排放口前或是污水处理厂终端设终端事故池,作为事故状态下的贮存与调控手段,将污染控制在区内,防止重大事故泄漏物料和污染消防水造成环境污染。

三级防控具体包括末端事故缓冲设施及其配套设施。

4) 水污染事件应急三级防控体系启动程序

① 当一级预防与控制体系无法达到控制事故废水要求时,应立即启动二级预防与控制体系,关闭雨排水系统的总出口阀门、拦污坝上闸板,切断防漫流设施与外界的通道,确保事故废水排入中间事故缓冲设施；②一级、二级预防与控制体系无法达到控制事故废水要求时,应立即启动三级预防与控制体系,事故废水排入末端事故缓冲设施。

5) 企业水体污染事件废水三级防控分析与分级处置

对于环境风险企业因发生生产安全事故导致的水体污染事件,一般为事故废水发展过程为：环境风险单元—厂界—受纳水体—水环境风险受体。

对于风险单元—厂界段来说，事故废水在所在环境风险单元通过雨污水管网或是漫流等方式进入厂区，若事故废水控制不当，则会通过漫流、雨污水管网等方式进入外环境。

企业内部能够有效防止泄漏物质、消防水、污染污水等事故废水扩散的风险防控手段主要有收集措施（事故存液池、应急事故池、清净废水排放缓冲池；事故罐；防火堤或围堰等）、导流措施（雨污水管网）、拦截措施（围墙、拦污坝等）、降污措施（污水处理站等）。

将涉水风险防控措施分为三级，其中环境风险单元所属的风险防控措施如罐区围堰/防火堤等设置为事故水一级防控体系，责任人为风险单元负责人，应急响应执行人为岗位职工。

将控制事故废水出厂区的终端措施如雨污水排口阀门及其前端的污水处理站、末端事故池、厂界围墙/拦污坝等划分为三级防控体系，责任人为企业应急总指挥，应急响应执行人为相关设施管理人员。

一级防控体系和三级防控体系中间的防控措施，如雨排水切断系统、拦污坝、防漫流及导流设施、中间事故池等作为二级防控体系，责任人为企业应急副总指挥，应急响应执行人为相关设施执行人员。

对于厂界—受纳水体段来说，事故废水通过雨污水管网或漫流等方式进入受纳水体。将企业风险防控措施作为一级防控体系。将事故废水进入受纳水体处的终端措施如雨污水排口闸阀及事故池、污水处理厂等措施作为三级防控体系。将事故废水流经路径上风险防控措施作为二级风险防控体系。此阶段需要和城市排水突发事件应急预案衔接，责任主体为地方政府，主要风险防控设施涉及部门通常为产业园区管委会、水务部门、住房和城市建设部门、城管部门。

对于受纳水体——水环境风险受体段来说，将前述风险防控措施作为一级防控体系。将水环境风险受体关键节点，如取水口、入河/库口等处的泵/闸阀、事故池、水质净化工程等作为三级防控体系。将事故废水流经路径上的闸坝、可用作收集事故废水的河渠、坑塘等收容点、拦污坝、水库/水电站等作为二级风险防控体系。

此阶段风险防控责任主体为地方政府，主要涉及部门通常为水利部门。

企业通过开展"车间—厂区—外部水环境"三级防控能力建设，掌握企业废水排放状况，全面提升企业突发水污染事件应急防范能力、运行管理水平，促进企业规范发展、减少突发水污染事件风险隐患、促进突发水污染事件应急防范能力的提升。图5-2为某公司突发环境事件应急预案"一张图"，要求企业制作告示牌，张贴在企业的公告栏或者其他醒目的地方。

5. 应急预案审批、备案和公布

1）应急预案的评审与审核

预案编制工作小组或牵头单位应当将预案送审稿及各有关单位复函和意见采纳情况说明、编制工作说明等有关材料报送应急预案审批单位。应急预案审核内容主要包括预案是否符合有关法律、行政法规，是否与有关应急预案进行了衔接，各方面意见是否一致，主体内容是否完备，责任分工是否合理明确，应急响应级别设计是否合理，应对措施是否具体简明、管用可行等。必要时，应急预案审批单位可组织有关专家对应急预案进行评审。

2）应急预案的审批与公布

（1）国家总体应急预案报国务院审批，以国务院名义印发；专项应急预案报国务院审

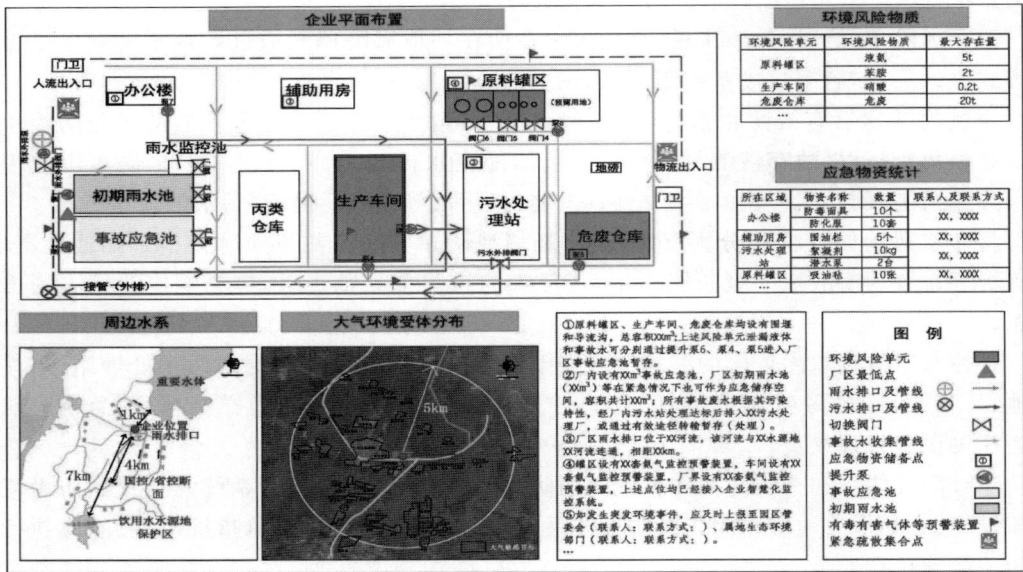

图 5-2　某公司突发环境事件应急预案"一张图"

批,以国务院办公厅名义印发;部门应急预案由部门有关会议审议决定,以部门名义印发,必要时,可以由国务院办公厅转发。

(2) 地方各级人民政府总体应急预案应当经本级人民政府常务会议审议,以本级人民政府名义印发;专项应急预案应当经本级人民政府审批,必要时经本级人民政府常务会议或专题会议审议,以本级人民政府办公厅(室)名义印发;部门应急预案应当经部门有关会议审议,以部门名义印发,必要时,可以由本级人民政府办公厅(室)转发。

(3) 单位和基层组织应急预案须经本单位或基层组织主要负责人或分管负责人签发,审批方式根据实际情况确定。

(4) 备案。按原环境保护部《企业事业单位突发环境事件应急预案备案管理办法(试行)》(环发〔2015〕4 号)要求执行。企业环境应急预案应当在环境应急预案签署发布之日起20 个工作日内,向企业所在地县级环境保护主管部门备案。县级环境保护主管部门应当在备案之日起 5 个工作日内将较大和重大环境风险企业的环境应急预案备案文件,报送市级环境保护主管部门,重大的同时报送省级环境保护主管部门。企业环境应急预案首次备案,现场办理时应当提交下列文件:

① 突发环境事件应急预案备案表。

② 环境应急预案及编制说明的纸质文件和电子文件,环境应急预案包括:环境应急预案的签署发布文件、环境应急预案文本;编制说明包括:编制过程概述、重点内容说明、征求意见及采纳情况说明、评审情况说明。

③ 环境风险评估报告的纸质文件和电子文件。

④ 环境应急资源调查报告的纸质文件和电子文件。

⑤ 环境应急预案评审意见的纸质文件和电子文件。

受理部门收到企业提交的环境应急预案备案文件后,应当在 5 个工作日内进行核对。

文件齐全的,出具加盖行政机关印章的突发环境事件应急预案备案表。

6. 应急演练

应急预案编制单位应当建立应急演练制度,根据实际情况采取实战演练、桌面推演等方式,组织开展人员广泛参与、处置联动性强、形式多样、节约高效的应急演练。专项应急预案、部门应急预案至少每三年进行一次应急演练。地震、台风、洪涝、滑坡、山洪泥石流等自然灾害易发区域所在地政府,重要基础设施和城市供水、供电、供气、供热等生命线工程经营管理单位,矿山、建筑施工单位和易燃易爆物品、危险化学品、放射性物品等危险物品生产、经营、储运、使用单位,公共交通工具、公共场所和医院、学校等人员密集场所的经营单位或者管理单位等,应当有针对性地经常组织开展应急演练。

应急演练组织单位应当组织演练评估。评估的主要内容包括:演练的执行情况,预案的合理性与可操作性,指挥协调和应急联动情况,应急人员的处置情况,演练所用设备装备的适用性,对完善预案、应急准备、应急机制、应急措施等方面的意见和建议等。国家鼓励委托第三方进行演练评估。

7. 应急预案的评估和修订

应急预案编制单位应当建立定期评估制度,分析评价预案内容的针对性、实用性和可操作性,实现应急预案的动态优化和科学规范管理。有下列情形之一的,应当及时修订应急预案:

(1) 有关法律、行政法规、规章、标准、上位预案中的有关规定发生变化的;

(2) 应急指挥机构及其职责发生重大调整的;

(3) 面临的风险发生重大变化的;

(4) 重要应急资源发生重大变化的;

(5) 预案中的其他重要信息发生变化的;

(6) 在突发事件实际应对和应急演练中发现问题需要作出重大调整的;

(7) 应急预案制定单位认为应当修订的其他情况。

应急预案修订涉及组织指挥体系与职责、应急处置程序、主要处置措施、突发事件分级标准等重要内容的,修订工作应参照本办法规定的预案编制、审批、备案、公布程序组织进行。仅涉及其他内容的,修订程序可根据情况适当简化。各级政府及其部门、企事业单位、社会团体、公民等,可以向有关预案编制单位提出修订建议。

8. 应急预案的培训和宣传教育

应急预案编制单位应当通过编发培训材料、举办培训班、开展工作研讨等方式,对与应急预案实施密切相关的管理人员和专业救援人员等组织开展应急预案培训。各级政府及其有关部门应将应急预案培训作为应急管理培训的重要内容,纳入领导干部培训、公务员培训、应急管理干部日常培训内容。对需要公众广泛参与的非涉密的应急预案,编制单位应当充分利用互联网、广播、电视、报刊等多种媒体广泛宣传,制作通俗易懂、好记管用的宣传普及材料,向公众免费发放。

9. 应急预案的组织保障

各级政府及其有关部门应对本行政区域、本行业(领域)应急预案管理工作加强指导和监督。国务院有关部门可根据需要编写应急预案编制指南,指导本行业(领域)应急预案编制工作。各级政府及其有关部门、各有关单位要指定专门机构和人员负责相关具体工作,将应急预案规划、编制、审批、发布、演练、修订、培训、宣传教育等工作所需经费纳入预算统筹安排。

思考与练习

1. 简述清洁生产概念和企业实施清洁生产的原则。
2. 清洁生产主要的内容包括哪些?
3. 如何理解"资源的综合利用是推行清洁生产的首要方向"?
4. 如何通过"改进产品设计、创新产品体系"来促进清洁生产的实施?
5. 举例说明工艺和设备的改革是实现清洁生产最有效的方法之一。
6. 查阅钢铁、化工、电镀等行业清洁生产标准体系,归纳清洁生产主要指标及清洁生产水平。
7. 查阅相关清洁生产审核文献,说明清洁生产审核步骤及审核要点。
8. 简述环境风险评估的程序及内容。
9. 企业环境风险评估等级划分为哪几类?
10. 企业环境应急预案划分为哪几类?
11. 突发环境事件的概念是什么?
12. 风险源的控制方式有哪些?
13. 风险管理的中心任务是什么?
14. 风险防范措施的内容有哪些? 风险防范措施分析论证的内容有哪些?
15. 应急预案的定义是什么? 有哪些子系统? 了解企业突发环境事件应急预案"一张图"的主要内容。
16. 简述政府及其部门应急预案、单位和基层组织应急预案的主要内容。

参 考 文 献

[1] 曲向荣.清洁生产与循环经济[M].2版.北京:清华大学出版社,2014.
[2] 马光,等.环境与可持续发展导论[M].3版.北京:科学出版社,2014.
[3] 国家环境保护部.企业突发环境事件风险分级方法:HJ 941—2018[S].北京:中国环境科学出版社,2018.
[4] 国家环境保护部.建设项目环境风险评价技术导则:HJ 169—2018[S].北京:中国环境科学出版社,2018.
[5] 江苏省生态环境厅.企事业单位和工业园区突发环境事件应急预案编制导则:DB 32/T 3795—2020[S].2020.

第6章
建设项目环境影响评价与环境管理制度

6.1 建设项目环境影响评价管理

根据《中华人民共和国环境影响评价法》,环境影响评价(简称环评)是指对规划和建设项目实施后可能造成的环境影响进行分析、预测和评估,提出预防或者减轻不良环境影响的对策和措施,进行跟踪监测的方法与制度。环境影响评价包括环境现状评价、环境影响预测与评价以及环境影响后评价。其评价对象可以是规划或建设项目,按环境要素分为大气、地面水、地下水、土壤、声、固体废物和生态环境影响评价等。

在中华人民共和国领域和中华人民共和国管辖的其他海域内建设对环境有影响的项目,应当依照本法进行环境影响评价。环境影响评价必须客观、公开、公正,综合考虑规划或者建设项目实施后对各种环境因素及其所构成的生态系统可能造成的影响,为决策提供科学依据。国家鼓励有关单位、专家和公众以适当方式参与环境影响评价。环境影响评价包括规划环境影响评价和建设项目环境影响评价。

1) 规划环境影响评价

国务院有关部门、设区的市级以上地方人民政府及其有关部门,对其组织编制的土地利用的有关规划,区域、流域、海域的建设、开发利用规划,应当在规划编制过程中进行环境影响评价,编写该规划有关环境影响的篇章或者说明,应当对规划实施后可能造成的环境影响作出分析、预测和评估,提出预防或者减轻不良环境影响的对策和措施,作为规划草案的组成部分一并报送规划审批机关。专项规划的环境影响报告书应当包括下列内容:①实施该规划对环境可能造成影响的分析、预测和评估;②预防或者减轻不良环境影响的对策和措施;③环境影响评价的结论。

2) 建设项目环境影响评价

建设项目环境影响评价也就是建设项目环境影响评价,是指对建设项目实施后可能造成的环境影响进行分析、预测和评估,提出预防或者减轻不良环境影响的对策和措施,进行跟踪监测的方法与制度。通俗说就是分析建设项目可能对环境产生的影响,并提出污染防治对策和措施。根据建设项目对环境的影响程度,对建设项目的环境影响评价实行分类管理:

(1) 可能造成重大环境影响的,应当编制环境影响报告书,对产生的环境影响进行全面评价;

(2) 可能造成轻度环境影响的,应当编制环境影响报告表,对产生的环境影响进行分析或者专项评价;

(3) 对环境影响很小、不需要进行环境影响评价的,应当填报环境影响登记表。

其中,建设项目的环境影响报告书应当包括下列内容:①建设项目概况;②建设项目周围环境现状;③建设项目对环境可能造成影响的分析、预测和评估;④建设项目环境保护措施及其技术、经济论证；⑤建设项目对环境影响的经济损益分析；⑥对建设项目实施环境监测的建议；⑦环境影响评价的结论。

　　生态环境部定期发布环境影响评价分类管理名录，规定建设项目环境影响评价应当编制环境影响报告书、环境影响报告表或填报环境影响登记表。现行的名录是 2020 年 11 月 30 日发布的《建设项目环境影响评价分类管理名录》(2021 年版)。图 6-1 为建设项目环境影响评价和审批全流程示意。

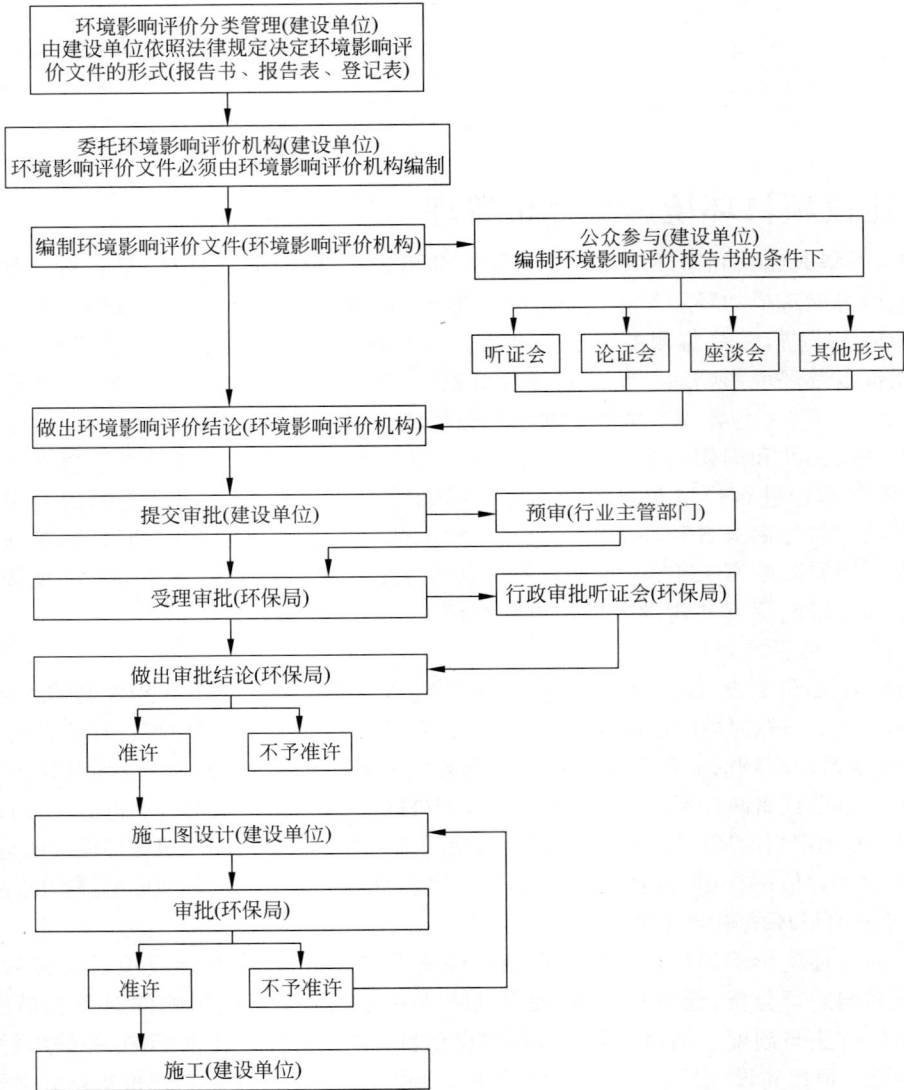

图 6-1　建设项目环境影响评价和审批的程序示意

6.2　排污许可证申领与执行

　　排污许可证制度以改善环境质量为目标，以污染物总量控制为基础，规定排污单位许可排放什么污染物，许可污染物排放量，许可污染物排放趋向等，是一项具有法律含义的行政管理制度。现有排污企业应按照生态环境部门规定的时间前申请并取得排污许可证或完成排污登记,新建排污企业应在启动生产设施或者在实际排污之前申请取得排污许可证,进行排污登记。

企业应按照生态环境部门的要求完成排污登记工作,提供必要的资料,并保证所提供的各类环境信息真实有效,不得瞒报或谎报。

排污企业应按照规定申请领取排污许可证,并确保排污许可证在有效期内。企业排污必须按照许可证核定的污染物种类、控制指标和规定的方式排放污染物。

排污企业在申请排污许可证时,应按照自行监测技术指南以及《排污许可管理条例》的规定,编制自行监测方案。

排污企业申领排污许可证后,应确保排污许可证副本中的规定得到良好执行,具体包括以下几点:

(1)排污企业应按照排污许可证规定,安装或者使用符合国家有关环境监测、计量认证规定的监测设备,按照规定维护监测设施,开展自行监测,保存原始监测记录,原始监测记录保存期限不少于5年。

排污单位应当对自行监测数据的真实性、准确性负责。实施排污许可重点管理的排污单位,应当依法安装、使用、维护污染物排放自动监测设备,并与生态环境主管部门的监控设备联网。

(2)排污单位应当建立环境管理台账记录制度,按照排污许可证规定的格式、内容和频次,如实记录环境管理台账。环境管理台账记录保存期限不得少于5年,超过5年的记录应当扫描转为电子存档。

环境管理台账记录主要包括以下内容:①与污染物排放相关的主要生产设施运行情况,发生异常情况的,应记录原因和采取的措施;②污染防治设施运行情况及管理信息,发生异常情况的,应当记录原因和采取的措施;③污染物实际排放浓度和排放量,发生超标排放情况的,应当记录超标原因和采取的措施;④其他按照相关技术规范应当记录的信息。

(3)排污企业应按照排污许可证规定的内容、频次和时间要求,向审批部门提交排污许可证执行报告,如实报告污染物排放行为、排放浓度、排放量等。

(4)排污企业应当按照排污许可证规定,如实在全国排污许可证信息管理平台上公开污染物排放信息。

(5)在排污许可证有效期内,排污单位应当在法律法规规定的必须重新申请取得排污许可证的相关情形发生前,向核发生态环境部门提交相关资料,重新申领排污许可证。

(6)排污单位基本信息发生变化的,应当自变更之日起30日内,向审批部门申请办理排污许可证变更手续。

(7)排污企业需要延续依法取得的排污许可证的有效期的,应当在排污许可证届满60日前向原核发的生态环境部门提出申请。

(8)排污许可证发生遗失、损毁的,排污单位应当在30日内向核发生态环境部门申请补领排污许可证;遗失排污许可证的,在申请补领前应当在全国排污许可证管理信息平台上发布遗失声明;损毁排污许可证的,应当同时交回被损毁的排污许可证。

图6-2为排污许可证注册申领工作流程,图6-3为排污许可证执行报告审核编制工作流程。

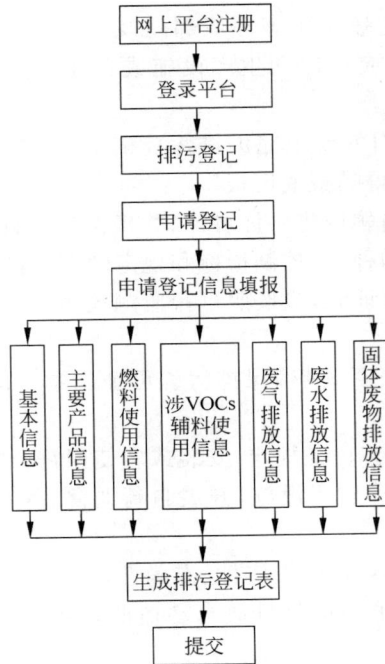

图 6-2　排污许可证注册申领工作流程

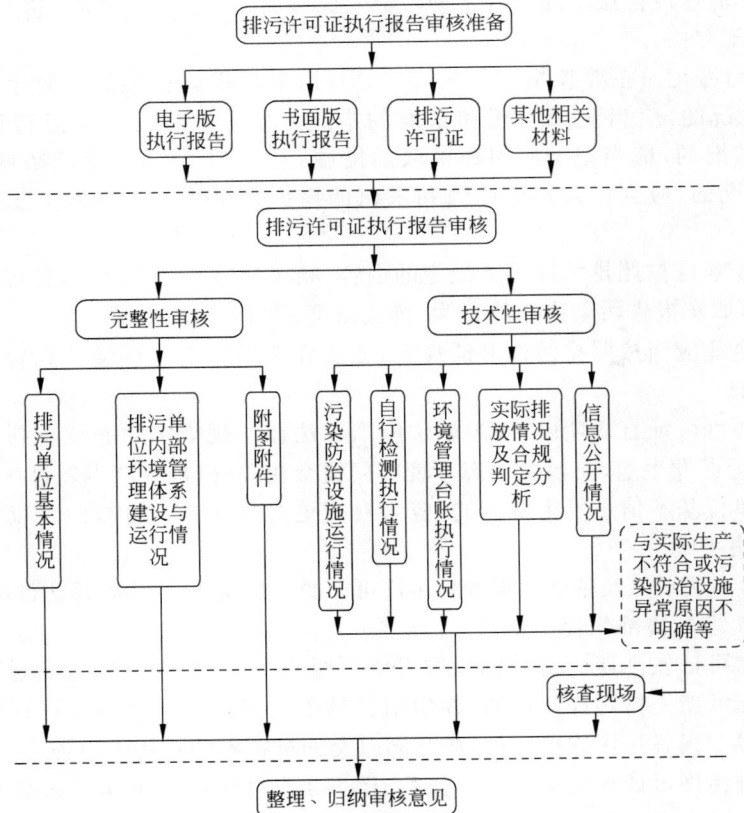

图 6-3　排污许可证执行报告审核编制工作流程

6.3　企业违法排污生态环境损害赔偿及其核算方法

生态环境损害是指因污染环境、破坏生态造成大气、地表水、地下水、土壤、森林等环境要素和植物、动物、微生物等生物要素的不利改变，以及上述要素构成的生态系统功能退化。违反国家规定造成生态环境损害的，按照《生态环境损害赔偿制度改革方案》和《生态环境损害赔偿管理规定》要求，依法追究生态环境损害赔偿责任。生态环境损害鉴定评估技术指南可从生态环境部网站查询、下载。主要指南清单如下：

(1)《生态环境损害鉴定评估技术指南　总纲和关键环节　第1部分：总纲》(GB/T 39791.1—2020)；

(2)《生态环境损害鉴定评估技术指南　总纲和关键环节　第2部分：损害调查》(GB/T 39791.2—2020)；

(3)《生态环境损害鉴定评估技术指南　总纲和关键环节　第3部分：恢复效果评估》(GB/T 39791.3—2024)；

(4)《生态环境损害鉴定评估技术指南　总纲和关键环节　第4部分：土壤生态环境基线调查与确定》(GB/T 39791.4—2024)；

(5)《生态环境损害鉴定评估技术指南　环境要素　第1部分：土壤和地下水》(GB/T 39792.1—2020)；

(6)《生态环境损害鉴定评估技术指南　环境要素　第2部分：地表水和沉积物》(GB/T 39792.2—2020)；

(7)《生态环境损害鉴定评估技术指南　基础方法　第1部分：大气污染虚拟治理成本法》(GB/T 39793.1—2020)；

(8)《生态环境损害鉴定评估技术指南　基础方法　第2部分：水污染虚拟治理成本法》(GB/T 39793.2—2020)；

(9)《生态环境损害鉴定评估技术指南　生态系统　第1部分：农田生态系统》(GB/T 43871.1—2024)。

6.3.1　赔偿范围

(1) 生态环境受到损害至修复完成期间服务功能丧失导致的损失；

(2) 生态环境功能永久性损害造成的损失；

(3) 生态环境损害调查、鉴定评估等费用；

(4) 清除污染、修复生态环境费用；

(5) 防止损害的发生和扩大所支出的合理费用。

以下情形不适用：

(1) 涉及人身伤害、个人和集体财产损失要求赔偿的，适用《中华人民共和国民法典》等法律有关侵权责任的规定；

(2) 涉及海洋生态环境损害赔偿的，适用《中华人民共和国海洋环境保护法》等法律及相关规定。

6.3.2　赔偿权利人和赔偿义务人

国务院授权的省级、市级政府(包括直辖市所辖的区县级政府,下同)作为本行政区域内生态环境损害赔偿权利人。赔偿权利人可以根据有关职责分工,指定有关部门或机构负责具体工作。

违反国家规定,造成生态环境损害的单位或者个人,应当按照国家规定的要求和范围,承担生态环境损害赔偿责任,做到应赔尽赔。民事法律和资源环境保护等法律有相关免除或者减轻生态环境损害赔偿责任规定的,按相应规定执行。

6.3.3　赔偿责任

赔偿权利人及其指定的部门或机构,有权请求赔偿义务人在合理期限内承担生态环境损害赔偿责任。

生态环境损害可以修复的,应当修复至生态环境受损前的基线水平或者生态环境风险可接受水平。赔偿义务人根据赔偿协议或者生效判决要求,自行或者委托开展修复的,应当依法赔偿生态环境受到损害至修复完成期间服务功能丧失导致的损失和生态环境损害赔偿范围内的相关费用。

生态环境损害无法修复的,赔偿义务人应当依法赔偿相关损失和生态环境损害赔偿范围内的相关费用,或者在符合有关生态环境修复法规政策和规划的前提下,开展替代修复,实现生态环境及其服务功能等量恢复。

赔偿义务人因同一生态环境损害行为需要承担行政责任或者刑事责任的,不影响其依法承担生态环境损害赔偿责任。赔偿义务人的财产不足以同时承担生态环境损害赔偿责任和缴纳罚款、罚金时,优先用于承担生态环境损害赔偿责任。各地可根据案件实际情况,统筹考虑社会稳定、群众利益,根据赔偿义务人主观过错、经营状况等因素分类处置,探索分期赔付等多样化责任承担方式。有关国家机关应当依法履行职责,不得以罚代赔,也不得以赔代罚。

赔偿义务人积极履行生态环境损害赔偿责任的,相关行政机关和司法机关,依法将其作为从轻、减轻或者免予处理的情节。

对生效判决和经司法确认的赔偿协议,赔偿义务人不履行或者不完全履行义务的,依法列入失信被执行人名单。

对公民、法人和其他组织举报要求提起生态环境损害赔偿的,赔偿权利人及其指定的部门或机构应当及时研究处理和答复。

6.4　建设项目环保"三同时"管理制度与竣工环保自主验收

6.4.1　环保"三同时"管理制度

环保"三同时"管理制度是指一切新建、改建和扩建的其他建设项目(包括小型建设项目)、技术改造项目、自然开发项目以及可能对环境造成影响的其他工程项目,其中防治污染和其他公害的设施和其他环境保护设施,必须与主体工程同时设计、同时施工、同时投产。2015 年 1 月 1 日开始施行的新《中华人民共和国环境保护法》第四十一条规定:"建设项目中防治污染的设施,应当与主体工程同时设计、同时施工、同时投产使用。防治污染的设施应当符合经批准的环境影响评价文件的要求,不得擅自拆除或者闲置。"

1."三同时"管理制度的适用范围

"三同时"管理制度可适用于以下几个方面的开发建设项目:

(1)新建、扩建、改建项目。新建项目是指原来没有任何基础,而从无到有,开始建设的项目。扩建项目是指为扩大产品生产能力或提高经济效益,在原有建设的基础上而又建设的项目。改建项目是指在原有设施的基础上,为了改变生产工艺、产品种类或者为了提高产品产量、质量,在不扩大原有建设规模的情况下而建设的项目。

(2)技术改造项目。它是指利用更新改造资金进行挖潜、革新、改造的建设项目。

(3)一切可能对环境造成污染和破坏的工程建设项目。这方面的项目包括的范围特别广,几乎不分建设项目的大小、类别,也不管是新建、扩建或改建,只要对环境可能造成污染和破坏,就要执行"三同时"管理制度。

(4)即使项目以经济效益为主(如资源循环利用),仍需配套环保设施并执行"三同时"管理制度要求。

(5)不适用范围。不会对环境造成污染或破坏的工程建设项目(如纯生态保护类工程)通常不强制要求执行"三同时"管理制度。

2.违反"三同时"管理制度的法律后果

建设单位必须严格按照"三同时"管理制度的要求,在建设活动的各个阶段,履行相应的环境保护义务。如果违反了"三同时"管理制度的要求,就要承担相应的法律后果。

2017 年 7 月 16 日修订实施的《建设项目环境保护管理条例》中具体规定了违反"三同时"管理制度规定的法律责任:需要配套建设的环境保护设施未建成、未经验收或者验收不合格,建设项目即投入生产或者使用,或者在环境保护设施验收中弄虚作假的,由县级以上环境保护行政主管部门责令限期改正,处 20 万元以上 100 万元以下的罚款;逾期不改正的,处 100 万元以上 200 万元以下的罚款;对直接负责的主管人员和其他责任人员,处 5 万元以上 20 万元以下的罚款;造成重大环境污染或者生态破坏的,责令停止生产或者使用,或者报经有批准权的人民政府批准,责令关闭。

6.4.2　建设项目竣工环保自主验收

2017 年 11 月,为贯彻落实《建设项目环境保护管理条例》,规范建设项目竣工后建设单位自主开展环境保护验收的程序和标准,环境保护部制定发布了《建设项目竣工环境保护验收暂行办法》。全国环境影响评价管理信息平台(图 6-4)、全国建设项目竣工环境保护验收信息系统(图 6-5)可查阅相关建设项目环境影响评价报告和竣工环保自主验收文件和信息。

可登录生态环境部网站查询、下载建设项目竣工环境保护验收相关技术规范。建设项目在投入正式生产前,建设单位应完成环境保护设施竣工自主验收等相关程序。

图 6-4　全国环境影响评价管理信息平台

图 6-5　全国建设项目竣工环境保护验收信息系统

（1）建设项目竣工后，建设单位应当如实查验、监测、记载建设项目环境保护设施的建设和调试情况，编制验收监测（调查）报告。

建设单位不具备编制验收监测（调查）报告能力的，可以委托有能力的技术机构编制。建设单位对受委托的技术机构编制的验收监测（调查）报告结论负责。建设单位与受委托的技术机构之间的权利义务关系,以及受委托的技术机构应当承担的责任,可以通过合同形式约定。

(2)需要对建设项目配套建设的环境保护设施进行调试的,建设单位应当确保调试期间污染物排放符合国家和地方有关污染物排放标准和排污许可等相关管理规定。

环境保护设施未与主体工程同时建成的,或者应当取得排污许可证但未取得的,建设单位不得对该建设项目环境保护设施进行调试。

调试期间,建设单位应当对环境保护设施运行情况和建设项目对环境的影响进行监测。验收监测应当在确保主体工程调试工况稳定、环境保护设施运行正常的情况下进行,并如实记录监测时的实际工况。国家和地方有关污染物排放标准或者行业验收技术规范对工况和生产负荷另有规定的,按其规定执行。建设单位开展验收监测活动,可根据自身条件和能力,利用自有人员、场所和设备自行监测;也可以委托其他有能力的监测机构开展监测。

(3)验收监测(调查)报告编制完成后,建设单位应当根据验收监测(调查)报告结论,逐一检查是否存在本办法所列验收不合格的情形,提出验收意见。存在问题的,建设单位应当进行整改,整改完成后方可提出验收意见。

验收意见包括工程建设基本情况、工程变动情况、环境保护设施落实情况、环境保护设施调试效果、工程建设对环境的影响、验收结论和后续要求等内容,验收结论应当明确该建设项目环境保护设施是否验收合格。

建设项目配套建设的环境保护设施经验收合格后,其主体工程方可投入生产或者使用;未经验收或者验收不合格的,不得投入生产或者使用。

(4)建设项目环境保护设施存在下列情形之一的,建设单位不得提出验收合格的意见:

① 未按环境影响报告书(表)及其审批部门审批决定要求建成环境保护设施,或者环境保护设施不能与主体工程同时投产或者使用的;

② 污染物排放不符合国家和地方相关标准、环境影响报告书(表)及其审批部门审批决定或者重点污染物排放总量控制指标要求的;

③ 环境影响报告书(表)经批准后,该建设项目的性质、规模、地点、采用的生产工艺或者防治污染、防止生态破坏的措施发生重大变动,建设单位未重新报批环境影响报告书(表)或者环境影响报告书(表)未经批准的;

④ 建设过程中造成重大环境污染未治理完成,或者造成重大生态破坏未恢复的;

⑤ 纳入排污许可管理的建设项目,无证排污或者不按证排污的;

⑥ 分期建设、分期投入生产或者使用依法应当分期验收的建设项目,其分期建设、分期投入生产或者使用的环境保护设施防治环境污染和生态破坏的能力不能满足其相应主体工程需要的;

⑦ 建设单位因该建设项目违反国家和地方环境保护法律法规受到处罚,被责令改正,尚未改正完成的;

⑧ 验收报告的基础资料数据明显不实,内容存在重大缺项、遗漏或者验收结论不明确、不合理的;

⑨ 其他环境保护法律法规规章等规定不得通过环境保护验收的。

（5）为提高验收的有效性，在提出验收意见的过程中，建设单位可以组织成立验收工作组，采取现场检查、资料查阅、召开验收会议等方式，协助开展验收工作。验收工作组可以由设计单位、施工单位、环境影响报告书（表）编制机构、验收监测（调查）报告编制机构等单位代表以及专业技术专家等组成，代表范围和人数自定。

（6）建设单位在"其他需要说明的事项"中应当如实记载环境保护设施设计、施工和验收过程简况、环境影响报告书（表）及其审批部门审批决定中提出的除环境保护设施外的其他环境保护对策措施的实施情况，整改工作情况等。

相关地方政府或者政府部门承诺负责实施与项目建设配套的防护距离内居民搬迁、功能置换、栖息地保护等环境保护对策措施的，建设单位应当积极配合地方政府或部门在所承诺的时限内完成，并在"其他需要说明的事项"中如实记载前述环境保护对策措施的实施情况。

（7）除按照国家要求需要保密的建设项目情形外，建设单位应当通过其网站或其他便于公众知晓的方式，向社会公开下列信息：

① 建设项目配套建设的环境保护设施竣工后，公开竣工日期；

② 对建设项目配套建设的环境保护设施进行调试前，公开调试的起止日期；

③ 验收报告编制完成后 5 个工作日内，公开验收报告，公示的期限不得少于 20 个工作日。

建设单位公开上述信息的同时，应当向所在地县级以上环境保护主管部门报送相关信息，并接受监督检查。

（8）除需要取得排污许可证的水和大气污染防治设施外，其他环境保护设施的验收期限一般不超过 3 个月；需要对该类环境保护设施进行调试或者整改的，验收期限可以适当延期，但最长不超过 12 个月。

验收期限是指自建设项目环境保护设施竣工之日至建设单位向社会公开验收报告之日的时间。

（9）验收报告公示期满后 5 个工作日内，建设单位应当登录全国建设项目竣工环境保护验收信息系统，填报建设项目基本信息、环境保护设施验收情况等相关信息，环境保护主管部门对上述信息予以公开。

建设单位应当将验收报告以及其他档案资料存档备查。

（10）纳入排污许可管理的建设项目，排污单位应当在项目产生实际污染物排放之前，按照国家排污许可有关管理规定要求，申请排污许可证，不得无证排污或不按证排污。建设项目验收报告中与污染物排放相关的主要内容应当纳入该项目验收完成当年排污许可证执行年报。

（11）申请排污许可证，不得无证排污或不按证排污。建设项目验收报告中与污染物排放相关的主要内容应当纳入该项目验收完成当年排污许可证执行年报。

图 6-6 所示为建设项目竣工自主验收流程。

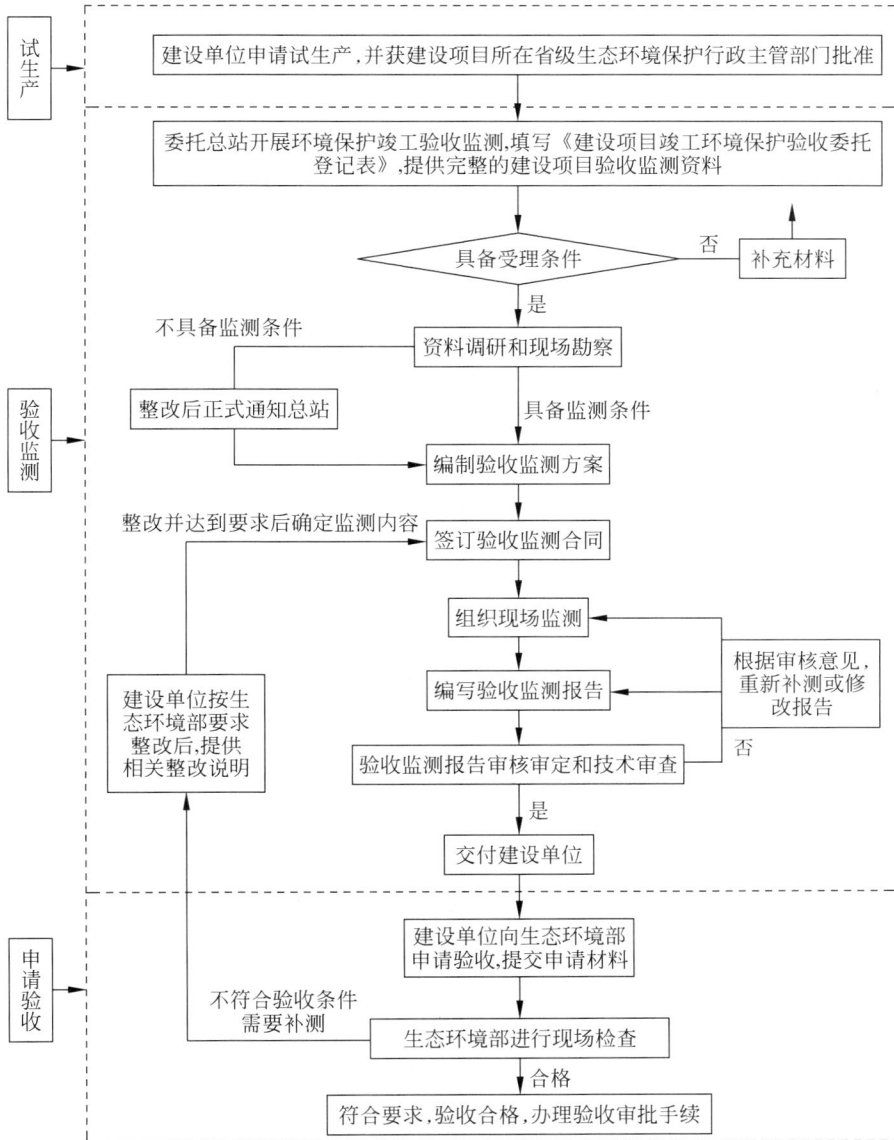

图 6-6　建设项目竣工自主验收流程

6.5　园区、企业环保管家服务

6.5.1　产生背景

环保管家服务是第三方环境服务单位为解决服务对象在生态环境保护方面遇到的环境问题而提供的菜单式合同服务模式为载体的环境综合服务。

环保管家是传统环境咨询服务的升级衍生业务,是一种新兴的综合环境服务模式。根据企业、园区、政府等不同服务对象的环保需求,环保管家为其提供全要素、全流程的服务,使环境问题得到有效解决。近年来,随着环保政策的陆续出台和经济的快速发展,我国环保产业始终处于快速发展态势。据中国环保产业发展报告等统计数据显示,2017年以来,我国环保产业营业收入持续增长,环保产业规模进一步扩大,明显高于国民经济的。环境服务业也从传统的技术研发、工程设计等向综合环境服务延伸,营业收入占比逐年提高,呈现快速发展态势。

环保管家是传统环境服务的升级衍生业务。随着环境服务业的快速发展和相关政策的陆续出台,环保管家的内涵也在不断深化。2016年首次提出环保管家的概念,形成了环保管家的雏形。2016年以后,国家层面陆续出台多项政策文件,鼓励开展环境综合治理和托管服务试点,形成可复制、可推广的实践和成功经验。2020年前后,各地陆续出台环保管家相关规定,赋予环保管家新的内涵,环保管家业务全面铺开,图6-7为环保管家业务体系示意图。

图 6-7 环保管家业务体系示意

6.5.2 工作程序

1. 前期准备

(1) 编制服务对象(企业、园区、政府)的环保状况调查计划、现场调查表等。

(2) 收集调查服务对象的环保管家服务相关材料。包括但不限于:

① 三线一单;

② 园区规划环境影响评价文件;

③ 建设项目环境影响评价文件;

④ 竣工环境保护验收报告;

⑤ 排污许可证及执行报告;

⑥ 日常环境监测报告;

⑦ 环境管理台账；

⑧ 环保管理制度执行情况。

（3）根据服务对象的需求及环保现状，制定环保管家服务方案。

2. 全面排查

（1）服务期内应对企业环保状况开展全面排查，排查内容为：

① 环保手续合规性；

② 环保设施运行有效性；

③ 环境管理规范性；

④ 企业环境风险隐患排查；

⑤ 企业相关环保投诉排查。

（2）服务期内应对园区环保状况开展全面排查，排查内容为：

① 园区环保基础设施建设与运行情况排查；

② 园区入驻企业环保状况排查；

③ 园区水、大气、土壤、声等生态环境要素情况排查；

④ 园区环境风险隐患排查；

⑤ 园区相关环保投诉排查。

3. 日常巡查

（1）开展企业日常巡查，根据企业类型和实际工作需求确定不同的巡查频次和深度，可按日、周、月、季、年进行巡查。巡查内容主要包括：

① 环保法规政策执行情况；

② 环保设施运行情况；

③ 环保日常管理情况；

④ 企业现场管理情况；

⑤ 环境风险隐患排查；

⑥ 环保台账规范性情况；

⑦ 日常监测方案的合理性。

（2）开展园区环境例行巡查及走访服务，发现问题后对责任企业或个人进行溯源、记录、报告等。

4. 后续工作

（1）针对排查、巡查过程中发现的问题应及时提出整改建议并形成报告。

（2）按照服务合同约定的要求定期提交环保管家服务总结报告。

（3）结合排查和巡查情况，建立环保档案。

6.5.3　服务内容

1. 企业环保管家服务

（1）环保合规性排查

通过对企业的全面排查，明确企业环境影响评价制度、"三同时"管理制度、排污许可证制度的执行情况、环保验收情况，对未履行相应手续的项目进行梳理，协助企业向审批部门及时补交相关材料。

对照既有环境影响评价及验收报告,对环境影响评价及验收报告相关要求的符合性作出综合判断,并提出整改意见。

通过对企业项目的排查,对企业内相关生产线及生产设施的产业政策符合性作出判断。

收集企业在线监测数据、自行监测数据及监督性监测数据,对企业废水、废气、噪声的达标排放情况,污染防治措施落实情况作出判定,分析可能产生的超标原因,并提出针对性的整改意见。

排查企业一般工业固体废物、危险废物的产生、贮存、转移、利用处置环节,梳理各环节可能出现的主要问题,并提出针对性的整改方案。

排查厂内危险化学品的使用及贮存情况,结合企业的环境风险应急预案,完善环境风险应急措施、建立环境突发事件应急体系及预案。

按照排污许可技术规范的要求,从环境管理台账的完备性、自行监测计划的完整性、执行报告发布的及时准确性角度出发,对企业排污许可执行情况进行排查。对企业日常监测信息,排污许可证许可信息公开的方式、内容、频率及时间节点等进行排查和监督。

(2)污染防治设施建设及运维排查

排查企业产生的废气、废水、固体废物、噪声等是否有效收集处理或处置,是否符合最新的法律法规要求,包括废气(有组织、无组织)的收集处理、废水(生产废水、初期雨水、生活污水等)的收集处理、固废(含危废)的收集贮存及委托处置、噪声防治措施落实和超标等情况。

排查企业污染防治设施的运行和维护情况,包括是否正常运行、处理效率、耗材(药剂、催化剂、吸附剂等)消耗情况、二次污染产生及控制、污染事故发生和处理等。

(3)环境风险管控

环境风险识别主要调查以下内容:

① 环境风险评估报告是否按要求编制;

② 环境风险识别的充分性;

③ 环境风险等级的划定和修订;

④ 可能发生的突发事件及其后果分析;

⑤ 现有环境风险防控和环境应急管理差距分析;

⑥ 环境风险防控和应急措施的实施计划。

应急预案管理主要调查内容如下:

① 应急预案编制及备案;

② 应急预案演练;

③ 应急预案修订;

④ 应急培训;

⑤ 应急资源调查。

(4)环境管理体系建设与运行

协助企业完成环保管理体系内审、岗位及制度建设,环境监测计划制订等。

协助企业编制突发环境事件应急预案,开展突发环境事件隐患自查和治理工作。

(5)环保专题培训

应适时为企业开展以下专题培训:

① 清洁生产及污染治理方面技术和政策文件培训；
② 环境管理相关政策和制度培训；
③ 场地环境管理政策和相关土壤修复技术培训；
④ 固废管理政策和综合利用技术培训；
⑤ 最新法规、政策文件、标准及技术规范培训。

2. 园区环保管家服务

协助园区落实属地监管责任，解决现有生态环境问题，降低区域环境风险，提升环境污染治理能力。服务内容包括但不限于：
① 开展环保专题培训；
② 环保问题全面体检；
③ 绿色园区/企业诊断；
④ 环保专项咨询服务；
⑤ 信息化平台建设。

3. 政府环保管家服务

聚焦地方生态环境问题，为当地政府、生态环境部门提供生态文明建设思路和策略。依靠专业技术力量精准治污，强化环境监管，创新工作模式，协同治理环境。服务内容包括但不限于：
① "两山"规划、生态文明规划、生态文明示范创建、环境质量达标评估、排污许可审核；
② 项目准入咨询；
③ 第三方环境监管；
④ 特征污染物的源解析；
⑤ 人才协同培养。

6.5.4　环保管家服务规范

2016 年 4 月 14 日，环境保护部印发了《关于积极发挥环境保护作用促进供给侧结构性改革的指导意见》（环大气〔2016〕45 号，简称《意见》）。《意见》首次提出了"环保管家"这个概念，并鼓励有条件的工业园区聘请第三方专业环保服务公司作为"环保管家"，向园区提供监测、监理、环保设施建设运营、污染治理等一体化环保服务和解决方案。环保部门虽然提出了"环保管家"这个概念，但后续却没有制定相应的政策性文件来引导和规范"环保管家"服务行业，而是完全交给了市场。在这种形势下，只有依靠地方环境主管部门和一些环境保护相关的行业协会制定地方标准或者团体标准，才能对环保管家服务行业起到引导和规范作用。

目前国内多地已发布环保管家服务类标准，主要适合从事环保管家服务的技术人员和企业环境管理人员学习参考，现摘要介绍上海、安徽、浙江、山东、广东等地的几类标准如下：

（1）《第三方环保服务规范》

《第三方环保服务规范》（DB31/T 1179—2019）于 2019 年 8 月 15 日经上海市市场监督管理局批准发布，由上海市生态环境局提出并归口，自 2019 年 11 月 1 日起实施。本标准规定了为产业园区提供第三方环保服务的服务单位基本要求、服务内容与要求、服务委托要求、服务绩效评价等事项,适用于第三方服务单位向各类产业园区提供环保服务的相关活动。第三方服务单位向政府生态环境部门、街道(乡镇)、企业等提供类似环保服务的可参照执行。

(2)《第三方环保管家服务规范》

《第三方环保管家服务规范》(DB34/T 4231—2022)是2022年7月29日实施的一项安徽省地方标准,归口于中华人民共和国安徽省生态环境厅。该规范规定了为产业园区提供第三方环保管家服务的单位基本要求、工作程序、服务内容、服务委托要求、服务绩效评价等事项。该标准适用于第三方环保管家服务单位向产业园区提供环保管家服务的相关活动。第三方环保管家服务单位向政府及其相关部门、企业等提供类似环保管家服务的可参照执行。

(3)《环保管家服务规范》

《环保管家服务规范》(T/ZAEPI 01—2020)于2020年8月14日经浙江省环保产业协会批准发布,自发布之日起实施。本标准规定了环保管家的基本要求、工作程序、服务内容、服务保障、服务成果等内容,适用于环保管家服务工作的管理。本标准将环保管家服务内容分为企业环保管家服务、园区环保管家服务和政府环保管家服务三类,并明确了不同环保管家服务所对应的详细服务项目。

(4)《工业园区环保管家服务规范》

《工业园区环保管家服务规范》(T/AHEMA 3—2020)于2020年12月1日经安徽省环境检测行业协会批准发布,自发布之日起实施。本标准规定了第三方专业环保服务单位向工业园区管理部门提供环保管家服务的基本要求、工作程序、服务内容、服务保障、服务成果等内容,适用于工业园区环保管家服务,工业园区的范围应符合《工业园区循环经济管理通则》(GB/T 31088—2014)的规定。政府生态环境部门、街道(乡镇)、企业等环保管家服务工作可参照执行。

(5)《第三方环保管家服务规范》

《第三方环保管家服务规范》(T/AHEPI 01—2020)于2020年12月28日经安徽省环境保护产业发展促进会批准发布,自发布之日起实施。本标准规定了第三方环保管家技术服务的术语和定义、基本要求、企事业单位环保管家服务、园区(包括各类工业园区、开发区、工业聚集地等)环保管家服务、生态环境主管部门环保管家服务及档案管理等内容。本标准适用于企事业单位、园区、生态环境主管部门的环保管家服务。地方人民政府环保管家服务可参照本文件园区环保管家服务执行。

(6)《山东省环保管家服务规范》

《山东省环保管家服务规范》(T/SDEPI 010—2020)于2020年12月30日经山东省环境保护产业协会批准发布,自发布之日起实施。本标准规定了为政府部门、园区及企业单位提供综合性环境服务的基本要求、服务流程、服务内容、委托要求、绩效评价及服务酬金计取方法等,适用于环保管家服务单位向各级政府部门、园区及企业单位提供综合性环境服务的相关活动。

(7)《环保管家服务规范》

《环保管家服务规范》(T/APEP 1013—2021)于2021年3月1日经天津市环保产品促

进会批准发布,自发布之日起实施。

(8)《重庆市第三方环保服务规范》

《重庆市第三方环保服务规范》(T/CQEEMA 4—2021)于 2021 年 10 月 20 日经重庆市生态环境监测协会批准发布,自 2021 年 11 月 1 日起实施。本标准规定了为政府部门、产业园区及企业单位提供第三方环保服务的基本要求、服务流程、服务内容、服务成果;提出了第三方环保服务的绩效评价考核、酬金计取方法;明确了第三方环保服务机构能力评定方法,对有效指导第三方环保服务工作开展具有重要的引领规范作用。本标准适用于第三方环保服务机构向政府部门、产业园区和企业单位提供以技术支持为重点的环保服务相关活动。

(9)《第三方生态环境管家服务规范》

《第三方生态环境管家服务规范》(T/HAEPI 01—2021)于 2021 年 11 月 10 日经河南省环境保护产业协会批准发布,自发布之日起实施。本标准规定了第三方生态环境管家技术服务的术语和定义,为各级政府部门、园区(包括各类工业园区、开发区、产业聚集地等)及企事业单位提供第三方生态环境管家服务的服务性质及原则、服务流程、基本要求、服务内容、绩效评价、委托要求等。本标准适用于第三方生态环境管家服务单位向各级政府部门、园区及企事业单位提供的综合性环境服务。

(10)《内蒙古自治区第三方环保管家服务规范》

《内蒙古自治区第三方环保管家服务规范》(T/NMGLCH 001—2022)于 2022 年 2 月 25 日经内蒙古绿色生态产业促进会批准发布,自发布之日起实施。本标准规定了第三方环保管家服务单位的基本要求、服务流程、服务内容、绩效评价等事项。本标准适用于第三方环保管家服务单位向政府生态环境部门、各类园区、企业单位等提供类似服务。

(11)《广东省环保管家服务规范》

《广东省环保管家服务规范》(T/GDAEPI 07—2022)于 2022 年 7 月 5 日经广东省环境保护产业协会批准发布,自发布之日起实施。本标准规定了向政府部门、园区及企业提供环保管家服务的基本要求、服务模式、服务流程、服务内容、服务成果和合同要求等。本标准适用于环保管家服务机构向各级政府部门、园区及企业提供环保管家服务的相关活动,其他类似环境服务活动可参照执行。

6.6 环境保护税及缴纳

2016 年 12 月 25 日第十二届全国人民代表大会常务委员会第二十五次会议通过了我国首部"绿色税法"——《中华人民共和国环境保护税法》。为保证《中华人民共和国环境保护税法》的顺利实施,2017 年 12 月 30 日发布的《中华人民共和国环境保护税法实施条例》(国务院令第 693 号),自 2018 年 1 月 1 日起与《中华人民共和国环境保护税法》同步施行。

企业应按照《中华人民共和国环境保护税法实施条例》的规定,及时、足额缴纳环境保护税,并明确责任部门和人员。

企业应当知晓缴纳环境保护税不免除其防治污染、赔偿污染损害的责任和法律、行政法规规定的其他责任。

6.6.1　征收环境保护税(排污费)的对象

在中华人民共和国领域和中华人民共和国管辖的其他海域,直接向环境排放应税污染物的企业事业单位和其他生产经营者为环境保护税的纳税人,应当依照《中华人民共和国环境保护税法》规定缴纳环境保护税。本法所称应税污染物是指本法所附《环境保护税税目税额表》《应税污染物和当量值表》规定的大气污染物、水污染物、固体废物和噪声。

有下列情形之一的,不属于直接向环境排放污染物,不缴纳相应污染物的环境保护税:

① 企业事业单位和其他生产经营者向依法设立的污水集中处理、生活垃圾集中处理场所排放应税污染物的;

② 企业事业单位和其他生产经营者在符合国家和地方环境保护标准的设施、场所贮存或者处置固体废物的。

达到省级人民政府确定的规模标准并且有污染物排放口的畜禽养殖场,应依法缴纳环境保护税;依法对畜禽养殖废弃物进行综合利用和无害化处理的,不属于直接向环境排放污染物,不缴纳环境保护税。

6.6.2　征收环境保护税(排污费)的范围和标准

排污者应当按照下列规定缴纳环境保护税:

(1) 依法设立的城乡污水集中处理、生活垃圾集中处理场所超过国家和地方规定的排放标准向环境排放应税污染物的,应当缴纳环境保护税。

(2) 企业事业单位和其他生产经营者贮存或者处置固体废物不符合国家和地方环境保护标准的,应当缴纳环境保护税。

(3) 环境保护税的税目、税额,依照《中华人民共和国环境保护税法》所附《环境保护税税目税额表》执行。应税大气污染物和水污染物的具体适用税额的确定和调整,由省、自治区、直辖市人民政府统筹考虑本地区环境承载能力、污染物排放现状和经济社会生态发展目标要求,在本法所附《环境保护税税目税额表》规定的税额幅度内提出,报同级人民代表大会常务委员会决定,并报全国人民代表大会常务委员会和国务院备案。

(4) 对超标、超总量排放污染物的,加倍征收环境保护税。对依照环境保护税法规定征收环境保护税的,不再征收排污费。

(5) 纳税人有下列情形之一的,以其当期应税固体废物的产生量作为固体废物的排放量:

① 非法倾倒应税固体废物;

② 进行虚假纳税申报。

(6) 纳税人有下列情形之一的,以其当期应税大气污染物、水污染物的产生量作为污染物的排放量:

① 未依法安装使用污染物自动监测设备或者未将污染物自动监测设备与环境保护主管部门的监控设备联网;

② 损毁或者擅自移动、改变污染物自动监测设备;

③ 篡改、伪造污染物监测数据;

④ 通过暗管、渗井、渗坑、灌注或者稀释排放以及不正常运行防治污染设施等方式违法排放应税污染物;

⑤ 进行虚假纳税申报。

（7）从两个以上排放口排放应税污染物的,对每一排放口排放的应税污染物分别计算征收环境保护税;纳税人持有排污许可证的,其污染物排放口按照排污许可证载明的污染物排放口确定。

6.6.3　环境保护税（排污费）的减免条件

（1）下列情形,暂予免征环境保护税:

① 农业生产（不包括规模化养殖）排放应税污染物的;

② 机动车、铁路机车、非道路移动机械、船舶和航空器等流动污染源排放应税污染物的;

③ 依法设立的城乡污水集中处理、生活垃圾集中处理场所排放相应应税污染物,不超过国家和地方规定排放标准的;

④ 纳税人综合利用的固体废物,符合国家和地方环境保护标准的;

⑤ 国务院批准免税的其他情形。

此项免税的规定由国务院报全国人民代表大会常务委员会备案。

（2）纳税人排放应税大气污染物或者水污染物的浓度值低于国家和地方规定的污染物排放标准30%的,按75%征收环境保护税。纳税人排放应税大气污染物或者水污染物的浓度值低于国家和地方规定的污染物排放标准50%的,按50%征收环境保护税。

思考与练习

1. 什么是环境影响评价？有哪两类？
2. 环境影响报告有哪几种？
3. 什么是排污许可证制度？
4. 简述生态环境损害含义。
5. 简述环保"三同时"管理制度含义。
6. 简述环保验收主要内容及工作程序。
7. 简述环保管家由来、服务内容及作用。了解环保管家业务体系主要内容。
8. 简述征收环境保护税（排污费）的对象、范围、标准和减免条件。

附录

附录1　工程教育认证标准

附录2　机械类专业认证补充标准

附录3　计算机类专业认证补充标准

附录4　化工与制药类专业认证补充标准

附录5　水利类专业认证补充标准

附录6　环境类专业认证补充标准

附录7　电子信息与电气工程类专业认证补充标准

附录8　安全类专业认证补充标准

附录9　交通运输类专业认证补充标准

附录10　矿业类专业认证补充标准

附录11　食品类专业认证补充标准

附录12　材料类专业认证补充标准

附录 13 仪器类专业认证补充标准

附录 17 纺织类专业认证补充标准

附录 14 测绘地理信息类专业认证补充标准

附录 18 核工程类专业认证补充标准

附录 15 土木类专业认证补充标准

附录 19 兵器类专业认证补充标准

附录 16 地质类专业认证补充标准